Geologische Beschreibung

der Inseln

Madeira und Porto Santo

von

Dr. G. Hartung.

Mit dem

systematischen Verzeichnisse der fossilen Reste dieser Inseln
und der Azoren

von

Karl Mayer.

Mit 1 Karte und 16 Tafeln.

Leipzig.
Verlag von Wilhelm Engelmann.
1864.

Vorwort.

Die Schichtungs- und Lagerungsverhältnisse von Madeira hatte ich, angeregt durch Herrn Professor Heer, möglichst gründlich studirt. Dieser geistvolle Forscher war durch Folgerungen, die freilich nicht mit der gegenwärtigen Auffassung der Entstehungsart der Gebirgsmasse übereinstimmten, zu der Voraussetzung gelangt, dass die weinrothen Agglomerate, die am Pico da Cruz unfern Funchal anstehen, auch im höchst gelegenen Mittelpunkte der Insel am bedeutendsten entwickelt sein müssten. Eine genauere Untersuchung der tieferen Thalbildungen bestätigte diese Annahme und enthüllte eine eigenthümliche, damals ganz neue Erscheinung, die indessen erst Sir Charles Lyell, als er 1853 Madeira besuchte, in ihrer wahren Bedeutung zu würdigen und stichhaltig zu erklären vermochte. Im Besitz der Landessprache und einer ziemlich umfassenden geologischen Ortskenntniss, die ich mir ohne Verständniss der beobachteten Erscheinungen während eines längeren Aufenthaltes auf Madeira angeeignet hatte, gelang es mir, mich dem berühmten Geologen während seiner Forschungen auf den Madeira-Inseln nützlich zu machen. Für gewisse Gesichtspunkte, die derselbe während des Winters 1853 — 54 aus Mangel an Zeit nicht genug begründen konnte, bemühte ich mich im folgenden Jahre neue Thatsachen auf Madeira, Lanzarote und Fuertaventura aufzufinden; die letzteren Inseln besuchte ich, um die dort in beträchtlicher Menge abgelagerten neueren Laven mit den älteren vulkanischen Erzeugnissen zu vergleichen. Alle diese nachträglichen Beobachtungen lagen Sir Charles Lyell vor, der dieselben genau prüfte, sämmtliche damals bekannte Thatsachen feststellte und Alles wiederholt mit mir durchsprach, weil er im Sinne hatte mit meiner Beihülfe eine Schilderung der geologischen Verhältnisse von Madeira und Porto Santo herauszugeben. Durch wichtigere Arbeiten in Anspruch genommen konnte der unermüdliche Forscher das Vorhaben lange nicht zur Ausführung bringen, nach einer Reihe von Jahren überliess er mir das mit ihm durchgearbeitete Material zur freien Benutzung. Dies Material nun, dem der Geist eines Lyell Bedeutung verleiht, bildet hauptsächlich den Inhalt der folgenden Blätter. Doch darf ich den Leser nicht irre führen und sein Interesse nicht im Voraus durch einen grossen Namen in einer Weise anregen, die der Erfolg nicht rechtfertigen dürfte. Ich muss vielmehr anführen, dass ich das mir überlassene Material nach eigener Einsicht umgearbeitet habe und dass ich überzeugt bin, es würde unter Sir Charles' Lyell's Leitung Vieles anders geworden sein und Alles sich gerechten Anspruch auf Anerkennung erworben haben. Meine Reisen nach den azorischen Inseln sowie durch die Gebiete, wo in Deutschland hauptsächlich ältere und neuere Ausbruchsmassen aufgeschlossen sind, die Verwerthung der dort gesammelten Thatsachen und die Schrift des Herrn W. Reiss, die Diabasformation betreffend, alle diese später unternommenen Ausflüge und Arbeiten haben ausser der Bestätigung der vielen vorhandenen auch einzelne neue Gesichtspunkte eröffnet, die bei einer Schilderung der geologischen Verhältnisse der Madeira-Gruppe berücksichtigt werden mussten. Dass dies in einer Weise geschehen, die mir die unbedingte Billigung und Zustimmung von Sir Charles Lyell im Voraus zusichern dürfte, wage ich nicht vorauszusetzen.

Zwei geehrten Herren habe ich hier noch meinen Dank abzustatten; Herrn Professor Heer, welcher mir seine Bestimmung und Beschreibung der bei Porto da Cruz gefundenen Pflanzenreste zur Veröffentlichung überliess und Herrn W. Reiss, der wichtige, an den betreffenden Stellen in seinen eigenen Worten angeführte Beiträge lieferte und seine ansehnliche Sammlung fossiler, auf Porto Santo und Madeira vorkommender Conchylien Herrn K. Mayer behufs Anfertigung der beigedruckten Arbeit zur Verfügung stellte.

Heidelberg, März 1864.

G. Hartung.

Inhalt.

Paläontologische Verhältnisse.

Literatur.

A Sketch of the Geology of Madeira, by the Honourable U. G. Bennet. Transactions of the Geological Society. Vol. I. London, 1811.

Excursions in Madeira and Porto Santo, during the autumn of 1823, by T. E. Bowdich. London, 1825.

Observaçoës para servirem para a historia geologica das ilhas da Madeira, Porto Santo e Desertas, por Luiz da Silva Mousinho d'Albuquerque. Memorias da Academia R. das sciencias de Lisboa. Tomo XII Parte I. 1837.

United States Exploring Expedition, vol. X. Geology by J. D. Dana. Chap. XII. Geological Observations on the Island of Madeira — 1838.

On the Geology of Madeira, by James Smith, Esqu. Proceedings of the Geological Society. Vol. III. p. 351. 1840—41.

Notes on the Physical Geography, Geology and Climate of the Island of Madeira, by Dr. J. Macaulay. Edinburgh New. Phil. Journ. vol. XXIX. p. 350.

Sketch of Madeira, by E. V. Harcourt, Esqu. London, 1851. Chap. VI. on Geology, by the Rev. W. V. Harcourt.

On the Geology of some parts of Madeira, by Sir Charles Lyell, F. R. S. Quarterly, Journal of Geological Society, August 1854.

A. Manual of Elementary Geology, by Sir Charles Lyell, F. R. S. 5th Edition, 1855, chap. XXIX. p. 515.

Ueber die Kalke von Madeira von E. Schweizer. Aus den Mittheilungen Nr. 104 der naturf. Ges. in Zürich. 1854.

Ueber die fossilen Pflanzen von S. Jorge in Madeira von Dr. Oswald Heer. Im XV. Band der neuen Denkschriften der allgemeinen schweizerischen Gesellschaft für die gesammten Naturwissenschaften. Zürich, 1857.

Madeira, its Climate and Scenery, a Hand-book for invalid and other visitors, by Robert White. Second Edition, edited, and in great part re-written, with the addition of much new matter, by James Yate Johnson. Edinburgh. Ad. and Ch. Black, 1857. Chap. XVIII. Geology.

On some Fossil Plants from Madeira, by C. J. F. Bunbury, F. R. S. — F. G. S. Abstract from the proceedings of the Geol. Soc. of London. Nr. 15. April 28. 1858.

Das Gediegen-Blei von Madeira. Mitgetheilt vom Herrn Geheimen Bergrath Professor Dr. J. Nöggerath. Neues Jahrbuch für Mineralog. Geol. und Petrefactenkunde. K. C. v. Leonhard und H. G. Bronn. Jahrgang 1861. Seite 129.

Ausserdem sind noch folgende Schriften, die zwar nicht besonders über die Madeira-Inseln handeln, deshalb hervorzuheben, weil darin die geologischen Verhältnisse der auf den Canarien weit verbreiteten älteren Diabasformation, von welcher auf Madeira nur wenig aufgeschlossen ist, die Entstehung von tiefen und weiten Thalkesseln (Caldera's) durch fliessendes Wasser und die Verhältnisse zwischen älteren und neueren Eruptivmassen der atlantischen Inseln wie der hauptsächlichsten deutschen Gebiete, ausführlicher besprochen sind.

Die Diabas- und Lavenformation der Insel Palma von Wilhelm Reiss. Wiesbaden. C. W. Kreidel. 1861.

Betrachtungen über Erhebungskrater, ältere und neuere Eruptivmassen u. s. w. von Georg Hartung. Leipzig. W. Engelmann. 1862.

Allgemeine Verhältnisse.

~~~~~~~

Die Lage der Inseln.

Schon seit den frühesten Perioden der Erdumbildung ist der Boden des jetzigen atlantischen Oceans wiederholt der Schauplatz von Ausbrüchen und Ablagerungen der verschiedenartigsten Eruptivmassen gewesen. Denn mit nur ganz wenigen Ausnahmen sind dort alle Inseln, so weit sie über der Meeresfläche emporragen, vulkanischen Ursprungs. In einigen wurden in den tiefsten sichtbaren Schichten Syenite, Hypersthenite, Diabase, Melaphyre und Porphyre aufgeschlossen, Felsarten, die muthmasslich die untergetauchten Grundvesten der meisten wenn nicht aller jener atlantischen Inselgebirge bilden dürften. Darüber stehen phonolithische, trachytische, basaltische, doleritische und trachydoleritische Ablagerungen an, und diese schliessen endlich die Laven der Jetztzeit mit den historisch nachgewiesenen vulkanischen Erzeugnissen ab. Wenn nun einerseits die Erforschung der Oberflächen, der tieferen und der tiefsten sichtbaren Schichten die wahrscheinliche oder doch wenigstens die mögliche Zusammensetzung der unteren vom Wasser bedeckten Theile errathen lässt, so begünstigt andererseits das Ergebniss der bisher angestellten Peilungen bis zu einem gewissen Grade eine ungefähre Vorstellung von der Bodenbeschaffenheit jener tiefer gelegenen Gebirgsstöcke, von welchen sich gegenwärtig nur die Gipfel als Inseln über die Meeresfläche erheben.

Hartung, Madeira und Porto Santo.   1

In seiner „physikalischen Geographie des Meeres" hat M. F. Maury die Bodengestaltung des atlantischen Beckens nach den vorhandenen Angaben auf Tafel XI übersichtlich dargestellt. Auf der südlichen Verlängerung jener schon als Telegraphenplateau bekannten Fläche, die sich zwischen Cap Race in New Foundland und Cap Clear in Ireland erstreckt und wahrscheinlich nirgends tiefer als 10,000 Fuss unter dem Wasserspiegel liegt, erheben sich die neun Azorischen Inseln zwischen 36³/₄ und 39°/₄ Grad nördlicher Breite in einer mittleren Entfernung von etwas über 200 Meilen (oder 800 Minuten zu 60 auf den Grad) von dem europäischen Festlande. Die Lothungen, welche in diesem Theile des Oceans in der Nähe der Inselgruppe bekannt sind, schwanken zwischen 1080 und 1500 Faden und ergaben demnach eine Meerestiefe zwischen 6,480 und 9,000 Fuss, während andere Lothungen in der Gegend der nordwestlichen und südöstlichen Grenze sowie in der Mitte des Archipels nur Tiefen von 830, 670 und 104 Faden oder von 4980, 4020 und 624 Fuss ergaben und somit zu einer, auch von Maury auf seiner Karte angedeuteten Voraussetzung anregten, auf die wir sogleich zurückkommen werden, zu der Voraussetzung nehmlich, dass die neun Inseln über einer gemeinsamen etwas erhöhten Grundlage emporsteigen dürften. Nur durch einen Zwischenraum von etwa 55 Minuten von der Westküste Africa's getrennt erheben sich die sieben Canarien, indem sie sich von Ost nach West etwas über 4 Grade oder etwa 250 Minuten ausdehnen, zwischen 27¹/₂ und 29¹/₂ Grad nördlicher Breite aus einer die Küsten des Festlandes einfassenden Zone, die nach Maury nur 1 bis 2000 Faden oder 6 bis 12,000 Fuss Meerestiefe hat. Zwischen diesem dem afrikanischen Festland genäherten Gürtel und der südlichen Verlängerung des sogenannten Telegraphenplateau, die beide, annähernd von gleicher Tiefe sind, liegt der Meeresgrund nach den von Maury gesammelten Angaben zwischen 2 und 3000 Faden oder 12 bis 18,000 Fuss unter dem Wasserspiegel; und aus diesem mittleren und tieferen Theil des Troges oder der Mulde, die so in diesem Theile des Oceans entsteht, erheben sich die Inseln der Madeira Gruppe, etwas über 300 Minuten von der Westküste Africa's entfernt, zwischen 32¹/₂ und 33¹/₄ Grad nördlicher Breite und zwischen 16¹/₄ und 17¹/₄ Grad westlicher Länge, von Greenwich gerechnet. *)

---

*) Um Alles anzuführen was sich über diesen ausgedehnten Theil des Oceans sagen lässt, in welchem nicht nur die hier näher zu beschreibende Gruppe, sondern auch weiter nordwestlich die Azoren, sowie weiter südöstlich die Canarien liegen, müssen wir noch die Salvajes nennen, jene kleinen Eilande und Riffe, die sich etwa unter 30° nördlicher Breite über der Mitte der canarischen Inselgruppe aus dem Meere erheben. Und endlich dürfte es nicht ganz überflüssig erscheinen, die sogenannten Acht Steine (eight Stones) oder jene Klippen zu erwähnen, die angeblich nördlich von Madeira

So wissen wir denn einerseits wenigstens annähernd aus welcher Tiefe sich diese Inselgebirge vom Meeresgrund erheben, während andrerseits das Ergebniss der zahlreichen, in der Nähe der Küsten angestellten Peilungen, die auf den von der englischen Admiralität veröffentlichten Karten eingetragen sind, Aufschluss darüber ertheilt, wie die Bergformen unmittelbar unterhalb des Wasserspiegels gestaltet sind. Da nun aber diese Lothungen in ungemein grosser Zahl bis zu 100, in vielen Fällen bis zu 200, nur selten bis zu 300 Faden und höchstens ausnahmsweise bis zu einer noch grössern Tiefe ausgeführt sind, und daher auch die Bodenbeschaffenheit der untergetauchten Bergmassen im Allgemeinen nur bis gegen 1000, selten bis 2000 Fuss und nur ausnahmsweise noch tiefer herab erkennen lassen, so bleibt immer bis zu dem vom Meeresgrunde ansteigenden Fuss jener Gebirgsstöcke ein beträchtlicher senkrechter Abstand übrig, dessen Gestaltung noch geheimnissvolles Dunkel umhüllt. Indessen kommen doch manche, dem Ergebniss der zuletzt genannten Peilungen entlehnte, characteristische Züge unserer Einbildungskraft zu Hülfe, wenn sie bemüht ist eine Vorstellung von der Ausdehnung und Form der untersten Hälfte der atlantischen Gebirgsmassen zu gewinnen. Wir dürfen uns dabei nicht allzustreng nur an die Verhältnisse der hier ausführlich zu schildernden Gruppe halten, sondern müssen, wie das bereits geschehen ist, auch Beobachtungen, die sich auf die benachbarten Inselgruppen beziehen, insofern berücksichtigen, als sie für den vorliegenden Fall von Bedeutung sind.

Inseln, die nahe bei einander liegen, sind gewöhnlich in nicht bedeutender Tiefe durch einen untermeerischen Sattel verbunden und bilden einen zusammenhängenden Gebirgszug, von welchem nur die Gipfel durch das Wasser gesondert erscheinen. So liegt in den Azoren zwischen den Inseln Pico und Fayal, die durch eine Meeresenge von nur 4 Minuten Breite getrennt sind, der tiefste Punkt der untermeerischen Einsattelung nur etwa 300 Fuss unter dem Meeresspiegel. Eine Hebung um nur 600 Fuss müsste dort einen Bergrücken von etwa 7 Minuten Breite trocken legen, an welchem dann der niedrigste Punkt ungefähr 300 Fuss Meereshöhe haben würde. Bei den Inseln Flores und Corvo, die in nördlich südlicher Richtung über 9 Minuten von einander entfernt sind, stellte sich indessen ein anderes Ergebniss heraus. Von den beiderseitigen Küsten nimmt die Tiefe zuerst so allmählich zu, dass die Punkte, welche 200 Faden oder 1200 Fuss unter dem Wasserspiegel liegen, nur etwa 4 Minuten von einander abstehen; und in

___

zwischen 34° und 35° nördlicher Breite und zwischen 15° und 16° westlicher Länge, von Greenwich gerechnet, emporragen sollten, aber, wie sich aus dem Ergebniss zahlreicher von der englischen Admiralität veröffentlichter Peilungen ergab, in dem Bereich nirgends aufgefunden werden konnten.

diesem geringen Zwischenraum zeigte sich keine Spur eines untermeerischen Sattels obschon das Bleiloth bis 390, 785 und 800 Faden herabgelassen wurde. Ein Abgrund von 4800 Fuss Meerestiefe trennt also jedenfalls diese beiden kleinen Inseln, welche die Gipfel von Bergmassen bilden, deren höchste Punkte wenigstens 7887 und 7260 Fuss über dem Meeresgrunde aufragen müssen, aber möglicherweise auch noch viel höher sein könnten. Dagegen hat man zwischen den Inseln Terceira und S. Miguel, die weiter als 75 Minuten von einander entfernt sind, an mehreren Punkten den Meeresgrund in viel geringerer Tiefe aufgefunden; denn dort ergaben die Lothungen noch 22 Minuten südöstlich von Terceira 350 Faden oder 2100 Fuss, auf halbem Wege 195 Faden oder 1170 Fuss und 15 Minuten östlich von S. Miguel 145 Faden oder 870 Fuss Tiefe. Beachten wir ausserdem die Tiefe von 205 Faden oder 1230 Fuss, die 15 Minuten nordöstlich von den theils sichtbaren, theils vom Meere bedeckten Formigas-Riffen festgestellt wurde, so sehen wir, dass wir nicht überall so wie zwischen den kühn aufragenden Bergmassen von Corvo und Flores tiefe Abgründe annehmen müssen, sondern dass vielmehr der Boden, aus welchem die Inseln der Gruppe aufsteigen, über die nächsten Umgebungen des atlantischen Beckens erhöht und mit zahlreichen mehr oder weniger tief untergetauchten Gipfeln und Kuppen bedeckt zu sein scheint.

In der Madeira-Gruppe sind die einander gegenüberstehenden äussersten Punkte von Madeira und den Dezertas etwas über 10 Minuten, also etwa ebenso weit von einander entfernt als in den Azoren die beiden kleinen Inseln Flores und Corvo. Doch hier trennt die Inseln nicht sowie dort ein Abgrund, der sich nahezu 5000 Fuss unterhalb des Wasserspiegels herabsenken muss, aber wohl möglicherweise noch tiefer sein könnte, es verbindet sie vielmehr ein untermeerischer Sattel, dessen Kamm, so viel man aus den ausgeführten Peilungen entnehmen kann, gegenwärtig nur zwischen 46 und 73 Faden oder 276 und 438 Fuss untergetaucht ist. Porto Santo erhebt sich viel weiter nordöstlich. Die äusserste Spitze des bei dieser Insel gelegenen Eilandes Baixo ist von Madeira kaum 22, von den Dezertas beinahe 27 Minuten entfernt. In dem Zwischenraum sind keine Lothungen bekannt, die tiefer als bis zu etwa 200 Faden herabreichen und selbst diese wurden im äussersten Fall kaum ein paar Minuten von der Küste vorgenommen. Wir wissen deshalb auch nicht ob hier so wie zwischen Terceira und S. Miguel in grösserer oder geringerer Tiefe Gipfel emporragen, und ob die sämmtlichen Inseln der Gruppe aus einer gemeinsamen Grundlage emporsteigen, die mehr oder weniger über der mittleren, 12 bis 18,000 Fuss betragenden Tiefe dieses Theils des atlantischen Oceans erhöht sein mag.

Bis zu der geringeren Tiefe, von etwa 100 Faden oder 600 Fuss steigert sich die räumliche Ausdehnung der Inselgebirge im Vergleich zu den über das Wasser hinausragenden Gipfeln nur in den seltneren Fällen in einem bedeutenden, nirgends in einem unverhältnismässig grossen Massstabe. Denken wir uns den Meeresspiegel um etwa 100 Faden herabgesenkt oder — was dasselbe sagen will — denken wir uns die Grundlage, auf welcher die Madeira-Gruppe emporragt, gleichmässig um etwa 600 Fuss gehoben, so müsste zunächst zwischen Madeira und den Dezertas ein Bergrücken blosgelegt werden, der bei einer mittleren Breite von etwa 2⅕ Minuten die gegenwärtig getrennten Inseln zu einem Gebirgszuge von mehr als 600 Minuten (oder 1 Grad zu 15 Meilen) Länge vereinigen würde. Und ausserdem würde die Gruppe, die jetzt ausser mehreren unbedeutenderen, durch kleine Zwischenräume abgesonderten Eilanden aus Madeira, Porto Santo und den beiden Dezertas besteht, nach einer solchen allgemeinen Hebung nur noch zwei grössere Inseln umfassen. Von diesen würde die Insel Madeira in Betreff des Flächenraumes, den der Küstensaum umspannt, zwar beträchtlich aber, selbst wenn man die bereits emporragenden Massen der Dezertas hinzurechnet, doch nicht ganz um das Doppelte vergrössert werden. In Porto Santo aber, wo die grösste Ausdehnung von SW nach NO und von SO nach NW mit Hinzurechnung der Eilande Baixo und Cima noch nicht 8 und etwas über 4 Minuten beträgt, während die untermeerische Grundlage ebendaselbst in einer Tiefe von etwa 100 Faden in den genannten Richtungen etwa 12 und 15 Minuten im Durchmesser hat, in Porto Santo müsste die von den Küstenlinien eingefasste Grundfläche durch eine Hebung um etwa 600 Fuss noch mehr als fünfmal vergrössert werden. Nach A. T. E. Vidals Aufnahmen berechnet sich der Flächenraum, den die Inseln und die bis zu einer mittleren Tiefe von 100 Faden oder 600 Fuss untergetauchten Grundlagen einnehmen wie folgt:

Namen der Inseln.	Flächenraum, den der Küstensaum der Inseln umspannt.		Flächenraum, den der bis zu 100 Faden (600 Fuss) untergetauchte Meeresboden einnimmt.	
	In Quadratminuten (60 Minuten auf einen Grad).			
Madeira	219,70	222,81	427,79	
Dezertas	3,11			501,81
Porto Santo	12,55	235,89		
Die kleinen Eilande				
Ilheo de Cima,	0,53	13,08	74,02	
Ilheo de Baixo u.				
Ilheo do Ferro				

Wie wir auf der Karte Tafel I sehen verlaufen die Linien, welche mittlere Tiefen von 100 und 200 Faden andeuten, so nahe bei einander, dass bei einer Hebung um 1000 bis 1200 Fuss nur wenig mehr von dem Meeresboden als bei einer Hebung um 600 Fuss trocken gelegt werden würde. Aehnlich gestalten sich die Verhältnisse bei den Canarien, wo der Meeresgrund ebenfalls zwischen den mittleren Tiefen von 100 bis 200 Faden sehr steil abfällt. Nirgends würde ausserdem bei jener Inselgruppe durch eine Hebung um 1200 Fuss im Vergleich mit den gegenwärtig über dem Meere emporragenden Massen so viel vom Meeresboden wie in Porto Santo in Land umgewandelt werden. Dies würde selbst nicht bei den Inseln Lanzarote und Fuertaventura der Fall sein, die alsdann sammt den kleinen Eilanden Lobos, Graciosa, Clara und Allegranza einen zusammenhängenden Gebirgszug bilden müssten. Nur auf den Azoren, wo die mittleren Meerestiefen von 100 und 200 Faden an mehreren Stellen weiter von einander entfernt sind, würden manche Inseln durch eine Hebung um 200 Faden oder 1200 Fuss bedeutend an Längen- oder Breitenausdehnung gewinnen, wie dies die folgende Uebersicht zeigt:

Es betragen in Minuten zu 60 auf einen Grad.

Namen der Inseln.	Länge der Bergmassen in einer Meerestiefe von 1,200 Fuss.	Breite der Bergmassen in einer Meerestiefe von 1,200 Fuss.	Länge der Inseln.	Breite der Inseln.	Länge Zuwachs an Land bei einer Hebung um 1,200 Fuss.	Breite Zuwachs an Land bei einer Hebung um 1,200 Fuss.
Sta. Maria Azoren	12 Min.	9 Min.	$6\frac{2}{3}$ Min.	$6\frac{2}{3}$ Min.	$5\frac{1}{3}$ Min.	$2\frac{1}{3}$ Min.
Terceira "	31 "	22 "	$16\frac{1}{2}$ "	10 "	$14\frac{1}{2}$ "	12 "
Graciosa "	14 "	11 "	$6\frac{2}{3}$ "	$3\frac{3}{4}$ "	$7\frac{1}{3}$ "	$7\frac{1}{4}$ "
Flores "	17 "	$10\frac{1}{2}$ "	9 "	$6\frac{1}{2}$ "	8 "	4 "
Corvo "	6 "	$5\frac{1}{3}$ "	$3\frac{1}{3}$ "	2 "	$2\frac{2}{3}$ "	$3\frac{1}{3}$ "
Porto Santo, Madeira Gruppe	$12\frac{1}{2}$ "	$15\frac{1}{4}$ "	$7\frac{3}{4}$ "	4 "	$4\frac{3}{4}$ "	$11\frac{1}{4}$ "

So beträchtlich der Zuwachs auch in vielen Fällen im Vergleich zu den über dem Wasser aufragenden Inseln erscheinen mag, so bilden die untergetauchten Gebirge, soweit sie durch das Bleiloth erforscht sind, immer doch nur Bergmassen von einer beschränkten Ausdehnung. Spuren von ausgebreiteteren Gebirgsmassen oder von einem untergesunkenen Festlande hat man bis zu dieser Tiefe herab nirgends entdeckt. Und wenngleich bei bedeutenderer Meerestiefe einestheils die Annahme von grösseren, ganzen Inselgruppen gemeinsamen Gebirgsstöcken nach manchen im Bereich der Azoren angestellten Peilungen einige Wahrscheinlichkeit für sich hat, so dürfen wir doch andererseits nicht vergessen, dass ebendaselbst andere Lothungen beträchtliche Tiefen ergaben und dass somit viele ja wohl die meisten der atlantischen Inseln als die Gipfel von Bergmassen betrachtet werden können, die jedenfalls aus beträchtlichen, vielleicht aus sehr ansehnlichen Tiefen, von einander gesondert und mit durchschnittlich steilen Böschungen emporsteigen.

Das ist was sich nach dem vorliegenden Material über die Lage der aus dem atlantischen Ocean aufragenden Inseln sagen lässt. Doch werden wir bei der Besprechung der Einwirkungen der Meereserosion nochmals auf jene Gebirgstheile, die gegenwärtig bis auf 1200 Fuss untergetaucht sind, zurückkommen müssen.

Die Bergformen.

Keine der Inseln dieser Gruppe stellt, weder als Ganzes noch in den einzelnen Theilen betrachtet, eine Bergform dar, welche die characteristischen Umrisse eines grösseren Vulkans erkennen lässt. Bei einer grössten Breite von vier Minuten ist die Insel Porto Santo mit Einschluss des Eilandes Ilheo de Baixo von NO nach SW kaum acht Minuten lang. In derselben Richtung verläuft der Höhenzug und ist annähernd in der Mitte durch ein niederes, sanft abgedachtes Zwischenglied getrennt. Im nordöstlichen Theile erheben sich die höchsten Gipfel, durch Einsattlungen zusammenhängend, zwischen 1400 und 1660 Fuss und sind ebenfalls durch Einsattelungen von einer parallelen aber niedereren und unbedeutenderen Höhenreihe getrennt, die so wie jene keine bestimmbare vulkanische Bergform aufzuweisen hat. Im südwestlichen Theile erreicht der Höhenzug im Pico de Anna Fereira nur eine Höhe von 910 Fuss, ist wie das nordöstliche, jenseits des Zwischengliedes aufragende Gegenstück nach NW von hohen und jähen Klippen begränzt und dacht sich nach den andern Seiten mit anfangs steilen Gehängen allmählig zu einem sanft geneigten Küstenstrich ab, dem die beiden kleinen Eilande, Ilheo do Ferro und Ilheo de Baixo, als Bruchstücke ebenfalls angehören. Auch hier entdeckt man nirgends eine Spur eines Bergdomes, einer grössern kraterförmigen Vertiefung, ja nicht einmal von einem kleineren Ausbruchkegel. Die Dezertas erstrecken sich mit Einschluss des dritten kleinen Eilandes Chaõ, durch unbedeutende Zwischenräume von einander getrennt, 12 Minuten in südsüdöstlich nordnordwestlicher Richtung und bilden, von jähen Klippen eingefasst, bei einer mittleren Breite von nur einer halben Minute Felsenmauern, die Ueberreste eines schmalen, langgestreckten Höhenzuges, der zwar in Folge vulkanischer Thätigkeit entstand, aber nirgends die Form eines grössern Vulkanes verräth. Auch an dem mächtigen Bau der Insel Madeira steigt kein Kegelberg empor, hebt sich kein Bergdom mit abgestumpftem und ausgehöhltem Scheitel ab. Und ebenso wie an Porto Santo und an den Dezertas sucht der Beobachter vergebens in den Umrissen dieser majestätischen Bergmasse diejenigen Formen, welche an und für sich das Vorhandensein eines grösseren thätigen oder erloschenen Vulkans ausser Zweifel setzen. Die Gesammtlänge der Insel beträgt von der äussersten Ostspitze der schmalen Landzunge von S. Lourenço bis zur Ponta do Pargo beinah 32 Minuten. Die Ponta de Saõ Lourenço ist mit Einschluss von zwei kleinen abgesonderten Eilanden etwa 5 Minuten lang. Dann nimmt das Gebirge in Höhe und Breite viel bedeutendere Verhältnisse an. Die Breite der Insel wächst auf etwa 9 Minuten Entfernung bis zu mehr als 12 Minuten an und beträgt, nachdem sie wieder etwas abgenommen, 15 Minuten weiter westlich und 2 Minuten diesseits der äussersten Westspitze noch beinahe volle 7 Minuten. In eben dem Maasse erhebt sich der Höhenzug, dessen Kamm in der Mitte der Insel über 6000, unfern der der Westspitze noch 4000 Fuss emporragt und sich zu sanft abgedachten Hochgebirgstafelländern ausdehnt, deren Breite gleichmässig mit der Breite der Insel anwächst und abnimmt.

Es dürfte gewagt erscheinen ein Gebirge wie das von Madeira, welches nicht allein an den Seiten in unmittelbarer Aufeinanderfolge von tiefen Schluchten durchfurcht, sondern auch im Innern mit Ausnahme von ein oder zwei Hochgebirgstafelländern beinah vollständig von tiefen, kesselartig erweiterten Thälern ausgehöhlt ist, es dürfte gewagt erscheinen, ein solches Gebirge von vorneherein als einen länglichen, kühn emporragenden Höhenzug darzustellen, dessen Gipfel ursprünglich einen erweiterten, abgeplatteten und sanft geneigten Kamm bildete. Die Abplattung wie die Aushöhlung sind indessen unverkennbar vorhanden und bilden so hervorragende Erscheinungen, dass wir zunächst darüber entscheiden müssen, welcher von beiden bei Bestimmung der Urform des Gebirges der Vorrang einzuräumen ist. Oder mit anderen Worten es kommt zunächst darauf an zu untersuchen, ob die Insel anfänglich eine steil ansteigende, oben abgeplattete Bergmasse bildete, die erst später in Thälern ausgehöhlt und von Schluchten durchfurcht ward, oder ob die Aushöhlung und Durchfurchung eine Folge von Aufberstungen war, die bei der Herstellung der gegenwärtigen Gestalt und Höhe des Gebirges stattfanden. Was die Letztere Voraussetzung betrifft, so dürften wir bei der oben geschilderten räumlichen Ausdehnung der Insel nach Länge, Breite und Höhe nur darauf rechnen, eine längliche mittlere Vertiefung aufzufinden. Und in der That erscheint, wie ein Blick auf die Karte zeigt, das Innere der Insel bis auf ein kleines Stück am Paul da Serra der ganzen

Länge nach in tiefen Thälern geöffnet, die man möglicherweise von einer, der länglichen Gebirgsform entsprechenden Längenspaltung abzuleiten versucht sein könnte. Allein diese Annahme lässt sich durch Anführung einiger Thatsachen leicht und sicher widerlegen. Es sind nehmlich die Thäler von Machico, Porto da Cruz, Meio Medade, des Curral und der Serra d'Agoa durch feste ungeborstene Scheidewände getrennt, die aus breiter Grundlage in schmale oft ausgezackte Kämme auslaufen. Wenn nun schon diese Zwischenwände mit ihrer ungestörten Schichtenfolge bei einer Hebung und Zerreissung des Gebirges unmöglich ihre jetzige Lage behaupten konnten, so ist es völlig undenkbar, dass bei einer Spaltung des Höhenzuges zwischen der Serra d'Agoa und dem Thale der Janella im Paul da Serra ein ausgedehntes Hochgebirgstafelland von etwa 2½ Minuten Länge und beinah 2 Minuten Breite vollständig und unversehrt zurückbleiben sollte. Denn ein Gebirge wie das von Madeira musste, wenn es überhaupt durch eine oder mehrere Hebungen zerrissen ward, entschieden zunächst in einer Längsspalte aufbersten, von welcher sich dann Seitenspalten gegen die Küstenlinie abzweigen mochten. Fehlt aber diese klaffende Längsspalte und sind an ihrer Stelle die aneinander gereihten Vertiefungen durch Wände mit breiter Grundlage, die in ihrer Schichtung keine Zerreissungen und Verwerfungen erlitten, oder gar durch ein ausgebreitetes Hochgebirgstafelland gesondert, dann dürfen wir die Thalbildungen nicht mit einer Aufrichtung und Zerberstung des länglichen, kühn emporsteigenden Gebirges in Verbindung bringen. Wir müssen daher bei Bestimmung der ursprünglichen Bergform der Insel Madeira zunächst die Abplattung als maassgebend erachten und demgemäss hauptsächlich die beiden noch erhaltenen Hochgebirgstafelländer ins Auge fassen, von denen das eine, der Paul da Serra, die Serra d'Agoa und das Thal von S. Vicente vom Janella Thale trennt, während das andere am Poizo südlich vom Medade-Thale ausgebreitet liegt. Wo das Hochgebirge in diesen Tafelländern noch vorhanden ist, da dacht es sich allmählich unter einem Winkel von etwa 5 Graden von Nord nach Süd ab; aber auch da wo es gegenwärtig von tiefen Thälern ausgehöhlt erscheint, deutet an diesen die Erhebung der nördlichen und südlichen Einfassungswände ähnliche ursprüngliche Formverhältnisse an. Nur am äussersten Westende der Insel muss, bevor das Thal der Janella eingeschnitten ward, der abgeplattete Kamm in einer andern Richtung abgedacht gewesen sein. Aus diesem Gesichtspunkte aufgefasst muss daher die Bergform von Madeira in allgemeinen Umrissen in folgender Weise bestimmt werden.

Die Gebirge der Azoren, der Madeira Inseln und der Canarien lassen sich, wie in der Beschreibung der zuerst genannten Gruppe ausführlicher

gezeigt wurde,*) auf zwei Hauptformen zurückführen, die in mannigfalti-
gen Abänderungen entweder für sich allein oder neben einander zu einem
Ganzen verbunden auftreten und die nicht durch Hebung, wohl aber durch
die allmählige Anhäufung der vulkanischen Erzeugnisse gedeutet werden
können. Neben dem Bergdom, der entweder flach gewölbt, abgestumpft
oder zu einem zuckerhutförmigen Kegelberge zugespitzt ist und allein die
Anwesenheit eines grössern, thätigen oder erloschenen Vulkans anzudeuten
vermag, kommt viel häufiger der Bergrücken vor, der flach gewölbt, zu
einer Bergschneide zugeschärft, oder zu einem Hochgebirgstafellande abgeplattet sein kann. Auch Madeira stellt nur einen Bergrücken dar,
dessen Gestaltung wir erst dann in ihrer wahren Bedeutung aufzufassen im
Stande sind, wenn wir die bis zu einer mittleren Tiefe von 1200 Fuss untergetauchte Grundlage ebenfalls berücksichtigen. Mit Hinzurechnung des untermeerischen Sattels zwischen den Dezertas und der Insel Madeira zerfällt
der aus dem Meeresgrunde aufragende, mehr als 60 Minuten lange Höhenzug in zwei Hälften von sehr verschiedener Höhe und Breite. Denn in einer
Tiefe von 200 Faden oder 1200 Fuss bilden, wie auf Tafel I angedeutet ist,
die Dezertas, der untermeerische Sattel und die niedere, schmale Landzunge
von S. Lourenço einen Bergrücken von annähernd gleicher Breite, die nur in
der Mitte des untergetauchten Zwischengliedes etwas zusammenschrumpft.
Dieser Bergrücken streicht zuerst in südsüdöstlich nordnordwestlicher Richtung, wendet sich aber in der Nähe von Madeira gegen WNW oder beinah
gegen W, während sein Kamm in den Dezertas bis 1600 Fuss über dem
Meeresspiegel aufragt, in dem Sattel, soweit es die Lothungen erkennen
lassen, 276 bis 438 Fuss untergetaucht ist und in der Ponta de S. Lourenço
nur einige 100 Fuss Meereshöhe erreicht. So stellt dieser, theils sichtbare,
theils untergetauchte Bergrücken bei einer durchschnittlichen Breite von 4
bis 5 und bei einer Länge von etwa 30 Minuten die östliche oder südsüd-
östliche Hälfte des Madeira-Gebirges dar, dessen andere Hälfte sich ebenfalls
in einer Meerestiefe von 1200 Fuss noch 31 Minuten weiter westwärts erstreckt und bei Funchal eine grösste Breite von 16 Minuten erlangt. Das
Insel-Gebirge jedoch dehnt sich, von hohen Klippen umsäumt, bei einer
grössten Breite von 12 und mit Ausschluss der schmalen niederen Landzunge
von S. Lourenço nur noch 27 Minuten gegen Westen aus und bildet, steil
ansteigend, bei weitem den ansehnlichsten Theil der über die Meeresfläche hinausragenden Bergmassen. Sein Gipfel stellt einen abgeplatteten sanft abgedachten Kamm dar, dessen Breite und Meereshöhe mit der Breite der Insel

---

*) Die Azoren, in ihrer äussern Erscheinung und nach ihrer geognostischen Natur
geschildert von G. Hartung. Leipzig. W. Engelmann, 1860.

anwachsen und abnehmen. Dieser bereits erwähnte Umstand erklärt die Thatsache, dass die Hauptmasse des Gebirges von Madeira bei verschiedener Erhebung nicht mit verschiedenen sondern mit übereinstimmenden Böschungswinkeln emporragt und diese Thatsache ist wiederum bei Erforschung der Entstehungsweise der Bergmasse von Bedeutung, weil sie gegen die Annahme einer aufrichtenden Hebung spricht, die da, wo sie am meisten wirksam war, ausser der bedeutendsten Höhe auch die steilste Abdachung hervorrufen musste.

. In solcher Weise nur können wir, mit Berücksichtigung der bis zu 1200 Fuss untergetauchten Grundlage, im Grossen und Ganzen die Bergformen von Madeira auffassen. In wie weit nun diese in einzelnen Theilen Abänderungen erlitten, die jedoch als untergeordnete dem eben entworfenen Gesammtbilde keinen Eintrag thun, und wie die zahlreichen oft kesselartig erweiterten Thäler entstanden, das soll im Verlauf dieser Schilderung ausführlicher besprochen werden.

Die Erosion durch das Meer.

Für die verheerende Einwirkung der Wellen spricht schon die durchschnittliche Höhe der jähen Meeresklippen, welche mit nur ganz wenigen Ausnahmen durchweg die Küstenlinien dieser Inseln darstellen. Und ausserdem stehen an den der vorherrschenden Windesrichtung zu oder abgekehrten Küsten einerseits die Höhe der Klippen und andrerseits die Entfernung von diesen bis zu den zu einer gewissen mittleren Tiefe untergetauchten Punkten der untermeerischen Gebirgsgrundlage in einem bestimmten gegenseitigen Verhältniss, welches ein beträchtliches Vorrücken der Brandung ausser Zweifel zu setzen scheint. Diese Erscheinung, die schon Darwin in seinen „Beobachtungen auf vulkanischen Inseln“ berührt, tritt nicht nur an den Inseln der Madeira-Gruppe sondern auch namentlich an den Canarien und selbst an den Azoren in einer Weise hervor, die gebieterisch die Beachtung des Beobachters in Anspruch nimmt.

Ueber die im Bereich der Madeira - Inselgruppe vorherrschende Windesrichtung finden wir in Dr. Mittermaiers Schrift in dem Abschnitt, der von den meteorologischen Erscheinungen handelt, die nachstehenden Angaben.*)

---

*) Madeira und seine Bedeutung als Heilungsort. Carl Mittermaier. Heidelberg. J. C. B. Mohr, 1855.

Nach Dr. Heineken's Beobachtungen (1827—28) weht der Wind über Madeira in den verschiedenen Jahreszeiten vorherrschend aus den folgenden Richtungen:

Zeit.	N.	NO.	O.	SO.	S.	SW.	W.	NW.
Winter	221	332	66	55	22	28	221	55
Frühling	125	353	141	33	5	27	207	109
Sommer	36	690	65	11	0	0	141	57
Herbst	71	401	110	44	0	28	253	93
Jahr	113	444	95	36	7	21	206	78

557   159   284

841

1000

Dr. Mittermaier bestimmte, wenn nicht gerade besondere örtliche Luftströmungen Berücksichtigung erheischten, die Windesrichtung nach der am tiefsten ziehenden Wolkenschichte und erhielt in den Jahren 1852 und 53 in 1525 Fällen, die so wie in der obigen Zusammenstellung auf 1000 Beobachtungen berechnet sind, das folgende Ergebniss:

N.	NNO.	NO.	ONO.	O.	OSO.	SO.	SSO.	S.	SSW.	SW.	WSW.	W.	WNW.	NW.	NNW.
256	68	88	29	4	4	1	8	8	8	24	35	77	54	170	166

441   92   467

908

1000

Nicht näher berühren dürfen wir den Unterschied beider Zusammenstellungen, den Dr. Mittermaier grossentheils dadurch erklärt findet, dass er nicht im Sommer zu beobachten Gelegenheit hatte, wo der Nordost als Passat entschieden vorherrscht. Für unsern Zweck genügt es das Uebereinstimmende hervorzuheben und darauf hinzuweisen, in welchem bedeutenden Verhältniss die nördlichen, nordöstlichen, nordwestlichen und westlichen Winde neben den südlichen, südwestlichen, südöstlichen und östlichen Luftströmungen vorwiegen. Aus den letzteren Richtungen wehen wohl mitunter ungemein heftige Stürme, allein diese sind so selten und von so kurzer Dauer, dass sie ungeachtet der Höhe der Wellen, die sie zeitweise aufthürmen, neben der aus den andern Richtungen andauernd vordringenden Brandung um so weniger Bedeutung erlangen, als weitaus die meisten Stürme am anhaltendsten aus N. und NW wehen. Der Unterschied, den wir in den obigen Zusammenstellungen in Zahlen ausgedrückt finden und der sich dem Beobachter auf Reisen durch die Insel zu allen Jahreszeiten bemerkbar macht, spiegelt sich bis auf wenige Ausnahmen, auf die wir sogleich zurückkommen werden, in der Höhe der Meeresklippen der verschiedenen Küstengegenden ab. Diese aber steht zur Ausdehnung der bis zu einer mittleren Tiefe von etwa 200 Faden erforschten Grundlage in einem gewissen Verhältniss, das wie bereits erwähnt, die von der Dauer und Heftigkeit des Windes geregelte Stärke der landeinwärts vordringenden Brandung vermuthen lässt. Auf der kleinen Karte Tafel I sind ausserhalb der Küstenlinien die Punkte, die mittlere Tiefe von 50, 75, 100 und 200 Faden haben, durch aufeinanderfolgende Linien verbunden, von welchen die von 50 und 100 Faden Tiefe, der leichteren Unterscheidung wegen, punktirt wurden. Ein Blick auf diese Karte genügt um zu zeigen, dass bei Madeira und Porto Santo die untermeerische Grundlage, deren Bodengestaltung jene Linien andeuten, an den nordwestlichen, nördlichen und nordöstlichen Küsten, die gleichzeitig durch höhere Abstürze gebildet werden, im Allgemeinen weiter über die Klippen ins Meer hinausreicht als an den südwestlichen, südlichen und südöstlichen Seiten dieser Inseln. Bei den Dezertas gilt diese Beobachtung nicht. Dort erstreckt sich die bis zu 200 Faden untergetauchte Grundlage mit Ausnahme der Madeira zugekehrten Seite, an welcher der untermeerische Sattel beginnt, in annähernd derselben Entfernung über die nahezu gleich hohen Klippenwände hinaus; und das stimmt bei der nordnordwestlich südsüdöstlichen Richtung dieser schmalen Inseln und bei der vorherrschenden Windesrichtung ganz mit der Annahme überein, dass die windab gelegenen, nicht aber die von der vorwaltenden Luftströmung bestrichenen Seiten des gegenwärtig aufragenden Gebirges durch längere Zeit hindurch einer weniger zerstörenden Brandung ausgesetzt waren.

Was im Obigen über die Windesrichtung bei der Madeira-Gruppe angeführt wurde kann man auch für die Canarien vielleicht mit dem Unterschied als maassgebend erachten, dass dort der Nordost-Passat viel anhaltender weht. Wie nun in dieser Inselgruppe das oben berührte Verhältniss zwischen der vorherrschenden Windesrichtung, der Höhe der Klippen und der Ausdehnung des bis zu einer gewissen Tiefe untergetauchten Meeresgrundes sich im Allgemeinen und besonders bei Lanzarote und Fuertaventura wiederholt, das ist in der Beschreibung dieser beiden Inseln ausführlich erwähnt, wo auch gleichzeitig darauf aufmerksam gemacht wurde, wie gewisse Ausnahmen von dieser vorherrschenden Regel sich aus dem Alter der der Brandung ausgesezten vulkanischen Massen erklären lassen. Bei den Azoren herrschen ebenfalls nördliche, nordwestliche und nordöstliche Winde vor, allein die südlichen, südöstlichen und südwestlichen Luftströmungen steigern sich bei weitem häufiger, selbst in der wärmeren Jahreszeit zu Stürmen, die dann auch länger andauern als dies durchschnittlich in den südlicher gelegenen Inselgruppen der Fall ist. Schon deshalb dürfte hier das Verhältniss zwischen den aus den entgegengesetzten Richtungen wehenden Winden sich nicht ganz in dem Maasse als es die auf Madeira angestellten Beobachtungen in Zahlen ausdrücken, verschieden herausstellen. Ausserdem aber sind, wie in der Beschreibung der Azoren ausführlicher dargethan ist, gerade dort durch die vulkanische Thätigkeit in den späteren und spätesten Perioden der Erdumbildung viel anhaltender bedeutende Massen neuerer vulkanischer Erzeugnisse abgelagert worden, die auf die Einwirkung der Brandung im Laufe der Jahrhunderte einen nicht zu übersehenden Einfluss ausüben mussten. So kommt es, dass in dieser Inselgruppe die hier näher zu erörternde Erscheinung wenngleich bemerkbar, doch nicht so deutlich als bei Madeira ausgesprochen ist. Denn, späteren Erörterungen vorgreifend, müssen wir hier gleich hervorheben, dass, wie wir aus gewissen Beobachtungen wahrnehmen können, in Madeira, Porto Santo und in den Dezertas die letzten Ausbrüche und Ablagerungen bedeutend früher als in den beiden benachbarten Insel-Gruppen stattfanden, und dass demgemäss die Bergmassen schon durch lange Zeiträume hindurch ungestört den Einwirkungen der Wellen und des fliessenden Wassers ausgesetzt sein müssen. Darum eignen sich gerade diese hier ausführlicher zu schildernden Inseln besser als andere zur Beurtheilung der zerstörenden, landeinwärts vordringenden Kraft der Brandung, jener anscheinend so unumstösslichen Thatsache, die indessen, wie wir sogleich sehen werden, sich nicht so leicht mit anderen Erscheinungen in Einklang bringen lässt.

Wenn nun einestheils das Verhältniss der Höhe der Meeresklippen und der Ausdehnung des angrenzenden, bis zu einer gewissen Tiefe untergetauchten Meeresgrundes die zerstörende Einwirkung der Brandung vermuthen lässt, so können wir anderntheils in manchen Fällen auch noch an den Formen der Bergmasse abnehmen, welche Strecken die landeinwärts vordringende Brandung ungefähr zurückgelegt haben muss. Wollten wir in Porto Santo (Taf. IV, Fig. 1 und 2) das Gebirge, vervollständigen, so müssten wir mehr auf den der vorherrschenden Windesrichtung zugekehrten als auf den geschützten Seiten hinzufügen. Ja an dem niederen Zwischengliede, wo die Wasserscheide jetzt auf der Höhe der Klippenwand liegt, ist die ganze nordwestliche Abdachung und vielleicht sogar der Kamm mit einem Theil des südöstlichen Gehänges verschwunden. In den Dezertas dagegen, wo die einander gegenüberstehenden Gehänge an beiden Seiten annähernd in gleicher Weise von der Brandung in Angriff genommen wurden, ragen nur die verschmälerten, oder zugeschärften Kämme, von jähen Klippen eingefasst, über dem Meere empor (Tafel VIII, Fig. 4). An der Ostspitze von Madeira aber fehlt wie an jener Stelle von Porto Santo wieder die ganze nördliche Ab-dachung und ausser dem Kamm auch wahrscheinlich ein Stück des südlichen Gehänges, das, nach der Schichtung des übrig gebliebenen Theiles zu schlies-sen, anscheinend nur noch theilweise vorhanden ist. Dieser oberflächlichen Gestaltung entspricht dann die Ausdehnung der bis zu einer mittleren Tiefe von 50 Faden untergetauchten Gebirgsgrundlage, die über die niederen süd-lichen Klippen der Ponta de S. Lourenço noch lange nicht halb so weit hinausreicht als über die sehr bedeutend höheren Abstürze der nördlichen Küste. (Tafel III, Fig. 2).

Etwas weiter westlich, wo der Bergkamm sich etwa 2000 Fuss über die Meeresfläche erhebt, können wir sogar annähernd die kleinste denkbare Strecke bestimmen, welche die Brandung nach landeinwärts vordringen musste. Dort ist nehmlich der Höhenzug gegen Norden ganz nahe dem Kamm durch eine hohe Klippe abgeschnitten, während sich das andere Ge-hänge südwärts bis dahin abdacht, wo das Hochland des S. Antonio da Serra daran stösst, das freilich jetzt durch das obere Machico-Thal davon gesondert wird. Wollten wir nun die nördliche Seite dieser Bergkette, die sich, wie ein kleines Stück des übrig gebliebenen Gehänges andeutet, nordwärts ab-dachte, im Geiste ersetzen, um zu sehen wie weit der Abhang dort bis zu der Stelle hinausreichte, wo er die Meeresfläche berührte, bevor er unter den Wellen verschwand und durch eine hohe Klippenwand ersetzt ward, so könn-ten wir, um sicher zu gehen, von den mittleren Werthen der Einfallswinkel, die überhaupt auf Madeira beobachtet wurden, den beträchtlichsten wählen und in runder Zahl 15° ansetzen. Dieser Winkel entspricht einer Steigung von 1 in 4. Wenn also die Höhe des Kammes etwa 2000 Fuss beträgt, so musste bei einer mittleren Abdachung von 15° die Oberfläche des Gehänges in einer Entfernung von viermal 2000 oder von 8000 Fuss den Meeresspiegel zuerst berührt haben. Oder mit andern Worten wir können annehmen, dass die Brandung mehr als eine Minute (zu 6000 Fuss) nach landeinwärts vor-dringen musste, um das Nordgehänge bis nahe an den Kamm abzuschnei-den und in eine jähe Klippe zu verwandeln. Möglicher Weise zwar könnte die Abdachung dieses zerstörten Gehänges bedeutender gewesen sein und etwa 20° betragen haben, was indessen immer einen wagrechten Abstand von 6000 Fuss, oder selbst dann noch etwa 3/4 Minute Entfernung ergeben würde, wenn wir ein Stück für den noch erhaltenen obersten Theil des Nordabhanges abziehen. Allein diese letztere Schätzung ist nach den Ver-hältnissen, die an dem Madeira-Gebirge beobachtet wurden, schon deshalb unzulässig, weil der Grad der Abdachung der Gehänge veränderlich ist und, wie wir an den (auf Tafel II, Fig. 1 bis 3) gegebenen Durchschnitten sehen, meistentheils an den Küsten unten, selten höher oben bedeutend vermindert wird. Diese Regel muss natürlich auch bei dem verschwundenen Gehänge Berücksichtigung finden und so wird es denn nicht nur wahrscheinlich, dass dessen Abdachung sich nach abwärts verminderte, sondern es ist sogar denkbar, dass sich (wie z. B. auf beiden Seiten des Durchschnittes Tafel II, Fig. 3) ein ganz sanft geneigter Küstenstrich weiter ins Meer hinein erstreckte. Darum dürfte der zuerst angenommene Winkel von 15°, bei der mit 2000 Fuss ebenfalls nicht zu hoch geschätzten mittleren Höhe des Bergkammes, die geringste denkbare Entfernung ergeben, welche die Brandung im Laufe der Zeit zurückgelegt haben muss.

Ueberhaupt aber können wir bei einem Versuch, eine Anschauung von der zerstörenden Einwirkung der Brandung zu gewinnen, nur das möglichst kleinste Stück, das unter den Wellen verschwand, berücksichtigen und andeuten, dass in vielen Fällen ein sanfter abgedachtes Küstenland sich weiter ins Meer hinaus erstreckt haben dürfte. Denn vollständig unsichere Ergebnisse würden wir erzielen, wenn wir uns die Schichten unter den Neigungswinkeln, unter welchen sie in der Nähe der Küsten einfallen, über die Klippen hinaus verlängert dächten, weil wir eben nach den an der jetzigen Gebirgsoberfläche angestellten Beobachtungen nie wissen könnten, auf welche Entfernung und in welchem Maasse die Abdachung der fortgeführten Stücke sich geändert haben mochte. Dagegen erklärt eben die Verschiedenheit, die wir in der Abdachung der jetzt zerstörten Küstenstriche als möglich voraussetzen müssen, eine bereits früher berührte Ausnahme von einer weit verbreiteten Erscheinung, nehmlich die unverhältnissmässige Höhe mancher Klippen, denen nicht, wie das sonst durchschnittlich der Fall zu sein pflegt, eine beträchtlichere Ausdehnung des angrenzenden bis zu einer bestimmten Tiefe untergetauchten Meeresbodens entspricht. Denn wenn z. B. die Schichten am Cabo Girão unter einem Winkel von 15°, dicht daneben im Muldenthale von Funchal aber unter einem Winkel von nur 5° einfielen, so ist es klar, dass die Brandung, wenn sie an beiden Stellen Stücke von einer Minute Ausdehnung entfernte, dort einen viel höheren Absturz als hier hervorbringen musste. Oder mit andern Worten, wenn die Brandung an einem Gehänge von 15° Abdachung schon auf eine Entfernung von etwas über eine Minute (6400 Fuss) eine Klippenwand von 1600 Fuss senkrechtem Abstand herstellen konnte, so musste die zerstörende Kraft an einem Bergabhang von nur 5° Neigung über drei Minuten (18,400 Fuss) vordringen bevor ein Absturz von gleicher Höhe entstand.*) Kaum zu erwähnen dürfte

---

*) Der Winkel von 15° entspricht einer Steigung von 1 in 4, ergiebt also bei einem senkrechten Abstande von 1600 Fuss viermal 1600 oder 6400 Fuss Längenausdehnung.

sein, dass bei dem weiteren Vordringen der Brandung die Höhe der Klippe gar nicht in Betracht kommt. Nur die zerstörende Kraft des Meeres und die Widerstandsfähigkeit der unteren von den Wellen getroffenen Schicht sind maassgebend, die darüber lagernden Massen stürzen, mögen sie noch so compact oder noch so hoch angehäuft sein, von selbst nach.

Wenn sich nun an manchen Stellen aus den Formen der übriggebliebenen Bergmassen der Umfang derjenigen Stücke, die unter den Wellen verschwunden sein müssen, annähernd bestimmen lässt, und wenn auch die Ausdehnung der bis zu einer gewissen Tiefe untergetauchten Gebirgsmasse im Allgemeinen zu dem Ergebniss dieser Beobachtungen in einem entsprechenden Verhältniss steht, so ist die Thatsache, dass die Brandung im Laufe der Zeit in einem zwar verschiedenen aber immerhin beträchtlichen Grade landeinwärts vordrang, nicht wegzuleugnen. Und doch steigen, wie bereits angedeutet, gegen diese anscheinend so unwiderlegliche Thatsache Zweifel auf, sobald wir die Bodenverhältnisse des Meeresgrundes betrachten, der die Klippenwände bis zu einer gewissen Tiefe herab umgiebt. Da die Wellen, wie man anzunehmen berechtigt ist, ihre zerstörende Kraft nur bis zu der geringen Tiefe von einigen Faden (Darwin meint 5 bis 6) auszuüben vermögen, so müsste, von theoretischem Standpunkte betrachtet, der Meeresgrund sich von dem Fusse der jähen Klippen ganz allmählich herabsenken; und diese fast ebenen oder ganz sanft abgedachten Untiefen müssten sich, der ursprünglichen Ausdehnung und Abdachung der entfernten Berggehänge entsprechend, nach Umständen mehr oder weniger weit unter dem Wasserspiegel hinziehen. Das ist aber in Wirklichkeit durchaus nicht der Fall. Wenn wir an dem Absturz des Höhenzuges unmittelbar westlich von der Landzunge von S. Lourenço, wo wir zuerst den kleinstmöglichsten Umfang des Stückes, das unter den Wellen verschwunden sein muss, zu bestimmen versuchten, und an den Klippen der Durchschnitte auf Tafel II, Fig. 1 bis 3, unbekümmert um den Einfallwinkel der den Küsten zunächst liegenden Schichten, eine Abdachung von 15° annehmen, die wir durch punktirte Linien dort so wie auf Tafel VIII Fig. 4 angedeutet finden, so treffen die in dieser Weise verlängerten oder fortgeführten Oberflächen des Gebirges Punkte der Meeresoberfläche, die über Tiefen von zwischen 30 und 40 Faden oder 180 und 240 Fuss liegen. Es ist nach der Oberflächengestaltung von Madeira weder anzunehmen, dass die Schichten und die Berggehänge an diesen von den Wellen zerstörten Theilen steiler einfielen, noch denkbar, dass die Meereserosion bis zu einer solchen Tiefe herab ihre zerstörende Kraft ausüben sollte. Hier angelangt bleibt uns daher nichts übrig als auf

---

Der Winkel von 5° entspricht einer Steigung von 1 in 11½, weshalb wir bei einer Höhe von 1600 Fuss 11½ mal 1600 oder 18,400 Fuss wagerechten Abstand erhalten.

das zurückzukommen, was bereits Darwin in seinen „geologischen Beobachtungen über Südamerika" andeutet, darauf nehmlich, dass die Gebirge
der Gruppe schon seit langen Zeitabschnitten in einer allmählichen Senkung begriffen sein müssen. Denn nur so lassen sich
die unbestreitbare Einwirkung der Meereserosion und das wohl unfehlbar
nachgewiesene Vordringen der Brandung mit dem Ergebniss der Lothungen
in Einklang bringen.

Was den Grad der Senkung betrifft, so kann diese nach den obigen
Erörterungen kaum weniger als 150 Fuss betragen haben, vorausgesetzt,
dass die Brandung bei Herstellung der Klippenwände die Bergmassen nur
bis zu einer Tiefe von 5 bis 6 Faden zerstören konnte. Nun sind aber im
Thale von S. Vincente Ueberreste von Meeresconchylien gefunden, welche der
obern miocänen Periode angehören und durch ihre Lagerung beweisen, dass in
jenem Zeitabschnitt das Gebirge der Insel um 1350 Fuss tiefer als gegenwärtig untergetaucht gewesen, oder dass mit andern Worten die Bergmasse, an
dieser Stelle wenigstens, um etwa 1350 Fuss aus dem Meere emporgestiegen
sein muss. Rechnen wir dazu das Ergebniss der eben mitgetheilten Beo-·
bachtungen, so ·ergiebt sich schliesslich, dass die Bergmasse früher um etwa
1500 Fuss höher als gegenwärtig und zwar bis zu der Zeit über dem Meeresspiegel emporragte, wo sie seit dem Beginn der Bildung der gegenwärtigen Klippenwände wiederum in Folge einer langsamen Senkung etwa 150
Fuss von ihrer einstigen Höhe einbüsste. Die Klippen, die etwa vor und
während der Hebung entstanden sein mögen, sehen wir nicht mehr. Die
sind nicht nur seit der Senkung der ganzen Bergmasse unter den Meeresspiegel verschwunden, sondern wohl auch von den vulkanischen Erzeugnissen
überdeckt, welche, über den miocären Schichten anstehend, seit der Zeit, wo
die Insel um 1350 Fuss tiefer als jetzt untergetaucht war, abgelagert sein
müssen. Die beträchtliche Mächtigkeit dieser jüngeren Gesammtmasse beweist, dass das Gebirge seit jener durch die organischen Reste bezeichneten
Periode durch Anhäufung von Material wie durch Hebung an Höhe gewann,
beides Ursachen, die, wie wir wohl annehmen können, einige Schwankungen
abgerechnet, im Allgemeinen gleichzeitig eingewirkt haben dürften. Die Anhäufung dieser später entstandenen Gesammtmasse fand aber hauptsächlich
oberhalb des Meeres statt; das beweisen die Pflanzenabdrücke, die kaum
7 Minuten östlich von S. Vicente in der Ribeira de S. Jorge 1014 Fuss
über dem Meeresspiegel, also beinah 350 Fuss tiefer als die untermeerischen
Schichten anstehen. Die letzteren sind wohl auf Porto Santo, aber ausser
S. Vicente auf Madeira in keinem der anderen so überaus zahlreichen und
tiefen Thäler aufgefunden worden, obschon man sich wegen der begleitenden
Kalksteinbildung viel Mühe darum gab. Es ist daher wenigstens denkbar,

dass die obermiocänen Schichten nur in dem Theile der Insel, wo jetzt S. Vicente liegt, in dem von ihnen bezeichneten Meeresniveau entstanden; oder mit andern Worten, es könnte wohl sein, dass zu der Zeit als die bei S. Vicente eingeschlossenen Thiere lebten, nur ein kleiner Theil der untergetauchten Bergmasse an die Meeresfläche heran oder auch stellenweise darüber ·hinaus ragte. Wie dem aber auch sei, immerhin muss die Stelle, an der jetzt die Pflanzenreste von S. Jorge begraben liegen, damals noch ziemlich tief vom Meere bedeckt gewesen sein. Erst als die Bergmasse durch Hebung und Anhäufung von vulkanischen Erzeugnissen bis zu einem gewissen Grade erhöht war konnten die Pflanzen der Lignitbildung wachsen, welche nach der Bestimmung des Professor Heer einer späteren Zeit als die organischen Reste von S. Vicente angehören und gegenwärtig unter einer Gesammtmasse von etwa 1000 Fuss Mächtigkeit anstehend vorkommen.

Schritt, wie wir wohl annehmen können, seit der Bildung der obermiocänen Schichten die Hebung wenigstens im Grossen und Ganzen gleichmässig mit der Anhäufung vor, so musste die erstere aufgehört haben, als in Folge der letzteren die später gebildete Gesammtmasse wenigstens nahezu vollendet war, als das Inselgebirge in seinem gegenwärtigen Umfang emporragte und andauernd den Einwirkungen der Brandung und des fliessenden Wassers ausgesetzt war, die von da an nur noch vorübergehend hier und da durch unbedeutende Ablagerungen etwas gestört sein mögen, aber nicht aufgehalten werden konnten. Dann erst machte sich die Senkung fühlbar, ohne welche die Entstehung der Klippenwände und die Tiefe des Meeresgrundes, der die Küsten umgiebt, nicht durch den Einfluss der Brandung erklärt werden können. Während die Hebung der Oertlichkeit und Zeit noch beschränkt und anscheinend an andere Vorgänge gebunden war, ist es nicht unwahrscheinlich, dass sich die Senkung durch längere Zeitabschnitte über einen Theil der Erdoberfläche verbreitete und wohl jetzt noch wie früher in so geringem Grade andauert, dass Jahrhunderte verlaufen müssen ehe sich deutlich eine Spur davon entdecken liesse. Von den geschichtlichen Ueberlieferungen, die kaum etwas über 400 Jahre zurückreichen, können wir um so weniger Aufschluss erwarten, da nirgends ausgedehnte Küstenstrecken vorkommen, die beinah flach oder nur so unbedeutend geneigt sind, dass sie bei einer Senkung, die vielleicht kaum mehr als 1 Fuss in 100 Jahren betrug, während jener Zeit merklich überfluthet werden konnten. Bei den Klippenwänden aber musste eine Senkung um so mehr der Beachtung entgehen, da die vordringende Brandung in Folge der andauernden Zerstörung die Form der Felswände veränderte. Bodenschwankungen, die, nach aufwärts wie nach abwärts gerichtet, bei Puzzuoli an Bauten für die neueste Zeit nachgewiesen sind, müssen jedenfalls auch hier in früheren wie späteren

Zeitabschnitten stattgefunden haben. Und ausserdem scheint die Annahme viel für sich zu haben, die Darwin in seiner Beschreibung der Korallenriffe und Inseln der Südsee anregt, die Annahme nehmlich, dass eine langsame säkuläre Senkung sich erst dann wieder bemerkbar machen konnte, als gewisse Ursachen, die ihr zeitweise kräftig entgegenwirkten, entschieden zurücktraten. So hätte auch hier die vulkanische Thätigkeit ungeachtet einer zwar geringen aber andauernden Senkung des Meeresgrundes dennoch die von ihr gebildeten Gebirge durch Anhäufung von Masse und durch Emporschieben bald mehr bald weniger über die Meeresfläche hinaus erhöht, bis die erschlaffte oder vollständig erloschene Kraft die langsam sinkenden Berggebäude dem zerstörenden Einfluss des Meeres und des Luftkreises überliess.

Die Erosion durch fliessendes Wasser.

Die Betrachtung der Bergform ergab bereits, dass die Ursache der Thalbildung auf Madeira nicht in einer aufrichtenden Hebung, die klaffende Spalten hervorrief, zu suchen ist. Die genauere Untersuchung der Schluchten und der kesselartig erweiterten Thäler bestätigt eine solche Voraussetzung. Nirgends sind Spuren ursprünglicher Spaltenbildungen aufgefunden, nirgends setzt sich die Trennung der Schichten an den Uferwänden nach abwärts fort, nirgends ist der tiefere Theil einer nach unten verschmälerten Aufberstung mit Schutt und Geröllen angefüllt; überall bilden Felsenmassen, von Absturz zu Absturz reichend, die Bachbetten, die nur spärlich mit Geschieben bedeckt sind, weil diese sich bei dem steilen Gefälle erst tiefer unten an den Küsten anhäufen können. Und nicht nur macht sich der Felsenboden der Bachbetten gerade da am entschiedensten bemerkbar, wo die Bergmassen, ihrer Erhebung und Abdachung entsprechend, am tiefsten geborsten sein sollten, es sind sogar gerade an solchen Stellen manche Thäler und namentlich beinah alle Schluchten am wenigsten tief eingeschnitten, indem sie auf der Höhe des Gebirges als leichte Runsen entstehen und erst nach abwärts allmählich an Tiefe gewinnen. Alle diese Erscheinungen weisen auf die Erosion als auf diejenige Ursache hin, welcher die Entstehung der Thäler hauptsächlich zugeschrieben werden muss. Dennoch scheint es auf Madeira nothwendig bei der Bildung mancher Thäler auch noch andere Bedingungen vorauszusetzen. Dahin gehören namentlich die tiefen und weiten Kessel des Curral, der Serra d'Agoa und des Thales von S. Vicente. Um diese nun zu deuten könnten wir voraussetzen, dass an den Stellen, wo sie vorkommen, ursprünglich durch die vulkanischen Kräfte solche Krater ausgesprengt waren, wie sie in grosser Ausdehnung auf den Azoren und in kleinerem Maassstabe in der Eiffel mehrfach beobachtet wurden. Allein eine solche Annahme ist weder wahrscheinlich noch nothwendig. Denn erstlich vermissen wir auf Madeira jene Schutt- und Trümmermassen, welche in den Umgebungen solcher Krater, namentlich in der Nähe des Randes angehäuft sind; dann weichen auch die zu untersuchenden Thalbildungen so sehr in ihrer Gestaltung und Tiefe von den ausgesprengten Kratern ab, dass den letzteren immer nur ein geringer Antheil an der Herstellung der ersteren eingeräumt werden könnte; und endlich finden wir auf Madeira in anderen Bodenverhältnissen eine allgemein verbreitete Erscheinung, die bei Erklärung jener tief ausgehöhlten Kesselthäler schon deshalb hauptsächlich berücksichtigt zu werden verdient, weil sie an derselben Bergmasse auftritt.

Bei Betrachtung der Thalbildungen von Madeira machen sich, wenn wir die Art ihrer Entstehung erwägen, ganz entschieden zwei Ursachen geltend, deren Einwirkungen in vielen Fällen mehr oder weniger deutlich unterschieden, in anderen aber auch nicht mehr von einander gesondert werden können. Die eine Ursache, die Entstehung von natürlichen Mulden, war schon während der Ablagerung und Anhäufung der vulkanischen Erzeugnisse, also bei der Bildung des Gebirges vorhanden. Die andere Ursache, die Erosion durch fliessendes Wasser, trat mit ihren Einwirkungen erst dann in grösserem Maassstabe hervor, als die Bergmasse nahezu vollendet und den ungehemmten Einflüssen des Luftkreises ausgesetzt war. Natürliche Mulden, die Sir Charles Lyell sehr bezeichnend intercolline Räume oder intercolline Thäler nennt, kommen auf Madeira sehr häufig in der verschiedensten Form und Ausdehnung vor. Das umfangreichste der intercollinen Thäler ist auf Tafel V im Mittelpunkte der Ansicht von Madeira dargestellt, während seine Begrenzung auf der Karte ungefähr durch die Punkte d, 12, 15, e, f angedeutet wird. An der südlichen Abdachung des Hochgebirges ziehen sich, durch einen Zwischenraum von beinah 7 Minuten getrennt, östlich und westlich von Funchal zwei seitliche Höhenzüge am Palheiro und am Cabo Giraõ ans Meer, wo sie in jähen Abstürzen von 1000 und 1600 Fuss senkrechtem Abstande abgeschnitten sind, indessen zwischen ihnen die Küste in Klippenwänden von nur 100 bis 400 Fuss Höhe endigt. So entsteht, auf drei Seiten von den Gehängen des Hochgebirges und der seitlichen, von Nord nach Süd gerichteten Höhenzüge eingeschlossen, die Thalmulde von Funchal, die nach dem Meere zu offen ist und in ihrem Grunde von einem dritten niederen, ebenfalls von Nord nach Süd gerichteten Höhenzug in zwei kleinere natürliche Einsenkungen gesondert wird. In der östlicheren breiteren liegt die Hafenstadt Funchal, in der westlicheren schmäleren das Fischerdorf Camera de

Lobos; beide sind getrennt durch den bereits erwähnten niederen, breiten und flachgewölbten Bergrücken, der, mit zahlreichen kegelförmigen Hügeln bedeckt, sich in einer Höhe von ungefähr 1200 Fuss an das Hochgebirgsgegehänge lehnt und unfern des Meeres am Fusse des Pico da Cruz noch etwa 600 Fuss hoch sein mag. In Folge der Erosion sind die Abhänge und der dem Meere zugeneigte Grund dieser Mulde von ungemein zahlreichen, oft sehr tiefen Schluchten durchfurcht; und diese folgen in so geringen Abständen auf einander, dass nirgends breite Flächen, sondern nur schmale Bergrücken blieben, die, wie Bowdich zuerst treffend bemerkte, das Hochgebirgsgebäude wie Strebepfeiler zu stützen scheinen. In der östlicheren Einsenkung münden neben anderen kleineren die ansehnlichen Schluchten der Ribeira de S. Gonsalves, der Ribeira do Torreað, (die bei Funchal Ribeira de Sta Luzia genannt wird) und der Ribeira de S. Joað nahe bei einander an dem Geschiebestrande von Funchal aus. In der westlicheren Mulde fliesst das Wasser aus dem Curral durch die bedeutendste Schlucht der Insel, durch die Ribeira dos Socorridos bei Camera de Lobos nach dem Meere ab.

Während nun jene zahlreichen bald mehr bald weniger tiefen Schluchten die ursprüngliche Gestaltung oder die Form der Thalmulde von Funchal, die sie übrigens nicht im mindesten zu entstellen vermochten, nur in verhältnissmässig ganz geringem Grade abänderten, sind die Einwirkungen der Erosion in einer anderen kleineren natürlichen Mulde bei Herstellung des Thales von Machico von unverkennbarem, wenn nicht überwiegendem Einfluss gewesen. Dieses liebliche Thal ist in seinem oberen Theile von West nach Ost gerichtet. Die linke nördliche Seite bildet die Fortsetzung der Gebirgswasserscheide, die andere südliche stellt das Hochland von S. Antonio da Serra dar (Karte, i—l und b.) Die Abhänge des Höhenzuges und des Tafellandes flossen, einander genähert, früher in einer Mulde zusammen, die man noch jetzt ungeachtet der durch die Erosion entstandenen Veränderungen deutlich erkennen kann. Der untere Theil des Thales wendet sich südwärts und diese Richtung war so wie die andere höher oben ursprünglich durch die Bodenverhältnisse vorgezeichnet. Denn die seitliche Kette des Castanho-Höhenzuges (1—m, Karte), die sich von der Gebirgswasserscheide südwärts abzweigte, bildete mit der östlichen Abdachung des Hochlandes von S. Antonio da Serra eine andere natürliche Mulde, die Fortsetzung der erstgenannten oberen, und so ward für diesen Theil der Insel das Entwässerungsgebiet durch die Art wie die Bergformen in Folge der Ablagerung und Anhäufung der vulkanischen Massen entstanden ursprünglich angelegt.

Steigt man aus dem oberen Theil des Machico-Thales zum Portella-Pass empor, so überblickt man bei Porto da Cruz ein anderes intercollines Thal. Der seitliche Höhenzug i—k (Karte) erstreckt sich am Abhang des Gebirges herab gegen die Nordküste und da wo er in der Gegend des Lamaceiros-Passes die Wasserscheide der Insel verlässt, wendet sich diese mehr nordostwärts, so dass eine einspringende Ecke und eine natürliche Mulde entsteht, die in der Ansicht Tafel VII, Fig. 3 vom Portella-Passe aufgenommen ist. Westwärts von der seitlichen Kette i—k bilden die Curtadas bei g.h (Karte) eine andere Erhöhung des Gebirgsgehänges, die mit der erstgenannten früher ebenfalls eine natürliche Einsenkung, das Thal von Fayal, einschloss. Die Gestaltung dieser Mulde ist dort noch deutlich zu erkennen, auch ihre ursprüngliche Tiefe können wir ungeachtet der Zerstörungen, welche durch die Einwirkungen des fliessenden Wassers hervorgebracht wurden, wenigstens annähernd bestimmen, aber wie weit sie sich nach landeinwärts fortsetzte darüber lässt sich nur die Vermuthung aufstellen, dass auch höher oben im Gebirge eine natürliche Einsenkung das Entwässerungsgebiet des oberen Medade-Thales, in welchem jetzt nur noch die Spuren des Einflusses der Erosion deutlich hervortreten, vorgezeichnet haben mag. Auf der Ansicht Tafel VII Fig. 3 erblicken wir ganz links im Hintergrunde den Pico do Gato (Torres) auf der Wasserscheide zwischen dem Curral und dem oberen Medade-Thal, so wie den obersten Theil der Abstürze, die das letztere umgeben. Wo sich dieses Thal, das zuerst von West nach Ost verläuft, nordwärts wendet macht sich bereits die ursprüngliche Muldenbildung bemerkbar. In dieser fliesst auch der Ribeiro Frio, östlich vom Medade-Thal am Hochgebirge Poizo in zwei später vereinigten Armen entspringend, mit einem leicht gegen Ost geschwungenen Bogen in südlich nördlicher Richtung nach dem Meere ab. Da nun das obere Medade-Thal zwei, durch einen schmalen Bergrücken gesonderte Schluchten, die Ribeira da Medade und die sogenannte Melo Medade, durch die Mulde sendet, so unterscheiden wir hier mit Einschluss des Ribeiro Frio drei tiefe Einschnitte, die sich weiter unten vereinigen und bei Fayal gemeinsam ausmünden. Nach diesem Orte wird gewöhnlich der unterste oder nördlichste Theil dieser Thalbildung genannt, die wir auf der Ansicht Tafel VII Fig. 3 über dem Einschnitt zwischen der Penha d'Aguia und dem seitlichen Höhenzug (i—k auf der Karte) erblicken.

Eine merkwürdige Erscheinung bildet zwischen Porto da Cruz und Fayal die Penha d'Aguia, ein mächtiger Felsen, der bis 1915 Fuss über dem Meere emporragt und an der Terra de Battista durch einen Sattel von nur 737 Fuss Meereshöhe mit der seitlichen Bergkette (i—k der Karte) zusammenhängt. Wie könnte nun dieser auf Tafel VII Fig. 3 dargestellte Einschnitt entstanden sein? Zunächst wäre es denkbar, dass in einem frühern Zeitabschnitt, als die Insel 7 bis 800 Fuss tiefer als jetzt untergetaucht war, das Meer von Ost und von West in tief eingeschnittenen Buchten die gegenwärtig gesonderte Felsenmasse umspülte und unter dem Einfluss der Brandung allmählig

ganz von dem seitlichen Höhenzuge abtrennte. Wenn in diesem Theile der
Insel keine organischen Reste oder Geschiebebänke einen höheren Stand des
Meeres oder eine tiefere Lage der Bergmasse bekunden, so dürfen wir einen
solchen fehlenden Beweis, der vielleicht nur deshalb nicht geführt werden
kann, weil die betreffenden Stellen nicht aufgeschlossen oder noch nicht entdeckt sind, keineswegs zu hoch anschlagen. Auch die Abwesenheit von landeinwärts vorgeschobenen älteren Klippen könnte durch später erfolgte Ueber-
lagerungen erklärt werden. Nicht so leicht aber ist mit der obigen Annahme
das Vorkommen der Pflanzenreste, die dicht daneben am Ilheo da Vigia
(siehe Tafel VII Fig. 3) in ganz geringer Höhe oberhalb des Meeres in
gelber Tuffe gefunden sind, in Einklang zu bringen. Freilich könnte man
voraussetzen, dass diese Pflanzenreste möglicherweise zu einer Zeit eingeschlossen wurden, als dieser Theil der Insel entweder vor der Abtrennung
der Penha d'Aguia noch nicht untergetaucht oder nach der geschehenen
Einwirkung der Brandung wieder gehoben war. Denn sollte man auch aus
den organischen Resten die Zeit, in welcher die Bäume oder Sträuche blüh-
ten, ungefähr feststellen können, so bliebe immer unentschieden wann das
Meer den Durchbruch, aus welchem wir den Einschnitt erklären wollen, be-
werkstelligte. Allein diese Einwände sind keineswegs entscheidend, sie lassen
vielmehr eine andere Erklärungsweise für die Entstehung der Einsattelung
zu, welche die grössere Wahrscheinlichkeit für sich haben dürfte.

Zunächst ist es auffallend, dass die Penha d'Aguia von landeinwärts
über der Einsattelung mit einem zwar steilen, aber keineswegs jähen Abhang emporsteigt, der nur oben in einem im Vergleich mit den östlichen,
westlichen und nördlichen Klippen niederen und unbedeutenden Absturz endigt. Dann erhebt sich diese Felsenmasse über einer ungefähr dreieckigen
Grundlage, deren Grundlinie an der Küste, deren Spitze aber an jenem
Sattel liegt. Dies stimmt nun mit der Richtung der Gebirgsbäche in den
Entwässerungsgebieten der natürlichen Thalmulden bei Fayal und Porto da
Cruz überein und lässt uns um so mehr vermuthen, es könne der Einschnitt
in Folge der Ausnagung durch fliessendes Wasser hervorgerufen sein, da
dieselbe Ursache an anderen Stellen in ähnlicher Weise eingewirkt hat.
Denn Einschnitte, die mehr oder weniger tief herabreichen, sind an den
zugeschärften Wasserscheiden zwischen den grösseren Thalbildungen ungemein häufig, wo sie doch entschieden durch die Einwirkung des fliessenden
Wassers, das auf den entgegengesetzten Seiten allmählich immer tiefer her-
abschnitt, erklärt werden müssen. So sind unter anderen an den Wasserscheiden zwischen dem Curral einerseits und dem Medade-Thal sowie der
Serra d'Agoa andrerseits die Einschnitte zu beiden Seiten des Pico do Gato
(Torres) und des Pico da Empenha entstanden, die auf der linken und

rechten Seite der Ansicht Tafel VI dargestellt sind, und so wurde auch der
Sattel zwischen dem Pico Grande und dem Pico do Serradinho, der auf derselben Ansicht rechts im Mittelgrunde sichtbar ist, gebildet. An der Penha
d'Aguia ist nur im Vergleich zu den angeführten Oertlichkeiten das Verhältniss zwischen der Tiefe des Einschnittes und der Erosionskraft des fliessenden Wassers anscheinend einigermaassen auffallend. Allein es bleibt immerhin denkbar, dass auf der Westseite des Höhenzuges der wasserreiche
Ribeiro Frio, als sein Bette noch nicht so tief als gegenwärtig lag, sich in
einem Bogen weiter ostwärts in die Wasserscheide zwischen Fayal und Porto
da Cruz hineinarbeitete und diese von der einen Seite so zuschärfte, dass
auf der anderen ein verhältnissmässig nur geringer Grad von Erosion genügte, um den Einsturz des oberen Theils der verschmälerten Wand zu ver-
anlassen. Dann aber könnte das nördliche Ende des seitlichen Höhenzuges da,
wo es gegenwärtig noch in der Penha d'Aguia emporragt oder bereits unter
den Wellen verschwunden ist, ursprünglich durch die örtliche Ablagerung
und Anhäufung von Ausbruchsmassen erhöht gewesen und es könnte in
Folge dessen schon bei der Bildung der Bergform ein natürlicher Sattel entstanden sein, der später bei der durch die beiderseitigen Thalmulden vorge-
zeichneten Richtung der Gebirgsbäche unter der Einwirkung der Erosion bis
zu der geringen Höhe der Terra de Battista herabgerückt ward. Es wäre
somit dieser Einschnitt von beinah 1200 Fuss Tiefe theils einer ursprünglichen Einsattelung, theils der Erosion durch fliessendes Wasser zuzuschreiben. · Die erstere, die natürliche Einsattelung mochte bis 600 Fuss ja selbst
noch viel tiefer herabreichen, so dass ein verhältnissmässig geringer Grad
von Erosion genügte, um die scheidende Kluft bis zu ihrer gegenwärtigen
Ausdehnung zu erweitern. Betrachtet man das der Penha d'Aguia zugekehrte Ende des seitlichen Höhenzuges (Tafel VII, Fig. 3), so erkennt man
an der allmähligen Abnahme der Höhe, an der wenig steilen Abdachung gegen den Sattel und · an den Regenrunsen, die nach landeinwärts hineingedrungen sind, auf das Entschiedenste eine bedeutende Einwirkung des fliessenden Wassers, eine Einwirkung, die jedenfalls hier ebenso wie an dem die
Einsattelung überragenden Abhang der Penha d'Aguia zugestanden werden
müsste, selbst wenn man die Meereswellen als die erste Ursache eines Durch-
bruchs festhalten wollte.

    Es wurde in Obigem an einigen Beispielen gezeigt, wie durch die Bil-
dung von natürlichen Mulden und in Folge der Einwirkungen des fliessenden Wassers Thalbildungen entstanden, für deren gegenwärtige Gestaltung
oder Ausbreitung und Tiefe bald die eine bald die andere Ursache maassgebend war, während auch Fälle vorkommen, wo bei der weit vorgeschrittenen Aushöhlung eine ursprüngliche Vertiefung oder Einsenkung als noth-

wendig vorausgesetzt, aber nicht mehr deutlich erkannt werden kann. Diese
beiden Bedingungen nun, die in der Muldenbildung und in der Zerstörung
durch fliessendes Wasser gegeben sind, genügen um auf den Inseln der
Madeira-Gruppe alle Thalbildungen ohne Beihülfe weiterer Voraussetzungen
zu deuten. Es ist bereits bei einer anderen Gelegenheit gezeigt worden,
wie selbst die Entstehung der Caldera von Palma bei der Annahme einer
ursprünglichen Muldenbildung aus der andauernden Einwirkung der Einflüsse
des Dunstkreises hergeleitet werden kann.*) Hier soll in grösstmöglichster
Kürze derselbe Nachweis für die kesselartig erweiterten Thäler von Madeira
jedoch mit anders hergeleiteten Schlussfolgerungen geführt werden.

Ueber die Entsehung der schmalen wilden Schluchten, die aus der Be-
schreibung der Canarien zuerst als Barranco's bekannt wurden, kann bei
ihrer geringen Tiefe auf dem Hochgebirge und bei dem zusammenhängenden
Felsenboden ihrer trogartigen Flussbetten kaum noch ein Zweifel obwalten.
Dass man so selten in verschiedener Höhe über den gegenwärtigen die Ge-
schiebereste älterer Bachbetten antrifft, das lässt sich bei der Gestaltung der
Schluchten leicht aus der Steilheit der abschüssigen Uferwände erklären.
Nur an den folgenden Stellen sind bis jetzt gerundete Geschiebe in den unten angegebenen senkrechten Abständen oberhalb der Thalsohlen aufgefun-
den worden:.

1. An der Ribeira de S. Vicente sind alluviale Massen in einer Höhe von
   50 Fuss oberhalb des Bachbettes anstehend beobachtet.

2. In dem westlichen Arm der Ribeira do Fayal kommt das Alluvium
   eines ehemaligen Bachbettes 65 Fuss über der jetzigen Thalsohle vor.
   Bruchstücke von 3 bis 5 Fuss Durchmesser liegen neben den zahlreicheren kleineren von sehr verschiedenem Umfang.

3. An der Mündung der Ribeira do Vigario bei Camera de Lobos erheben
   sich gerundete Bruchstücke von 2 Zoll bis 3 Fuss im Durchmesser
   bis 67 Fuss oberhalb des gegenwärtigen Bachbettes. Die alluviale
   Schicht lehnt an und ruht zum Theil auf einer mächtigen, säulenförmig abgesonderten, basaltischen Lavabank.

4. In der Ribeira Brava ist an der Scheidewand zwischen der Hauptschlucht
   und einem seitlichen Einschnitt die Geschiebeablagerung eines alten
   Bachbettes in einer Höhe von 100 Fuss oberhalb der jetzigen Thalsohle beobachtet worden.

5. An der rechten Seite der Ribeira da Boa Ventura kommen Bruchstücke
   von bis 5 Fuss Durchmesser neben viel kleineren wohl gerundeten
   100 Fuss oberhalb des Baches vor.

---

*) Betrachtungen über Erhebungskrater, ältere und neuere Eruptivmassen u. s. w.
von G. Hartung. Leipzig. Wilh. Engelmann, 1862.

6. Ein Alluvium von wohlgerundeten Geschieben ist in einer Höhe von
132 Fuss oberhalb des Bettes der Ribeira de S. Jorge an der rechten
Uferseite am Wege nach Sta. Anna beobachtet worden. Es reicht
20 bis 30 Fuss aufwärts und enthält Stücke von 6 bis 14 Zoll Durchmesser von welchen die kleineren am vollkommensten abgerundet
erscheinen.

Die Geschiebe, welche dort bis 150 oder 160 Fuss oberhalb der gegenwärtigen Thalsohle hinaufreichen, bekunden, besonders wenn wir die Widerstandsfähigkeit der aus compacten Lavabänken zusammengesetzten Uferwände
in Betracht ziehen, auf das Entschiedenste eine sehr beträchtliche Einwirkung der Erosion, und es ist klar, dass das Wasser, wenn es hier das
Bachbette um 150 Fuss vertiefte, wohl auch im Stande sein musste bei längerer Zeitdauer Schluchten von vielen hundert bis 1000 Fuss Tiefe auszu-
höhlen. Nun kommen aber in Schluchten, deren Bildung man der Einwirkung
des fliessenden Wassers zuschreiben muss, an einzelnen Stellen Erweiterungen
vor, die in kleinem Maassstabe ein Bild der grössten Thalkessel darstellen.
So entsteht in der Ribeira de S. Gonsalvez der sogenannte kleine Curral,
der als leicht erreichbar häufig von den Fremden von Funchal aus besucht
wird, hauptsächlich dadurch, dass da, wo eine seitliche Schlucht unter spitzem
Winkel in das Hauptthal einmündet, der trennende Bergrücken an der vorspringenden Ecke zugeschärft, zum Theil entfernt und deshalb beträchtlich niederer als das umgebende Gebirgsgehänge ist. Diese Zuschärfung und Abbröckelung, die zwischen den Gabelspaltungen der Gebirgsbäche immer weiter
ter vorschreiten muss sobald die letzteren tiefer und tiefer einschneiden, diese
Zerstörung und Entfernung einzelner Theile ist als die hauptsächlichste Ursache der Entstehung jener kesselartigen Thalbildungen zu betrachten. In
der erweiterten Aushöhlung des oberen von West nach Ost gerichteten Theiles des Medade-Thales ragen zwischen den beiden Haupt-Entwässerungska-
nälen die mächtigen Ueberreste der Scheidewand empor, die, ursprünglich
vollständiger erhalten, zwei parallele Barranco's trennte. Als die letzteren
im Laufe der Zeit immer mehr vertieft wurden da veränderte sich das Verhältniss von Breite und Höhe an der dazwischen liegenden Bergwand so
sehr, dass der obere Theil allmählig abbröckeln musste. Derselbe Vorgang
fand ausserdem noch zwischen einigen kleineren seitlichen Runsen, welche
die Entstehung von Schluchten anbahnten, statt und so entstand an dieser
Stelle eine Aushöhlung des Bergkörpers, die man, so wie sie sich jetzt darstellt, nicht eigentlich als einen Thalkessel ansehen kann sondern mehr als
eine wilde stark erweiterte Schlucht betrachten muss.

Dieselbe Erscheinung wiederholt sich am Curral, der übrigens, wie wir
gleich sehen werden, nichts weniger als den Eindruck eines characteristischen

kraterartigen Kessels hervorbringt. Der Grund und die Seitenwände dieses Thales sind neben dem Haupt-Gebirgsbach noch von zahlreichen kleinen Seitenbächen durchfurcht; und zwischen diesen erblicken wir die Ueberreste der zugeschärften Scheidewände in phantastisch geformten, zackengekrönten Vorsprüngen, die nach einem schon oft gebrauchten sehr treffenden Vergleich die Mauerfronten der Umfassungswände wie Strebepfeiler zu stützen scheinen, Diese Bodengestaltung des Thales müssen wir entschieden der Erosion zuschreiben; und wollten wir eine Vorstellung von der Höhlung und Tiefe gewinnen, die der Thalgrund hatte bevor das fliessende Wasser die auf Tafel VI angedeutete Bodengestaltung hervorrief, so müssten wir die hervorragendsten Punkte jener zugeschärften Bergrücken durch Linien verbunden und durch diese eine gebogene Fläche gelegt denken. Diese unregelmässig wellenförmige Fläche würde nun beträchtlich höher als eine zweite ideale Fläche, die wir uns durch die Thalsohlen sämmtlicher Bachbetten gelegt denken, anstehen und würde mit der letzteren diejenige Schicht einschliessen, die ersichtlich in Folge der Einflüsse der Erosion durchfurcht und theilweise entfernt sein muss. Warum sollten nun nicht sowie diese letzte Schicht vorher schon eine, zwei, drei, vier oder noch mehr andere jedesmal höher gelegene Schichten in ähnlicher Weise durchfurcht und bei der immer tiefer herabschneidenden Erosion ganz fortgeführt sein, oder warum sollten die zugeschärften Bergschneiden der Thalwände und des Thalgrundes nicht die Ueberreste von einst viel höheren Scheidewänden darstellen, welche bei fortschreitender Vertiefung der Thalwege im Verhältniss zu ihrer geringen Breite eine so beträchtliche Höhe erlangten, dass ihre Kämme mehr und mehr abbröckeln mussten? Das, könnte man einwenden, ist eben nur eine Voraussetzung, die jedenfalls denkbar ist, im besten Falle sogar wahrscheinlich sein mag, deren Richtigkeit sich aber schwerlich an bestimmten Verhältnissen beweisen lassen dürfte. Das letztere ist indessen doch möglich; es lässt sich die Richtigkeit der obigen Annahme an gewissen Erscheinungen, die im Curral selbst vorkommen, nachweisen.

Auf dem linken Rande des Thales erhebt sich (Ansicht Tafel VI und Karte bei 8) der Pico do Sidraõ 5500 Fuss oberhalb des Meeres. Von diesem Gipfel reicht eine breite Felsenmasse mit dachartig zugeschärftem Kamm in einer mittleren Höhe von beinah 5000 Fuss bis weit in den Curral hinein, wo sie über dem Haupt-Bachbette in einem jähem Absturze abgeschnitten ist. Diese Felsenmasse, die wir die Sidraõ-Wand nennen wollen, wird nach Süden und Norden begränzt durch die Ribeira do Sidraõ und die Ribeira do Gato, die von ihrem Ursprung bis zu ihrer Vereinigung mit dem Haupt-Gebirgsbache in der Richtung von Ost nach West, also mit einander paralell eine Strecke von 1½ Minuten durchlaufen. Der Grund weshalb gerade hier zwischen den Thalwegen, welche noch tiefer als viele der anderen Seitenbäche eingeschnitten sind, die im Vergleich mit den übrigen zugeschärften Scheidewänden so unverhältnissmässig massige und hohe Sidrað-Wand stehen blieb, ist hauptsächlich in der beträchtlichen Entfernung zwischen den beiden genannten Bächen zu suchen. Denn die Entfernung beträgt da, wo diese Seitenbäche in den Hauptbach des Hauptthales einmünden noch eine volle Minute, während die anderen Seitenbäche selbst auf dem Hochgebirge an den Punkten wo sie entspringen oft nur halb so weit von einander abstehen, dann aber in schräger Richtung gegen den Vereinigungspunkt mit dem Hauptbache verlaufen und dort unter spitzen Winkeln Gabelspaltungen bilden. Die grössere Entfernung zwischen den beiden Thalwegen, die parallele Richtung der letzteren und die Abwesenheit von spitzwinkeligen Gabelspaltungen, das sind die Ursachen, denen es hauptsächlich zuzuschreiben ist, dass in der Sidrað-Wand ein so bedeutendes Stück des Gebirgskörpers stehen blieb und nicht bis auf so geringe Ueberreste zerstört ward, wie wir sie in den, Strebepfeilern zu vergleichenden, zugeschärften Bergrücken vorfinden. Ausserdem kommt aber auch die Widerstandsfähigkeit der Felsenmassen, auf welche die Erosion einwirkte, in Betracht. Die Ribeira do Gato ist in Schlackenagglomeraten und erhärteten Tuffen, zwischen welchen nur untergeordnet einzelne compacte Massen vorkommen, ausgehöhlt, die Ribeira do Sidrað dagegen durchschneidet eine Schicht, die hauptsächlich aus steinigen Lavabänken besteht. Schon hieraus wird es erklärlich, weshalb die Ribeira do Gato, die ausserdem ursprünglich ein grösseres Entwässerungsgebiet mit spitzwinkeligen Gabelspaltungen hatte, um so viel mehr erweitert ward als die Ribeira do Sidrað, die nur einen engen von jähen Abstürzen begränzten Einschnitt darstellt. Dieselbe Ursache kommt auch bei den andern Seitenbächen des Curral in Betracht. Die Schlackenagglomerate und die erhärteten Tuffmassen, aus welchen, wie wir später sehen werden, die tieferen Schichten dieses Theiles des Gebirges bestehen, gaben unter dem Einfluss der Erosion nicht nur leichter nach, sondern konnten auch nicht in so steilen annähernd senkrechten Wänden stehen bleiben und begünstigten daher bei der gegen den Thalgrund mehr und mehr abnehmenden Breite der Scheidewände die Bildung jener zugeschärften, zackengekrönten Bergrücken, die sich den Umfassungsmauern des Thales wie Strebepfeiler anschmiegen. Wäre die Bergmasse im Bereich der Ribeira do Sidrað und der Ribeira do Gato ebenfalls hauptsächlich aus Agglomeraten und Tuffen gebildet, so dürfte die Sidrað-Wand kaum noch so weit erhalten und ganz so hoch wie wir sie gegenwärtig in der Ansicht auf Tafel VI vor uns sehen emporragen. Aber entschieden müsste sie ungeachtet der grösseren Widerstandsfähigkeit ihrer Felsenmasse entweder zu einem oder zu zwei

niederen, Strebepfeilern zu vergleichenden Bergschneiden zugeschärft sein,
wenn die beiden genannten Gebirgsbäche näher bei einander oder wenn statt
ihrer drei in geringer Entfernung von einander die Bergmasse in schrägen
Richtungen, spitzwinkelige Gabelspaltungen bildend, durchschnitten hätten.
Könnte man über die niederen Ueberreste der Felsenmasse, die jetzt die
stattliche Sidraõ-Wand bildet, bis an die südliche oder linke Uferwand der
Ribeira do Sidraõ hinwegsehen, dann würde auch der Curral einen Thalkessel darstellen, den man der berühmten Caldera von Palma vergleichen
dürfte. Jetzt aber, wo die breite und hohe Sidraõ-Wand (bei 8 auf der
Karte) den einem kraterartigen Kessel zugemessenen Raum übermässig an-
füllt, gegenwärtig bedingt den Gesammteindruck ein lang ausgedehntes tiefes
schluchtenartiges Thal, das eigentlich nur da, wo es die Ribeira do Gato
aufnimmt, eine kesselförmige Erweiterung und zwar erst dann wahrnehmen
lässt, wenn man alle die ein- und vorspringenden Ecken und Winkel über-
sieht oder dem Gesammtbilde unterordnet.

Wollten wir also eine Vorstellung von der Gestaltung der natürlichen
Thalmulde oder des interkollinen Raumes gewinnen, der dieses Entwässerungsgebiet vorzeichnete und die spätere Entstehung des Curral anbahnte, dann
müssten wir auch die Sidraõ-Wand als einen Ueberrest des theilweise zerstörten Gebirgskörpers mit berücksichtigen und annehmen, dass ihr Kamm
wenigstens annähernd die Erhebung bezeichnet, welche die Bergmasse in
diesem Theile der Insel vor dem Beginn der Erosion erreichte. Eine ideale
Linie, die wir uns über den Gipfel der Sidraõ-Wand bis zur gegenüberstehenden Uferseite so verlängert denken, dass ihr tiefster Punkt gerade
über dem gegenwärtigen Gebirgsbach des Curral liegt, eine solche leicht nach
abwärts gekrümmte Linie würde für diese Stelle des Gebirges ungefähr die
ursprüngliche Tiefe des interkollinen Raumes andeuten, der im Laufe der
Zeit durch die Einwirkungen des fliessenden Wassers soweit ausgehöhlt wurde
wie es die gegenwärtige Bodengestaltung erkennen lässt. Diese Linie dürfte
nun kaum tiefer als bis zu 4500 Fuss oberhalb des Meeres herabreichen
und nehmen wir für den Grund der natürlichen Mulde, der Abdachung des
Gebirges entsprechend, eine Senkung um 5 Grade an, so müsste der interkolline Raum bei einer Steigung von 1 in 13, im Hintergrunde des Thales
am jetzigen Lombo Grande wenigstens etwa 4750 Fuss Meereshöhe gehabt
haben. Da dort die Thalsohle jetzt 2080 Fuss über dem Meere liegt, so
musste der Curral in Folge der Einwirkungen der Erosion an der genannten
Stelle um 2670 Fuss, unterhalb der Sidraõ-Wand aber, wo der Gebirgsbach
jetzt nur wenig mehr als 1700 Fuss oberhalb des Meeres fliesst, um 2800 Fuss
vertieft worden sein. Das wäre die geringste Annahme. Natürlich könnte
aber der Boden des interkollinen Raumes ursprünglich höher gewesen sein,

was sogar wahrscheinlich ist, da der Kamm der Sidraŏ-Wand deutliche Spuren einer Zuschärfung verräth, deren thatsächliche Bedeutung wir gegenwärtig nicht mehr festzustellen im Stande sind.

Die Folgerungen zu welchen die geschilderten Verhältnisse der Sidraŏ-Wand die Veranlassung gaben, verdienen um so mehr berücksichtigt zu werden, da die oben erörterte Erscheinung keineswegs vereinzelt im Curral vorkommt sondern sich auch an andern Orten, namentlich aber in der Serra d'Agoa wiederholt. Denn in diesem Thale unterscheiden wir eine der Sidraŏ-Wand ganz ähnlich gestaltete Felsenmasse, die, mit dem Pico Grande gekrönt, ebenfalls von Ost nach West gerichtet ist. Gegen Norden wird dieselbe durch eine enge, ungemein wilde und nur theilweise zugängliche Schlucht, die am Pico do Jorge an der Nordwest-Ecke des Curral ihren Anfang nimmt, von dem mittleren Gebirgskamm oder von der Wasserscheide der Insel getrennt. Gegen Süden ragt sie in einer annähernd senkrechten Wand, der sogenannten Rocha Alta, über dem erweiterten Theile des Thales, der als Serra d'Agoa bekannt ist, empor. Dazwischen spaltet noch ein weniger tiefer Einschnitt den westlicheren Theil der Felsmasse, die indessen erst da beträchtlich an Höhe und Masse verliert und in niedere zugeschärfte Bergrücken übergeht, wo die drei Thalwege sich einander nähern und, spitze Gabelspaltungen bildend, ihre Richtung nach südwärts verändern, um durch den gemeinsamen Abzugskanal der ganzen Thalbildung, durch die tiefe und enge Schlucht der Ribeira Brava nach dem Meere auszumünden. So weit die genannten Einschnitte, mit einander parallel laufend, eine mittlere Entfernung von etwa ¼ Minute einhalten blieb in der östlicheren Hälfte und in dem nordöstlicheren Viertel des Serra d'Agoa-Thales die vorherrschend aus steinigen Lavabänken zusammengesetzte Gesammtschicht in einer mächtigen Felsmasse stehen. Wo aber die parallele Richtung der einzelnen Thalwege aufhört, wo diese unter spitzen Winkeln in einander laufen, so dass zwischen ihnen zugespitzte Theilstücke übrig bleiben, da schritt mit der Abbröckelung und Zuschärfung der Scheidewände auch die Zerstörung und theilweise Entfernung des Gebirgskörpers um so schneller fort als die Erosion bei der örtlich geringeren Mächtigkeit der oberen, aus Lavabänken zusammengesetzten Gesammtschicht früher auf die untere Gesammtmasse von Schlackenagglomeraten und erhärteten Tuffen einwirken konnte. Auch hier ist es also gerade die Entstehung von spitzwinkeligen Gabelspaltungen, welche, von der geringeren Widerstandsfähigkeit der Gesteinsmassen unterstützt, die Auswaschung kesselartig erweiterter Thäler anbahnte.

Es wäre nun möglich dagegen einzuwenden: so gut als man aus der Abwesenheit der spitzwinkeligen Gabelspaltungen auf die Erhaltung der mächtigen Felsenmasse schliessen darf, eben so gut könnte man auch um-

gekehrt durch die Anwesenheit jener höheren und breiteren Bergmasse erklären, weshalb dort die Thalsohlen nicht unter spitzen Winkeln zusammenlaufen.
Ein solcher Einwand ist in der That begründet, allein er unterstützt gerade
die oben aufgestellte Annahme von der Entstehung der erweiterten, kesselartigen Thäler, weil er die Nothwendigkeit hervorhebt, eine unregelmässig
gestaltete Einsenkung der Gebirgsoberfläche als die ursprüngliche Ursache
solcher Thalbildungen zu betrachten. Diese anfängliche Ursache, die Entstehung von interkollinen Räumen oder von natürlichen Mulden und die
darauf folgende Auswaschung durch fliessendes Wasser sind also entschieden
nachgewiesen; es käme nur noch darauf an, den Grad festzustellen bis zu
welchem die Erosion möglicherweise ihre Arbeit auszuführen im Stande sein
kann. Welche Grenze dürfen wir aber dieser zerstörenden Kraft stecken?
Wo finden wir Thatsachen, die uns berechtigen anzunehmen, dass nur die
Durchfurchungen, die wir an den zugeschärften, zackengekrönten Bergrücken
erkennen können, allein maassgebend sein müssen für die Einwirkungen,
welche die Erosion auf die ganze Bergmasse ausübte seit diese ohne bedeutendere Störungen den Einflüssen des Dunstkreises ausgesetzt war? Welche
Zeitdauer können wir für die Herstellung der ersichtlichen Durchfurchungen
des Thalgrundes, welche für die Gesammtwirkung des fliessenden Wassers
feststellen? Gewiss dürfen wir, sobald die Durchfurchung und theilweise
Zerstörung einer Gesammtmasse von nur 100 Fuss Mächtigkeit nachgewiesen,
dieselben Ursachen und Wirkungen auch auf Gesammtschichten, die mehrere
1000 Fuss senkrechten Abstand haben, übertragen.

Das Thal der Serra d'Agoa ist eben so bedeutend als der Curral und
wenn dieser ihm nicht durch seine Lage den Rang streitig gemacht, so hätte
man früher bei Aufführung eines Erhebungskraters wohl mehr darauf Rücksicht genommen und es nicht neben derjenigen Thalbildung, die aus theoretischem Gesichtspunkte als die hauptsächlichste der Insel aufgefasst werden
musste, zu sehr in den Hintergrund gedrängt. Denn die Serra d'Agoa ist
von der Wasserscheide zwischen ihr und dem Curral bis gegen den Paul da
Serra von Ost nach West mehr als 3½ Minuten lang und die Breite würde
von Nord nach Süd durchweg 2 Minuten betragen, wenn jene mächtige Felsenmasse, welche jetzt vom Pico Grande nach westwärts das nordöstliche
Viertel wenigstens nahezu bis zur ursprünglichen Höhe des Hochgebirges
füllt, in Folge frühzeitig entstandener Gabelspaltungen durch die Erosion in
niedere Bergrücken umgeschaffen wäre, so dass der Blick auch in der östlicheren Thalhälfte ebenso wie in der westlicheren über die „Strebepfeiler"
hinweg bis an den mittleren Gebirgskamm oder die Wasserscheide der Insel
schweifen könnte. Im Curral hingegen würde, selbst wenn von der Sidraõ-
Wand nur noch niedere zugeschärften Bergrücken übrig wären, der Durch-

messer der kesselartigen Erweiterung von Nord nach Süd kaum etwas mehr
als in der Serra d'Agoa, von Ost nach West aber nur zwei Drittheil der
Länge jenes Thales betragen. Die absolute Tiefe bleibt sich in beiden Thalbildungen gleich; nur steigen die Thalsohlen der Bäche bei der grösseren
Entfernung in der Serra d'Agoa gegen die Wasserscheide mit dem Curral,
also gegen Osten im Ganzen allmähliger an als in der Ribeira do Gato und
in der Ribeira do Sidraõ. Doch ist es natürlich, dass der Curral mit seinen
einander so nahe gerückten Wänden und mit seinen weniger langgedehnten,
steiler ansteigenden zugeschärften Bergrücken den Eindruck grösserer Tiefe
hervorbringt als die Serra d'Agoa. Diese würde übrigens, selbst vollständig
ausgehöhlt, bei ihrer länglich viereckigen Gestaltung mit den einspringenden
Ecken eben so wenig wie der Curral den Eindruck eines Kraterkessel hervorbringen, während sie so wie sie sich jetzt darstellt ganz das Gepräge
eines Thales trägt, welches unter dem Einfluss der Erosion dadurch entstand,
dass das fliessende Wasser, durch die ursprüngliche Bodengestaltung gezwun-
gen, hauptsächlich den Richtungen von Ost nach West und von Nord nach
Süd gegen den gemeinsamen Abzugskanal nach der südwestlichen Ecke des
Entwässerungsgebietes folgte.

Auf Tafel II Fig. 2 ist das Thal der Serra d'Agoa in drei Durchschnitten gezeichnet, die wir uns durch Zwischenräume von je 1½ Minuten von
einander getrennt denken müssen. Der Durchschnitt des Hintergrundes trifft
die Wasserscheide zwischen dem Curral und der Serra d'Agoa, die von dem
Pico Grande, dem Pico do Serradinho und anderen unbedeutenderen Gipfeln
überragt wird. Im Mittelgrunde ist ganz links die rechte oder östlichere
Wand des Thales von S. Vicente dargestellt, dann ragt südlich von der
Wasserscheide der Insel ein Stück jener ansehnlichen Felsenmasse empor,
die das nordöstliche Viertel des Serra d'Agoa-Gebietes erfüllt; in der Mitte
sehen wir einen niederen. zugeschärften Bergrücken im Querschnitt, nach
rechts das Profil eines andern der, einem Strebepfeiler ähnlich, die obere
Mauerfront der Terra de Fora zu stützen scheint. Der vordere Durchschnitt
geht durch die Schlucht der Ribeira Brava, die für alle Bachbetten des ganzen Entwässerungsgebietes einen gemeinsamen Abzugskanal darstellt, durch
die Wasserscheide zwischen der Serra d'Agoa und dem Thal von S. Vicente,
sowie endlich durch die Thalsohle des letzteren bis an die Nordküste der Insel.

Wie die beiden oben beschriebenen Thalbildungen ist auch diejenige,
welche nach dem Kirchspiel von S. Vicente benannt wird, in Folge der Einwirkungen der Erosion aus einer natürlichen Mulde entstanden, die das fliessende Wasser von einem Theile des nördlichen Gebirgsgehänges in nordwestlicher, nördlicher und nordöstlicher Richtung gegen einen gemeinsamen
Abzugskanal leitete. Das Entwässerungsgebiet, durch die ursprüngliche

Bodengestaltung angelegt, umfasst daher einen beinah dreieckigen Raum, dessen Grundlinie von der Nordwestecke des Curral (bis 3 auf der Karte) bis zum Paul da Serra vier Minuten lang ist, während die Spitze an dem Zusammenfluss der Bachbetten kaum eine halbe Minute von der Küste entfernt liegt. Der Hauptbach entspringt, wie etwa in der Mitte des Durchschnittes Tafel II Fig. 2 angedeutet ist, auf dem Hochgebirge am Pico do Jorge, verläuft erst in nordwestlicher Richtung und biegt dann, einen Bogen bildend, allmählig gegen Norden um. In ihn münden von rechts oder von nordostwärts Einschnitte, deren Thalsohlen bei ganz geringer Ausdehnung, bald ungemein steil ansteigend, zwischen Felsenvorsprüngen an den jähen Abstürzen der rechten Thalwand endigen. Von der andern Seite dagegen nimmt der Hauptbach bedeutendere Nebenbäche auf, von denen viele Strecken von mehr als 1½ Minuten durchlaufen. Diese Seitenbäche nun sind es gerade, welche die ansehnliche, kesselartige Erweiterung dieses stattlichen Thalgrundes bedingten. Denn hier ist dieselbe Erscheinung, die am sogenannten kleinen Curral in der Ribeira de S. Gonsalvez durch Abbröckelung der spitzzulaufenden Scheidewand hervorgerufen ward, in Folge häufiger Wiederholung des gleichen Vorganges in grösserem Maassstabe ausgebildet. In den spitzwinkeligen Gabelspaltungen sind die Scheidewände zwischen den einzelnen Thalwegen mit der abnehmenden Breite mehr und mehr zerstört und in zugeschärfte, zackengekrönte Bergrücken umgewandelt. Diese gehen, wie Strebepfeiler ansteigend, nach aufwärts in mächtige Vorsprünge über, welche je nach der Entfernung zwischen den Gebirgsbächen und nach der Widerstandsfähigkeit der Felsarten mehr oder weniger hoch emporragen und weit ins Thal hineinreichen. Wenn man von der Nordküste durch den engen Pass zwischen den mehr als 1000 Fuss hohen Klippen wie durch ein Thor in das Thal von S. Vicente einbiegt, so treten an der östlicheren Uferwand deren obere Hälfte von geradeüber, vom Paul da Serra betrachtet namentlich bei greller Sonnenbeleuchtung den Eindruck einer Mauerfronte macht, so treten selbst dort die annähernd senkrechten Vorsprünge, die sich tiefer abwärts strebepfeilerartig unter Winkeln von etwa 30 Graden nach dem Grunde des Thales senken, wie Coulissen auf einer Bühne hinter einander hervor. Aber einen viel bedeutenderen Umfang gewinnen diese Gestaltungen zwischen jenen längeren Einschnitten, welche sich dem Hauptbache in nördlicher und nordöstlicher Richtung vereinigen. Und hier vermag von keinem Standpunkte aus das grelle Sonnenlicht den Beschauer zu täuschen. Die Ueberreste des Gebirgskörpers, der in Folge der Erosion mehr und mehr durchfurcht, zerstört und ausgehöhlt ward, sind hier so hervorragend, dass man sie unmöglich übersehen kann.

Erwähnen müssen wir noch den Encumeada-Pass, einen Einschnitt, der (Tafel II Fig. 2) an der Wasserscheide zwischen dem Thal von S. Vicente und der Serra d'Agoa so tief herabreicht, dass wir ihn nur den bereits besprochenen, auf der Ansicht Tafel VII Fig. 3 dargestellten Einsattelung zwischen der Penha d'Aguia und dem seitlichen Höhenzuge i k (der Karte) an die Seite stellen können. So wie jene Einsattelung bei Porto da Cruz so reicht auch der Encumeada-Pass über 1000 Fuss zwischen theilweise jähen und annähernd senkrechten Abstürzen herab, aber bei der Höhe des Gebirgszuges liegt der tiefste Punkt mehr als 3500 Fuss oberhalb der Meeresfläche. Während die letztere bei der Penha d'Aguia in einem früheren Zeitabschnitt möglicherweise bis zu dem 737 Fuss hohen Passe der Terra de Batista hinaufreichen mochte, können wir sicher nicht annehmen, dass das Meer bei Bildung des Encumeada-Passes und der darüber hinausragenden jähen Wände thätig war. Dieser Einschnitt und diese Abstürze müssen so wie die andern Einsattelungen, die, wie bereits früher erwähnt, an den Wasserscheiden zwischen den bedeutenderen Thalbildungen vorkommen, unter dem Einflusse des Dunstkreises dadurch entstanden sein, dass das fliessende Wasser von einander ganz nahe gelegenen Punkten nach entgegengesetzten Richtungen allmählich die Thalsohlen tiefer und tiefer aushöhlte. Wenn hier nun die Höhe des Gebirges und die Ausdehnung der beiden Entwässerungsgebiete anscheinend einen viel bedeutenderen Grad der Erosion voraussetzen lassen, als bei der Penha d'Aguia, so kommen doch in beiden Fällen die Gebirgsbäche unfern ihres Ursprungs, also nur die Anfänge jedes Ausnagungsgebietes in Betracht, das in dem einen Falle erst tiefer unten durch den Zusammenfluss mehrerer Bäche an Ausdehnung gewinnt. Ein Unterschied jedoch, der hier wohl berücksichtigt werden muss, ist in der Meereshöhe, die bei der Anlagerung der Wolkenschicht bedeutendere Niederschläge voraussetzen lässt, gegeben. Doch auch dieser Unterschied ist vielleicht nicht so hoch anzuschlagen als es von vornherein scheinen mag. Der Feuchtigkeitsniederschlag muss zwar selbstverständlich in jener Höhe des Gebirges in oder unmittelbar unter der Wolkenschicht, die während des Jahres in der grösseren Mehrzahl der Tage an dem Gebirgsgehänge haftet, bedeutender sein als auf der Nordseite der Insel, wo es übrigens viel häufiger als auf der Südseite regnet. Denn oft wird der Reisende, der bei trübem Wetter zum Hochgebirge hinaufstieg, dort von Regenschauern empfangen, die erst wieder aufhören, wenn er hinabsteigend sich der Küste nähert. Allein die heftigsten Regengüsse des Winters, die in ein paar Tagen grössere Zerstörungen als die ruhigen, wenig ergiebigen Schauer während langer Monate herbeiführen, gerade diese treffen die unteren Gehänge mit mehr Gewalt als die in die Wolken hinaufragenden Theile des Gebirges. Wer

3 *

auf weiteren Ausflügen in den Wintermonaten genöthigt war in strömendem
Regen seinen Rückzug über das Gebirge nach Funchal anzutreten, der hat
gewiss einmal Gelegenheit gehabt zu beobachten, wie die Heftigkeit der
Schauer inmitten der tief herabhängenden Wolkenschicht nachliess, wo nur
noch ein feiner eindringlicher Regen herabrieselte. Alle die soeben angeführten Gründe sprechen dafür, dass beide Einsattelungen, sowohl die bei
der Penha d'Aguia wie auch die am Encumeada-Pass, aus denselben Ursachen entstanden sein dürften, während die Annahme einer ursprünglichen
örtlichen Einsenkung, die früher bei dem seitlichen Höhenzuge (i—k der
Karte) bei Porto da Cruz in Anregung gebracht wurde, auch hier an dem
mittleren Gebirgskamm der Insel nicht nur als möglich, sondern sogar als
wahrscheinlich vorausgesetzt werden kann.

Es bleiben von den grösseren Thalbildungen Madeira's nur noch das
Thal von Boa Ventura und das Thal der Janella zu betrachten übrig. Das
erstere ist, vom Curral durch eine schmale Wasserscheide getrennt, in das
nördliche Gehänge der Insel eingeschnitten. Nach ostwärts wo das Thal
durch einen seitlichen Höhenzug, der an der Nordküste im Arco de S. Jorge
endigt, begrenzt wird, kann man noch Spuren der natürlichen Muldenbildung
erkennen, die das Entwässerungsgebiet ursprünglich vorzeichnete. Da, wo
die Anfänge der vier Entwässerungsgebiete dieses Thales, des Curral, der
Serra d'Agoa und des Thales von S. Vicente um einen gemeinsamen Punkt
nur 1000 bis 2000 Fuss von einander entfernt sind, entspringt am Pico do
Jorge (3 auf der Karte) der Hauptbach, der von ostwärts zahlreiche kleinere
seitliche Schluchten aufnimmt. Von westwärts aber, wo die zweite untergeordnete Schlucht umbiegt und in der geringen Entfernung von etwa 2000 Fuss
mit der Hauptschlucht parallel bis zum Meere vorläuft, vereinigen sich die
seitlichen Einschnitte mit der ersteren, wodurch eigentlich ein zweites Thal
entsteht, das aber doch bei der theilweisen Zerstörung, welche die Scheidewand erlitt, mit der östlicheren Hälfte nur eine Thalbildung darstellt und
jedenfalls zu demselben Entwässerungsgebiete gehört.

Der obere Theil des Thales der Janella ist unter dem Namen des
Rabaçal bekannt und besteht aus zwei Schluchten, die an dem Hochlande
des Paul da Serra ihren Anfang nehmen. Die nordöstlichere vertieft sich
sehr schnell in zwei Absätzen, von welchen der untere bedeutendere einen
sehr ansehnlichen, malerischen Wasserfall bildet. Die andere Schlucht fällt
allmählicher aber immer mit sehr stark geneigtem Bette ab, bildet zahlreiche
Felsenstufen und vereinigt sich, in einem Bogen gekrümmt, mit der ersteren
zu dem gemeinsamen Janella-Thale. Zwischen beiden ragt mit jähen Abstürzen eine stattliche Felsenwand empor, die vorne zugespitzt ist und hauptsächlich aus mit Schlacken und Tuffschichten abwechselnden Lavabänken

gebildet wird. Darunter stehen Schlackenagglomerate und erhärtete Tuffen
an. Diese Massen zerstörend stürzt in der nordöstlicheren Schlucht der
Wasserfall herab und schneidet, indem er die Lavabänke der darüber gelagerten Gesammtschicht einzustürzen veranlasst, allmählig immer weiter landeinwärts gegen den Paul da Serra zurück. Von ihrem Ursprung bis zum
Vereinigunspunkt der beiden Schluchten ist die Thalbildung im Rabaçal
kaum zwei Minuten lang und von dort aus erstreckt sie sich noch fünf Minuten weit bis zur nördlichen Küste. Bei einer Längenausdehnung von
7 und bei einer mittleren Breite von beinah 1½ Minuten bildet daher das
Janella-Thal, wie auf der Karte und im Durchschnitt Tafel II Fig. 1 angedeutet ist, eine tiefe, langgedehnte, leichtgekrümmte Schlucht, die zwar beträchtlich erweitert ist, aber nirgends eine kesselförmige Vertiefung erkennen
lässt. Es ist ein tief eingeschnittenes, wildromantisches Längsthal, dessen
auseinandertretende, in zugeschärfte Kämme abgetheilte Wände, wie Strebepfeiler aus der engen unzugänglichen Thalsohle emporsteigen; es ist mit
einem Worte ein grosser, ungewöhnlich tiefer Barranco, der aber ausser der
Erweiterung auch die Durchfurchung der Uferwände und des Grundes mit
den grösseren Kesselthälern der Insel gemein hat.

Die linke oder südwestliche Seite des Thales ist höher a s die andere
und besteht bis zum Kamm hinauf hauptsächlich aus Schlackenagglomeraten
und erhärteten Tuffen, die von zahlreichen Gängen durchsetzt sind. An der
rechten oder nordöstlichen Seite stehen dagegen steinige Lavabänke, mit
dünnen Schlacken und Tuffschichten abwechselnd, oberhalb der Agglomeratmassen in einer Gesammtschicht an, die nach abwärts gegen die Nordküste
mehr und mehr an Mächtigkeit zunimmt und einer ähnlich zusammengesetzten Gesammtschicht zu entsprechen scheint, welche gegen die Südküste in
vielen Barranco's aufgeschlossen ist. Der südwestliche Rand des Janella-
Thales bildete gewiss auch früher wenigstens annähernd den mittleren Gebirgskamm der Insel, der wahrscheinlich, wie im Durchschnitt auf Tafel II Fig. 1
durch eine punktirte Linie angedeutet ist, abgeplattet und in einer Hochebene
leicht gegen Nordost abgedacht war. Allein dieses Hochland muss in seiner
Gestaltung von denen des Poizo und des Paul da Serra dadurch unterschieden gewesen sein, dass es zwischen zwei erhöhten Rändern eine flache natürliche Mulde einschloss. Denn ohne die Annahme eines solchen intercollinen Raumes, der nur gerade so tief zu sein brauchte um das Wasser von
dem Nordwestrande des Paul da Serra auf eine Strecke von 7 Minuten nach
der Nordküste zu leiten, ist die ursprüngliche Anlage des Entwässerungsgebietes des Janella-Thales nicht erklärlich. War dieses aber in der angedeuteten Weise durch die Bodengestaltung vorgezeichnet, so schnitt der Hauptbach, durch seitliche, schräg einmündende Seitenrunsen angeschwellt, an

den Grenzen der Gesammtschicht steiniger Lavabänke in die Agglomerat-
und Tuff-Massen allmählich immer tiefer ein, so entstand im Laufe der Zeit
das tiefe, einem Barranco ähnliche Längsthal mit den untergeordneten seitlichen Schluchten, den zugeschärften steil ansteigenden Zwischenwänden und
der breiteren hoch emporragenden Felsenwand des Rabaçal.

Es ist wichtig hervorzuheben, wie sehr sich diese Thalbildung durch
eine abweichende Gestaltung von den drei anderen, die als Curral, als Serra
d'Agoa und als Thal von S. Vicente beschrieben wurden, unterscheidet, während doch die übereinstimmenden Merkmale bei der Entstehung von allen
dieselben Ursachen, deren Wirkungen nur durch die ursprünglichen räumlichen Verhältnisse Abänderungen erlitten, voraussetzen lassen. Und in der
That können wir, wenn wir die Erörterungen dieses Abschnittes nochmals
überblicken, diejenigen Thalbildungen, deren Entstehung hauptsächlich den
Einwirkungen der Erosion zuzuschreiben ist, von der einfachsten Schlucht
bis zu dem weitesten und am meisten kesselförmig gestalteten Thale in einer
durch allmähliche Uebergänge verbundenen Reihe aufzählen.

I. Wir unterschieden zunächst Thalbildungen, die in Folge der
ungleichen Anhäufung der vulkanischen Massen entstanden
und als natürliche Mulden oder interkolline Thäler bezeichnet werden. Nirgends blieb nach den letzten Ausbrüchen die Gebirgsoberfläche an den bald mehr bald weniger steil geneigten Abhängen in gleichmässig geebneten Flächen zurück, überall entstanden Erhabenheiten und
Vertiefungen, die, wie an mehreren Beispielen gezeigt wurde, oft an Tiefe
und räumlicher Ausdehnung sehr beträchtliche Verhältnisse annahmen.

II. In Folge der Bodengestaltung ward auch der einfachsten Thalschlucht
schon ursprünglich ihr späterer Lauf vorgezeichnet, entstanden die ausge-
breitetern Entwässerungs- und Ausnagungsgebiete von der verschiedensten
Form und Grösse und in diesen endlich Thalbildungen, die bei der weit
vorgeschrittenen Zerstörung der Formen des Bergkörpers die ursprüngliche
Muldenbildung höchstens undeutlich erkennen oder nur noch errathen lassen,
mithin Thalbildungen, die, wie sie sich jetzt darstellen, ihre
Tiefe und räumliche Ausdehnung hauptsächlich oder beinah
ausschliesslich den Einwirkungen des fliessenden Wassers
verdanken.

Alle diese Thäler nun lassen sich mit Uebergehung der kleineren unbedeutenden Einschnitte in folgender Weise unterscheiden.

1. Das Entwässerungsgebiet ist in der Breite möglichst
beschränkt. Einfache Schluchten oder, wie sie in den Canarien genannt werden, Barranco's bilden auf dem Hochgebirge leichte Einschnitte
und erlangen ihre grösste Tiefe da, wo das Gehänge am steilsten abfällt

Ein enges Bachbette ist von jähen Abstürzen eingefasst. Die Thalsohle ist wo die Schlucht ihren Anfang nimmt am steilsten geneigt und senkt sich allmählich immer sanfter dem Meere zu. Mitunter vertiefen sich solche Schluchten plötzlich mit Wasserfällen in einem oder mehreren Absätzen. Wo die Tiefe der Schlucht am bedeutendsten ist beträgt die Neigung der Thalsohle gewöhnlich 6 bis 8, tiefer unten gegen die Küste hin 2 bis 4 Grade. Nebenschluchten fehlen nie ganz, allein sie sind von keiner Bedeutung neben der Hauptschlucht, die das Gehänge der Insel vom Hochgebirge bis zum Meere wie eine Furche durchzieht.

2. Das Entwässerungsgebiet der Schlucht ist etwas mehr erweitert; an einzelnen Stellen gewinnen Nebenschluchten Bedeutung, indem in den spitzen Winkeln der Gabelspaltungen durch Abbröckelung eine theilweise Zerstörung der Scheidewände stattfand, die somit weniger hoch als die anderen Uferwände emporragen. Dadurch werden örtliche Erweiterungen hervorgerufen, die, wie z. B. im sogenannten kleinen Curral der Ribeira de S. Gonsalvez, mitunter an die grösseren wenigstens annähernd kesselförmig gestalteten Thäler der Insel erinnern. Dessenungeachtet ist die Thalbildung doch nur als eine Schlucht, als ein Barranco, oder, wie solche Thaleinschnitte auf Madeira genannt werden, als eine Ribeira zu betrachten. Hieher gehören weitaus die meisten Schluchtenthäler der Insel, während, wenn wir von den kleinen, unbedeutenden Einschnitten absehen, die oben unter 1. angeführte Form mehr zu den Ausnahmen zählt.

3. Die Breite des Entwässerungsgebietes nimmt viel bedeutendere Verhältnisse an; sie beträgt nicht wie bei den bisher angeführten Schluchten ¼, ½, ¾ oder höchstens eine Minute, sondern 1½ bis 2 Minuten. In die Hauptschlucht münden zahlreiche Nebenschluchten meistentheils unter spitzen Winkeln ein. Die Scheidewände sind mehr oder weniger, namentlich aber in den Gabelspaltungen zerstört und theilweise fortgeführt; eine ansehnliche Erweiterung tritt an der ganzen Thalbildung entschieden hervor, ohne jedoch eine kesselförmige Vertiefung darzustellen. Hieher gehören das Thal von Boaventura und das Thal von Machico, namentlich aber das Thal der Janella mit dem Rabaçal, das mit den zahlreichen in den Hauptbach einmündenden Seitenrunsen und den Ueberresten der Scheidewände, die wie Strebepfeiler aus der engen Thalsohle aufsteigen, den Gesammteindruck eines besonders tiefen und auffallend breiten Barranco hervorbringt. Den Uebergang von den unter 2. beschriebenen zu diesen Thalbildungen vermitteln Thäler wie das von Seixal.

4. Das Entwässerungsgebiet erlangt auf dem Gebirge eine ansehnliche Breite, zieht sich aber gegen die Küste zu einem

verhältnissmässig engen Abzugscanal zusammen. In Folge
theilweiser Zerstörung der Scheidewände, die namentlich in den Gabelspaltungen oder in deren Nähe bis auf geringe Ueberreste entfernt wurden, entstanden erweiterte wenigstens annähernd kesselförmige Thalbildungen, die mehr oder weniger deutlich, nirgends aber vollkommen ausgebildet erscheinen. Auch bei diesen Thalbildungen, die sich durch Uebergänge den unter 3. angeführten anschliessen, macht sich eine Stufenfolge
bemerkbar, während sie sich, wie wir am kleinen Curral sehen, in einem
gewissen Grade selbst den unter 2. angeführten Schluchten anreihen.
Die Thäler von Boaventura und Medade sind einander insofern ähnlich als
in beiden zwei parallele einander stark genäherte Hauptschluchten, die Sei-
tenschluchten der rechten und linken Seite aufnehmen. In dem letzteren
vereinigen sich indessen die Hauptschluchten, nachdem sie unter rechtem
Winkel ihre Richtung verändert haben, unfern Fayal und dann ist auch
zwischen ihnen die Wand unfern der Wasserscheide mit dem Curral soweit
zerstört und soviel niederer als die Seitenwände, dass eine Thalbildung
entsteht, die an die kesselartig erweiterten Thäler erinnert und jedenfalls
als eine Mittelform zwischen einem tief eingeschnittenen Barranco und einem
Thalkessel zu betrachten ist. Mehr als im oberen Medade-Thale tritt die
kesselartige Erweiterung im Curral hervor, der indessen doch den Gesammteindruck eines tiefen, lang ausgedehnten schluchtenartigen Thales hervorbringt, weil die mächtige Sidraõ-Wand zu viel von dem Raum erfüllt, der
ohne dieselbe eine Caldera darstellen könnte. Noch mehr als im Curral
tritt die Form eines echten Thalkessels am Thale von S. Vicente, am meisten aber an der Serra d'Agoa hervor, wo das Verhältniss zwischen der
bedeutenderen räumlichen Ausbreitung des eigentlichen Thales und der
Enge des Abzugskanales den grellsten Gegensatz bildet.

Allein auch bei diesen zuletzt genannten Thälern sind bei dem ersteren
die annähernd dreieckige bei dem letzteren die viereckige Form und die
andern früher erwähnten Unregelmässigkeiten der Gestaltung von grosser
Bedeutung, weil sie gestützt auf die Vergleichung sämmtlicher Thalbildungen Madeira's dafür sprechen, dass diese ohne Ausnahme
bei ursprünglichen Unebenheiten der Gebirgsoberfläche in
Folge der Einwirkungen des fliessenden Wassers ihre gegenwärtige Tiefe und räumliche Ausbreitung erlangten. Ueber-
tragen wir dieses Ergebniss auf die Thalbildungen der Canarischen Inseln,
so wird es erklärlich wie da, wo die oben erwähnten Verhältnisse sich
noch günstiger gestalteten, ein Thalkessel von der vielfach bewunderten
Regelmässigkeit der Caldera von Palma entstehen konnte.

——————◦≫⊙≪◦——————

Geologische Verhältnisse.

Die Felsarten welche die Gebirgsmassen der Inselgruppe zusammensetzen und die Art ihres Vorkommens.

Im Thale von Porto da Cruz sind ältere Eruptivmassen anstehend gefunden worden.

Der Hypersthenit bildet ein kristallinisch grobkörniges Gemenge aus Labradorit und Hypersthen, sehr ähnlich manchen Abänderungen, die Herr W. Reiss von Palma mitbrachte und in seiner Abhandlung „die Diabas und Lavaformation der Insel Palma" beschrieb, so wie den Felsmassen, die auf Fuertaventura im Thale von Rio Palma bei Las Peñas anstehen. Neben dem vorherrschend grobkörnigen Hypersthenit kommt auch eine ganz feinkörnige Abänderung vor, die Herr W. Reiss in der kleinen Schlucht der Ribeira do Massapè auffand. An den meisten Stellen ist nur die Oberfläche des anscheinend massigen Gesteins aufgeschlossen. In der Soca tritt jedoch eine Felsmasse von etwa 200 Fuss Mächtigkeit auf, die wenig zerklüftet ist.

Diabas und Diabasporphyr mit grünlich schwarzer oder grünlich grauschwarzer Grundmasse, die entweder seltene oder häufigere Einmengungen von Feldspath enthält. In einer Abänderung tritt ein mehr oder weniger verändertes olivinartiges Mineral auf, bei anderen ist die Grundmasse ganz matt erdig, während sie bei allen mit Säure aufbraust.

Melaphyrmandelstein mit Quarzkristallen in den Mandeln. Ein Handstück, welches Herr W. Reiss oberhalb Porto da Cruz fand. Schon sehr zersetzt, bräunlich gelblich grau, matt erdig, vom Ansehn des Melaphyr mit erbsengrossen Quarz-Mandeln *).

Die älteren Eruptivmassen haben auf Madeira nur eine geringe Verbreitung erlangt. Unter den jüngern Eruptivmassen, die als die eigentlichen vulkanischen Erzeugnisse betrachtet werden, treten die Basalte so sehr in den Vordergrund, dass man in frühern Beschreibungen Madeira und wohl nicht ganz mit Unrecht, als eine basaltische Insel schilderte. Allein es bilden dennoch die den Trachyten verwandten trachydoleritischen Abänderungen mit den echten Trachyten, die, wie Sir Charles Lyell in seinem Manual of elementary geology (1855) hervorhob, keineswegs so ungemein selten vorkommen, einen nicht unbeträchtlichen Theil der allerdings vorherrschend basaltischen Gesammtmasse. Eine Sonderung in eine ältere vulkanische und in eine Lavaformation lässt sich an Madeira und Porto Santo nicht durchführen. Mit Ausnahme der oben angeführten älteren Eruptivmassen sind die an der Oberfläche und in verschiedenen Tiefen des Gebirgskörpers aufgeschlossenen vulkanischen Erzeugnisse einander so ähnlich, dass sich nirgends ein spezifischer Unterschied auffinden lässt, während ausserdem, wie im Folgenden gezeigt werden soll, die Erscheinungen neuerer vulkanischer Ausbrüche sich in den tiefen Durchschnitten bis in das Innere der Insel verfolgen lassen. Wenn also bei Aufzählung der Felsarten von Basalt, Trachydolerit und Trachyt gesprochen wird, so sind solche Gesteinsmassen gemeint, die neben Schlaken und Tuffschichten in Lavabänken anstehen und eben so gut als Laven bezeichnet werden könnten obschon sie mit obermiocänen Ablagerungen in Berührung kommen.

Basalt mit dichter dunkelgrauer Grundmasse mit gar keinen, sparsamen oder bald mehr bald weniger zahlreichen Einmengungen von Augit und Olivin ist sehr häufig. Mitunter wächst die Zahl der meist kleineren Augit und Olivinkörner sehr bedeutend an, doch gehören Abänderungen, die grössere Kristalle in so bedeutender Menge enthalten, dass die Grund-

---

*) Das ganz zu einer thonigen Masse umgewandelte Conglomerat mit Quarzkristallen, das Mousinho d'Albuquerque in seinen geologischen Beobachtungen über Madeira im Thale von Porto da Cruz erwähnt, könnte möglicherweise ebenfalls einem in Zersetzung begriffenen Melaphyr-Mandelstein angehören. (Observações para servirem para a historia geologica das ilhas da Madeira, Porto Santo e Desertas in den Memorias da Academia R. das Sciencias de Lisboa, Tom. XII. Part. I. 1837.

masse nur wie ein Kitt erscheint, der die genannten Mineralien zusammen-
hält, mehr zu den Ausnahmen. Ebenso selten sind Abänderungen mit
dunkler schwarzgrauer anamesitischer Grundmasse.

Dolerit. In der mehr oder weniger dunkeln basaltischen Grundmasse
zeigen sich neben den vorherrschenden Augit und Olivinkristallen Einmengungen von Feldspath, meist Labradorit, die in manchen Abänderungen
so zahlreich auftreten, dass vulkanische Erzeugnisse von doleritischem
Ansehn entstehen. Wie in den Laven der Caldeira von Graciosa auf den
Azoren ist auch in den am deutlichsten ausgebildeten Abänderungen ge-
wöhnlich noch eine dunkle Grundmasse neben den überaus zahlreichen kleinen Feldspaththeilchen, den Augit und Olivinkörnern zu unterscheiden.
Nur in einem Handstück, welches Herr W. Reiss einem losen Block der
Ribeira dos Soccorridos entnahm, bilden der Labradorit, der Augit und der
Olivin ein völlig kristallisches Gemenge mit vielen kleinen Hohlräumen und
Poren. Dies wäre demnach ein echter grobkörniger Dolerit, wenn
man die zahlreichen Olivinkristalle nicht als mit der Beschaffenheit dieser
Felsart unverträglich erachten will. Nimmt man aber an, dass der Olivin
eigentlich gar nicht oder nur höchst selten, in ganz vereinzelten Individuen
in den Doleriten vorkommt, dann dürften diese Gesteine, so weit die bisher
angestellten Beobachtungen reichen, bis auf ganz vereinzelte Fälle für die
Inseln der Madeira-Gruppe nicht angeführt werden, wie denn auch überhaupt die meisten der hieher gehörigen Massen ebensogut wenn nicht besser
als basaltische Erzeugnisse von doleritischem Ansehn bezeichnet werden.

Ungemein häufig sind basaltische Massen mit mehr oder weniger
lichtgrau gefärbter Grundmasse, die ausser Augitkörnern oft zahlreiche kleine
oder seltener grössere Olivinkristalle umschliesst. Diese Abänderungen
haben, besonders wenn sie sehr sparsame oder gar keine Einmengungen
enthalten, das Ansehn von Felsarten, die namentlich früher als Grausteine allgemein bekannt waren. Denselben reiht sich an:

Trachydolerit. Die graue Grundmasse der basaltischen Abänderungen ist mit zahlreichen kleinen weissen Feldspaththeilchen erfüllt. Diese
nehmen mehr und mehr überhand, die Grundmasse wird höchst feinkörnig
bis feinkörnig oder schuppig feinkörnig, ist theilweise frei von Einmengungen oder enthält Kriställchen von Feldspath, der entweder undeutlich ist,
oder dem Sanidin, in einzelnen Fällen auch dem Labradorit angehört, während gleichzeitig Körner von Augit, und oft auch von Olivin darin enthalten sind. Mitunter ist die Grundmasse ganz licht graulich weiss gefärbt
und wie in manchen trachytischen Gebilden der Azoren mit zahlreichen
mikroskopisch kleinen schwarzen Pünktchen bedeckt. Eine scharfe Grenze

lässt sich weder gegen die basaltischen noch gegen die trachytischen Massen ziehen. Die Abänderungen mit vorwiegend trachytischen·Gepräge sind nicht die häufigeren. Die meisten neigen mehr gegen die pyroxenische Reihe. Unter den letzteren oder unter den basaltischen Massen mit hellgrauer .feinkörniger Grundmasse kommen, jedoch nur selten, auch solche vor, wo dichtere dunklere und hellere feinkörnige Parthien neben einander sichtbar werden und ein geflecktes Ansehn hervorrufen. Dennoch treten immerhin und zwar in nicht unbeträchtlicher Zahl Felsarten hervor, die man entschieden den Trachydoleriten beizählen muss. Deutet doch schon der Bimmstein, der da, wo gar keine typischen Trachyte anstehn, zuweilen in den gelben mit schwarzen vulkanischen Aschen geschichteten Tuffen in mehr oder weniger dicken Lagen oder durch die Masse zerstreut auftritt, die Anwesenheit von solchen Erzeugnissen an, die sich in ihrer Zusammensetzung der trachytischen Reihe mehr nähern müssen.

· Trachyt. In Porto Santo hat der Trachyt im Verhältniss zur Gesammtmasse des kleineren Gebirges eine bedeutendere Ausdehnung erlangt, als auf der viel grösseren Insel Madeira. Dort kommt ein weisslich oder rauchgrauer, in andern Abänderungen ziemlich dunkelgrauer Trachyt vor, der bei kleinen aber ziemlich zahlreichen Einmengungen von Sanidin und Hornblende an manche Trachyte des Siebengebirges namentlich an den der Wolkenburg erinnert. Ebendaselbst erscheint ein Trachyt von rauher, hellgrauer Grundmasse durch kleine Feldspathkriställchen feinkörnig, während ausserdem nur selten einzelne grössere Ausscheidungen bemerkbar sind. Ein anderer Trachyt mit bräunlicher äusserst kompacter Grundmasse und zahlreichen, ein paar Linien grossen Kristallen von Sanidin und Hornblende hat ein porphyrartiges Ansehn. Ein matt gelblich weisser Trachyt mit einzelnen ebenfalls gelblich weissen Feldspathkristallen erinnert an Phonolith, ein anderer weisser mit feinkörniger Grundmasse scheint ganz aus Feldspath zu bestehen und hat das Ansehn gewisser Domite.

Auf Madeira stehen Trachyte mit grauer rauher Grundmasse an, die einzelne grössere Kristalle von glasigem Feldspath und von Hornblende enthält. Eine Abänderung umschliesst ausserdem kleine Körner von schlackigem Augit.·Auch erscheint die Grundmasse noch einer andern Abänderung mehr gefrittet und bläulich grau. Der Trachyt von Porto da Cruz erinnert mit seiner hellen feinkörnigen Grundmasse an Domit. Selten ·kommen darin kleine weisse, in kaolinartiger Umwandlung begriffene Feldspaththeilchen vor; mit Hülfe der Loupe unterscheidet man zahlreiche schwarze oft metallisch leuchtende Pünktchen.

Die Ausscheidungen in den Laven sind meist klein. Kristalle von bemerkenswerther Ausbildung oder Grösse wurden bisher nicht gefunden. Die

Armuth an Zeolithen theilen die Madeira-Inseln mit den Azoren und den Canarien. Die Hohlräume sind meist leer oder leicht überrindet mit Substanzen, die sich nicht erkennen lassen. Nur Chabazit in kleinen oder kaum mittelgrossen aber gut ausgebildeten Kristallen kommt an manchen Oertlichkeiten, wie z. B. in der Ribeira de S. Jorge, häufiger vor, wo ausserdem auch noch Arragonit meist in faserigen Massen auftritt. In der kleinen Sammlung im Gebäude des Zollamtes zu Funchal (Alfandega) befindet sich Eisenglanz, angeblich in den Höhlungen eines Gesteines zu Ponta do Sol von Mousinho d'Albuquerque gefunden, der übrigens auch in seiner Abhandlung „Observaçoës para servirem etc." auf Seite 10 denselben Fundort nennt. Bolartige hell oder dunkelgefärbte Massen trifft man hier und da an den basaltischen Erzeugnissen. Das Vorkommen von vulkanischem „Gediegen-Blei" auf Madeira hat Herr W. Reiss berichtigt; das Blei, welches der schwedische Naturforscher Rathke in der Lava fand, scheint von Bleikugeln herzurühren, die auf den Felsen an der Ponta da Cruz abgeschossen waren. Nie sah W. Reiss das Blei in den innern Höhlungen sondern nur in solchen, die mit einer grössern oder kleinern Oeffnung nach aussen münden; meist sass es in oberflächlichen Ritzen und Klüften, während am Boden eine Menge breitgeschlagener und zerrissener Kugeln lag, die ebenso wie das Blei im Gestein mit einem weisslichen Oxydations-Ueberzug (von kohlensaurem Bleioxyd?) bedeckt waren. Die Berichtigung, mitgetheilt vom Geheimen Bergrath Professor Dr. J. Nöggerath, ist abgedruckt in: Neues Jahrbuch etc. K. C. v. Leonhard und H. G. Bronn. Jahrgang 1861 Seite 129.

Die oberflächlichen Kalkablagerungen, die untermeerischen, Versteinerungen führenden Kalksteine und die Lignitbildung, alle diese nicht-vulkanischen Massen, welche eine unbedeutende Verbreitung erlangten und neben den eruptiven Massen der verschiedenen geologischen Zeitabschnitte nur einen verschwindend kleinen Theil der Gebirge ausmachen, sollen später bei der Schilderung bestimmter Oertlichkeiten ausführlicher besprochen werden.

Die Trachyte sind in Madeira und Porto Santo grösstentheils über den mit trachydoleritischen Abänderungen gemischten basaltischen Gesammtmassen an der Oberfläche des Gebirges abgelagert. Allein es kommen trachytische Erzeugnisse auch in den tieferen Schichten der Gebirge vor und dann folgt selbst aus der oberflächlichen Lagerung keineswegs, dass die Trachyte in Madeira und Porto Santo stets die letzten Erzeugnisse der vulkanischen Thätigkeit waren. Nachdem z. B. die Trachyte bei Porto da Cruz an der Nordseite der Insel und unfern des Jardim da Serra, an dem Südgehänge des Gebirges an der Oberfläche abgelagert waren, mögen an andern Oertlichkeiten noch zahlreiche Ergüsse von basaltischen oder trachy-

doleritischen Laven stattgefunden haben. Indessen steht doch fest, **dass in
Madeira** und Porto Santo bei weitem die meisten der dort beobachteten
Trachyte erst dann entstanden als die Gesammtmassen der Gebirge, die sie
an vielen Oertlichkeiten abschlossen, nahezu ihre gegenwärtige Ausdehnung
erreicht hatten. Eine wenigstens in so weit bestimmte Stelle lässt sich den
doleritischen und trachydoleritischen Erzeugnissen keineswegs in den Ge-
bäuden der Inseln anweisen, da sie in regellosem Wechsel zwischen den
echt basaltischen Massen vertheilt sind, denen sie sich durch zahlreiche, zart
abschattirte Uebergangsformen eng anschliessen.

Zu Beobachtungen über die Art, wie die älteren Eruptivmassen abgelagert wurden und über die Formen in denen sie erstarrten, bietet Madeira
keine so günstige Gelegenheit dar wie Palma und Fuertaventura, auf welcher
letzteren Insel die Hyppersthenite und Diabase zum grossen Theil, *von*
späteren vulkanischen Erzeugnissen unbedeckt, frei zu Tage liegen. Da wir
in der Beschreibung des Thales von Porto da Cruz auf diese älteste Formation zurückkommen müssen, so wenden wir uns sogleich zu den späteren
eruptiven Massen, welche die Inseln der Madeira-Gruppe hauptsächlich zusammensetzen.

Der Trachyt bildet domförmige Kuppen, die aus einem Guss entstanden zu sein scheinen. In Madeira ist im Thale von Porto da Cruz die
Achada am vollkommensten erhalten, während die Quebrada ebenfalls einst
eine Kuppe darstellen mochte, die indessen gegenwärtig in Folge der Einwirkungen der Erosion theilweise zersört ist. Auch in Porto Santo erhebt
sich der Trachyt auf einzelnen Gipfeln in massigen Kuppen, die jedoch nicht
mehr vollständig in ihrer ursprünglichen Form und Ausdehnung erhalten
sind. Ebendaselbst bildet Trachyt einen massigen Bergrücken, der wie die
trachytischen Ströme von Terçeira wulstförmig und in seinen Umrissen wie
die obere Hälfte eines abgeplatteten Cylinders erscheint. Aber auch in
Lagern tritt der Trachyt auf, der meistentheils in senkrechten Klüften mehr
oder weniger bestimmt säulenförmig abgesondert ist. Am regelmässigsten
erscheint diese Absonderung in einem alten Steinbruch des Portella-Berg-
rückens von Porto Santo, wo die fünf oder sechsseitigen Umrisse der ein
bis mehrere Fuss starken Säulen im Durchschnitt wie eine künstliche Pflas-
terung blosgelegt sind. Dagegen vermisst man Bimmstein, Obsidian und
Tuffmassen, die sonst in so grosser Menge neben den kompacten Trachyten
vorkommen. Freilich ist hiebei zu berücksichtigen, dass dieses lose aufgehäufte trachytische Material durch die Einwirkungen des Dunstkreises zum
grossen Theil entfernt sein könnte; allein immerhin verdienen das gänzliche
Fehlen des Obsidian so wie die spärlichen Reste von Bimmstein und Tuff
bei Erwähnung der steinigen Trachyte hervorgehoben zu werden.

' Die Azorischen Inseln, auf welchen neben den basaltischen die trachytischen und trachydoleritischen Laven eine so ungemein grosse Verbreitung erlangten, bieten eine selten günstige Gelegenheit um zu beobachten in welcher Weise die verschieden zusammengesetzten vulkanischen Erzeugnisse an der Oberfläche austraten und unter welchen Formen sie dort erstarrten. Die Trachyte kommen zwar auch in dünnen Lavabänken, selbst in Ausbruchskegeln mit Kratern und aus Auswurfstoffen gebildeten Rändern vor, an welchen der bimmsteinartig aufgeblähte Obsidian als trachytische Schlacke gleichsam die rothen tauartigen basaltischen Schlacken, der Bimmstein die Lapilli und trassartige Gebilde die Tuffen vertreten; allein vorherrschend scheinen die Trachyte doch in zähen Massen langsam hervorgequollen zu sein, indem sie in massigen Kuppen oder mächtigen wulstförmigen Strömen erstarrten. Indessen sind diese Formen den trachytischen Laven keineswegs spezifisch eigenthümlich, sie wiederholen sich vielmehr, wenn auch seltener, bei trachydoleritischen und selbst bei vorwiegend basaltischen Erzeugnissen. Die letzteren zeichnen sich dagegen durch die Aschenkegel mit rostrothen Schlacken, mit schmutzig okergelben oder schwärzlichen Lapillen und gelben meist geschichteten Tuffmassen, so wie durch Lavadecken aus, die weniger durch ihre Mächtigkeit als durch ihre räumliche Ausbreitung characterisirt werden. In dieser Weise treten jedoch nicht ausschliesslich die echt basaltischen sondern auch solche Laven auf, die sich durch abweichende Zusammensetzung entweder den Doleriten oder den Trachydoleriten anreihen, während den echt trachydoleritischen Erzeugnissen der Bimmstein nicht selten in grösseren Mengen beigemischt ist. In Madeira und Porto Santo nun wo die basaltischen Erzeugnisse entschieden vorwiegen, wo die Abänderungen von doleritischem und trachydoleritischem Ansehn meistens noch ein basaltisches Gepräge tragen, wo die echt trachydoleritischen Erzeugnisse zwar in nicht unbeträchtlicher Zahl auftreten aber von den pyroxenischen Gebilden mehr in den Hintergrund gedrängt werden, auf diesen Inseln haben die rothen Schlacken und Lapillmassen eine ungemein grosse Verbreitung erlangt. Denn diese erkennt man nebst abgerundeten porösen Stücken, den sogenannten vulkanischen Bomben, so wie neben eckigen breccienartigen Massen und erhärteten Tuffen in denjenigen Gebilden, die man früher, um sie von den eigentlichen Gesteinen zu unterscheiden, unter der allgemeinen Benennung Basaltconglomerat zusammenfasste, die man aber passender nach den vorherrschenden Merkmalen als schlackige Agglomerate bezeichnet. Diese Agglomeratmassen nun, die man auch im Gegensatz zu den heissflüssigen Gesteinsmassen erstarrten vulkanischen Erzeugnissen als Ejactamenta oder Auswurfstoffe anführen könnte, diese aus einzelnen kleinen Theilchen zusammengekitteten Felsarten bilden namentlich auf Madeira, wo

die Verhältnisse am übersichtlichsten aufgeschlossen sind, zum **Wenigsten**
die Hälfte des ganzen über dem Wasser emporragenden Gebirges. Sie **kom-**
men einmal in meistens ganz dünnen Schichten zwischen den steinigen **La-**
vabänken und zweitens in grösseren Massen vor, die namentlich im **Inneren**
der Insel eine bedeutende Ausdehnung erlangen, wo sie z. B. im Curral mit
einzelnen dazwischen gelagerten steinigen Schichten und von zahlreichen
Gängen durchsetzt eine Gesammtmächtigkeit von beinah 4000 Fuss erreichen.
Wir wenden uns zunächst zur Betrachtung der Agglomeratmassen, denn zur
Schilderung der Form und Structurverhältnisse der steinigen Laven.

Die Agglomeratmassen. Wenn man die an der Gebirgsoberfläche
emporragenden Hügelmassen untersucht, so findet man in diesen dasselbe
Material, welches die Agglomerate im Innern des Gebirges zusammensetzt.
Die rothen schlackigen Laven oder zusammengeschmolzenen Schlacken, die
zusammenhaftenden Lapilli, vulkanische Bomben, gelbe oder rothe Tuffmassen sind unter dem Einfluss des Dunstkreises ·und unter dem Druck der
später darüber abgelagerten und mehr oder weniger hoch angehäuften vulkanischen Erzeugnisse in Gesteinsmassen von oft recht beträchtlicher Härte
umgewandelt worden. Der Regen schlemmte die Zersetzungsproducte in die
Hohlräume, die sich allmählich erfüllten, und der Druck der darüber lagernden Gesammtschicht presste die Massen zusammen bis Gebilde entstanden,
die sich je nach der Gleichartigkeit des Materials, aus dem sie gebildet wurden, zu technischen Zwecken verwenden lassen. Wir werden auf diese Vorgänge im Verlauf der Schilderung der geologischen Verhältnisse zurückkommen müssen, wenn wir die an der Oberfläche anstehenden vulkanischen Erzeugnisse genauer betrachten und mit den in den tiefsten Durchschnitten
aufgeschlossenen Massen vergleichen, um die grosse Uebereinstimmung hervorzuheben, die zwischen· den ältern und jüngern Gebilden der vulkanischen
Formation so unverkennbar hervortritt. Hier genüge es, darauf aufmerksam zu machen, dass unter Gesammtmassen von mehr denn 1000 Fuss
Mächtigkeit vollkommen tauartig gekräuselte Schlacken in den Agglomeraten
gefunden wurden, dass in diesen letzteren auch da wo die Natur der ursprünglichen Bestandtheile stark verwischt erscheint, Porositäten, die von
Schlacken oder Lapillen herrühren, neben grösseren blasigen Lavafetzen vorkommen, und dass die feineren Lapillen und ganz feinen erdigen Theilchen
in tuffartigen erhärteten Gebilden erkannt werden. Die Agglomerate haben
vorherrschend eine beinah violett röthliche Färbung, die Mousinho d'Albuquerque mit dem Rückstand von rothem Wein verglich (Conglomerado de
côr vinosa, conglomerado vinoso). Oft sind sie schmutzig·rostroth, selten
bräunlich, grauviolett oder gelblich gefärbt. Der landesübliche Name für
das ganze Gebilde ist pedra molle. Als Cantaria molle oder weicher Quader-

stein werden nur diejenigen Abänderungen bezeichnet, die sich zu Bausteinen,
zu Thür- und Fensterrahmen und anderen Gegenständen verarbeiten lassen.
Auch diese sind je nach dem Material, aus dem sie bestehen, sehr verschieden zusammengesetzt. Bei den ärmlichen Hütten begnügt man sich mit
einem Agglomerat, das nur in seiner Hauptmasse aus einigermaassen gleichen
Bestandtheilen gebildet wird, und achtet nicht die grösseren Schlacken und
die bombenartigen Stücke aus blasiger basaltischer Lave, die dazwischen
hier und dort vorkommen. Die besseren Sorten bestehen aus möglichst
kleinen und gleich gemengten Theilen, die besten Quadern aber liefert der
Absturz des Cabo Giraõ, wo ganz feine Lapillen und gelbliche tuffartige,
mit schwarzen vulkanischen Aschen gemischte oder geschichtete Massen ein
dem Sandstein ähnliches Baumaterial zusammensetzen.

Die steinigen Laven. Im Gegensatz zur Cantaria molle bezeichnet
man als Cantaria rija oder als harte Bausteine gewisse Laven, die so mit
zahlreichen kleinen Hohlräumen erfüllt sind, dass sie sich ebenfalls zu Thür-
und Fensterrahmen, zu Treppenstufen und dergleichen verarbeiten lassen.
Es sind dies basaltische oder trachydoleritische Gebilde, die sich mit den
sogenannten Mühlsteinlaven vergleichen lassen. Das harte compacte Gestein, das entweder gar nicht oder nur sparsam mit Blasenräumen erfüllt
ist, wird alvenaria rija, Bruchstein oder Mauerstein, genannt. Die steinigen
Laven stehen hauptsächlich an; in Lavabänken von verschiedener Mächtigkeit und Ausdehnung, dann in Gängen von sehr ungleicher Breite, am
seltensten in plumpen Felsenmassen von bald grösserem bald kleinerem
Umfang.

Die Lavabänke sind oft nur wenige Zoll mächtig, erreichen aber auch
einen senkrechten Abstand von 20, 30, 40, 50, an einzelnen Stellen sogar
von 100 Fuss und darüber, jedoch dann nur in beschränkter Ausdehnung
zu bedeutender Mächtigkeit anschwellend. Die dünnen Lavabänke sind meist
sehr mit Blasenräumen erfüllt; bei einer Mächtigkeit von 2 bis 5 Fuss stellen sich senkrechte Klüfte ein, darüber hinaus tritt bei einem senkrechten Abstand von 10 bis 50 Fuss eine unregelmässig säulenförmige
Absonderung hervor. Wie gross und allgemein auch die Verbreitung ist,
die diese Erscheinung erlangte, so gehören doch besonders regelmässig geformte oder gekrümmte, gebogene, meilerförmig geordnete Säulen zu den
Seltenheiten. Die regelmässigen Formen in der Absonderung des Trachytes
des Portella-Steinbruchs auf Porto Santo sind bereits erwähnt. An der
Ponta da Cruz unfern Funchal kann man gerade über der Brandung die
Köpfe von sehr regelmässig gestalteten Basaltsäulen sehen. Eine vollkommen
ausgebildete meilerförmige Anordnung der Basaltsäulen, wie sie z. B. im
Siebengebirge am grossen Weilberg hervortritt, kommt auf Madeira nicht vor,

wo diese Erscheinung nur unbestimmt an einigen mächtigen basaltischen Felsmassen auf der Höhe des Gebirges angedeutet ist. Schräg gestellte, gekrümmte und gebogene Basaltsäulen sind am Fusse des Pico Grande beinah auf der Höhe der Wasserscheide zwischen Curral und Serra d'Agoa aufgeschlossen. Einen der besten Durchschnitte bietet jedoch in dieser Hinsicht die linke Uferwand der Ribeira do Fayal unfern der Mündung. Bei einzelnen mächtigen Gesteinsmassen entstand eine Absonderung in breitere senkrechte Platten von ¼ bis 2 oder mehr Fuss Weite dadurch, dass beim Erkalten die Klüfte nur in einer Richtung ausgebildet würden. Diese Erscheinung, die bei Melaphyren und Diabasen häufig vorkommt, ist z. B. an der grösseren gangartigen Bildung am Pico de Nossa Senhora da Piedade an der Ponta de S. Lourenço auf Tafel VIII Fig. 5 angedeutet; sie wiederholt sich unter anderen in der Ribeira dos Piornaës an einer basaltischen Masse von 18 Fuss Breite und 15 Fuss Höhe, die durch Ausfüllung einer Vertiefung entstanden ist; sie tritt auch in einer kleinen Schlucht am Pico de Camara de Lobos an einer basaltischen Lagermasse zweimal da hervor, wo diese jedesmal von vielleicht 20 zu etwa 80 Fuss Mächtigkeit anwächst, während die dünneren Stellen durch senkrechte Klüfte wie gewöhnlich unregelmässig säulenförmig abgesondert erscheinen. Annähernd wagerechte Platten von einer gewissen ansehnlicheren Mächtigkeit sind nur ausnahmsweise wie z. B. an der linken Uferseite der Ribeira de S. Jorge unfern der Mündung und in geringer Höhe oberhalb des Geschiebebettes beobachtet worden.

Dagegen kommt eine schiefrige Absonderung mit vorherrschend dünnren Platten häufiger vor, wie unter anderen am Fusse des Pico Grande, am Abhang gegen den Curral etwa in der Höhe der Einsattelung zwischen jener Kuppe und dem Pico do Serradinho unfern der Stelle, an welcher die gebogene und gekrümmte Absonderung bereits erwähnt ist. In mehreren Fällen ist die obere Hälfte mächtiger Basaltlager unregelmässig säulenförmig, die untere schieferig abgesondert, wie an der Basaltmasse, die unfern Funchal östlich neben der Pontinha die gelben Tuffschichten überdeckt. Noch characteristischer finden wir diese Erscheinung ebenfalls im Weichbilde Funchals in der Ribeira de S. Joaŏ an dem Ostabhang des Pico de S. Joaŏ ausgeprägt. An dieser Stelle ist eine etwa 80 Fuss hohe Basaltwand bis zu 50 Fuss oberhalb des Bachbettes schieferig abgesondert in Platten, die einige Zoll bis 2 Fuss mächtig sind und unter Winkeln von 45 bis 50 Grad nordöstlich einfallen. Die obere kleinere, etwa 30 Fuss hohe Hälfte ist nur unregelmässig säulenförmig abgesondert, während einige der senkrechten Klüfte durch die untere schieferige Masse herabreichen. Ebenso ist am Fusse des Pico do Cardo oberhalb der Ribeira de Vasco Gil die untere kleinere Hälfte einer etwa 100 Fuss hohen Basaltwand nicht nur schieferig abgesondert in

Platten, die bei 1¼ bis 9 Zoll Weite steil gegen Osten einfallen, sondern auch gleichzeitig durch senkrechte Klüfte abgetheilt, während die obere grössere Hälfte Säulen entfaltet, die mit zu den regelmässigsten von Madeira gehören.

Eine grosse Verbreitung hat eine **kugelichte Absonderung** erlangt, die namentlich auf Madeira einen grossen Theil der an der Oberfläche abgelagerten Lavabänke kennzeichnet. Die inneren, compacten, runden oder eiförmigen Kerne sind von mehreren concenterischen Schalen von einem oder ein paar Zoll bis einen halben Fuss Dicke umgeben, die gewöhnlich mehr oder weniger zersetzt und verändert, oft wackeartig umgewandelt sind. Der Durchmesser der ganzen kugelichten Gebilde beträgt mit den bald mehr bald weniger zahlreichen schaligen Umhüllungen selten weniger als einen, mitunter mehr als 5 Fuss. Die Abänderungen, aus welchen diese kugelicht abgesonderten Lavabänke bestehen, haben, obschon sie vielfach zu typischen Basalten zählen, meist eine heller gefärbte, grausteinartige Grundmasse, während manche trachydoleritischen Gebilden, die sich entschieden der trachytischen Reihe nähern oder anschliessen, angehören. Characteristisch ist eine gelbliche Zersetzungskruste, welche die festen Kerne umgiebt und die schaligen Umhüllungen entweder gänzlich verändert, oder in diesen, besonders wenn sie stärker sind, nur bis auf die innersten, frischer erhaltenen Theile herabreicht. Im Becken von Funchal muss man 1000 oder 1100 Fuss am Gehänge hinaufsteigen, bevor man diese kugelicht abgesonderten Lavabänke trifft. Weiter nach Osten stehen sie an den Queimadas, zwischen Sta. Cruz und Machico in einer Höhe von etwa 500 Fuss oberhalb des Meeres an, auf der Ponta de S. Lourenço reichen sie bei Caniçal bis zum Meeresspiegel hinab. Als die obersten Schichten schmiegen sie sich gewöhnlich der Form der Gebirgsoberfläche an, indem sie auf Hochebenen unter Winkeln von 5 bis 6 Graden geneigt sind, aber auch an vielen Stellen über Schlackenagglomeraten und rothen Tuffen oder Zersetzungsprodukten unter Winkeln von 20 bis 30 Graden einfallen, was einen gewissen Grad der Zähigkeit der ursprünglichen Lavamassen voraussetzen lässt. Doch kommen kugelicht abgesonderte Massen auch wenngleich seltener, wie z. B. in der ersten grösseren Schlucht westwärts von Calheta, in einer kleinen Ribeira am Palheiro u. s. w., in einzelnen Durchschnitten bis nahe 200 Fuss unterhalb der Gebirgsoberfläche vor.

Die **Gänge** sind von sehr verschiedener Weite. Viele sind kaum 6 Zoll breit, andere erreichen eine Stärke von 20 bis 30 und selbst 50 Fuss. Manche sind senkrecht, die meisten neigen bald nach der einen bald nach der andern Seite und oft so sehr, dass man, wo nur Agglomeratmassen aufgeschlossen sind, nicht weiss, ob man Gänge oder steil einfallende Lager vor

4*

sich hat.. Sehr häufig sind gekrümmte oder gewundene Gänge. Wie die Lavabänke meist in annähernd senkrechten, so sind die Gänge gewöhnlich in beinah wagerechten Flächen zerklüftet und in mehr oder weniger regelmässige Säulen abgesondert. Gänge, die, nachdem das Nebengestein in Folge der Einwirkung des Dunstkreises entfernt ward, wie Mauern oder aus Holzscheiten aufgehäufte Wände über die Gebirgsoberfläche hinausragen, sind nicht eben selten. Ein solcher Gang ist links im Vordergrund der Ansicht Tafel VI sichtbar. Viele Gänge sind, während die Mitte durch wagrechte Klüfte säulenförmig erscheint, an beiden Seiten zunächst den Berührungsflächen des Nebengesteines in dünnen senkrechten Platten schieferig abgesondert. Bei den mächtigeren Gängen von 10 bis 20 oder 30 Fuss Breite unterscheidet man nicht selten mehrere unter einander parallele senkrechte Abtheilungen von wagrecht abgesonderten Massen, die genau an einander passen. Wagrechte Säulen von einer Länge, die als senkrechter Abstand bei säulenförmig abgesonderten Lagermassen vorkommt, sind nicht beobachtet worden.

　　Wenn der theoretische Gesichtspunkt, nach welchem die senkrechten Klüfte der säulenförmigen Absonderungen immer rechtwinklig auf den kühlenden Flächen stehen, wenn diese Annahme, die durch die Stellung der Klüfte in den Lagern und Gängen anscheinend so entschieden erwiesen wird, stichhaltig ist, dann müsste nach Sir Charles Lyell's Ansicht eine später erfolgte beträchtlichere Hebung und Aufrichtung der vollendeten Gebirgsmasse sich in einem allgemeinen Uebemeigen der ursprünglich senkrechten Absonderungen bemerkbar machen. Waren nehmlich die Lagermassen auf nur ganz sanft geneigten Gehängen erkaltet und dann in Folge einer Hebung so aufgerichtet, dass sie gegenwärtig unter Winkeln von 16, 18 oder 20 Graden einfallen, so müssten die Klüfte und Säulen der mächtigeren, säulenförmig abgesonderten Lager im Allgemeinen in der Richtung, in welcher die Aufrichtung erfolgte, um etwa 15 Grad übergekippt erscheinen. Dies konnte nun, obschon die vorausgesetzte oder angenommene Abweichung ein Sechstel des Unterschieds (von 90 Grad) zwischen den Lager und Gangmassen betrug, nirgends wahrgenommen werden. Entweder hatte also in der That keine solche Aufrichtung der Gebirgsmasse stattgefunden oder es konnte auch die Annahme, dass die Klüfte der säulenförmigen Absonderungen immer rechtwinkelig auf den kühlenden Flächen stehen, nicht bis auf ein Sechstel des Unterschiedes sondern nur im Allgemeinen im Betreff des ganzen Unterschiedes zwischen Gang und Lagermassen richtig sein. Wenn es gegenwärtig nicht mehr darauf ankommt zu beweisen, dass eine solche aufrichtende Hebung in Madeira nicht stattfand, und wenn es ebenfalls überflüssig erscheint, die Unregelmässigkeiten und Abweichungen aufzuzählen, welche bei der angenommenen rechtwinkeligen Stellung der Absonderungen und Abkühlungsflächen vorkommen, so dürfte es doch um so mehr gerechtfertigt erscheinen über den letztgenannten Punkt einige Worte einfliessen zu lassen, da der Durchschnitt, welcher zur Erläuterung dient, auch noch in anderer Hinsicht interessante Aufschlüsse bietet und ganz geeignet ist das Bild der geologischen Verhältnisse Madeiras vervollständigen zu helfen.

In der Ribeira do Torreaõ mündet gerade oberhalb S. Roque eine Seitenschlucht ein, und begränzt mit der Hauptschlucht einen Bergrücken, den Lombo de Rosa. An diesem Bergrücken sind im Mittelgrunde des natürlichen Durchschnittes Tafel VIII Fig. 6 die Lagerungsverhältnisse der linken oder östlichen Uferwand der Ribeira do Torreaõ (der Hauptschlucht) in soweit dargestellt als sie sich bei der Bedeckung mit Erde und Pflanzenwuchs erkennen lassen. Den Vordergrund bildet die rechte oder westliche Uferseite der Hauptschlucht, die etwas tiefer abwärts Ribeira de S. Roque, bei Funchal unfern der Mündung Ribeira de Sta Luzia genannt wird; rechts im Hintergrund ist die linke oder östlichere Seite der Nebenschlucht sichtbar. Der Lombo de Rosa ist am südlichen Ende an der Gabelspaltung, wo die Seitenschlucht unter spitzem Winkel einmündet, bei i zugeschärft und hat augenscheinlich von seiner ursprünglichen Höhe eingebüsst. Die Lavabänke, aus welchen dieser Theil des Gebirges besteht, sind von sehr verschiedener Mächtigkeit und fallen unter sehr verschiedenen Winkeln ein. An dem nördlichen Ende des Durchschnittes senkt sich die obere säulenförmig abgesonderte Basaltschicht a a' unter einem Winkel von 12 Graden von N nach S in der Richtung der Abdachung des Gebirges, während die untere Fläche des südlichen auskeilenden Endes unter einem Winkel von 8 Graden gegen Norden geneigt ist. Unmittelbar darunter fällt eine dünne Lavabank b unter einem Winkel von 22, unter dieser eine andere c unter einem Winkel von 8 Graden von N nach S ein. Noch etwas tiefer fällt die Lavabank d unter einem Winkel von 3 Graden von S nach N also in einer der Abdachung des Gebirges entgegengesetzten Richtung ein, während unmittelbar darunter ganz dünne, mit Schlackenagglomerat geschichtete Lavabänke e unter einem Winkel von 20 Graden wieder mit der Gebirgsabdachung von N nach S geneigt sind. Weiter südwärts sind die Lavabänke, so weit sie aus der Pflanzendecke hervortreten, von sehr verschiedener Mächtigkeit und unter sehr verschiedenen, an den betreffenden Stellen angemerkten Winkeln von N nach S geneigt. Die unterbrochenen oder punktirten Linien deuten gelbe Tuffen an, die an den Berührungsflächen von den darüber geflossenen Laven in Sahlbändern roth gebrannt wurden.

Wie sollten nun gemäss der Annahme einer rechtwinkeligen Stellung von Absonderungsklüften und Abkühlungsflächen die unregelmässigen Basaltsäulen in dem auf Tafel VIII Fig. 6 dargestellten Durchschnitte auf dem Horizonte stehen? Sie müssten dem theoretischen Gesichtspunkte entsprechend im Allgemeinen so wie die bei h angemerkten unter Winkeln von etwa 16 Graden gegen Süden hinüberneigen. Denn diese Stellung müssten die säulenförmigen Absonderungen haben, wenn das Gebirge nach vollendetem Bau um 12 bis 15 Grade aufgerichtet wurde, eine solche Stellung könnten sie aber auch, wenigstens in den meisten Lagern, haben, wenn wir die Grundlage auf welcher die Lave floss, und die entsprechende annähernd parallele Oberfläche des Stromes als die Abkühlungsflächen betrachten. Das ist aber keineswegs der Fall. Es stehen vielmehr die säulenförmigen Absonderungen in den unter verschiedenen Winkeln einfallenden Lagermassen von so verschiedener Mächtigkeit im Allgemeinen senkrecht auf dem Horizonte. Von den Ausnahmen ist eine bei h (Tafel VIII Fig. 6) bereits erwähnt. Unmittelbar darunter stehen in der Masse g einige Basaltsäulen wenigstens annähernd senkrecht auf der unteren kühlenden Fläche, indem sie unter Winkeln von 15 bis 25 Graden gegen den Horizont gerichtet sind, und in der Seitenschlucht wurden bei k die verschiedenen Winkel angemerkt, unter welchen säulenförmige Absonderungen nach Norden oder Süden hinüberneigen. Dennoch stehen, ungeachtet der mehr oder weniger abweichenden Lage der Abkühlungsflächen, die säulenförmigen Absonderungen hier wie in Madeira überhaupt im Allgemeinen lothrecht. Fände gegenwärtig im Mittelpunkte des Gebirges eine beträchtliche Hebung statt, welche die Aussengehänge um 12 bis 15 Grad aufrichtete, so müssten die säulenförmigen Absonderungen im Allgemeinen in der Richtung der Abdachung der Gebirgsoberfläche nach südwärts hinüberneigen. Dass dies nicht der Fall ist bestätigt daher die jetzt allgemein verbreitete Ansicht, die eine beträchtliche nach vollendetem Gebirgsbau stattgehabte aufrichtende Hebung in Abrede stellt.

Der innere Bau der Gebirgsmassen von Madeira.

A. Die jüngsten vulkanischen Erzeugnisse, welche die oberste Gebirgsschicht bilden.

a. Die Ausbruchskegel.

Die Schilderung der Lagerungsverhältnisse beginnen wir mit der Betrachtung derjenigen vulkanischen Massen, welche an der Oberfläche abgelagert sind, weil die Entstehungsweise dieser am sichersten festgestellt werden kann und daher am meisten geeignet ist durch Vergleichung auch die Bildungsweise der tieferen Schichten anschaulich zu machen. Es kann bei dem Standpunkt, den die Wissenschaft gegenwärtig einnimmt, kein Zweifel darüber herrschen, dass die Oberfläche von Madeira aus den Erzeugnissen der späteren vulkanischen Thätigkeit, aus Schlackenkegeln, Tuffablagerungen und Lavaströmen besteht. Wenn ältere Schriftsteller diese Annahme nicht aufstellten oder nur einzelne wenige Ablagerungen mit den geschichtlich nachgewiesenen Schlacken, Aschen und Laven des Vesuv und Aetna oder anderer thätiger Vulkane zu vergleichen wagten, so ist der Grund dafür, abgesehen von den damals anerkannten allgemeinen Gesichtspunkten, wohl hauptsächlich in den Veränderungen zu suchen, welche die jüngsten vulkanischen Erzeugnisse auf Madeira bereits erlitten haben. Diese Veränderungen sind so bedeutend und so auffallend, dass wir ihnen unsere ganze Aufmerksamkeit zuwenden und eine besondere Ursache dafür aufsuchen müssen, weshalb von den überaus zahlreichen Schlackenkegeln meist nur undeutliche, schwer zu bestimmende Reste übrig blieben, weshalb von allen den Krateröffnungen, die einst gebildet sein müssen, jetzt nur noch eine oder zwei vollkommen, wenige theilweise erhalten, die meisten aber an den abgerundeten Hügeln, die sich der Form nach am besten Maulwurfshaufen vergleichen lassen, völlig verschwunden sind. Diese allerdings auffallende Erscheinung lässt sich nur durch die Einflüsse des Dunstkreises, durch die Einwirkungen der Erosion erklären. In den folgenden Schilderungen von bestimmten Oertlichkeiten werden wir Gelegenheit haben zu zeigen, wie die Zerstörung der Schlackenberge und ihrer Krateröffnungen sich durch allmähliche Abstufungen von der vollkommensten Form bis zu den undeutlichsten Ueberresten verfolgen lässt und wie in vielen Fällen die am besten erhaltenen Schlackenberge am wenigsten oder auf allen Seiten gleichmässig, die beinah völlig zerstörten aber am meisten oder vorzugsweise von einer Seite den Einflüssen der Erosion ausgesetzt waren.

Die Lagoa auf S. Antonio da Serra.

Den vollständig erhaltenen Krater, der auf dem Hochlande von S. Antonio da Serra in einem kleinen Schlackenkegel eingeschlossen ist und nach dem Sumpf in seiner Mitte A Lagoa genannt wird, hat Sir Charles Lyell in seinem „Manual of elementary geology (London 1855)" auf Seite 519 in Fig. 654 abgebildet und in folgender Weise beschrieben. „Obgleich die Krater auf „Madeira im Vergleich zu der ungemein grossen Zahl von Schlackenkegeln, „auffallend selten sind, so kommt doch 2½ Minuten westlich von Machico „ein Krater vor, der so vollkommen wie der von Astroni bei Neapel ist. Im

„Grunde der kreisrunden Vertiefung, die etwa 150 Fuss herabreicht, breitet
„sich eine Fläche von etwa 500 Fuss Durchmesser aus. Die Mitte erfüllt
„ein kleiner Teich, gegen welchen sich die Fläche des Grundes auf allen Sei-
„ten sanft hinabsenkt." Im Sommer trocknet das Wasser aus und es bleibt
eine sumpfige Stelle zurück. Die Ränder der schüsselförmigen Vertiefung
sind mit Büschen von Vaccinium maderense bewachsen und erheben sich,
einen breiten aber niederen oben abgestumpften Hügel bildend, nur wenig
über der Fläche des Hochgebirgstafellandes, das etwa 2000 Fuss oberhalb
des Meeres emporragt. Gewiss dürfen wir annehmen, dass der Hügel einst
höher, der Krater einst tiefer war. In Folge der Einflüsse des Dunstkreises
wurden die zersetzten Schlacken und Tuffmassen an dem äussern Gehänge
herab und in den Krater hineingeschwemmt; allein die Einwirkungen der Erosion waren so weit gleichmässig vertheilt, dass der Hügel und der Krater
bei der allmähligen Verminderung der Masse zwar nicht vollständig ihre anfängliche Ausdehnung aber doch ihre ursprüngliche Form und Gestaltung
beibehalten haben.

Die Lagoa do Fanal.
(Der Sumpf oder die Lache bei der Seeleuchte.)

Einen zweiten vollständig erhaltenen Krater beschreibt Herr W. Reiss
wie folgt:

„Vom Paul da Serra führt ein Pfad, immer die höchsten Flächen des
Gebirges einhaltend, herab nach der Mündung der Ribeira da Janella. Dort
auf der schon niederer gelegenen, sanft geneigten Fläche zwischen der Ribeira
do Seixal und der Ribeira da Janella erheben sich einige Hügel über der
Gebirgsoberfläche. Sie haben mehr oder weniger kegelförmige Gestalt. Besonders auffallend sind der Pico das Prairinhas und der Pico do Folhado.
Sie scheinen nur einen Schlackenhügel zu bilden. Der Pico das Prairinhas
besitzt wohl sicher einen Krater. Doch konnte ich die Hügel nicht näher
untersuchen. Der Weg führt öfter über die neuen Schlackenmassen dieser
Kegel, so dass mir ihre Natur nicht zweifelhaft erscheint.

„Verfolgt man den Weg weiter herab, so führt er bald, dicht an dem
steilen Absturz nach dem Janella-Thale, auf den Rücken zwischen Ribeira
dos Annos und Ribeira da Janella. Der obere Theil dieses Rückens wird
Fanal genannt. Schon von weitem fällt am Rande der Janella-Schlucht ein
eigenthümlich geformter, stark bewaldeter Doppelhügel auf, dessen Erhebung
auch vom Rabaçal aus beobachtet werden kann. Am nördlichen Fusse dieses Hügels vorüber gelangt man bald zur Lagoa do Fanal. Es ist dieses ein
Krater mit niederem Schlackenwalle, über dessen südwestlichen Rand der
Pfad hinwegführt. Der Boden der fast kreisrunden Vertiefung hat von O

nach W einen Durchmesser von 100 Fuss. An der Westseite ist die Umwallung am niedrigsten, etwa 30 Fuss über dem Kraterboden mit einer Neigung von 20 Grad sich erhebend. Von dieser niedrigsten Stelle steigt die
Umwallung zu beiden Seiten allmählich an bis sie auf der Ostseite eine Höhe
von 60 bis 80 Fuss oberhalb des Kraterbodens erreicht. Dieser ist frei von
allem Gesträpp und wird bedeckt von Basalt und Lavenstücken sowie von
eingeschwemmter Erde. Die Abhänge der Umwallung sind dagegen dicht
mit Lorbeer und Haidekraut bewachsen.

„Ersteigt man den Ostrand des Kraters, so gelangt man keineswegs an
eine steil abfallende äussere Böschung wie sie bei einem vulkanischen Kegel
zu erwarten wäre, denn wenige Fuss unter diesem Rande dehnt sich abermals eine von einem Kraterwall umgebene Fläche halbmondförmig aus. Die
Umwallung dieses zweiten höher gelegenen Kraters fällt steil nach Innen ab.
Die Schlackenschichten ragen als schwarze Massen aus und auch der Boden
der Vertiefung ist mit Schlacken erfüllt. Auch an diesem Krater ist die Umwallung an der Ostseite am höchsten und senkt sich von dort auf beiden
Seiten gegen Westen bis sie mit der Umwallung des zuerst beschriebenen
Kraters zusammenfliesst.

„Nur nach der Ostseite zeigt der äussere Krater eine bedeutende kegelförmige Erhebung, die dadurch noch an Ansehn gewinnt, dass die Böschung
sich über einer kleinen Thalschlucht erhebt. Leicht können diese beiden Krater übersehen werden, da sie bei der geringen Höhe und wenig auffallenden
äusseren Form der Hügel auf dem dicht bewaldeten Gebirgsrücken nur bei
näherer Untersuchung zu erkennen sind. Die Lagoa ist aber kein einfacher
Krater sondern wird vielmehr von zwei in verschiedener Höhe liegenden
Vertiefungen gebildet, von welchen die ältere die jüngere zur Hälfte
umschliesst.

„Die Lagoa do Fanal ist deshalb leicht aufzufinden, weil nahe unterhalb derselben auf dem Bergrücken eine Anzahl 15 bis 20 Fuss hoher Fi-
gueiras do Inferno (Euphorbia piscatoria) stehen, welche beim Volk wegen
ihrer ausserordentlichen Grösse wohl bekannt und wegen ihres giftigen Saf-
tes gefürchtet sind. Weiter am Rücken herab gegen den Ort Ribeira da
Janella zu liegen noch mehr schwarze Schlackenkegel meist mit halb offenen
Kratern. Ja die Häuser des Ortes selbst sind an und auf solchen neueren
Kegeln erbaut."

Die Lagoa unfern des Ortes Porto Moniz.
(Eigentlich O Porto de Moniz.)

Noch einen anderen so gut wie vollständig erhaltenen Krater beschreibt
Herr W. Reiss wie folgt:

„Im Süden der kleinen sanft abgedachten Fläche Terra chã do Porto Moniz also auch im Süden der schönen Schlackenkegel, die dort emporragen, erheben sich unregelmässig geformte Rücken, deren Fortsetzungen in die Berge der Ribeira da Janella (linke Seite) verlaufen. Eingesenkt in jene Hügel in der Gegend, die Achada brava genannt wird, findet sich die Lagoa, ein nahezu rundes Kraterbecken, dessen Boden 260 Schritte im Umfang hat. Die Umwallung ist am Südrande am höchsten, am Nordrande am niedrigsten; sie beträgt dort ungefähr 60, hier etwa 20 Fuss. Die Abhänge sind ganz mit Gestrüppe bewachsen und der Kraterboden ist mit Wasser bedeckt, wie dies auch während der Regenzeit bei der Lagoa do Fanal der Fall sein soll. Schlackenkegel meist von zerstörter oder undeutlicher Gestalt erheben sich zu allen Seiten der Lagoa."

Der Pico do Caniço.

Der Covoës und der Pico do Caniço, deren Lage auf der Karte bei 16 und 17 angedeutet ist, sind auf Tafel VII Fig. 1 von westwärts, vom linken Ufer der Ribeira do Furado dargestellt. Zwischen den beiden Schlackenkegeln schneidet die Ribeira do Caniço, jenseits oder östlich vom Pico do Caniço die Ribeira do Porto novo ein. An dem östlicheren der beiden Hügel, welcher auf der Zeichnung der entferntere ist, sind die beiden hervorragendsten Punkte des alten Kraterrandes als pico das Eiras und Pico do Caniço bekannt, von welchen Benennungen wir die letztere zur Bezeichnung des ehemaligen Ausbruchskegels wählen wollen, der auch zuweilen Pico d'Agoa do Caniço genannt wird. Dieser Hügel gehört so wie der Covoës keineswegs zu denjenigen Ausbruchskegeln, die ganz zuletzt entstanden kurz bevor die vulkanische Thätigkeit für diese Inselgruppe erlosch. Denn gegen Norden oder nach landeinwärts sind Lavabänke der äussern Abdachung des Schlackenhügels so angelagert, dass der nördliche Rand beinah mit dem Gebirgsgehänge gleich gemacht ist. Auf den drei andern Seiten dagegen bilden lose Schlacken, Aschen und Tuffschichten sowie Lavamassen, die dem Berge entströmten, die Abhänge, die unter Winkeln von 23—25 Graden geneigt sind. Der Ausbruchskegel scheint ursprünglich eine eigene Höhe von 4 bis 500 Fuss gehabt zu haben. Er erhebt sich, ungefähr eine Minute von der Küste entfernt, mit seinem westlichen, nördlichen und östlichen Rande 1536, 1506 und 1444 Fuss oberhalb des Meeres. Die Umwallung des ursprünglichen Kraters lässt sich für 1002 Schritte verfolgen und würde vervollständigt einen Umfang von 1336 bis 40 Schritten haben. An dem nördlichen Rande des Gipfels rinnt an der niedrigsten Stelle ein dahin geleitetes Bächlein in die Einsenkung, deren tiefster Punkt 1375 Fuss über dem Meere emporragt. Die mittlere Tiefe der kraterförmigen Mulde beträgt daher etwa

120 Fuss. Der obere Theil des Kegels und der Rand des ehemaligen Kraters bestehen aus rother schlackiger Lava, den Grund der schüsselförmigen Vertiefung erfüllt die ziegelrothe, Salaõ genannte Erde, die aus der Zersetzung der Schlackenmassen hervorgeht. Einige Felder und ein paar Schuppen beweisen, wie die Madereser jeden Fussbreit Erde benutzen, dem sie die nöthige Feuchtigkeit zuzuführen vermögen. Gewiss senkte sich auch dieser Krater zwischen Rändern, die ursprünglich höher emporragten, einst tiefer herab, bis die Zersetzungsproducte der Schlackenmassen allmählich mehr und mehr von dem Rande entfernt und in die Vertiefung herabgewaschen wurden. Diese scheint indessen von je her einen jener Krater gebildet zu haben, die nur in dem oberen Theil gewisser Ausbruchskegel eingesenkt sind; oder mit anderen Worten es hat den Anschein, dass der Schlackenberg nicht, wie das z. B. an der Lagoa de S. Antonio da Serra der Fall gewesen sein muss, gewissermaassen nur die Umwallung für einen Krater bildete, der bis beinahe auf die Grundlage des Kegels herabreichte. Doch war die schüsselförmige Einsenkung des Kraters wahrscheinlich schon anfangs gegen Süden geöffnet oder wenigstens zu einer Einsattelung vertieft. Dass diese Kluft im Laufe der Zeit unter den Einflüssen des Dunstkreises nicht immer tiefer und tiefer ausgewaschen wurde, dass nicht wie am Covoës und an vielen anderen alten Ausbruchskegeln allmählich eine Gestaltung hervorgerufen ward, welche die Spanier mit Löffeln (cuchara's) vergleichen, das ist wahrscheinlich durch eine basaltische Masse verhindert worden, die den Einwirkungen der Erosion an der betreffenden Stelle eine Schranke setzte. Diese compacte Masse hat fast das Ansehn eines breiten Ganges, der an der Stelle, wo ein Stück des Kraterrandes fehlt, von Nordost nach Südwest streicht. Auf dem östlichen Rande zeigt sich die Masse zuerst als ein Lager von 8½ Fuss Mächtigkeit und 7½ Fuss Breite, das auf der rothen schlackigten Lave ruht; dann breitet sie sich mehr und mehr bis zu 32 Fuss aus, biegt gegen SW um, bildet gegen SO einen Absturz von 20 Fuss Höhe und setzt sich gangartig gegen den westlichen Kraterrand fort, wo sie noch eine Breite von 16 Fuss hat. Gleichzeitig senkt sich der Kamm der basaltischen Masse von nordostwärts um etwa 75 Fuss herab und steigt dann wieder gegen Südwest, einen natürlichen Sattel bildend, um 25 Fuss empor. An dem südwestlichen Ende wird ein senkrechter Abstand von 10 Fuss sichtbar, weiter gegen Nordost, wo das Wasser des kleinen Baches wie über ein Wehr darüber hinläuft, ist ein Absturz von 40—50 F. entstanden. Die Absonderung der compacten Masse ist durchweg unbestimmt säulenförmig, nur an dem östlichen Rande zeigte sich eine annähernd schieferige Bildung in Platten von ¼ Zoll bis ½ Fuss. Die untere Grenze der Masse tritt nur, wie bereits erwähnt, an dem oberen östlichen Kraterrande

hervor, wo sie wahrscheinlich eine jener compacten Laven darstellt, die man nicht eben selten auf dem Rande .von Ausbruchskegeln antrifft. Die gegen SW gerichtete Verlängerung scheint dagegen eine von oben eingedrungene gangartige steinige Lave zu bilden, die sich durch die Schwere des Materials in einer Spalte nach abwärts senkte und später durch die Einwirkung der Tageswasser an den Seiten theilweise blosgelegt wurde.

Unterhalb der Stelle, wo der Kraterrand offen ist, und etwa 1000 Fuss oberhalb des Meerespiegels tritt ein Gang von 2 Fuss 8 Zoll Breite hervor, der von N nach S streicht und unter spitzen Winkeln mehrere seitliche Gänge aufnimmt. Diese Gänge stossen etwas tiefer unten an oder sind mit dünnen Lavabänken verbunden, die sich nach abwärts mehr und mehr zu einer Gesammtmasse ausbreiten. Die letztere, die auch auf Tafel VII Fig. 1, dargestellt ist, lehnt daher wie ein dreieckig gestalter Talus an dem südlichen Gehänge des Berges, indem sie, aus breiter Grundlage sich verschmälernd, bei etwa 1000 Fuss Meereshöhe in eine durch die Gänge bezeichnete Spitze ausläuft. Dort brachen also die Laven aus der Seite des Schlackenberges hervor, und flossen, sich mehr und mehr ausbreitend, an dem Gehänge über den vulkanischen Aschen und Tuffen herab. Ein aus schlackigten Laven, losen Schlacken und Aschen gebildeter Hügel, dessen Gipfel bei etwa 800 F. Meereshöhe sichtbar wird, scheint von den dem Pico do Caniço entströmten Laven beinah vollständig überdeckt zu sein. Kaum mehr als 100 Schritt vom Meeresufer entfernt erhebt sich etwa 200 Fuss über dem Meeresspiegel ein anderer aus Schlacken gebildeter Hügel, umgeben und beinah vergraben von den Laven des Pico do Caniço, die im Meere einige Riffe hinterliessen. Gegen Westen aber sind die Ströme des Pico do Caniço von denen des Covoës nicht deutlich zu sondern oder bedeckt von den Laven, die von landeinwärts ihren Weg zwischen den beiden Schlackenbergen nach abwärts verfolgten.

Der Covoës.

Kaum eine halbe Minute vom Pico do Caniço und 1½ Minuten vom Meere entfernt erhebt sich der Covoës gerade in der Mitte zwischen den Schluchten der Ribeira do Furado und der Ribeira do Caniço, die auf der westlichen und östlichen Seite hart an seinem Fusse eingeschnitten sind. Die Längenachse des Ausbruchskegels ist gegen das Meer von NW nach SO gerichtet. Der nordwestliche Rand ist am höchsten; er erhebt sich auf eine Entfernung von 250 Schritt 1725 Fuss oberhalb des Meeres. Von da senkt sich die Umwallung des ehemaligen Kraters bedeutend herab, und hat auf der Nordostseite 1507 auf der Südwestseite nur 1411 Fuss Meereshöhe. Der Schlackenberg hat anscheinend ursprünglich über dem gegen die Küste abgedachten Gebirgsgehänge eine verschiedene Höhe erlangt, die an einzelnen Stellen bis

550 Fuss oder vielleicht noch mehr betragen mochte. An seiner südöstlichen, dem Meere zugekehrten Seite scheint der Rand schon bei seiner Bildung am niedrigsten und in einer Bresche geöffnet gewesen zu sein, durch welche die Laven am Abhang herab gegen das Meer flossen. Auch wäre nicht unmöglich, dass dieser Ausbruchskegel, wie manche, die im vorigen Jahrhundert auf Lanzarote entstanden, schon während der Aufhäufung der Schlackenmassen auf der südöstlichen Seite in seinem Bau unvollendet und verkümmert blieb. Jetzt wenigstens fehlt zur Ergänzung der vollkommenen Kegel und Kraterform ein beträchtliches Stück, das indessen zum grossen Theil durch die Einwirkungen der Erosion entfernt sein mag. Nur im Halbkreise ist die Vertiefung im Innern des Hügels von einem Rande von sehr ungleicher Höhe eingeschlossen, während der bis heute erhaltene Rest des ehemaligen Ausbruchskegels jene Gestaltung zeigt, die man auf den Canarien im Gegensatz zu den Caldera's (Kesseln) Cuchara's (Löffel) nennt. In einer Meereshöhe von 1450 Fuss beträgt die Entfernung vom südwestlichen bis zum nordöstlichen Rande 707 Schritt oder etwa 1770 Fuss. War der Schlackenberg ursprünglich vollständig abgerundet aufgeschüttet und mit einem kesselförmigen Krater versehen, so müsste dieser einen Umfang von 1414 Schritten oder ungefähr 3550 Fuss gehabt haben.

Die Aussengehänge sind mantelartig mit Schlacken, vulkanischen Äschen und Tuffen bedeckt, die wie am Pico do Caniço so auf einander folgen, dass die gröberen Massen höher oben, die feineren tiefer unten abgelagert sind. Die Abdachung beträgt 26 bis 30 Grad. Im Innern des Berges sind parallele Lagen rother schlackiger Laven aufgeschlossen, die ein paar Fuss mächtig sind und so viel man sehen kann sehr steil geneigt von der mittleren senkrechten Axe des Kraters mantelartig nach allen Seiten des Umkreises des Schlackenhügels abfallen. Gleichzeitig sind diese Schlackenschichten aber auch in der Richtung der Längenachse des Ausbruchskegels und der Abdachung des Gebirgsgehänges, auf welchem dieser entstand, unter Winkeln von 14 bis 16 Graden geneigt, wodurch das Innere des Berges bei der stufenartigen Aufeinanderfolge der einzelnen Lagen fast einem römischen Amphitheater gleicht, das von NW nach SO um etwa 15 Grad aufgerichtet wurde. Es ist wohl kaum nothwendig zu bemerken, dass diese Lagerungsverhältnisse der Schlackenschichten keineswegs eine spätere Aufrichtung der Gebirgsgehänge und des Ausbruchskegels beweisen, weil die oben beschriebene Erscheinung eben so gut durch die Abdachung der Grundlage, über welcher die mantelartig ausgebreiteten Lagen entstanden, hervorgerufen werden konnte.

Durch die Mitte der noch vorhandenen Krateröffnung des Covoës senkt sich, wie auf Tafel VII Fig. 1 angedeutet ist, eine Basaltmasse, die das Ansehn eines schmalen aber mächtigen Lagers hat. An beiden Seiten sind in kleinen Wasserrissen, durch welche das Innere des Berges entwässert wird, senkrechte Wände von 15 bis 40 Fuss Höhe blosgelegt. Diese Masse, welche in der Richtung der Längenachse des Ausbruchskegels unter einem Winkel von etwa 20 Graden geneigt ist, muss ganz in der Nähe des nordwestlichen Randes hervorgebrochen sein. An diesem Rande, der bei 1725 Fuss Meereshöhe am bedeutendsten emporragt und überhaupt am meisten entwickelt ist, könnte man eine muldenförmige Einsenkung als den Rest eines zweiten weniger tiefen und viel kleineren, höher gelegenen Kraters ansehn, der wie in manchen neueren Ausbruchskegeln von Lanzarote auf dem höchsten und breitesten Gipfel des Schlackenberges entstand. In dieser Vertiefung, die jetzt wenigstens keinen vollständigen Krater mehr bildet, entdeckt man unterhalb des nordwestlichen Gipfels zwei beinah parallele wallartige Erhöhungen, die aus zusammengeschmolzenen Schlackenmassen bestehen, bei 5 Fuss Breite etwa 5 Fuss hoch sind und wahrscheinlich die zu beiden Seiten der fortgeflossenen Lave entstandenen Wände bilden. Etwas tiefer abwärts in derselben Richtung treten die ersten steinigen Laven in dünnen Lagern in Zwischenräumen auf, die mit rother Erde erfüllt sind. Erst etwa 280 Fuss unterhalb des höchsten Bergrandes entsteht anscheinend aus jenen steinigen Laven die Basaltmasse, die etwa 90 Fuss breit und 25 Fuss mächtig über den Schlackenmassen abschneidet und dann von dort aus unter einem Winkel von 23 Graden in der Richtung der Längenachse des Ausbruchskegels durch die Mitte des alten Kraters abfällt. An der Oberfläche unterscheidet man von SW nach NO: 18 Fuss compacte steinige, dann 8 Fuss rothe verschlackte Lave mit bombenartigen blasig aufgeblähten Stücken, die fest zusammengeschmolzen sind, dann wieder 50 Fuss compacte, dann 9 Fuss rothe schlackige und endlich 5 Fuss compacte steinige Lave. So erstreckt sich die basaltische Masse in wechselndem Verhältniss ihrer einzelnen Theile durch das Innere des Berges bis an den Fuss, wo sie anscheinend wie eine Gangbildung endigt. An einer Stelle war es möglich zu unterscheiden, dass sie 44 Fuss mächtig auf den Schlackenmassen des Ausbruchskegels aufruht. Wahrscheinlich floss diese Lave von der oberen höher gelegenen kraterartigen Vertiefung des breiteren und höheren Nordwestrandes, indem sie sich durch ihre Schwere in die Schlackenmassen einwühlte, durch die grössere Krateröffnung herab, wo sie später in Folge der Einwirkungen des Dunstkreises theilweise an den Seiten blosgelegt wurde.

Zwischen dem Covoês, den beiden Schluchten, die an seiner östlicheren und westlicheren Seite eingeschnitten sind, und der Küste unterscheidet man vier terrassenartige Absätze, die in mittlerer Höhe 950, 700, 400 und etwa 180 Fuss über dem Meere emporragen, jedoch so, dass sie, wie auch auf

Tafel VII Fig. 1 ersichtlich ist, an den Seiten etwas höher als in der Mitte sind. Die letztere Erscheinung ist sowohl durch diejenigen Laven, die auf der einen Seite vom Pico do Caniço aus etwas weiter westwärts vordrangen, als auch durch solche Ströme hervorgerufen, die auf beiden Seiten des Covoës von landeinwärts, den Schlackenberg umgehend, gegen die Küste flossen. Die obere Terrasse besteht vorherrschend aus schlackiger Lave, losen Schlacken, Lapillen und Tuffen; sie dehnt sich namentlich auf der westlicheren Seite im Vordergrunde der Ansicht Tafel VII Fig. 1 weit gegen das Meer aus und ist dort nur theilweise von Lavabänken überlagert, die ursprünglich von landeinwärts an dem westlicheren Abhang des Covoës vorbeiströmten. Andere Lavabänke und unregelmässig gestaltete basaltische Felsmassen müssen, nach ihrer Lage zu urtheilen, aus dem Krater des Ausbruchskegels geflossen sein.

Beachtenswerth ist an der östlichen Seite dieser oberen Stufe der Ueberrest eines Lavenkanals, der hart an der Landstrasse, die nach Santa Cruz führt, vorkommt. Ostsüdöstlich vom höchsten Gipfel des Covoës erhebt sich bei 950 Fuss Meereshöhe ein Wall, der sich ungefähr 50 Schritte weit verfolgen lässt bis er unter dem Ackerboden der Felder verschwindet. Aus schlackiger, fest zusammenhaftender Lave bestehend, bildet er die eine Seite der natürlichen Einwallungen, die neben fliessenden Laven häufig zu entstehen pflegen. Am Weg ist der Wall etwa 6 Fuss hoch und mit compacter schiefriger Lave bedeckt, die, 1½ bis 2 Fuss breit, in Platten von 1¼ bis 2 oder auch bis 9 Zoll Dicke gesondert ist, während der Querbruch der letzteren eine ganz feine parallele Streifung oder Schieferung erkennen lässt. Diese Platten rühren von erstarrten dünnen Schichten her, welche die Lave im vorbeifliessen an den seitlichen Wällen zurückliess; denn das ist eine Erscheinung, die man unter anderen auf Palma zwischen der Lavanda und Fuencaliente wiederholt beobachten kann. Die Lavenkanäle, welche dort mit beinah senkrechten Wänden die jüngsten Ströme in Furchen durchziehen, sind meist 10 bis 15 Fuss hoch, 15 bis 25 Schritt breit und mit schiefrigen steinigen Laven ausgekleidet, von welchen an einzelnen Stellen bis 9 dünne Platten über einander sichtbar wurden. Man könnte diese dünnen plattenförmigen Absonderungen der Lavenkanäle mit den schiefrigen Seiten der Gänge vergleichen; in diesen ist die Lavamasse erstarrt zurückgeblieben und meist in wagerechten Säulen abgesondert, in jenen ist sie fortgeflossen.

Welche Laven auf den unteren terrassenartigen Absätzen dem Covoës angehören, welche von landeinwärts an den Ausbruchskegeln vorüberflossen und welche schon vorher die Grundlage der späteren Ablagerungen bildeten, das lässt sich bei der Bedeckung mit Erde inmitten der Felder und Hütten nicht mehr unterscheiden. Allein diese Terrassenbildung ist an sich bezeichnend für die Aufhäufung steiniger Laven; sie belehrt uns, wie durch Ablagerung von Strömen, die nicht alle gleichweit hinausreichen, die Abdachung der Gebirgsoberfläche an Steilheit gewinnt.

Die Laven bei Caniço sind vorherrschend basaltisch, haben aber mitunter ein trachydoleritisches Ansehn. Die weinroth gefärbten schlackigen Lavenmassen, die rostroth gefärbten losen Schlacken und Lapillen, die gelben mit schwarzen vulkanischen Aschen geschichteten Tuffen, die namentlich am Fusse des Pico do Caniço in lehrreichen Durchschnitten frei liegen, sind recht bezeichnend für basaltische Gebilde. Allein die gelblichen, aufgeblähten, korkartig leichten Stückchen, die an manchen Stellen in den gelben Tuffen vorkommen, deuten durch ihre bimmsteinartige Beschaffenheit eine Hinneigung zur trachytischen Reihe an. Auch bei den steinigen Laven gewinnt der basaltische Character die Oberhand. Die graue bis dunkelgraue Grundmasse ist beinah frei von Einmengungen oder enthält nur kleine Körnchen von Augit und Olivin, die indessen auch in grösseren Kristallen und häufiger vorkommen. Oft erscheint jedoch die Grundmasse wie in den Grausteinen hell bis lichtgrau gefärbt, höchst feinkörnig oder es treten zahlreiche ungemein kleine weisse Pünktchen von Feldspath auf. Die Laven sind oft ganz compact; ausserdem haben kleinere Hohlräume eine grosse Verbreitung erlangt. Viele erscheinen mehr oder weniger zersetzt, manche sind in wackeartiger Umwandlung begriffen. Die kugelförmige Absonderung ist auch hier an den obersten Lavabänken, namentlich an denen, welche an der Westseite des Covoës abgelagert sind, beobachtet worden.

Die Hügelreihe des Höhenzuges von S. Martinho.

In der Schilderung der Thalbildungen von Madeira ist bereits die Einsenkung bei Funchal, die ansehnlichste der natürlichen Mulden oder interkollinen Räume, ausführlicher beschrieben worden. Auch ist dort bereits der niedere, von Süd nach Nord gerichtete seitliche Höhenzug erwähnt, der den Grund der grossen Thalmulde in zwei kleinere natürliche Einsenkungen sondert. Diese mit mehreren Schlackenhügeln gekrönte Erhöhung oder Anschwellung des Gebirgsgehänges, die in der Ansicht Tafel V deutlich hervortritt, soll nun hier in ihren geologischen Verhältnissen ausführlicher besprochen werden. Ein Längendurchschnitt ist, wenngleich nur in kleinem Maassstabe, auf der rechten Seite des Durchschnittes Tafel II Fig. 3 gegeben. Der niedere Höhenzug beginnt am südlichen Gebirgsgehänge etwas oberhalb des mit 1440 Fuss bezeichneten Hügels an dem Schlackenkegel der Casa branca und endigt, kaum 2½ Minuten lang, mit dem Pico da Cruz am

Meere; er ist, wie wir im Durchschnitte sehen, hauptsächlich durch schlackige Agglomerate, durch Auswurfsstoffe, die augenscheinlich zu den verschiedenen Ausbruchskegeln gehören, gebildet. Diese Massen ruhen auf mit Tuffen und Schlacken wechselnden basaltischen Lagern und sind an ihrer Oberfläche theilweise von Lavabänken bedeckt. Gegen Süden, wo mehrere Hügel neben einander emporragen, gewinnt diese Erhöhung des Gehänges in der Richtung von Ost nach West eine grössere Ausdehnung in die Breite, so dass sogar bei der Kirche von S. Martinho und am Pico da Cruz eine kleine von N nach. S sanft geneigte Ebene gebildet wird. So entsteht nun, wie auf der Karte (bei 19, 20, 21) angedeutet ist, eine dreieckig gestaltete Anschwellung des Bodens, die unter einem mittleren Winkel von 5 Graden von Nord nach Süd abfällt. Die Grundline zieht sich an der Küste entlang, die Spitze liegt kaum 2½ Minuten landeinwärts in einer Meereshöhe von nahezu 1600 Fuss. An der östlichen Grenze schneiden die Ribeira de S. Joaõ und der Ribeiro Seco, an der westlichen die Ribeira dos Soccorridos und die Ribeira do Val ein. Landhäuser, Gärten, Weinberge, Felder bedecken die Oberfläche. Selbst die steilen Böschungen der alten Schlackenberge sind theilweise bebaut. Aber es fehlen die zusammenschliessende Grasnarbe und die dichten Strauch- oder Waldbestände, die in dem Klima Deutschlands meist die Oberfläche so überziehen, dass nur die Steinbrüche Einblicke gewähren. Daher findet der Forscher, wenn er Zeit darauf verwenden will, auf dem kleinen Hochlande von S. Martinho genug Stellen, die Aufschluss über die Natur der zu untersuchenden Oertlichkeiten gewähren.

1. Der Schlackenkegel des Sitio da Casa branca.

Der Bergrücken, auf welchem das weisse Haus (casa branca), das der Lage (Sitio) den Namen verliehen hat, liegt, ragt etwa 1590 Fuss oberhalb des Meeres empor und bildet den nördlicheren Rand eines ehemaligen Ausbruchskegels. Von dort aus senkt sich die beinah kreisrunde Umwallung der schüsselförmigen Vertiefung zu beiden Seiten bis gegen die Stelle hin, wo die Kirche von S. Antonio in einer Höhe von 941 Fuss erbaut ist. Der Krater ist da wo der Rand am tiefsten herabreicht gegen Südosten offen. Die zwei Wege, welche von der Kirche von S. Antonio nach dem Curral führen, steigen, in Bogen gekrümmt, an dem nordöstlichen und südwestlichen Rande ziemlich steil empor und vereinigen sich in der Gegend der Casa branca auf dem nördlichen Rande, wo dieser durch anstossende Lavabänke mit dem Gebirgsgehänge in gleiche Höhe gebracht ist. Der Durchmesser des ehemaligen Schlackenberges beträgt vom Nordwestrande bis zur Stelle, wo der immer tiefer herabsinkende Kraterrand ganz verschwindet und eine Oeffnung frei lässt, etwa 1600 Fuss. An den Rändern ist rothe aus der Zersetzung

der Schlackenmassen gebildete Erde herab und in die Vertiefung hinein geschwemmt. Besonders auffallend treten die Ueberreste des Ausbruchskegels
und seines Kraters inmitten der Weinberge gerade nicht hervor. Denn der
Sitio da Casa branca stand, bevor die Traubenkrankheit auf Madeira um
sich griff, wegen seiner Rebgelände, die einen der feinsten Weine lieferten,
in einem gewissen Rufe. Allein immerhin hält es nicht schwer bei genauerer
Betrachtung der Schlackenagglomerate, aus welchen die Anhöhen bestehen,
und der Formverhältnisse die ursprüngliche Bedeutung der Oertlichkeit
heraus zu erkennen. —

2. Der Pico do Cardo (Diestelberg, von carduus.)

Unmittelbar südlich vom Sitio da casa branca erheben sich drei Hügel
neben einander; der westnordwestlichste, der Pico do Cardo, ist etwas weiter
als der ostsüdöstlichste, der Pico dos Barcelos, von dem mittleren, dem Pico
de S. Antonio, entfernt. Der Pico do Cardo, der auch Pico dos Pinheiros
genannt wird,[*] ragt an der linken Uferseite der Ribeira de Vasco Gil, einer
Nebenschlucht der Ribeira dos Soccorridos empor. Die Entstehung dieses
tiefen Einschnittes trug gewiss beträchtlich, wenn nicht hauptsächlich dazu
bei, den ehemaligen Schlackenberg so zu zerstören, dass jetzt keine Spur
eines Kraters aufzufinden ist. Der rundliche, theilweise mit Kiefern bewachsene Hügel besteht aus rothen Schlacken und Lapillmassen, die in Schichten
gesondert an der nördlichen Seite in den Richtungen zwischen S nach N und
SSW nach NNO, an der südlichen Abdachung südsüdöstlich bis südwestlich
einfallen und dadurch eine mantelförmige Lagerung der Auswurfsstoffe andeuten. Wahrscheinlich bildete der Hügel den höchsten und am stärksten
entwickelten Theil des Schlackenberges und seines Kraterrandes.

3. Der Pico de S. Antonio.

Auch dieser Hügel, dessen Gipfel 1440 Fuss Meereshöhe erreicht, bildet
augenscheinlich den Ueberrest eines Ausbruchskegels, von welchem wie bei
den meisten theilweise zerstörten Schlackenbergen nur der höchste und brei-
teste Theil der Umwallung zurückblieb. Die rothe Salao genannte Erde ist
an den Seiten in oft beträchtlicher Mächtigkeit angehäuft und von Regen-
furchen durchzogen. Die Stelle, an welcher einst der Krater eingesenkt

[*] Von den Landleuten werden jene drei Hügel in der Reihenfolge von WNW nach
OSO gewöhnlich als Pico dos Pinheiros, Pico do Cardo und Pico dos Barcelos bezeichnet. Die drei oben angeführten Namen verdienen jedoch nach der Ansicht des Major
P. de Azevedo deshalb den Vorzug, weil sie im Kirchenbuche des Sprengels eingetragen sind.

war, lässt sich nicht mehr mit völliger Sicherheit bestimmen. Aber an der dem pico dos Barcelos zugekehrten Seite hart am Wege, der von Funchal aus um den Berg herumführt, krümmen sich die ausgehenden Enden vieler Schlackenschichten im Bogen, indem sie die südliche Richtung allmählich in eine südöstliche umwandeln. Dies könnte den südlicheren, eine gegenüber vorspringende Ecke aber den nördlichen Rand des Kraters andeuten. Von beiden Rändern würden dann natürlich nur diese wenigen kaum erkennbaren Ueberreste vorhanden sein. Vielleicht war auch, wie es an dem oberen Theil der Lagoa do Fanal der Fall gewesen zu sein scheint, ursprünglich nur eine halbmondförmige Umwallung, die gegen ostwärts schnell an Höhe verlor, gebildet worden.

4. Der Pico dos Barcelos.

Der etwas erhöhte Abhang des Pico de S. Antonio, den man für den Ueberrest des südlichen Randes ansehen könnte, stösst an der Strasse, die von der Kirche von S. Antonio heraufführt, da wo ein zweistöckiges Haus steht an den Pico dos Barcelos. Beide Hügel mögen ursprünglich einen Zwillingsberg gebildet haben, was ja bei neueren Ausbruchskegeln mehrfach beobachtet worden ist, von denen mitunter zwei so nahe neben einander aufgeworfen wurden, dass gewisse Theile in einander übergehen oder beiden Feuerbergen gemeinsam sind. Der Pico dos Barcelos ist etwa 250 Fuss niederer als der Gipfel des Pico de S. Antonio und bildet für 350 Schritte einen leicht gekrümmten Kamm, der durch eine etwa 50 Fuss tief herabreichende Einsattelung in zwei Anhöhen gesondert erscheint. Darüber hinaus setzt sich der gekrümmte Bergrücken, allmählich mehr und mehr an Höhe verlierend, für weitere 300 Schritte fort, so dass von der Grenze mit dem Pico de S. Antonio bis zu der Stelle, wo der Bergrücken sich nicht mehr deutlich abhebt, ein sichelförmig gekrümmter Wall von ungleicher Höhe und etwa 650 Schritt Längenausdehnung bemerkbar hervortritt und als ein Ueberrest des ehemaligen Kraterrandes angesehen werden kann. An dem einen Ende fallen die Schlackenschichten des Aussengehänges gegen N 15 W, an dem anderen gegen O 20 S ein. Wären die Schichten um einen kreisrunden Ausbruchskegel vollständig mantelartig abgelagert, so müssten die verschiedenen Richtungen, nach denen sie einfallen, von einem angenommenen Mittelpunkte aus 4 rechte Winkel von zusammen 360 Graden durchlaufen. Da nun die an der Aussenseite des gekrümmten Bergrückens beobachteten Schichten nur in Richtungen einfallen, die einen Winkel von 125 Graden umspannen, so können wir annehmen, dass der sichelförmig gestaltete Wall des Pico dos Barcelos kaum etwas über ein Dritttheil eines völlig kreisrunden Kraterrandes andeutet. War daher ein solcher ursprünglich vorhanden, so

5*

müsste er etwa 1900 Schritte im Umkreis. oder etwas über 600 Schritte
(1500 bis 1600 Fuss) im Durchmesser gehabt haben. Es ist aber natürlich
nicht mehr möglich zu bestimmen ob der Kraterwall ursprünglich kreisförmig war, oder ob er vielleicht, wie das bei manchen neueren Kraterrän-
dern vorkommt, hufeisenförmig eine Vertiefung einschloss, die nach einer
Seite durch eine mehr oder weniger breite Kluft offen stand. Wie dem
auch sei, jedenfalls ist der grössere Theil des ehemaligen Ausbruchskegels
in Folge der andauernden Erosion zerstört und entfernt worden. Auch hier
sind, namentlich in der Richtung wo, nach dem sichelförmig gestalteten
Ueberreste des Berges zu schliessen, der Krater war, nicht unansehnliche
Massen der aus der Zerstörung der Schlacken erzeugten rothen Erde
angehäuft.

5. Der Pico do Funcho. (Der Fenchelberg.)

Seitwärts von den drei zuletzt erwähnten Hügeln erheben sich der Pico
do Funcho gegen Westen und der Pico de S. Martinho mehr ostwärts.
Zwischen beiden ist der Raum durch Lavabänke theilweise ausgefüllt und
geebnet worden. Der Pico do Funcho bildet ebenso wie der Pico dos Barcelos den Ueberrest eines ehemaligen Ausbruchskegels unter der Form eines
sichelartig gekrümmten Walles, dessen Endpunkte in etwa nördlich-südlicher
Richtung einander gegenüber liegen. In der Mitte zwischen dem nördlicheren
und südlicheren Ende dieses leicht gebogenen Bergrückens liegt der höchste
Punkt des Pico do Funcho, von ersterem gegen S 6 O, von letzterem gegen
N 45 O, so dass die genannten 3 Punkte durch gerade Linien verbunden
einen Winkel von 130 Graden darstellen müssten. An der Aussenseite des
gekrümmten Kammes fallen die schlackigen Schichten mantelartig in den
verschiedenen Richtungen zwischen S 6 O nach N 5 W und N 6 O nach S 5 W
ein. Der höchste Punkt und die südlichere Verlängerung des leicht gekrümmten Bergrückens des Pico do Funcho sind in der Ansicht Tafel VII
Fig. 2 oberhalb des Areeiro dargestellt.

6. Der Pico de S. Martinho.

Ein domförmig gestalteter Hügel, aus rothen schlackigten Massen gebildet und mit der rothen, Salaõ genannten Erde bedeckt. Während den
Pico do Cardo, den Pico de S. Antonio und den Pico do Funcho kleine Föh-
renbestände krönen, zeichnet den Pico de S. Martinho eine einzige Pinie
aus, weshalb ihm von den Engländern der Name „one tree peak" beigelegt
wurde. Weder Spuren einer kraterartigen Vertiefung noch Ueberreste einer
Umwallung lassen sich an dem kegelförmigen Hügel entdecken, dessen

Form, von allen Seiten betrachtet, sich am besten einem Maulwurfshügel vergleichen lässt.

7. Der Pico da Irandaja.

Südlich vom Pico do Funcho unterscheidet man neben einander von West nach Ost die Ueberreste von drei Schlackenkegeln, denen sich ganz ostwärts die kleine, sanft gegen Süden abgedachte Hochebene anschliesst. Auf dieser liegt die Kirche von S. Martinho in einer Höhe von 764 Fuss oberhalb des Meeres. Der westlichste dieser drei Hügel, die sammt dem Pico do Funcho auf der linken Seite der Ansicht Tafel VII Fig. 2 im Mittelgrunde angedeutet sind, wird Pico da Irandaja genannt. An seiner westlichen Seite sind Lavabänke abgelagert; die den Raum zwischen dem Höhenzuge von S. Martinho und dem Pico de Camara de Lobos erfüllen. (Siehe Fig. 2 Tafel VII.) Die kleine Schlucht der Ribeira do Val scheint unfern ihrer Mündung an der Grenze der Lavabänke und der Schlackenmassen des ehemaligen Ausbruchskegels eingeschnitten zu sein. Der Gipfel, welcher eigentlich Pico da Irandaja genannt wird, bildet bei 695 Fuss Meereshöhe nur den südöstlichsten, höchsten Kraterrand. Von dort aus verlängert er sich zu zwei Bergrücken, die hufeisenförmig eine Vertiefung umschliessen, Gegenwärtig ragen der südwestlichste und der nordöstlichste Rand an den beiden einander gegenüberstehenden Endpunkten etwa 530 Fuss über dem Meere empor. Die Entfernung zwischen beiden ist gleich 450 Schritten, wenn man in einer Meereshöhe von 530 Fuss auf dem ehemaligen Kraterrande entlang und unterhalb der höchsten Kuppe fortschreitet. Der Umfang der Umwallung mag, als der Schlackenberg noch vollständig war, auf dem Kamme, die höchste Kuppe nicht mit eingerechnet, kaum weniger als 900 Schritte oder 2200 bis 2300 Fuss betragen haben. Der höchste Gipfel des Pico da Irandaja und der Kamm des ursprünglichen Kraterrandes bestehen aus rother schlackiger Lave. Die inneren Böschungen und der Grund der Vertiefung des Kraters sind mit ansehnlichen Massen geschichteter gelber Tuffe bedeckt und erfüllt. Die Levada (Wasserleitung), die aus der Ribeira dos Soccorridos bis in das Weichbild Funchals fortgeführt ist, verläuft im Bogen durch die Vertiefung, welche von dem ehemaligen Krater zurückblieb, und an der äussern Abdachung des Ausbruchskegels entlang.

8. Der Areeiro. (Der Sandmann. Der Sandfuhrman'n.)

Vom Meere oder von Süden aus gesehen stellt sich der Areeiro als eine flachgewölbte, dómförmige Masse dar, in welcher eine muldenartige an der Küste abgeschnittene Vertiefung den Ueberrest eines ehemaligen Kraters erkennen lässt. Diesen Theil einer kraterförmigen Einsenkung, durch welche der neue Weg von Funchal nach Camara de Lobos hindurchführt, und dicht daneben die an der Praya formosa gebildeten Abstürze sind in der Ansicht Tafel VII Fig. 2 auf der linken Seite neben dem Pico da Cruz (und Pico das Arrudas) sichtbar. Nach westwärts hängt der Areeiro an der Oberfläche durch einen Sattel mit dem Pico da Irandaja zusammen, während die äusseren Böschungen der beiden Schlackenberge in den tieferen Schichten zusammenfliessen. Gegen Nord oder Nordnordost aber zieht sich der Gipfel des Areeiro, wie auf Tafel VII Fig. 2 angedeutet ist, in einer sanft nach Südsüdwest abgedachten Fläche bis an den Fuss des Pico do Funcho. Oder mit anderen Worten es ist der Raum zwischen diesem Schlackenberge und dem Areeiro bis auf die Höhe des nordnordöstlichen Randes des letztgenannten Ausbruchskegels ausgefüllt und geebnet worden. Wodurch dies geschah lässt sich bei der Bedeckung mit gelber Tuffe, auf die wir sogleich zurückkommen werden, nicht bestimmen. Gegen Osten, wo zwischen dem Areeiro und dem Pico das Arrudas die kleine an der Praya formosa ausmündende Schlucht der Ribeira da Engenhoca einschneidet, sind die Aussenböschungen dieser beiden Schlackenberge durch eine tiefere Einsattelung gesondert, die nur theilweise durch gelbe Tuffschichten und darüber lagernde Lavabänke erfüllt ward. Denn wie durch einen Engpass scheinen von weiter landeinwärts her mehrere Ströme zwischen diesen Ausbruchskegeln, wo nur einzelne von ihnen theilweise zurückblieben, hindurch bis an den nordwestlichen und westlichen Fuss des Pico da Cruz nach der Stelle der Praya Formosa geflossen zu sein. Die rothen Schlackenmassen des Agglomerates, das den Areeiro bildet, sind in den Durchschnitten am Meere und an der Praya formosa, so wie in der muldenförmigen Vertiefung aufgeschlossen. Die Oberfläche bedeckt in mehr oder weniger beträchtlicher Mächtigkeit gelbe Tuffe, die mit feinen Lapillen, schwarzer vulkanischer Asche und gelblich weissen bimsteinartigen Stückchen (Fajoco branco) gemischt ist. Selbst in die Mulde, welche wahrscheinlich an der Stelle des ehemaligen Kraters zurückblieb, ziehen sich diese Tuffschichten hinab, während sie nach westwärts an der Böschung des Pico da Irandaja, nach Nord- und Ostwärts an den Aussengehängen des Pico do Funcho so wie des Pico das Arrudas hinaufreichen. Und überhaupt haben die gelben geschichteten Tuffmassen, deren örtlicher Mächtigkeit der Areeiro wahrscheinlich seinen Namen verdankt, auf der Erhebung des Höhenzuges von S. Martinho von etwa 950 Fuss Meereshöhe nach abwärts eine ungemein grosse Verbreitung erlangt; ja es lassen sich sogar, wie wir später sehen werden, diese Tuffschichten theils an der Oberfläche, theils unter Lavabänken nach Ost und West bis an den Abhang des Palheiro und des Cabo Giraõ verfolgen.

9. Der Pico das Arrudas. (Der Rautenberg von Ruta angustifolia.)

Der Gipfel ragt etwa 900 Fuss oberhalb des Meeres empor. An der Nordseite erhebt sich der Hügel am wenigsten über seinen Umgebungen, weil hier, wie bei vielen der oben beschriebenen Ausbruchskegel, Ströme von landeinwärts gegen die Böschung angestaut wurden und zu steinigen Lavabänken erkalteten. Die Kirche von S. Martinho ist dort in 764 Fuss Meereshöhe auf der kleinen Hochebene erbaut. Bedeutender steigt der Berg an der südöstlichen und südlichen, am bedeutendsten an der westlichen Seite, dem Areeiro gegenüber, empor. Es ist, wie man auf Tafel VII Fig. 2 sieht, ein kegelförmig gestalteter Berg, der aus rothen schlackigen Massen besteht und mit mantelförmig abgelagerten Schichten von ursprünglich losen, jetzt mehr oder weniger zusammenhaftenden Schlacken, Lapillen und tiefer unten von gelber Tuffe umgeben ist. Auf dem Gipfel bildet eine muldenförmige Einsenkung, welche, theilweise mit Erde erfüllt, nur etwa 50 Fuss tief herabreicht, die eine noch übrig gebliebene Hälfte des ehemaligen Kraters. Der Durchmesser dieser Vertiefung, die auf der Ansicht Tafel VII Fig. 2 auch angedeutet ist, beträgt 140 Schritte. Wahrscheinlich war es ein kleiner Krater, der schon ursprünglich nicht sehr tief hinabreichte, sondern nur den Gipfel oder den oberen Theil des Ausbruchskegels aushöhlte. Von diesem wurde offenbar in Folge der Erosion im Laufe der Zeit ein Theil und zwar hauptsächlich an der Seite zerstört, die dem Pico da Cruz zugekehrt ist.

10. Der Pico da Cruz (oder Kreuzberg.)

Die ansehnlichen Ueberreste eines grösseren Ausbruchskegels, die gegenwärtig als Pico da Cruz bezeichnet werden, sind in der Ansicht Tafel VII Fig. 2 abgebildet. Den Vordergrund bildet der niedere Küstenstrich, der von der Mündung des Ribeiro Secco bis zur Ponta da Cruz und von dieser bis zur Praya Formosa das südliche und einen Theil des südwestlichen Endes des Höhenzuges von S. Martinho umgiebt. Denn eigentlich schliesst dieses kleine mit den oben beschriebenen Hügeln bedeckte Hochland in seiner östlicheren Hälfte gegen Süden mit dem Pico da Cruz und mit derjenigen Erhöhung ab, die von Osten her in einer mittleren Meereshöhe von etwa 500 Fuss an diesen Schlackenberg wie eine Schulter herantritt. Die Erhöhung aber besteht, so viel man sehen kann, ebenso wie der Pico da Cruz aus schlackigen Agglomeraten, die an der Funchal zugekehrten östlichen Seite, am Ribeiro Secco, von steinigen Lavabänken bedeckt werden. Von dort aus nun ziehen sich die Lavabänke, immer oberhalb gelber Tuffschichten oder rother Agglomerate abgelagert, nach westwärts am Fuss des steil abgedachten Hochlandes von S. Martinho bis an die Gorgulhas-Bucht, die auf der rechten Seite der Ansicht Tafel VII Fig. 2 an dem aus dem Meere emporragenden Felsen kenntlich wird. Und ebenso erstrecken sich von der Praya Formosa also von west oder nordwestwärts andere Lava-bänke ebenfalls am Fuss der Erhöhung des Hochlandes von S. Martinho an der Ponta da Cruz entlang bis an die entgegengesetzte Seite der Gorgulhas-Bucht, an welcher daher diese Bedeckung unterbrochen ist. Unter den Schlackenagglomeraten und Tuffen, die sich vom Hochland von S. Martinho und vom Pico da Cruz herabsenken, stehen abermals Lavabänke an. Die Lagerungsverhältnisse gestalten sich daher in folgender Weise:

1. Unmittelbar über der Meeresfläche erheben sich in den Klippenwänden in verschiedener Mächtigkeit und theilweise mit Schlackenlagen geschichtete Lavabänke, die wir die unteren nennen können.

2. Darüber sind abgelagert gelbe geschichtete Tuffe oder schlackige Agglomerate, die, an Mächtigkeit abnehmend, von dem Pico da Cruz und dem südlichen Ende des Hochlandes von S. Martinho herabreichen und entschieden zu den Massen gehören, welche diese Anschwellung des Bodens und die einzelnen Schlackenberge bilden.

3. Darüber lagert eine stellenweise unterbrochene Decke von Lavabänken, die wir als die oberen bezeichnen müssen. Aber nicht nur, wie bereits erwähnt, an der Gorgulhas-Bucht vermisst man diese oberen Lavabänke, sie fehlen auch stellenweise an der Ponta da Cruz, wo dadurch eine obere und eine untere Stufe oder Terrasse gebildet wird. In dem Absturz der letzteren tritt eine 30 Fuss hohe, säulenförmig abgesonderte, compacte basaltische Schicht hervor, die sich für eine halbe Minute (etwa 3000 Fuss) von SSO nach NNW verfolgen lässt.

Unterhalb der Massen, die entschieden zu den Erzeugnissen gehören, denen die Bodenanschwellung des Höhenzuges von S. Martinho ihre Entstehung verdankt, treten also an dem südlichsten Ende des letzteren an der Küste wieder Lavabänke hervor. Diese können wir füglich zu der, auch an anderen Stellen weiter landeinwärts aufgeschlossenen Grundlage rechnen, über welcher die Ausbrüche der Hügelreihe von S. Martinho stattfanden. Diese drei Glieder aber, die unteren Lavabänke der Grundlage, die Schlacken und Tuffmassen des darüber entstandenen kleinen Hochlandes von S. Martinho und die darauf abgelagerten oberen Lavabänke, diese drei Glieder lassen sich an der Grenze der hier näher zu schildernden Bodenanschwellung überall festhalten; sie reichen westwärts zum Pico de Camera de Lobos, ostwärts zum Pico de S. Joaõ, zum Pico do Forte und zum Kraterberge von S. Roque, alles Ueberreste von Schlackenbergen, die wir, obschon sie nicht eigentlich zum Hochlande von S. Martinho gehören, doch mit diesem zugleich betrachten und näher schildern wollen.

Nachdem dieses vorausgeschickt wenden wir uns zur Beschreibung des südlichsten und ansehnlichsten der Hügel, die auf dem Hochlande von S. Martinho emporragen. Der Pico da Cruz hat zwei Gipfel. Der östlichere hat nach A. T. E. Vidal's Angabe 862, der westlichere nach eigener Messung nur etwa 680 Fuss Meereshöhe. Zwischen beiden muss der Krater des Ausbruchskegels eingesenkt gewesen sein. Bevor wir diese Oertlichkeit schildern, müssen wir noch einen Blick auf die östlichere Hauptmasse des Berges werfen, auf deren Scheitel (862 Fuss über Meer) die Ruine eines Hauses vor dem Winde schützt, der hier gewöhnlich ziemlich frisch weht. Steigt man von dort aus an dem dem Meere zugekehrten Abhang herab, so gelangt man an die ausgehenden Enden von Schlacken und Tuffschichten. Diese streichen anfangs gegen S 15 O, wenden sich, im Bogen gekrümmt, erst mehr südwärts dann südwestwärts bis sie später wieder gegen NW emporsteigen, wie das auf der Ansicht Tafel VII Fig. 2 angedeutet ist. Gleichzeitig nimmt man wahr, dass die Schichten immer rechtwinklig zu der Richtung ihres Streichens und daher trichterförmig gegen einen gemeinsamen Punkt im Innern des Berges einfallen. Die untersten Schichten bestehen aus Schlacken, dann folgen gelbe Tuffe, dann wieder Schlacken. An dem äussern Abhang des Berges ist hier kaum eine Einsenkung oder Vertiefung sichtbar und die Schichtenköpfe treten nur gerade über dem Boden heraus, auf dem, während ihn die Winterregen feucht erhalten, spärliche Saaten grünen. Aber immerhin ist dieser Bau des Berges beachtenswerth, denn fast scheint es als wenn hier einst eine schüsselförmige Vertiefung bestand, die später während der andauernden Thätigkeit des kleinen Vulkans, als der Brennpunkt des Ausbruches etwas weiter westwärts gerückt ward, angefüllt sein mag.

Deutlicher treten die Andeutungen eines Kraters, wie bereits erwähnt, zwischen den beiden Gipfeln des Pico da Cruz hervor. Diese bildeten, während der verbindende Kamm die nördliche Umwallung darstellte, Theile des nordöstlichen und südwestlichen Kraterrandes. Zwischen beiden Gipfeln zeigen sich wieder die ausgehenden Enden von aus Schlacken und Lapillen gebildeten Schichten, die anscheinend gegen einen Punckt im Innern des ehemaligen Kraters geneigt sind. Diese Schichtenköpfe laufen, wie Leisten im Bogen gekrümmt, zuerst von N 20 W nach S 20 O, dann durch die Richtungen Nord nach Süd, NO nach SW u. s. w. bis endlich von Ost gegen West, wie das auf der Ansicht Tafel VII Fig. 2 durch Linien an der betreffenden Stelle angedeutet ist. Die Entfernung von dem westlichen Gipfel bis zu einem Punkt, der geradeüber in der gleichen Höhe (von etwa 680 F.) über dem Meere liegt, betrug, im Bogen auf einem der gekrümmten Schich-

tenköpfe gemessen, 412 Schritte. Nach einer ungefähren Schätzung müsste
der vollständig kreisrunde Krater, wenn man theils die Oberfläche, theils
da, wo die Umwallung höher emporstieg, die Innenseite des Randes berücksichtigt, einen Umfang von 800 Schritten oder etwa 2000 Fuss gehabt haben. Doch ist es zweifelhaft ob der Krater überhaupt völlig kreisrund war
und ob er diesen Umfang hatte. Die ausgehenden Enden oder die Köpfe
der schlackigen Schichten laufen bevor sie den Kreis vollenden, was auf der
Ansicht Tafel VII Fig. 2 ebenfalls dargestellt ist, in südwestlicher Richtung
wenigstens annähernd parallel nach abwärts. Es würden also diese von den
Schichtenköpfen gebildeten Linien, wenn wir sie im Grundriss aufzeichneten,
einen birnförmig gestalteten Raum erfüllen. Bezeichnen nun die oberen
kreisförmig gekrümmten Schichtenköpfe die Gestalt und Abrundung der
kraterförmigen Vertiefung, so müssen diejenigen, welche abwärts und gegen
Südwest gerichtet sind, die Ausbuchtung an der Mündung des Kraters andeuten. Dieser war daher, wie das häufiger bei neueren Ausbruchskegeln
vorkommt, wahrscheinlich gegen SW in einer Kluft geöffnet. Einer dieser
Schichtenköpfe erscheint nach abwärts breiter und härter wie aus fest zusammengeschmolzenen Schlackenmassen gebildet und daran lehnt in einer
Meereshöhe von etwa 500 Fuss eine compacte basaltische Lave von 9 Fuss
Breite, die etwa 50 Fuss tiefer bis zu 27 Fuss Breite anschwillt. Dort nun
sieht man wie die obere Seite der stark aufgerichteten steinigen Lave gegen
WNW unter einem Winkel von 50 Graden zwischen den Schlackenmassen
und der Erde verschwindet. Die Oberfläche dieser schräggestellten Lavamasse, die tiefer unten bis zu einer Höhe von 10 bis 15 Fuss blosgelegt
ist, erscheint wie die Seitenwände von Lavakanälen etwas geglättet. Von
dieser Stelle folgen gegen Ost auf eine Entfernung von etwa 60 Schritten
die Schichtenköpfe von Schlackenlagen, die alle, anscheinend unter Winkeln
von 30 bis 45 Graden, gegen WNW oder nordwestlich einfallen. Nach der
andern Seite oder nach westwärts aber zeigen sich, etwa 50 Schritte von
jener schräg gestellten steinigen Lave entfernt, Rippen, die aus zusammengeschmolzenen erhärteten Schlackenmassen bestehen, und steinige compacte
Laven, die, gegen Südwest streichend, wie schräge Gänge oder wie stark
geneigte Lager unter Winkeln von 30 bis 45 Graden nach Südost einfallen.
Diese letztgenannten Hervorragungen und steinigen Schichten nun, welche
etwa einen Raum von 70 Schritten bedecken, würden der westlicheren, die
zuerst aufgeführten Schichtenköpfe, die sich 60 Schritte weit verfolgen lassen, der östlicheren Ausbuchtung und der mit Schlacken und Erde erfüllte
Zwischenraum von 50 Schritten würde der Kluft oder Oeffnung des ehemaligen Kraters entsprechen. Die oben angegebenen Entfernungen von zu-

sammen 180 Schritten sind auf der in der Zeichnung angedeuteten Wasserleitung (Levada) in einer Meereshöhe von etwa 450 Fuss bestimmt.

In der soeben angeführten Weise dürften die thatsächlich beobachteten Verhältnisse des Pico da Cruz aufzufassen sein. Wenn kaum ein Zweifel darüber herrschen kann, dass, wie bereits Smith of Jordanhill andeutete, der Krater des Schlackenberges in der Einsenkung zwischen den beiden Hügeln gesucht werden muss, so ergeben sich hieraus die weiteren Folgerungen eigentlich von selbst. Eine auf Tafel VII Fig. 2 dargestellte compacte basaltische Masse, die, in unregelmässige Säulen abgesondert, mit einem senkrechten Abstande von 15 bis 20 Fuss und bei einer Breite von 75 Schritten an der Wasserleitung da ansteht, wo wir den ausgebuchteten Rand und den Mündungskanal des Kraters zu erkennen glauben, diese steinige Lava muss wohl entschieden dem Innern des Ausbruchskegels entquollen sein. Am Abhang herabsteigend treffen wir tiefer abwärts über den Schlackengebilden am Fusse des Berges eine andere dreieckig gestaltete, compacte, säulenförmig abgesonderte basaltische Masse, die ebenfalls einer dem Pico da Cruz entströmten Lave angehören muss. An der Spitze ist dieselbe 5 Fuss, an dem tiefer gelegenen, 12 Schritte breiten Ende 16 Fuss mächtig; die Länge beträgt 30 Schritte. Auch die Lavabänke mit rauher, gekräuselter Oberfläche, die am südwestlichen Fusse des Pico da Cruz inmitten der Felder theilweise sichtbar werden und auf der Ansicht Tafel VII Fig. 2 im Vordergrund am Wege hervorgehoben sind, auch diese dürften aus dem soeben geschilderten Ausbruchskegel geflossen sein. Allein hier ist es nicht mehr möglich die Laven des letzteren scharf von denen zu unterscheiden, die zwischen dem Areeiro und dem Pico das Arrudas hindurch oder aus diesen Schlackenbergen heraus an der westlichen Abdachung des Pico da Cruz entlang strömten. Und ebensowenig lässt sich entscheiden welche von den Lavabänken, die jenseits der Gorgulhas-Bucht die Schlacken und Tuffmassen des Pico da Cruz bedecken, diesem Ausbruchskegel angehören und welche von Osten oder von landeinwärts herangeflossen sein mögen.

Bevor wir die Folgerungen erörtern, welche sich aus der Untersuchung der bisher beschriebenen Ueberreste von Ausbruchskegeln für die übrigen an der Gebirgsoberfläche aufragenden Hügel ergeben, müssen wir noch einige alte Schlackenberge erwähnen, die, obgleich sie ihrer Lage nach eigentlich nicht zu dem Hochlande von S. Martinho gezählt werden können, dennoch augenscheinlich mit demselben in der gleichen Epoche der vulkanischen Thätigkeit entstanden.

Der Pico de Camara de Lobos.
(Wolfskammerberg.)

Westlich vom Pico da Irandaja und am östlichen Fusse des Cabo Giraõ erhebt sich der Pico de Camara de Lobos, der links im Hintergrunde der Ansicht Tafel VII Fig. 2 sichtbar ist, in einer Entfernung von einigen tausend Fuss von der Küste. Wir unterscheiden aus der Ferne von allen Seiten die Umrisse eines kegelförmigen Hügels, in der Nähe betrachtet hebt sich jedoch, wie am Pico dos Barcelos und am Pico do Funcho, nur ein sichelförmig gekrümmter Rücken von ungleicher Höhe ab. Die am weitesten nach landeinwärts vorgeschobene Stelle des Gipfels bildet den höchsten Punkt des Berges, der 736 Fuss oberhalb des Meeres liegt. Von da erstreckt sich für 800 Fuss nach westwärts ein Kamm, der auf diese Entfernung nur etwa 50 Fuss an Höhe verliert, dann aber in einem steilen Abhang endigt. Das ist der Ueberrest des nördlichen Randes. Diesem schliesst sich ein Ueberbleibsel des nordöstlichen und östlichen Randes in der Form eines leichtgebogenen Vorsprunges an, der auf eine Erstreckung von etwas mehr als 1000 Fuss bis zu 416 Fuss Meereshöhe herabsinkt. Steht man auf dem 736 Fuss hohen Gipfelpunkte so liegt der 685 Fuss hohe Endpunkt des Berges gegen W, der andere 416 Fuss hohe Endpunkt aber gegen S 30 O. Innerhalb der Krümmung muss der Krater eingesenkt gewesen sein. Ob dieser ursprünglich geschlossen war, ob er gegen S oder SW offen stand, darüber lässt sich bei der weit vorgeschrittenen Zerstörung des Berges nicht mehr entscheiden. Aber an dem Aussengehänge des gebogenen Bergrückens ist die Bedeckung von Schlacken, Lapillen und Tuffen mantelförmig abgelagert und an dem niedern südöstlichen Endpunkte wölben sich die Schlackenschichten, die theils der äussern theils der innern Böschung des ehemaligen Ausbruchskegels angehören. Auf dieser Seite erhebt sich der Pico de Camara de Lobos so wie der Pico da Cruz über einer aus Schlackengebilden bestehenden Erhöhung, die wie eine Schulter an den steil emporsteigenden Berg herantritt. Diese seitliche Anschwellung des Bodens und die Aussengehänge des Hügels sind von Lavabänken umgeben. Die Ströme flossen augenscheinlich um den Schlackenberg herum, näherten sich einander etwas, vereinigten sich aber nicht, so dass eine kleine Bucht entstand, die den Fischerböten einen ziemlich sicheren Hafenort bietet. Doch mögen die basaltischen Felsenmassen, die sich an der westlichen Seite der Bucht ins Meer erstrecken, auch theilweise zu den Laven des Pico de Camara de Lobos gehören. Eine sichere Trennung ist hier wie am Pico da Cruz nicht mehr möglich.

Die Ströme, welche den Schlackenberg umflossen, bildeten an seiner östlicheren und westlicheren Seite Bodenerhöhungen von etwa 268 und 327 F.

Meereshöhe. Die säulenförmig abgesonderte Lave ist auf der westlicheren
Seite bis über 100 Fuss mächtig, keilt jedoch gegen die Böschung des Berges aus. Eine eigenthümliche Erscheinung gewährt eine örtliche Unter-
brechung, eine Trennung dieser mächtigen Lavamasse. In der so entstandenen Kluft sind die Kirche und die Hauptstrasse des Ortes Camara de
Lobos erbaut; die Höhe des südlichen abgesonderten Endes gewährt eine
lohnende Aussicht über die kleine Bucht und auf das Cabo Girão. Dicht
daneben liegt das Bachbette in der Schlucht der Ribeira do Vigario tiefer
als der Boden der Kluft. Sollte in dieser der Bach früher in einem höheren
Niveau gegen SO an der Stelle, wo jetzt der Ort liegt, der kleinen Bucht
zugeflossen sein? Spuren von der Einwirkung des fliessenden Wassers sind,
wie bereits früher in dem Abschnitt über die Thalbildungen erwähnt wurde,
an der Mündung der Ribeira do Vigario in einer Höhe von 67 Fuss oberhalb des jetzigen Flussbettes beobachtet worden. In der Kluft selbst sind
keine entdeckt, doch mögen sie hier fortgeschafft sein oder unter den Häusern und Strassen des Ortes verborgen liegen. Weshalb aber sollte der
Bach zuerst, von seinem geraden Lauf abbiegend, so nahe der Küste die
mächtige steinige Lavaschicht gegen SO und dann die Felsmassen, zwischen
denen er jetzt nach Süd ins Meer fliesst, durchnagen? Um diese schwer
zu beantwortende Frage zu umgehen, müssen wir eine andere Erklärung
versuchen. Nördlich vom Orte Camara de Lobos schwillt eine über Schlackenagglomerat abgelagerte Lavabank von unbeträchtlicher Mächtigkeit auf kurze
Entfernung zweimal zu Massen von etwa 80 Fuss senkrechtem Abstand an.
Im Durchschnitt betrachtet erscheint daher an dieser Stelle das durch die
Unebenheiten des Bodens entstandene, ungleich mächtige Lager etwa wie
der Durchschnitt eines Brückenbogens, der sich zwischen zwei mächtigen
Pfeilern wölbt. So mochte nun auch die Lavabank am westlichen Fuss des
Pico de Camara de Lobos ursprünglich in Folge der ungleichen Höhe des
Bodens an der betreffenden Stelle nicht nur bedeutend weniger mächtig,
sondern auch viel schmaler gewesen sein. Als dann die Zerstörung des
Schlackenberges fortschritt, als die Schlackenmassen allmählich zersetzt und
fortgeschwemmt wurden und als auf der äussern Seite die Ribeira do Vigario
ebenfalls die Schlackenagglomerate angriff, stürzte das Lager an der am
wenigsten mächtigen Stelle ein, ward die Entstehung der Kluft angebahnt
und allmählich vollendet. Wer kann endlich sagen, ob nicht Menschen-
hände, um Raum für Baustellen und eine bequeme Strasse zu gewinnen,
die letzten Trümmer entfernten und mit wenig Mühe das von den Natur-
kräften begonnene und nahezu beendete Werk ausbeuteten.

Der Pico de S. Joaŏ.
(Der Sankt Johannesberg.)

Im Weichbilde Funchals, ganz nahe bei der Stadt, erhebt sich über der rechten Uferklippe der Ribeira de S. Joaŏ ein niederer Hügel mit den Ruinen eines kleinen Festungsvorwerkes. In dem Laufgraben sind Schlacken-agglomerate, von ein paar dünnen basaltischen Gängen durchsetzt, aufge-schlossen. Die Oberfläche und den Abhang über der Schlucht bedecken Schlackengebilde, wie sie an Ausbruchskegeln vorkommen, oder die durch Zersetzung gebildete rothe Erde. An der Uferwand des Bachbettes sind in einem Wasserrisse unter einander von oben nach abwärts die folgenden Schichten blosgelegt:

  2 Fuss Erde,
  6 „ geschichtete, ursprünglich lose Schlacken,
  25 „ feine schwärzliche Schlacken, Lapillen und vulkanische Asche.

Nicht weit davon ist ein Lavastrom 75 bis 100 Fuss unterhalb des Gipfels hervorgebrochen und an dem steilen Abhang herabgeflossen. Im Herbst, wenn die Pflanzenbedeckung nach der Dürre des Sommers noch nicht erneuert ist, hebt sich der Strom, von der Brücke, die in Funchal über die Ribeira de S. Joaŭ führt, gesehen, deutlich über den Schlacken-massen des Berges ab. Bei einer Breite von etwa 150 Fuss besteht der-selbe aus schlackiger, rauher Lave. Darin kommen Streifen von compacter steiniger, oft blasiger Lave vor, die wie 1½ bis 2 Fuss breite Gänge in Zwischenräumen von 6 bis 27 Fuss hauptsächlich in der Richtung des Stro-mes gegen SO streichen. Ihre Länge ist sehr verschieden. Auf der einen Seite neigen diese steinigen Parthien, die wohl in Folge ungleicher Erkal-tung entstanden, gegen SW, auf der anderen gegen NO unter Winkeln, die ausnahmsweise 12 gewöhnlich 30 bis 50 Grade betragen.

Wir könnten hier die Schilderung der Oertlichkeit mit der allgemeinen Bemerkung schliessen, dass diese Ueberreste einem ehemaligen Ausbruchs-kegel angehören müssen, wenn nicht in den nächsten Umgebungen weitere Spuren des Schlackenberges vorkämen, die es wahrscheinlich machen, dass der Kraterrand sich über die nach S. Antonio führende Strasse hinaus bis an die Quinta de S. Joaŭ erstreckte. Während der kleine Hügel mit den Trümmern eines Befestigungswerkes zu dem östlichen oder nordöstlichen Rand des Kegelberges gehört, scheint das schöne Landhaus auf den Ueber-resten des nordwestlichen oder westlichen Randes erbaut zu sein. Die Spu-ren des ehemaligen Kraters, der ursprünglich gegen Süden offen gewesen sein muss, reichen aus dem Garten der Quinta über die Strasse an den östlichen Hügel heran. Hier werden selbst die Schichtenköpfe von einigen gekrümmten, anscheinend trichterförmig gestalteten Schlackenlagen sichtbar.

An den Aussengehängen des ehemaligen Ausbruchskegels sind Zeichen der mantelförmigen Lagerung der Schlackenschichten entdeckt. Diese fallen auf der einen Seite bei der Quinta gegen SW, auf der entgegengesetzten Seite am Hügel von S. Joaõ nach SO und dazwischen, nördlich von dem Hügel und dem Landhause, gegen NW und NO ein. Am steilsten sind die äussern Schlackenschichten unter einem Winkel von 24 Graden nach SO geneigt. In dem Durchschnitt an der Strasse, die von Funchal nach S. Antonio führt, der . Mauer des Landhauses gerade gegenüber, neigen die geschichteten Schlackenmassen von einem Punkte oder von einer Linie dachartig auseinander und zwar nach rechts unter Winkeln von 35 bis 55 Graden gegen S 15 W und nach links unter einem Winkel von 17 Graden nach N 80 W. Die letztere Folge scheint der äusseren, die erstere der inneren Böschung (oder, wie es Darwin nennt, dem „internal talus") des Schlackenberges anzugehören. Es kann nicht darauf ankommen mit Bestimmtheit nachzuweisen, dass an dieser Stelle ein Ausbruchskegel mit annähernd kreisrundem Krater aufgeworfen ward; allein wenn wir die beobachteten Thatsachen beachten können wir nicht umhin, den Pico de S. Joaõ denjenigen Resten von Schlackenbergen beizuzählen, bei welchen ungeachtet der weit vorgeschrittenen Zerstörung und der durch die Kultur hervorgebrachten Veränderungen die Spuren einer kraterartigen Vertiefung und einer hufeisenförmigen Umwallung bemerkbar hervortreten.

Der Pico do Forte.
(Der Festungsberg.)

An der entgegengesetzten Seite der Ribeira de S. Joaõ ragt auf einem Bergvorsprung ein Hügel empor, der zur Anlage einer Citadelle benutzt ward. In den Abstürzen an den der Ribeira de S. Joaõ und dem Meere zugekehrten Seiten sind Schlackenagglomerate in nicht unbeträchtlicher Mächtigkeit aufgeschlossen. Gegen Osten und namentlich nach landeinwärts erhebt sich der Hügel nur wenig über dem Gebirgsgehänge. Spuren einer ehemaligen Umwallung und einer kraterförmigen Vertiefung sind nirgends beobachtet worden.

Der Pico de S. Roque.
(Der Sankt Rochusberg.)

Wenn man von Funchal aus die Strasse an der Calçada de Sta. Clara hinauf und am Pico do Forte vorbei nach landeinwärts und nach Norden verfolgt, so gelangt man über das Gebirgsgehänge, welches unter einem Winkel von 5 Graden sanft gegen Süden abgedacht ist, an eine Stelle wo die Strasse sich in drei Wege theilt. Der erste steigt nach rechts, leicht im Bogen gekrümmt, plötzlich bedeutend steiler empor; ein anderer Weg führt nach links und gerade nach westwärts durch das Flussbette der Ribeira de S. Joaõ nach der Kirche von S. Antonio, ein dritter endlich steigt zwischen jenen beiden ebenfalls nach links in flachem Bogen am Berggehänge steil empor. Dieser nun und der zuerst genannte Weg verlaufen auf beiden Seiten einer länglichen Thalmulde zu der Kirche von S. Roque, die auf dem nördlichen Rande dieser kraterartigen Vertiefung erbaut ist. Weder nach Norden noch nach Osten überragt der Schlackenberg seine Umgebungen. Steinige Laven, die zum Theil dicht daneben in der Schlucht der Ribeira do Torreaõ (auch Ribeira de S. Roque und bei Funchal Ribeira de Sta. Luzia genannt) aufgeschlossen sind, reichen bis zum Rande empor. Auf der Westseite dagegen häuften sich die später geflossenen Lavaströme nicht so hoch an; dort hebt sich die äussere Böschung noch deutlich von dem Gebirgsgehänge ab. Von S. Antonio oder von westwärts überblickt man daher die eine Seite eines länglichen Ausbruchskegels, dessen Durchmesser von N nach S und von O nach W etwa 1600 und 1000 Fuss betragen mögen. An dieser Seite sind in Wasserrissen Schlacken und Lapillen aufgeschlossen, aber auch an vielen anderen Stellen treten die Schlackenagglomerate unter der aus ihrer Zersetzung hervorgegangenen rothen Erde inmitten der Weinberge, Felder und Hütten hervor. Ein kleiner Bach entwässert die längliche muldenförmige Vertiefung, welche die Lage des ehemaligen Kraters bezeichnet.

Schlussfolgerungen, die sich aus der Betrachtung der oben geschilderten Ueberreste von Ausbruchskegeln auf die übrigen an der Gebirgsoberfläche emporragenden Schlackenhügel ziehen lassen.

Es sind in der obigen Beschreibung vorzüglich solche Oertlichkeiten gewählt worden, die eine verhältnissmässig grosse Zahl von alten Schlackenbergen mit noch deutlich erkennbaren Kratern aufzuweisen haben. Die meisten der aus Schlackenagglomerat gebildeten Hügel bieten bei Erforschung ihrer ursprünglichen Gestalt und Bedeutung nicht gleiche Vortheile. L. v. Buch sagt, man suche vergebens nach Kratern bei Hügeln, die aus Schlacken und losgerissenen Stücken bestehen; die Schlacken würden wahrscheinlich, kämen sie nicht an der Oberfläche vor, das eckige basaltische Conglomerat bilden, welches auf basaltischen Inseln so häufig mit basaltischen Schichten abwechselt. Smith of Jordanhill schliesst dagegen aus der Regelmässigkeit der Formen der Hügel des Hochlandes von S. Martinho,

dass die meisten als Kegelberge zu betrachten seien, die durch einen einzelnen Ausbruch entstanden (cones of a single eruption). Sir Charles Lyell
hielt alle kegelförmigen, aus rothem Schlackenagglomerat bestehenden Hügel,
die an der Gebirgsoberfläche emporragen, für Reste von Ausbruchskegeln
und war nur anfangs überrascht in so wenigen deutliche Spuren von Kratern
aufzufinden. Dies erklärte sich indessen bei näherer Untersuchung bald aus
den andauernden Einwirkungen der Einflüsse des Dunstkreises. Betrachten
wir die bisher beschriebenen Schlackenhügel so finden wir zwischen denjenigen mit vollkommen erhaltenen Kratern und solchen, die nur eine abgerundete Erhöhung von kegelförmigem Umrisse darstellen, eine ganze Reihe von
Uebergangsstufen.

1) **Ausbruchskegel mit vollständig erhaltenen Kratern.**
Lagoa de S. Antonio da Serra, Lagoa do Fanal und Lagoa bei Porto
Moniz, die einzigen, die bisher auf den Inseln der Madeira-Gruppe be-
obachtet sind.

2) **Ausbruchskegel mit Kratern, die zwar nicht vollständig
aber doch so weit erhalten sind, dass wenigstens die
Hälfte der schüsselförmigen Vertiefung noch deutlich
hervortritt.**
Pico do Caniço, Covoës, die Mulde am Sitio da casa branca, Pico de
S. Roque, Pico da Irandaja. Diesen schliessen sich noch einige andere
an, die in anderen Theilen der Insel vorkommen, wie z. B. Ueberbleibsel von Schlackenbergen im Thale von S. Vicente, oberhalb Porto
Moniz u. s. w. auf die wir später zurückkommen müssen.

3. **Ausbruchskegel, an welchen sich nur die Lage des ehemaligen Kraters aber an deutlichen Merkmalen bestimmt
erkennen lässt.**
Pico da Cruz, Areeiro, Pico das Arrudas, Pico de S. Joaõ.

4) **Ausbruchskegel, die soweit zerstört sind, dass die Ueberreste bei leichter sichelförmiger Krümmung der ganzen
Hügelmasse an unbedeutenden Vorsprüngen oder an An-
schwellungen der Abhänge die ursprüngliche Bedeutung
und die Stellen vermuthen lassen, an welchen die Krater
wahrscheinlich eingesenkt waren.**
Pico de S. Antonio, Pico dos Barcelos, Pico do Funcho, Pico de
Camara de Lobos.

5) **Ausbruchskegel, von welchen nur noch ein aus rothem
Schlackenagglomerat gebildeter, kegelförmig gestalteter**

Hügel ohne alle Spuren einer ursprünglichen schüsselförmigen Vertiefung zurückblieb.

Pico de S. Martinho, Pico do Cardo.

6) Ausbruchskegel, welche noch weiter zerstört sind, so dass
selbst von den unter 5 angeführten, Maulwurfshaufen zu
vergleichenden Ueberresten nur noch Bruchstücke vorhanden sind.

Hierher gehört von den bisher beschriebenen Schlackenhügeln nur
der Pico do Forte. Doch sind solche Bruchstücke ehemaliger Ausbruchskegel, die gewöhnlich an den Meeresklippen oder über jähen Abstürzen
im Innern der Insel emporragen, auf Madeira sehr häufig. Beispiels-
weise führen wir an, den Gipfel des Pico Ruivo, den Pico do Arre-
bentaõ, den Pico dos Bodes, den Pico da Piedade, (Tafel III Fig. 4.
Tafel VIII Fig. 5). Auf den letzteren werden wir bei Beschreibung
der Ponta de S. Lourenço zurückkommen und zeigen, wie sich selbst
solch ein Bruchstück eines Ausbruchskegels durch einige auf Beobachtungen gestützte Schlüsse in seiner ursprünglichen Gestaltung ergänzen lässt.

Wenn man in der Hügelreihe des Hochlandes von S. Martinho und unter den nahe gelegenen, ähnlich gebildeten Anhöhen so viele Ueberreste von
Kratern erkennt, so können wir die übrigen aus Schlackenagglomerat gebildeten, kegelförmigen Berge, die ganz unbestimmte oder gar keine Spuren
ihrer ursprünglichen Form und Beschaffenheit aufzuweisen haben, auch nur
als Ueberreste von Ausbruchskegeln betrachten. Aber wir dürfen hier noch
nicht stehen bleiben. Wir müssen dieselben Schlussfolgerungen auch auf alle
die anderen, aus rothem Schlackenagglomerat gebildeten Hügel anwenden,
die in so überaus grosser Zahl an der Oberfläche des Gebirges emporragen,
obschon weitaus die meisten in den unter 5 und 6 oben angeführten Formen
auftreten. Es bleibt nur noch übrig die Vorgänge zu erwähnen, denen die
theilweise Zerstörung der ursprünglich mit Kratern versehenen Schlackenberge und ihre Umwandelung in kegelförmig gestaltete, oben abgerundete
Hügel zugeschrieben werden muss. Manche der neuern Ausbruchskegel bilden einen Hügel mit einem Krater, der auf dem Gipfel nicht tief eingesenkt
ist. Bei diesen wird der Rand zuerst zerstört, die Vertiefung verschwindet
allmählich und es bleibt bei mehr und mehr abnehmender Masse ein kegelförmig gestalteter, oben abgerundeter Hügel zurück. Bei anderen Ausbruchskegeln ist dagegen der bis zum Grunde herabreichende Krater auf der einen
Seite ganz offen und wird daher überhaupt nur von einem hufeisenförmigen
Rande umgeben, der in der Mitte am höchsten und am breitesten ist, nach
den beiden Enden aber mehr und mehr an Breite und Höhe verliert. Mit-

unter stürzen sogar schon nach kurzer Zeit die ausgespitzten Enden einer
solchen Umwallung ein; jedenfalls ist es erklärlich dass von solchen Schlackenbergen bei fortschreitender Einwirkung der Erosion nur der mittlere massivere Theil allein, oder unbedeutende Vorsprünge als Ueberreste des hufeisenförmig gekrümmten Kraterwalles übrig bleiben. Aber auch bei den vollständigsten Ausbruchskegeln, die tiefe schüsselförmige Vertiefungen einschliessen, ist bis auf wenige Ausnahmen ein Theil des Berges am stärksten entwickelt und am massigsten aufgehäuft, ist der Kraterrand an einer Stelle
bedeutend niederer und schmaler. Solche Ausbruchskegel werden nun freilich, wenn nicht besondere Ursachen hinzukommen, am längsten den zerstörenden Einflüssen des Dunstkreises widerstehen und bis auf spätere Zeiten
noch deutliche Spuren ihrer ursprünglichen Gestalt und Beschaffenheit aufzuweisen haben; allein auch bei diesen muss es vorkommen, dass bei fort-
dauernder Abnahme der Höhe und Masse zuletzt nur noch der aus breitester
Grundlage aufragende Theil als ein oben abgerundeter Hügel zurückbleibt.
Endlich aber werden auch viele Ausbruchskegel mehr oder weniger durch
Einstürzen zerstört, wenn sie gerade auf der Höhe von Klippen stehen, die
erst später unter dem Einfluss der Brandung oder des fliessenden Wassers
gebildet wurden. Die Lage und das Alter bedingen daher hauptsächlich
den Grad der Zerstörung, den die an der Gebirgsoberfläche emporragenden
Schlackenkegel erfuhren.

In Betreff des Alters sind viele, wenn nicht die meisten der Ueberreste
von Ausbruchskegeln, die sich jetzt noch auf der Insel erheben, bereits zu
einer Zeit entstanden als das Gebirge noch nicht von so tiefen Einschnitten
durchfurcht war. Oder mit anderen Worten, es waren die meisten Ausbruchskegel bereits vorhanden als der Aufbau des Gebirgskörpers völlig oder
nahezu vollendet war und als die Bildung der gegenwärtigen Thäler noch
nicht oder erst kürzlich begonnen hatte. Denn aus der Tiefe und Breite
der Thalbildungen können wir schliessen, dass die Einwirkungen der Erosion
schon seit langer Zeit nicht mehr durch häufigere Ausbrüche und durch
Ablagerung bedeutenderer Lavenmassen gestört ward. Allein damit ist nicht
gesagt, dass die vulkanische Thätigkeit mit dem Beginn der Thalbildung und
seit Herstellung der ansehnlichen Klippenwände vollständig erloschen sei.
Bei Porto Moniz ist ein Lavastrom über die 400 Fuss hohe Klippe herabgeflossen und hat sich am Fuss derselben, das Meer zurückdrängend, zu Riffen ausgebreitet und bei S. Vicente sind, als das Thal bereits seine gegenwärtige Tiefe und Ausdehnung erlangt hatte, Lavaströme an den inneren
Abhängen und im Grunde abgelagert worden. Doch diese und ähnliche
Fälle bilden nur Ausnahmen zu der allgemeineren Regel. Auch sind im
Thale von S. Vicente die Gesammtmassen der jüngeren Lavabänke bereits

6*

wieder in Folge der Einwirkungen der Erosion in tiefen Durchschnitten blosgelegt, was zu dem Schluss führt, dass auch diese Laven, die entschieden
mit zu den jüngsten von Madeira gehören, schon vor langer Zeit abgelagert
sein müssen.

Welchem Zeitabschnitt während der Bildung des Gebirges und der Entstehung der Thalbildungen die Hügelreihe des Hochlandes von S. Martinho
und die zunächst liegenden Ueberreste von Schlackenbergen ungefähr angehören, das lässt sich nicht mehr bestimmen. Alle diese Ausbruchskegel
könnten möglicherweise wie die Laven im Grunde des Thales von S. Vicente
einer späteren, gleichsam nachträglichen Epoche der Thätigkeit der Vulkane
von Madeira angehören, aber sie könnten auch ebenso gut bereits viel früher
vor der Auswaschung der Thäler entstanden sein. Keine Thatsachen sprechen mit Bestimmtheit für die erstere Annahme, manche Betrachtungen sind
der letzten Voraussetzung günstig. Denn die mächtigen Lavabänke, die von
landeinwärts her die Seiten der Hügelreihe des kleinen Hochlandes, des Pico
de Camara de Lobos und des Kraterberges von S. Roque bedecken und schon
dadurch die Schlackenberge als vulkanische Erzeugnisse von einem gewissen
bedeutenderen Alter erscheinen lassen, diese zum Theil so mächtigen, säulenförmig abgesonderten, basaltischen Lager sind in tiefen Einschnitten durch-
sägt, zu denen unter anderen die Ribeira dos Soccorridos und die Ribeira
do Torreaõ (Ribeira de S. Roque), zwei der ansehnlichsten Schluchten der
Insel, gehören. Jedenfalls aber dürfen wir aus den Durchschnitten, in welchen diese zum Theil so bedeutenden Massen compacter Laven blosgelegt
sind, auf eine lange andauernde Einwirkung der Erosion schliessen, die auch
auf die immer von neuem gebildeten Zersetzungsproducte der steil emporragenden Hügel einen wahrnehmbaren Einfluss ausüben musste. Wie bedeutend die Massen röthlichen oder gelblichen Schlammes sind, die während der
heftigen Regenschauer von der Oberfläche des Gebirges herabgewaschen werden, davon kann sich der Reisende während des Winters auf Ausflügen
leicht überzeugen. Während eines Regengusses füllte sich am Fusse des
Pico de S. Antonio eine trockene Wasserrunse in wenig Minuten mit einer
rothen Wassermasse, die bald zu beiden Seiten austrat und die Strasse über-
schwemmte. Das war nur an einer Stelle auf der einen Seite des Hügels,
an dem auch von den andern Abhängen bedeutende Schlammassen fortgeführt wurden. Sind die Regenschauer im Februar sehr heftig und dauern
sie lange an, so entsteht rings um die Insel bis auf die Entfernung einer
Seemeile ein schmutzig gelblich röthlich gefärbter Gürtel und es dauert
viele Tage bis alle diese suspendirten Schlammtheilchen herabsinken und
das Meerwasser wieder seine gewöhnliche Farbe annimmt. Zu diesen feinen
erdigen Massen liefern aber gerade die alten Schlackenberge durch die von

ihnen herabgewaschenen Zersetzungsproducte den bedeutendsten Antheil. An ihrer oberen steilen Böschung gehen meist die Schlackenagglomerate zu Tage aus, denn hier werden die zu Erde umgewandelten Bestandtheile gleich herabgewaschen. Diese sammeln sich erst an dem sanfter geneigten Abhang und am Fusse des Hügels und werden von dort allmählich weiter über die Gebirgsoberfläche ausgebreitet. Manche der ältesten Schlackenberge mögen in Folge dieser Vorgänge bei lange andauernder Zersetzung und Fortwaschung bis auf unbedeutende Erhöhungen entfernt oder bereits vollständig dem Erdboden gleich gemacht sein. Bei allen aber vermindert sich mit jedem Jahre die Masse und es wird für Madeira eine Zeit kommen, wo einst nicht nur die erkennbaren Krater verwischt, sondern auch viele der Agglomerathügel, die jetzt noch emporragen, ganz verschwunden sind, eine Zeit, die für Porto Santo bereits eingetreten zu sein scheint, weil dort selbst die kegelförmig gestalteten Ueberreste von Ausbruchskegeln fehlen.

b. Die Lavenströme.

Zu den jüngeren Lavenströmen von Madeira gehören natürlich auch diejenigen Lavabänke, welche die Seiten und Abhänge der Schlackenberge bedecken. Dieselben sind aber, wie wir gesehen haben, oft so compact, so mächtig und säulenförmig abgesondert, dass sie sich nur durch ihre Lage an der Oberfläche des Gebirges von den in den tiefsten Durchschnitten aufgeschlossenen Lagern unterscheiden. Und überhaupt können wir bei Betrachtung der jüngeren Lavaströme uns nicht allein auf die an der Gebirgsoberfläche abgelagerten beschränken, sondern müssen auch diejenigen berücksichtigen, welche, in freilich nicht sehr beträchtlicher Gesammtmächtigkeit, die oberste Schicht der Insel bilden. An diesen nun treffen wir an manchen Oertlichkeiten Merkmale, welche die in Frage stehenden Massen als Erzeugnisse der neuesten vulkanischen Thätigkeit bezeichnen.

Lavakanäle und Lavagewölbe.

Die Wälle, welche sich zu beiden Seiten von Strömen bilden, und die Tröge, in welchen die Laven abflossen, sind bereits bei Beschreibung des Covoës erwähnt. Noch an einigen anderen Stellen ist dieselbe Erscheinung beobachtet worden, so z. B. gleich östlich vom Forte de S. Thiago in Funchal in der Meeresklippe bei der Kirche Nossa Senhora do Soccorro. Dort tritt der Rest eines Lavakanales unter einer säulenförmig abgesonderten, mächtigen basaltischen Schicht am Fusse der niederen Klippe hervor und erstreckt sich, Riffe bildend, gegen Südwest in das Meer. Die ganze Länge, die gegenwärtig noch sichtbar ist, beträgt etwa 75, die Breite 25 Schritte. Auf der rechten oder nordwestlicheren Seite ist eine annähernd senkrechte, theilweise glattgeschliffene Wand compacter basaltischer Lava stehen geblieben, auf der anderen, südöstlichen Seite ragen erhärtete Schlackenmassen empor. Ein anderer Lavakanal, der in einem Strome bei Porto Moniz vorkommt, ist von Sir Charles Lyell in seinem Manual of elementary geology (London 1855) auf Seite 522 Fig. 656 bei a abgebildet. Auch an der Ponta da Cruz, eine Stunde östlich von Funchal, kann man ähnliche Ueberreste von aufragenden Wällen, oder Hervorragungen, die neben fliessenden Laven entstanden, wahrnehmen. Doch sind die meisten wegen der Bedeckung unter den später entstandenen Lavenmassen nur theilweise sichtbar und daher nicht sehr deutlich zu erkennen. Viel besser erhalten sind einige Lavagewölbe oder Lavatunnel, die sogleich geschildert werden sollen. Vorher müssen wir jedoch noch die Ueberreste oder vielleicht auch die unvollendeten Anfänge eines solchen natürlichen Gewölbes erwähnen, das in Funchal bei der Pontinha vorkommt.

Die Lavagrotte neben der Pontinha bei Funchal.

Von der Brücke, die zu dem aus rothem Schlackenagglomerate bestehenden Felsen führt, erblickt man in der Meeresklippe einen interessanten Durchschnitt, dessen linke oder westliche Seite auf Tafel VIII Fig. 3 abgebildet ist. Eine beträchtliche Masse gelben Tuffs, der mit schwarzer vulkanischer Asche und mit weissem Bimmstein geschichtet ist, wölbt sich im Bogen, indem sie in der Mitte am mächtigsten ist und nach beiden Seiten an senkrechtem Abstande verliert. Die feinen schwarzen Lapillen und der Bimmstein kommen in gesonderten Bändern vor. Letzterer ist schmutzig weiss und so leicht dass er auf Wasser schwimmt; er wird als sogenannter fajoco branco zur Belegung von Gartenwegen angewandt. Nach ostwärts fällt die Oberfläche des geschichteten Tuffs steil ab und wird von einer etwa 100 Fuss mächtigen Basaltmasse bedeckt, die unten schieferig oben säulenförmig abgesondert ist. In der Mitte, der Brücke gegenüber, geht die Tuffmasse frei zu Tage aus, aber gegen Westen ist ihr wiederum eine säulenförmig abgesonderte Basaltmasse, 4 auf Tafel VIII Fig. 3, aufgelagert, die anfangs nur dünn ist und da, wo die Oberfläche des Tuffs sich herabsenkt, an Mächtigkeit zunimmt. Es ist daher klar, dass diese Laven sich in heissflüssigem Zustande der Oberflächengestaltung der Tuffmasse entsprechend anhäuften und deshalb während des Erkaltens eine verschiedene Mächtigkeit annahmen. Wo sie den gelben Tuff berühren ist dieser in einem Sahlbande ziegelroth gebrannt, in welchem auf der westlicheren Seite in der Nähe des Ribeiro Secco sehr zierliche säulenförmige Absonderungen entstanden. In

Bruchstücken dieser Tuffmassen, die, von oben herabgefallen, auf dem Strande lagen, fand Prof. Heer den Ueberrest eines Astes. Dieser könnte möglicherweise vom Meere eingeschwemmt sein, aber er mag auch von einer unter den Tuffen vergrabenen älteren Pflanzendecke herrühren, was um so wahrscheinlicher ist, da Mr. Smith of Jordanhill aus anderen Pflanzenresten, die er in Tuffen bei Funchal fand, auf die Anwesenheit alter Vegetationsschichten schliesst.

Unmittelbar neben der Brücke der Pontinha bildet die auf Tafel VIII Fig. 3 abgebildete Grotte das Ende eines Lavengewölbes, das, bevor die Brandung soweit landeinwärts vordrang, gegen Süden eine jetzt nicht einmal annähernd zu bestimmende Ausdehnung gehabt haben mag. Gegenwärtig ist nur ein kleines Stück erhalten und auch an diesem ist das Dach zum grossen Theile eingestürzt. Wo es noch das sackartige Ende des Gewölbes deckt erhebt sich die Spitze 24 Fuss über dem mit abgerundeten Geschieben bedeckten Boden. Weiter gegen das Meer ist die östliche Seite a 12 F. hoch und 8 Fuss breit; die Lave ist compact aber mit Hohlräumen erfüllt. An dieser wie an der gegenüberstehenden Wand erkennt man noch die vorspringenden Kanten oder Leisten, die als die Ueberbleibsel der dünnen übereinander gewölbten Lagen des Daches zu betrachten sind. Die Entfernung zwischen beiden Wänden beträgt 23 Fuss. Die westliche Seite b besteht in der Breite von Ost nach West aus:

4 Fuss compacter Lave mit den Ueberbleibseln des eingestürzten Daches,

5 „ schlackiger Basaltlava und

7 „ compacter Basaltlava.

Die letztere Masse hängt mit dem östlichen Ende eines Lavenbogens oder einer gewölbten Lavaschicht zusammen, die zum grossen Theile eingestürzt ist. Auf der anderen westlicheren Seite dieser eingefallenen Lavadecke ist der gelbe Tuff (1 Tafel VIII Fig. 3), der dort unter der basaltischen Lave wieder zum Vorschein kommt, in einem Sahlbande roth gebrannt, während der gelbe Tuff (3), der auf der steinigen Lave (2) liegt, unverändert blieb. Die letztere setzt sich von dort, kaum mehr als 2 Fuss mächtig, gegen Westen bis an eine einspringende Ecke c (Tafel VIII Fig. 3) fort. In dem Durchschnitt, der auf diese Weise in rechtem Winkel zu der Klippenwand entsteht, sieht man, dass die steinige Lavaschicht mit schlackigen Massen auf geringe Entfernung gegen Norden oder nach landeinwärts auskeilt, weshalb der gelbe Tuff weiter nach Westen die ganze Höhe des Absturzes bis dahin einnimmt, wo ihm die basaltische, säulenförmig abgesonderte Lavabank (4) aufgelagert ist. Es tritt daher mit der Lavagrotte bei der Pontinha eine basaltische Lave hervor, die zwischen die mächtige Tuffschicht eingeschoben ist und diese auf eine gewisse Entfernung in eine obere und eine untere Masse sondert. Hart neben der Pontinha ist nun die der Tuffmasse eingelagerte Lave, wie wir zwischen a—b an dem spitzzulaufenden Dache sehen, am meisten gewölbt. Der bei (1) eingestürzte Bogen, der sich an die Grotte (a b) anschliesst, wölbte sich schon sanfter, während man noch weiter gegen Westen kaum noch drei andere Wölbungen (bei 2 Tafel VIII Fig. 3) an der dünnen Lavadecke erkennt, auf deren Oberfläche jene vielen Strömen eigenthümlichen rauhen tauartigen Rippen hervortreten. Nach der Reihenfolge, wie sie entstanden, sind daher im Durchschnitte Tafel VIII Fig. 3 die verschiedenen Schichten wie folgt bezeichnet:

1. Ueber der Meeresfläche gelber Tuff, an der Berührungsfläche von der aufgelagerten Lave roth gebrannt.
2. Darüber steinige basaltische Lave, die an der Pontinha, im Vordergrund des Durchschnittes Tafel VIII Fig. 3, tiefer herabreicht, mächtiger ist und die kleine Lavagrotte bildet.
3. Darüber gelber Tuff, mit Bändern feiner schwarzer Lapillen und weissen Bimmsteins geschichtet.
4. Darüber compacte basaltische Lavabänke von bedeutender Mächtigkeit mit säulenförmiger Absonderung.

Der gewölbte Lavakanal des Thales von Machico.

Dieses Lavagewölbe gehört keineswegs denjenigen jüngeren vulkanischen Erzeugnissen an, die ganz zu oberst auf dem Gebirge abgelagert wurden. Um zu dem Eingange zu gelangen muss man auf der rechten Seite des oberen Theiles des Thales von Machico wohl 100 Fuss am Abhang herabsteigen. Dort beträgt die Breite der Höhle, die weiterhin geringer wird, 23 Fuss. Der Boden senkt sich nicht bedeutend. In einer Entfernung von 100 Fuss öffnet sich nach rechts ein schmaler Seitengang, noch etwa 50 F. weiter zweigt sich ein zweiter seitlicher überwölbter Gang ab. An dieser Stelle ändert sich die Richtung des überdeckten Lavakanals beinah unter rechtem Winkel und gleichzeitig erweitert sich das schmale tunnelartige Gewölbe zu einer geräumigeren Höhle, die bei 15 Fuss Höhe 30 Fuss in die Breite und 60 Fuss in die Länge misst. In derselben Richtung, in welcher sich die Länge dieser Höhle hinzieht, erstreckt sich der verschmälerte überdeckte Lavakanal noch 78 Fuss bis zu einer Stelle, wo er bis auf eine enge Oeffnung geschlossen ist. Diese senkt sich schachtartig nach abwärts und es soll früher einem Mann gelungen sein mittelst eines Taues ein Stück herabzusteigen. Von diesem Punkte bis zum Eingang beträgt die Entfernung, auf dem kürzesten Wege durch die Höhle gemessen, 278 Fuss. Das Innere des überwölbten Lavakanales ist nicht durch besondere Erscheinungen ausgezeichnet. Die Seitenwände sind rauh und uneben, die Hervorragungen haben oft ganz das Ansehen von stalactitischen Massen. Einzelne tropfsteinartige, nach unten zugespitzte Zapfen sind bis 5 oder 6 Zoll lang, bestehen aus einer blasigen, grauen feinkörnigen basaltischen Lave von doleritischem Ansehen und sind aussen mit einer schwarzen glänzenden Kruste überrindet. Doch kommen derartige Gebilde von auffallender Form und Grösse hier nicht vor.

Der gewölbte Lavakanal zu S. Vicente.

Ein anderes Lavagewölbe, das erst später durch Bauten zugänglich gemacht wurde, beschreibt Herr W. Reiss, der es im Winter 1859/60 besuchte, wie folgt:

„Das in den alten Gesteinen Madeira's eingegrabene Thal von S. Vicente wurde in verhältnissmässig sehr neuer Zeit bis zur Höhe von einigen hundert Fuss wieder ausgefüllt. Aber auch diese Laven sind wieder von Bächen durchnagt. In diesen neuen Laven nun findet sich einer jener Kanäle, wie sie auf den canarischen Inseln und den Azoren so häufig sind. Durch den Bau einer steinernen Brücke unterhalb des Ortes wurde am rechten Gehänge der Eingang zu dem überdeckten Kanal aufgeschlossen. Anfangs hat der Kanal eine Höhe von beinah 15 Fuss und eine Breite von 20 Fuss. Bachaufwärts aber lässt er sich bei Fackellicht verfolgen und wird bald weiter und höher. Die Seitenwände erheben sich bis 10 und 12 Fuss senkrecht über dem Boden, darüber wölbt sich das Dach, in der Mitte bis zu 20 Fuss vom Boden abstehend. Die Wände werden von oft schlackiger Basaltlava gebildet, welche auch tropfsteinartig in grossen Zapfen von der Decke herabhängt. Der Boden der Höhle ist anfangs mit feinen Verwitterungsproducten des Basaltes bedeckt, dann aber folgen von der Decke herabgestürzte Basaltblöcke, die das weitere Vordringen verhindern. Doch kann man erkennen, dass jenseits dieser Blockanhäufung die Höhle weiter fortgesetzt, auch lässt sich mit einiger Mühe weiter ins Innere vordringen. Vom Eingang bis zur verstürzten Stelle wurden 245 englische Fuss gemessen. Eine ziemliche Strecke weiter bachaufwärts findet sich ein Erdsturz in den neuen Laven und scheint die Höhle bis dahin fortzusetzen."

Ueberrest eines Lavakanals auf dem Lombo dos Pecegueiros

Die folgende Mittheilung ist ebenfalls von Herrn W. Reiss.

„Vom Pico Ruivo do Paul in gerader Linie herab nach der auf der Karte fälschlich als Ribeiro do Inferno bezeichneten Schlucht erstreckt sich

der stark mit Wald bedeckte Lombo dos Pecegueiros. Bei etwa ⅜ der Höhe
führt der Pfad (Caminho dos Pecegueiros) quer durch den Einsturz eines
Lavakanals. Es zieht nehmlich dort ein Lavastrom vom Paul da Serra herab
gegen das Meer zu. Wo nun der Abhang seine Neigung von 15 Grad plötzlich in eine von 30 bis 40 Grad umändert da brach die Decke des Kanals
ein und derselbe ist somit zugänglich geworden. Der obere Theil des Kanals
wurde besucht. Derselbe ist etwa 10 Fuss breit und abwechselnd 10 bis
15 Fuss hoch. Lavatropfsteine hängen an den Wänden herab und der Boden ist mit Schutt und Schlacken bedeckt. Verfolgt man die Höhle weiter
aufwärts so steigt der nun von festen Laven gebildete Boden rascher als die
Decke, so dass bald der ganze Raum durch feste Laven ausgefüllt wird.
Ohne allen Zeifel haben wir es hier mit einem solchen Kanal zu thun, dessen oberer Theil durch die nachquellenden und erstarrenden Laven ausgefüllt wurde."

Laven, die entschieden zu den jüngeren Erzeugnissen der vulkanischen Thätigkeit von Madeira gehören.

Neuere Laven bei Porto Moniz.

Bei Porto Moniz ist, wie A. T. E. Vidal bereits in seinen Erörterungen
über die Inseln der Madeira-Gruppe bemerkte, ein Lavastrom über die Klippe
geflossen. Der Bergkamm, welcher das Thal der Janella gegen SW begrenzt und von dem Durchschnitt auf Tafel II Fig. 1 in einer Meereshöhe
von 4271 Fuss geschnitten wird, senkt sich da wo er sich (bei A auf der
Karte) nordwärts wendet allmählich gegen die nördliche Küste zu einer
kleinen Fläche herab, die an der steilen Meeresklippe endigt. Dort nun wo
der obere Theil des Kirchspieles von Porto Moniz auf der sogenannten Lagoa
oder Terra chaã do Porto de Moniz erbaut ist, ragen an mehreren Stellen
die Ueberreste von ehemaligen Schlackenkegeln empor. Von diesen ist wie
gewöhnlich die aus der Zersetzung der Schlackenagglomerate hervorgegangene
rothe Erde an den Abhängen herab auf die kleine sanft abgedachte wellenförmige Ebene herabgewaschen. Unter den kegelförmigen, oben zugerundeten Hügeln zeichnet sich der Pico do Facho, der hart am Absturz der Klippe
liegt, durch deutliche Spuren einer kraterförmigen Vertiefung aus. Die dem
Orte Janella zugekehrte Seite ist die höchste; gegen Westen senkt sich der
Kraterrand mehr und mehr herab. Eine blasige oder schlackige Lave, die
am Fusse des Hügels in einem kleinen Durchschnitt sichtbar wird, erstreckt
sich gegen die Klippe und an dieser herab. Hier ist als an der am wenigsten
steilen Stelle der Weg, der nach dem am Meere erbauten Orte Porto Moniz
führt, im Zickzack angelegt. Der ganze Abhang ist mit rauhen Schlacken

bedeckt, die überall unter der spärlichen Erdbedeckung zu Tage treten und
in kleinen Wällen oder Mauern zur Herstellung von schmalen Terrassen aufgehäuft sind. Zu beiden Seiten dieses Abhanges besteht die obere annähernd
senkrechte Hälfte der 3 bis 400 Fuss hohen Klippenwand aus mit Schlacken
und Tuffen geschichteten Lavabänken. Ist man unten angelangt so sieht
man wie die vorherrschend aus schlackigen Massen gebildete Lave, welche
wahrscheinlich dem Pico do Facho entströmte, der Klippe gerade so angelagert ist als ob sie den Rest eines Stromes bildete, der herabfliessend an
dem steilen Abhang haften blieb. Am Fuss der Klippe haben sich diese
Laven, das Meer zurückdrängend, zu Riffen ausgebreitet und hier ist es wo
die Lavakanäle vorkommen, von welchen einer, wie bereits erwähnt, in Sir
Charles Lyell's Manual of elementary geology (1855 auf Seite 522 in Figur
656 bei a) abgebildet ist. Ob alle die Laven, welche unterhalb der Klippe
am Meere vorkommen und welche auch zur Grundlage des kleinen Felsen-
eilandes, des Ilheo do Porto de Moniz gehören, ob alle diese flacher ausgebreiteten, von der Brandung bespülten Laven dem Ausbruch angehören,
welcher den am Abhang haftenden Strom hervorbrachte, das lässt sich
nicht mehr bestimmen. Denn, wie man an der südlicheren kleineren Hälfte
der Insel Palma sehen kann, sind dort einige der neueren Laven ohne eine Spur
zu hinterlassen über die Klippe gestürzt, an deren Absturz andere theilweise
haften blieben, während sich alle, das Meer zurückdrängend, am Fusse der
jähen Uferwände ausbreiteten. Durch herabgeflossene Laven muss jedenfalls
die Grundlage entstanden sein, auf welcher sich die gelben Tuffen und die
Trümmermassen anhäuften, die gegenwärtig, bis zur Hälfte der Klippe hin-
aufreichend, mit den Häusern, Gärten und Weinbergen des Ortes Porto
Moniz bedeckt sind. Auf der kleinen Fläche des Hochlandes gerade oberhalb der Klippe sind die Schichten, soviel man in einzelnen Durchschnitten
sehen kann, unter 4 bis 5 Graden gegen das Meer gesenkt, in der Klippenwand sind sie annähernd wagrecht mit einer allgemeinen Neigung von 1 bis
2 Grad gegen ostwärts.

Die jüngeren Laven im Thale von S. Vicente.

Die Tiefe, Ausdehnung und die Oberflächengestaltung der inneren Abhänge wie des Thalgrundes sind bereits bei Besprechung der Thalbildungen
von Madeira geschildert worden. Wer das weite Thal von S. Vicente mit
den zahlreichen zugeschärften Vorsprüngen, die wie Strebepfeiler aus dem
Grunde emporsteigen, überblickt, wird kaum die neuere Schichtenfolge bestimmt von der älteren Masse unterscheiden, so sehr ist die erstere bereits
mit Erde überdeckt, bewachsen, angebaut und in Folge der Einwirkungen
der Erosion durchnagt. Nur an der Seite unterhalb des Paul da Serra hebt

sich ein breiteres Gehänge ab, das, besonders wenn man seine Bedeutung
bereits kennt, den Eindruck von später erfolgten Ablagerungen hervorbringt.
Die ältere Schichtenfolge bildet die Hauptmasse des Gebirgskörpers, in welchem das Thal bis zu seiner gegenwärtigen Tiefe ausgehöhlt war, ehe die
neueren Laven abgelagert wurden. Wie in den übrigen tief eingeschnittenen,
kesselartig erweiterten Thälern der Insel herrschen in dem unteren Theile
des Durchschnittes die von Gängen durchsetzten Agglomeratmassen (pedra
molle), in dem oberen die mit Schlacken und Tuffen geschichteten Lavabänke vor. Die Grenzlinie dieser beiden zusammengehörenden Glieder reicht
im Allgemeinen in der Mitte der Insel, also an dem südlicheren Ende des
Thales höher empor als gegen die Küste, wo, wie das auf der linken Seite
des Durchschnittes Tafel II Fig. 2 angedeutet ist, die geschichteten steinigen Laven die Agglomerate ganz verdrängen. Ausserdem haben die letzteren an der westlicheren Seite, am Paul da Serra eine grössere Ausbreitung
und Höhe erlangt als auf der (auf Tafel II Fig. 2 dargestellten) östlicheren
Seite, während vom Paul da Serra nach nordwärts wiederum die geschichteten Lavabänke in den Vordergrund treten und die Hauptmasse des aufgeschlossenen Gebirgskörpers zusammensetzen. Die steinigen Lavabänke bilden
daher hauptsächlich die oberen Abstürze; tiefer unten wurden die Agglomeratmassen durch die zahlreichen Seitenbäche in zugeschärfte Rücken verwandelt, auf deren Kämmen hier und dort zugespitzte Bruchstücke der oberen
geschichteten steinigen Lavenmassen emporragen. So muss im Grossen und
Ganzen das Thal von S. Vicente bereits gestaltet gewesen sein als die neuere
Schichtenfolge an seinen inneren Abhängen und in seinem Grunde abgelagert
wurde. Die Ausgleichung der Unebenheiten, die damals stattgefunden haben
muss, ist seitdem wieder durch die andauernde Thätigkeit des fliessenden
Wassers aufgehoben worden. Die neueren Laven sind, soviel man sehen
kann, an drei Punkten hervorgebrochen und an den Abhängen herab gegen
den Grund des Thales und die enge Oeffnung an der Nordküste der Insel
geflossen.

1. Etwas über 3 Minuten von der Küste entfernt und in einer Meereshöhe von ungefähr 3000 Fuss erhebt sich unfern des Passes, der das Thal
von S. Vicente von dem Thal der Serra d'Agoa trennt, ein mit Buschwerk
bewachsener Schlackenhügel mit einer kraterförmigen Vertiefung, die gegen
Osten offen ist. Tiefer nach abwärts treten Spuren der neueren Laven auf,
die sich am Abhang herab gegen die Mündung des Thales erstrecken und
auf Tafel II Fig. 2 in dunklerer Schattirung eingetragen sind.

2. Weiter unten und westlich vom Wege, der aus dem Orte S. Vicente
zum Encumeada-Passe heraufführt, unterscheidet man, etwas über 2 Minuten
von der Küste entfernt und in einer Meereshöhe von etwa 2300 Fuss, einen

halbmondförmigen Wall, der ganz das Ansehen des Ueberrestes von einem
in den älteren Durchfurchungen des Gebirges aufgeworfenen Ausbruchskegel
hat. Nach abwärts sind die Unebenheiten des alten Gebirgsgehänges anscheinend etwas ausgeglichen und in dem in einem Bachbette gebildeten
Durchschnitte sieht man Lavabänke, die sich von den Agglomeratmassen des
Thalgrundes abheben. Diese Laven sind, der Abdachung der inneren Abhänge des Thales entsprechend, nordöstlich geflossen bevor sie sich mit den
oben erwähnten Strömen vereinigten und nordwärts gegen die Mündung des
Thales wandten.

3. Endlich sind noch weiter nordwärts am Abhang des Paul da Serra
wiederholt Laven hervorgebrochen und in nordöstlicher Richtung dem Grunde
des Thales zugeflossen. Wenn man von der Höhe des Paul da Serra nach
dem Thale von S. Vicente herabsteigt, so trifft man kaum etwa 50 Fuss
tiefer schon Schlackenmassen, die sich von dem älteren Agglomerat unterscheiden und der neueren Schichtenfolge angehören dürften. Gleichzeitig
treten Gänge von 6 Zoll, 1 bis 12 und sogar 18 Fuss Breite auf, und noch
weiter nach abwärts zeigen sich die Spuren von Laven, die am Abhang
herabflossen, aber die ersten deutlichen Ströme erkennt man erst am Ost-
rande des sogenannten Chaő do Caramujo (Schneckenebene). Diese kleine
Fläche bildet in einer Meereshöhe von 4356 Fuss anscheinend den Ueberrest
eines Kraterbodens, dessen ursprüngliche Umwallung zu beiden Seiten durch
leichte Erhöhungen jedoch freilich nur unbestimmt angedeutet ist. Wenigstens sprechen für eine solche Annahme das rothe Schlackenagglomerat, die
aus der Zersetzung hervorgegangene rothe Erde und die Formverhältnisse,
welche noch jetzt die Spur einer flachen schüsselförmigen Einsenkung erkennen lassen. Gleich unterhalb dieser Ausbruchsstelle erkennt man gewölbte Lavaströme mit rauher geripter Oberfläche. Das Innere bilden gewöhnlich rothe Schlackenmassen, die Decke ist kaum mehr als 1 Fuss
mächtig, besteht aus steiniger mit Blasenräumen erfüllter basaltischer Lave
und wölbt sich bei einer Breite von 30 bis 40 Fuss in der Mitte etwa 5 bis
6 Fuss über den sichtbaren Endpunkten. Die Laven sind in nordöstlicher
Richtung unter Winkeln von 16 bis 28, im Mittel von 21 bis 22 Graden
geneigt. In einer Höhe von 2200 Fuss oberhalb des Meeres hebt sich am Abhang
des Gebirges ein halbmondförmig gekrümmter Wall ab, der einem alten Ausbruchskegel anzugehören scheint. An seiner inneren Böschung unterscheidet
man Lagen gelber Tuffen und feiner Lapillen, die zwischen S 25 W nach
N 25 O und N 45 W nach S 45 O gegen den Mittelpunkt der ursprünglichen
kraterartigen Vertiefung einfallen. Den nördlichen Theil bildet ein aus
rother schlackiger Lave zusammengesetzter, vorspringender Bergrücken; das
entgegengesetzte Ende hat jetzt die Form eines abgerundeten Hügels.

Zwischen beiden Punkten hindurch scheinen von höher oben her Ströme, die am Fusse der sichelförmigen Erhöhung in einer kleinen sanft geneigten Fläche anstehen, herabgeflossen zu sein. Von dort nach abwärts vermehren sich, wie man in einzelnen Durchschnitten sehen kann, die Schichten dieser Laven bis sie im Grunde des Thales eine Gesammtmächtigkeit von 250 bis 300 Fuss erreichen. Inmitten der Wohnungen, Gärten, Felder und Kastanienpflanzungen, mit welchen diese jüngeren vulkanischen Erzeugnisse bedeckt sind, unterscheidet man noch hier und da die rauhe gerippte Oberfläche der Lavaströme. Die einzelnen Lavabänke sind mitunter nur 6 Zoll, selten über einen Fuss mächtig. Aber da wo sie sich dem Grunde des Thales nähern, nehmen sie an Stärke zu und bilden im Thalweg säulenförmig abgesonderte Massen von sehr beträchlicher Mächtigkeit.

Die letztere Bemerkung gilt ebenfalls bei den andern jüngern vulkanischen Erzeugnissen, die sich von weiter südwärts gegen die Mündung des Thales erstrecken. Auch diese Laven sind im Grunde des Thales, wo sie mitunter Wände von 50 Fuss Höhe darstellen, am mächtigsten. Die Gesammtmasse der jüngeren Schichtenfolge erscheint, wie auch im Durchschnitt Tafel II Fig. 2 angedeutet ist, da wo die an drei verschiedenen Punkten hervorgebrochenen Laven sich vereinigen am mächtigsten. An der Küste wurde die ältere Kluft, durch welche das Thal von S. Vicente ausmündet, bis zu einer Höhe von 150 Fuss oberhalb des Meeresspiegels von den neueren Laven erfüllt. Diese bilden dort an der westlicheren steilen Wand ein kleines Hochland, dessen Oberfläche von landeinwärts sanft gegen die Küste, wo es nur etwa 150 Fuss Meereshöhe hat, abgedacht ist. An dem gegenüberstehenden östlichen Absturz der Thalmündung hat sich der Gebirgsbach, die neueren Laven an ihrer östlichen Grenze durchschneidend, seinen Weg nach dem Meere gebahnt. Auch noch etwas weiter nach landeinwärts folgt der Hauptbach der Grenze der ältern und neuern Schichten, aber bald stehen auch an seiner rechten Uferseite Ueberreste der aus jüngeren Laven gebildeten Gesammtmasse an. Der abgetrennte Felsen, der an der Mündung des Thales, mit einer Kapelle geziert, aufragt, gehört noch den jüngeren Lavamassen an, die früher bis an die östliche Wand der engen Thalmündung hinüberreichten.

Es dürfte auf den ersten Blick auffallend erscheinen, dass unter den jüngeren Laven nirgends die von diesen bedeckten Geschiebe der ältern Durchfurchungen beobachtet sind. Dass solche Reste der alten Bachbetten, die sonst bei fortschreitender Vertiefung der Einschnitte mit der weiter zerstörten Masse des Gebirgskörpers entfernt wurden, dass überhaupt ältere Geschiebe unter der Decke der jüngeren Lavamassen aufbewahrt wurden, dürfte kaum zu bezweifeln sein. Wenn sie bisher nicht gefunden wurden so liegt das wahrscheinlich an den folgenden Umständen. Erstlich ist die Grenzlinie zwischen den ältern Massen und den jüngern Laven weder überall aufgeschlossen, noch, wo dies der Fall ist, sorgfältig durch das ganze Thal verfolgt worden, weshalb wir schliesslich nur behaupten können, dass an den verhältnissmässig wenigen bisher erforschten Punkten keine älteren Geschiebe unterhalb der neueren Schichtenfolge vorkommen. Dann ist es eine bekannte, bereits angeführte Thatsache, dass die Bachbetten eng und nur spärlich mit Geschieben bedeckt sind, die sich erst tiefer abwärts namentlich aber an der Mündung bedeutender anhäufen. Endlich aber kann das fliessende Wasser die neueren Lavaschichten an anderen Stellen als da durchnagt haben wo die früheren Bachbetten liegen, und wo die älteren und neueren Einschnitte doch zusammentreffen, da mögen die später entstandenen Einschnitte noch nicht bis zur Tiefe der älteren Bachbetten herabreichen. Die Klippe an der Mündung des Thales wäre gerade die Stelle, wo wir erwarten sollten, Reste der früheren Durchfurchungen unter den neueren Laven zu finden, was namentlich dann der Fall sein müsste, wenn der ältere Thalweg hier nicht mit dem neueren zusammenfiel. Allein die Gesammtmasse der jüngeren Laven keilt gegen Westen aus und somit scheint es, dass bevor die neueren Laven hier abgelagert wurden der Hauptbach so wie jetzt an dem Fusse der östlichen Wand der Thalmündung ins Meer floss. Nur Bruchstücke wie sie mit Erde gemischt an den Böschungen (talus) steiler Abhänge oder auch in Schutthalden vorkommen, nur solche an den Ecken etwas zugerundete aber keineswegs zu Geschieben abgeschliffene Bruchstücke sind hier und da an der Grenzlinie der älteren Gebirgsschichten und der Gesammtmassen der neueren Laven, wo die letzteren gegen die ersteren im Grunde des Thales auskeilen, beobachtet worden.

Noch einige neuere Laven, die nach Entstehung der Meeresklippen und Thalbildungen abgelagert wurden.

So wie bei Porto Moniz sind auch noch an einigen anderen Stellen Laven über die bereits früher gebildeten Meeresklippen geflossen, wodurch am Fusse der letzteren Vorländer von jedoch nur unbeträchtlicher Ausbreitung entstanden. Dahin gehören der Paul do Mar an der Süd- und Ponta delgada an der Nordseite der Insel.

Der Ort Ponta delgada ist, wie schon der Name „dünne" oder „wenig mächtige Landzunge" andeutet, auf einem niederen Vorlande erbaut, das sich am Fuss der hochaufragenden Klippenwände ein kleines Stück in das Meer erstreckt. Die Grundlage bilden wie in Porto Moniz steinige Laven, darüber ist die aus der Zersetzung der Schlackenmassen hervorgegangene rothe Erde abgelagert. Woher diese Laven und Schlackenmassen kommen lässt sich nicht mehr bestimmen. Unmittelbar westlich von der Landzunge bricht die Ribeira da Camisa (der Hemdebach) aus einer tiefen Schlucht hervor. An der Mündung treten die steilen Abhänge auf der rechten und linken Uferseite unter einem stumpfen Winkel von 120 oder 130 Graden auseinander, so dass es fast scheint als wenn das Meer früher weiter land-einwärts vor und in diesen dreieckigen Raum hineingedrungen sei. Gegen-wärtig ist übrigens dieser einspringende stumpfe Winkel nur an den oberen sehr steilen Abhängen zu erkennen; der untere Theil ist mit einer mächtigen Trümmer- und Erdanhäufung erfüllt, durch welche sich der Gebirgsbach seinen Weg nach dem Meere in einem tiefen aber schmalen Kanal gebildet hat. Die Bruchstücke sind nicht völlig abgeschliffen sondern nur etwas ab-gerundet und mögen bei einer höchst ungleichen Grösse, die zwischen 2 Zoll und 10 Fuss Durchmesser schwankt, im Verhältnisse von 2 : 1 mit einer erdigen Grundmasse gemischt sein. Viele sind ganz compact, andere ent-halten zahlreiche Hohlräume, manche erscheinen vollständig poröse oder durch zahlreiche grössere Blasenräume aufgebläht, alle gehören den basali-schen Abänderungen an, die mitunter einen doleritischen oder trachydoleri-tischen Character annehmen. Die Spitze dieser Anhäufung lehnt an der Mündung der Ribeira da Camisa in einer Meereshöhe von etwa 1500 Fuss an dem jähen Abhang, die Oberfläche ist erst steil dann sanfter gegen die Küste abgedacht und hat eine mittlere Meereshöhe von etwa 900 Fuss, die breite Grundlinie bildet einen mehrere 100 Fuss hohen Absturz. Auf dieser später gebildeten Böschung ist der obere Theil des Kirchspiels von Ponta delgada auf der sogenannten Lombada (Hochgebirgsfläche) erbaut. Es ist kaum anders möglich als anzunehmen, dass die steilen Abhänge in dem einspringenden Winkel an der Mündung der Ribeira da Camisa ursprünglich unter dem Einfluss der Brandung hervorgebracht wurden; dann müssen durch spätere Laven die Landzunge, auf welcher der untere bedeutendere Theil des Kirchspieles von Ponta delgada erbaut ist, so wie durch Anhäu-fung von Bruchstücken die Masse der Lombada entstanden sein und endlich muss sich der Gebirgsbach, der mittlerweile am Gebirgsgehänge immer tie-fer einschnitt, durch die Trümmermassen hindurch nach dem Meere einen Abflusskanal gebildet haben.

Auch östlich von Ponta delgada scheint das Meer früher weiter land-einwärts in den dreieckig gestalteten Raum des Arco de S. Jorge einge-drungen zu sein. An dem Nordgehänge der Insel ist auf der Karte zwi-schen der Ribeira de S. Jorge und der Ribeira da Boaventura ein Berg-rücken angedeutet, der von der Wasserscheide des Gebirges (bei 5) gegen das Meer verläuft, wo er etwa 5000 Fuss (oder beinah 1 Minute) von der Küste entfernt im Pico do Arco (de S. Jorge) eine Meereshöhe von 2746 F.

hat. Von dort erstrecken sich unter einem stumpfen Winkel (von etwa 110 Graden) in nordöstlicher und nordwestlicher Richtung zwei Bergrücken, die bevor sie in ansehnlichen Klippenwänden abgeschnitten sind, mehr und mehr an Höhe verlieren und mit sehr steilen aber nicht annähernd senkrechten Abhängen über einem dreieckigen Raum emporragen. An dem letzteren bildet ein niederer Küstensaum die Grundlinie von etwa 1½ Minuten Längenausdehnung; die Spitze liegt ¼ Minute nach landeinwärts. Den Boden dieser dreieckigen, nach dem Meere offen stehenden Einsenkung, welche sehr bezeichnend Entrosa, (der von zwei Radspeichen eingeschlossene Raum), genannt wird, bedecken Erde, Schutt und Trümmermassen, und diese lehnen, nach landeinwärts steiler ansteigend, in ausspitzender Schicht an den steilen Einfassungswänden. Im Grunde liegt das Dörfchen, an der aufsteigenden Böschung sind Felder angelegt, die Thalwände bedeckt dichtes Gesträuch (Mato) so dass nur hier und da ein nackter Fels aus den grünen Beständen hervorragt. Während des Winters hatte sich auf der Höhe an der Hinterwand der dreieckigen Thaleinfassung, wahrscheinlich in Folge des Regens, ein Stück dieser Erd- und Pflanzendecke losgelöst und war herabgerutscht. An der blosgelegten Stelle traten die ausgehenden oder abgebrochenen Enden von Lavabänken und Agglomerat oder erhärtete Tuffmassen hervor. Es haben also allem Anschein nach die steilen Wände durch oben abgelöste Bruchstücke allmählig mehr und mehr an jäher Steilheit verloren bis sie sich, als der Grad der Abdachung es zuliess, mit dichten Gesträuchbeständen (Mato) bedeckten. Aber noch immer rutschen, wie wir gesehen haben, Stücke dieser Bedeckung herab, lösen sich Bruchstücke und vermehren, wenn auch nur in geringerem Maasse, die Schutthalde der inneren Böschungen. An diesen sind auch schon früher Erdrutsche vorgekommen; von einem sehr bedeutenden, der ein Haus ein Stück mit fortführte, sind nach Herrn A. P. de Azevedo's Angabe Ueberlieferungen vorhanden.

Von Machico fährt man in einem Boote nach Caniçal an hohen Klippenwänden entlang, in welchen die mit Schlacken und Tuffen geschichteten Lavabänke von zahlreichen Gängen durchsetzt sind. Da wo der auf der Karte mit l m bezeichnete Höhenzug zu der niederen Landzunge von S. Lourenço herabsinkt öffnet sich eine Schlucht, die letzte vor der kleinen Thaleinsenkung, in welcher die Kirche von Caniçal (eigentlich wohl Canniçal, ein Ort wo Rohr wächst) liegt. An der Mündung der Schlucht ist eine Anhäufung von mit Erde gemischten, halbgerundeten Bruchstücken ausgebreitet, die später vom Bach durchschnitten und theilweise von der Brandung fortgeführt ward. An der rechten, Machico zugekehrten Uferseite haftet nur noch ein kleiner Rest dieser Ablagerung, die sich auf der anderen Seite, von einer basaltischen Lavabank bedeckt, weiter gegen Caniçal am Fuss einer steilen Wand hinzieht. Die letztere erstreckt sich noch ein kleines Stück weiter, dann verschwindet sie am Abhang des oben erwähnten seitlichen Höhenzuges (1 m der Karte). Aber dieses kleine Stück scheint früher eine Fortsetzung der ansehnlichen Klippenwand, an deren Grenze der Gebirgsbach gegenwärtig aus der Schlucht herauskommt, gebildet zu haben. Der Absturz ist nicht so jäh als an der noch jetzt von der Brandung erreichten Meeresklippe nach Machico zu; er ist theilweise mit Erde bedeckt und mit Pflanzenwuchs überzogen, aber man sieht an den ausgehenden, abgebrochenen Enden der Lavabänke, dass hier eine annähernd senkrechte Wand durch allmählich herabgestürzte Bruchstücke im Laufe der Zeit von ihrer ursprünglichen Steilheit einbüsste. Die Grundlage, auf welcher die Schutt- und Trümmermassen aufruhen, muss aus festen Gesteinen bestehen und diese müssen nach Entstehung der Klippenwand am Fusse derselben abgelagert sein. Dann floss die basaltische Lave über die Anhäufung leicht gerundeter Bruchstücke und zuletzt ward die ganze spätere Bildung von dem Gebirgsbach durchnagt und von der Brandung des Meeres theilweise zerstört.

Unfern Fayal sind am westlichen Absturz der Penha d'Aguia in der Ribeira do Fayal an der Mündung einer Seitenschlucht Lavamassen aufgeschlossen, die allem Anschein nach den bereits früher gebildeten Thaleinschnitt bis zu einer gewissen Höhe erfüllten und dann wiederum von dem fliessenden Wasser durchnagt wurden. Auf der rechten Uferseite ist ein Bruchstück der neueren Schichtenfolge dem Absturz der älteren Lagermassen genau angepasst und an der gegenüberliegenden Wand kommen leicht gerundete Bruchstücke unter den darüber anstehenden später gebildeten Lavaschichten vor. Diese haben überhaupt nur eine geringe Gesammtmächtigkeit erlangt und ihre Verbreitung scheint, soweit sie bis jetzt beobachtet wurde, keine bedeutende zu sein. Doch verdienen diese im Fayalthale anstehenden neueren Laven immerhin neben den oben geschilderten, viel ausgedehnteren und deutlicher erkennbaren jüngeren Ablagerungen des Thales von S. Vicente erwähnt zu werden, um die ähnlichen Vorgänge noch in einem anderen Theile der Insel, wenn auch nur in verjüngtem Maassstabe nachzuweisen.

B. Die tieferen Schichten des Gebirges, soweit sie in den Thalbildungen und Meeresklippen aufgeschlossen sind.

a. Die steinigen Lavabänke.

Lassen wir vorläufig die Hypersthenite und Diabase des Thales von Porto da Cruz unberücksichtigt, so ist es unmöglich irgend einen spezifischen Unterschied zwischen den steinigen Schichten aufzufinden, die einerseits an der Gebirgsoberfläche den Abhängen von echten Ausbruchskegeln mit deutlichen Resten von Kratern an oder aufgelagert sind, und die andrerseits in den tiefsten Durchschnitten im Innern des Gebirgskörpers anstehen. Die petrographische Beschaffenheit, das Compacte der Massen, die bald mehr bald weniger zahlreichen Hohlräume, die rauhen verschlackten Endflächen, die Mächtigkeit der einzelnen Bänke, die säulenförmige oder schiefrige Absonderung, alle diese Eigenschaften finden sich in den obersten wie in den tiefsten sichtbaren Schichten so wieder, dass keine von ihnen einen entscheidenden Unterschied bedingt. Selbst der Grad der Zersetzung kennzeichnet, da wir an der Oberfläche oft steinige Laven in wackeartiger Umwandlung antreffen, nur ausnahmsweise die älteren Gebirgsschichten. Die jüngeren und älteren Massen sind daher im Allgemeinen nur nach der Lage und dadurch unterschieden, dass in Folge der starken Ueberlagerung bei der letzteren manche charakteristische Merkmale, die bei den ersteren häufiger und deutlicher hervortreten, sich entweder seltener und unbestimmter oder auch gar nicht mehr erkennen lassen. Die eigenthümlich gerippten oder tauartig gekräuselten Oberflächen sind, wo sie bei den älteren stromartig ausgebreiteten Massen vorkamen, jetzt verdeckt und die rauhen schlackigen Endflächen der Laven sind in Schichten rothen Schlackenagglomerates verwandelt, welche die Lager in den tieferen Durchschnitten von einander sondern. Allein vollständig tauartig gekräuselte Schlacken, die man, wie z. B. am Absturz des Cabo Giraõ, unter Schichten von über 1000 Fuss Gesammtmächtigkeit findet, bezeugen, dass auch den älteren Massen diese Erscheinungen ursprünglich nicht fehlten. Lavakanäle und Lavagewölbe, die wie bei Machico in einer gewissen, freilich nicht eben beträchtlichen Tiefe unter der Oberfläche vorkommen, könnten wir in den unteren Schichten wohl deshalb nicht herauserkennen, weil die ersteren vollgefüllt, die letzteren unter der Wucht der darauf lagernden Massen zusammengedrückt sein müssen. Dagegen sind Lavadecken, die sich an der Oberfläche des Gebirges, wie z. B. am Abhang des Paul da Serra gegen S. Vicente hin, über schlackigen Massen wölben, noch hier und da in den Klippenwänden unter Schichten von sehr beträchtlicher Gesammtmächtigkeit aufgeschlossen; und wo solche gewölbte Lavaschichten von der Brandung erreicht werden, sind dann durch die theilweise Entfernung der Schlackenmassen kleine Höhlen entstanden.

In den Durchschnitten, die aus mit Schlacken geschichteten Lavabänken bestehen, unterscheiden wir die folgenden Abstufungen der steinigen Lager.

1. Ganz dünne, meistens sehr mit Blasenräumen erfüllte Lavabänke; sie sind wenige Zoll bis einen Fuss stark und wechseln mit Schichten von rothem

Schlackenagglomerat, die durchschnittlich eine bedeutendere Mächtigkeit als die steinigen Lagen erlangen.

2. Lavabänke von 1 bis 5 Fuss Mächtigkeit mit verschlackten · Endflächen und getrennt durch Schichten rothen Agglomerates, die gewöhnlich nur einen geringeren senkrechten Abstand als die steinigen Massen erreichen. Die Blasenräume, welche oft in der Richtung des Stromes gestreckt sind, kommen in der Mitte seltener als in dem oberen und unteren Theile vor. Keine säulenförmige, mehr ausnahmsweise eine kugellichte concentrische Absonderung, mitunter senkrechte Klüfte.

3. Lavabänke von 5 bis 30 oder selbst 50 Fuss Mächtigkeit, jedenfalls mit senkrechten Klüften, sehr oft mit säulenförmiger, häufig mit concentrisch kugelförmiger, selten mit schiefriger Absonderung. Besonders die mächtigeren sind meist compact. Endflächen verschlackt, Agglomeratmassen im Hängenden und Liegenden gewöhnlich von einer im Vergleich mit den Lagern nur unbeträchtlichen Mächtigkeit.

Bei Betrachtung der verschiedenen Querdurchschnitte, in welchen das Innere der Insel blosgelegt ist, ergiebt sich die allgemeine Regel, dass die unter 1 und 2 aufgeführten Wechsellagerungen von Schlackenschichten und verhältnissmässig nur dünnen Lavabänken am häufigsten da vorkommen, wo das Gebirgsgehänge unter Winkeln von 15 bis 18 Graden am steilsten abgedacht ist, während die mächtigeren meist säulenförmig abgesonderten steinigen Schichten an den unter Winkeln von 4 bis 6 Graden geneigten Stellen · des Gebirges vorherrschen. Allein diese Regel erleidet nach der einen wie nach der andern Seite hin viele Ausnahmen. Denn einerseits bilden die dünnen Lavabänke mitunter geschichtete Gesammtmassen, die nur ganz sanft geneigt sind, und andererseits fallen die mächtigen, säulenförmig abgesonderten Lager, von dünnen Lavabänken umgeben, nicht selten ziemlich steil gegen den Gesichtskreis ein. Wenn nun die Abdachung der Fläche, an welcher die Laven abgelagert wurden, im Allgemeinen wohl entschieden einen Einfluss auf die Mächtigkeit der Lager ausüben musste, so wurden die Ausnahmen durch den Zähigkeitsgrad der Gesteinsmassen und durch die örtliche Gestaltung des Bodens bedingt. Bestimmt man in unmittelbarer Nähe den Winkel, unter welchem ein mächtiges, säulenförmig abgesondertes Lager über den unteren Schichten abschneidet, so staunt man häufig über die steile Abdachung und begreift nicht wie an der betreffenden Stelle eine compacte Masse von so ansehnlicher senkrechter Höhe entstehen konnte. Tritt man dann weiter zurück so sieht man, dass eine solche Lagermasse nur an ihrer untern Endfläche aber nicht im Allgemeinen so steil geneigt ist, weil sie nach abwärts an Mächtigkeit zunimmt. In dem Durchschnitt des Lombo de Rosa auf Tafel VIII Fig. 6 geben z. B. bei f, g und i die steil geneigten unteren Endflächen keine richtige Anschauung von der Abdachung, an welcher die Laven erkalteten, weil diese in Vertiefungen eintraten und dort angehäuft oder angestaut wurden. In anderen Fällen, wo die Ursachen nicht so deutlich hervortreten, dienen doch dieselben oder ganz ähnliche Voraussetzungen, um die Entstehung mächtiger steil geneigter Lager zu erklären. Denken wir uns z. B., es komme an einem Abhang, der im Mittel unter einem Winkel von 16 Graden geneigt ist, eine flache übrigens unregelmässig gestaltete Einsenkung von etwa 1000 Fuss Breite, 2000 Fuss Länge und 25 Fuss Tiefe vor, eine muldenförmige Einsenkung, deren Boden in derselben Richtung ebenfalls unter einem Winkel von 16 Graden abgedacht ist. Wenn nun ein Lavastrom an der geneigten Fläche herab in diese Einsenkung tritt, so wird die flüssige Masse, besonders wenn sie einen gewissen Grad der Zähigkeit besitzt, nicht eher an dem entgegengesetzten Rande heraustreten, als bis die Mulde erfüllt ist, ja es kann die Lava, wenn sie dem Erkalten nahe ist und die Masse nur noch langsam von oben her nachquillt, sich sogar in Folge dieses örtlichen Hindernisses an der betreffenden Stelle ansammeln und höher anstauen. Darüber hin fliessen später andere Ströme, und entsteht dann endlich lange nachher in Folge der Einwirkungen des fliessenden Wassers ein Durchschnitt, so enthält dieser inmitten von vorherrschend dünnen Lavabänken ein Lager von 25 bis 30 Fuss Mächtigkeit, das auf eine Entfernung von 1500 bis 2000 Fuss unter einem Winkel von 16 Grad gegen den Gesichtskreis einfällt.

Besonders lehrreich ist ein Durchschnitt, der diese Verhältnisse in verjüngtem Maassstabe zur Anschauung bringt. Wenn man an der südlichen Abdachung des Palheiro den Weg nach dem Cabo Garajaŏ (brazen head) verfolgt, so gelangt man bald an den Anfang einer kleinen Schlucht, die Ribeira dos Piornaës genannt wird. Verfolgt man diesen unbedeutenden Einschnitt weiter abwärts gegen die Küste hin, so stellt sich nicht eben fern von der Meeresklippe auf der rechten oder westlichen Seite der auf Tafel VIII Fig. 7 abgebildete Durchschnitt dar. Die kleine Schlucht ist theils in rothen rauhen schlackigen Lavenmassen, theils in Agglomeraten, die aus feinen Schlacken und Lapillen bestehn, theils in Tuffschichten ausgehöhlt. An einer Stelle treten aus der rothen schlackigen Masse (bei a) wenige Zoll starke Lavabänke hervor, die mit Schlackenschichten wechseln und (bei b) unter Winkeln von 28 bis 30 Graden einfallen. Schon in geringer Entfernung schwellen diese dünnen, mit Blasenräumen erfüllten Laven zu mächtigeren Bänken (c c) an, die unter Winkeln von 3 bis 4 Graden geneigt sind und zuletzt (bei d) in eine compacte basaltische Masse übergehen. oder auf derselben aufruhn. Die letztere entstand wohl entschieden durch Ausfüllung einer Unebenheit oder Einsenkung des Bodens, in welche die von oben her-

abfliessende Lave eintrat, und als die später nachquellenden Massen auf die
so entstandene sanft abgedachte Fläche gelangten, bewegten sie sich langsamer und schwollen (bei c) zu mächtigeren Bänken an, die, wie man noch
ganz deutlich sehen kann, mit den oberen steil geneigten dünnen und blasigen Lavabänken (b) zusammenhängen.

Keineswegs können wir annehmen, dass die Ausbrüche, welche die in
den tieferen Schichten des Gebirges aufgeschlossene Lagermassen hervorbrachten, im Allgemeinen bedeutender als diejenigen gewesen sind, denen
die an oder nahe der Oberfläche abgelagerten Lavabänke ihre Entstehung
verdanken. So wie in der Mächtigkeit so schliessen sich die älteren Lavabänke auch nach ihrer räumlichen Ausbreitung denjenigen steinigen Lavaschichten an, die an der Gebirgsoberfläche abgelagert und durch das Vorkommen von Ausbruchskegeln als echte Lavaströme gekennzeichnet sind.
Vergebens suchen wir auch in den tiefsten Thalbildungen nach Durchschnitten, in welchen die vulkanischen Gesteine, wie aus unverhältnissmässig ergiebigen Spaltöffnungen hervorgequollen, auf weite Strecken hin über einander in mächtigen parallelen Schichten abgelagert sind. Bei allen macht sich
vielmehr der Charakter von Lavaströmen geltend, von denen jeder bei verhältnissmässig geringer Breite die von den früheren Ablagerungen zurückge-
lassenen Unebenheiten ausglich oder neue an bereits geebneten Stellen hervorrief. Dass die Lager nur eine beschränkte Breite erlangten, davon kann
man sich überall überzeugen, wo es möglich ist, ihre Ausdehnung in Durchschnitten zu überblicken, die den Hauptdurchschnitt unter einem rechten
oder auch in einem spitzen Winkel schneiden. Zu solchen Beobachtungen
bieten die Meeresklippen an der Mündung der Barranco's und viele mit der
Hauptschlucht vereinigte Nebenschluchten sehr häufig Gelegenheit dar.
Manche Lavabank, die in der Richtung des Durchschnittes der Schlucht
z. B. von Nord nach Süd herabgeflossen zu sein scheint, fällt in der Meeresklippe von Ost nach West ein und rührt daher wahrscheinlich von einem
Strome her, der sich, an jener Stelle wenigstens, gegen Südwest bewegte.
So entstanden auf Madeira im Laufe der Zeit durch allmähliche Ueberlagerung von ungleich breiten und ungleich langen Lavaströmen Durchschnitte
mit nur wenigen Lavabänken, die sich viel über eine Minute verfolgen lassen.
Die längeren keilen sich durchschnittlich auf Strecken von 2, 3, 4 oder höchstens von 5000 Fuss aus, viele, ja die meisten verschwinden, während andere
hervortreten und ihre Stelle einnehmen, in geringeren Entfernungen. Immerhin mögen indessen während der Entstehung des Gebirges manche Laven
viele Minuten weit, ja von der Mitte der Insel bis ins Meer geflossen sein,
eine Entfernung, die an dem breitesten Theile von Madeira mehr als 6 Minuten betragen würde. Allein die Ströme bewegten sich dann bei verhält-

nissmässig geringer, öfters wechselnder Breite wohl nur auf beschränkten
Strecken in ganz geraden Linien; meistens flossen sie, bald nach der einen
bald nach der anderen Seite ausbiegend, in leichten Windungen, und da
später die unter dem Einflusse des Dunstkreises entstandenen Schluchten
wieder andere Krümmungen bildeten, so ist es erklärlich, weshalb in den
Durchschnitten die meisten Lavabänke so bald sich auskeilen und nur selten
solche von beträchtlicher Längenausdehnung vorkommen. Erwägt man ferner, dass die Schichten im Allgemeinen übereinstimmend mit der Abdachung
des Gebirges einfallen, so ist es natürlich, wenn in den Schluchten von Madeira bei flüchtiger Betrachtung der Durchschnitte eine Erscheinung hervortritt, die man als Pseudoparallelismus der Lavabänke bezeichnet hat. Allein
selbst dieser scheinbare oder unvollkommene Parallelismus der Schichten
wird an vielen Stellen durch andere Erscheinungen vollständig in den Hintergrund gedrängt. Denn oft keilen sich Gesammtmassen von Lavabänken,
die ungleich geneigt sind, gegen einander aus, oder es fallen die einzelnen
steinigen Schichten unter auffallend verschiedenen Winkeln, mitunter sogar in
einer der Gebirgsabdachung gerade entgegengesetzten Richtung ein. Für
den ersten Fall sei auf den auf Tafel III Fig. 5 dargestellten Küstendurchschnitt verwiesen, wo sich in dem Theile, der unterhalb der Tuffschicht a c
ansteht, ausser einzelnen mächtigeren Lagern auch ganze Parthieen oder Gesammtmassen dünn geschichteter Lavabänke abheben. Die zuletzt erwähnte
Erscheinung dagegen erläutert am besten der bereits beschriebene Durchschnitt des Lombo de Rosa (Tafel VIII Fig. 6), in welchem die Lavabänke
nicht nur mit der Abdachung des Gebirges unter sehr verschiedenen Winkeln von Nord nach Süd, sondern sogar bei a' und d in der entgegengesetzten Richtung von Süd nach Nord geneigt sind.

Sehr lange halten dagegen Tuffschichten aus, die meistens nur dünn
sind, vorherrschend aus rother, häufig auch aus gelber, an der Oberfläche
roth gebrannter Tuffe bestehen und bald mehr bald weniger bedeutende
Gesammtmassen viel kürzerer, ausspitzender Lavabänke von einander trennen.
Smith of Jordanhill betrachtete mehrere von Basaltlagern bedeckte gelbe
Tuffe, in welchen er in der Nähe von Funchal verkohlte Pflanzenreste fand,
als alte, von Laven überströmte Erdschichten (ancient soils). Aber auch
jene meist nur dünnen Tuffschichten, die sich wie rothe oder wie gelbe,
oben roth eingefasste Bänder zwischen den aus geschichteten Lavabänken
gebildeten Durchschnitten hinziehen und die wir in den Durchschnitten
Tafel II Fig. 1 bis 3, Tafel III Fig. 3, 4, 5, Tafel IV Fig. 1 und 2, Tafel
VIII Fig. 6 mit unterbrochenen (punktirten) Linien angedeutet finden, auch
jene im Innern des Gebirges und in den tieferen Schichten aufgeschlossenen,
weit verbreiteten Tuffablagerungen rechnet Sir Charles Lyell zu den älteren

Erdschichten (ancient soils), die immer erst dann aus den Zersetzungsproducten der Schlackenmassen entstanden, wenn die vulkanische Thätigkeit für
einige Zeit erlosch und den Einwirkungen des Dunstkreises das Feld so lange
überliess bis sie selbst wieder neues Material heraufschaffte und über den
fortgeschwemmten, weit ausgebreiteten, erdigen Tuffmassen anhäufte. Und
in der That müsste die gegenwärtige Oberfläche des Gebirges, wenn sie bis
zu einer gewissen Höhe (von 50 oder 100 Fuss) von neuen Lavaströmen bedeckt und dann später in Durchschnitten blosgelegt würde, gerade solche
Tuffschichten liefern, wie man sie so häufig in den Thalwänden und Meeresklippen dieser Inseln beobachtet. Wo der Durchschnitt den Rest eines Ausbruchskegels treffen würde, müsste sich eine hügelartig gewölbte Agglomeratmasse abheben und von dieser müsste sich die Tuffablagerung als Schicht
zwischen der alten und neuen Lavafolge hinziehen. Diese Tuffschicht müsste
an einzelnen Stellen, wo die Masse höher angehäuft lag, mächtiger, durchschnittlich aber nur so dünn sein wie die über den Laven ausgebreitete
Dammerde es im Allgemeinen ist oder sein würde, wenn sie sich im Laufe
der Zeit unter dem Druck der ihr aufliegenden Massen mehr und mehr zusammengesetzt hätte. Die aus der Zersetzung der Schlacken hervorgegangene rothe, Saláo genannte Erde würde rothe, die gelben, Massapez genannten
Massen würden gelbe Schichten liefern, die dann an der von der heissflüssigen Lava berührten oberen Fläche in einem rothen Sahlbande, oder, wenn
sie nur sehr dünn waren, gänzlich umgewandelt sein müssten. Gerade so
stellen sich nun die durchschnittlich nur dünnen Tuffschichten dar, die so
häufig in den tieferen Gebirgsschichten zwischen den mit Schlacken wechselnden Lavabänken vorkommen. Ja es zeigen sich sogar, um die Vergleichung zu vervollständigen, hier und da neben solchen Tuffschichten die
Durchschnitte von älteren überdeckten Schlackenkegeln, die sogleich ausführlicher besprochen werden sollen.

Auffallend dürfte es auf den ersten Blick erscheinen, dass bei so ungemein häufigen und weit verbreiteten alten Erdschichten ausser den verkohlten
Theilen von Wurzeln und Aesten, die Smith of Jordanhill und Professor Heer
in gelben Tuffen bei Funchal fanden, und ausser den wohl erhaltenen Blättern,
die Mr. J. Y. Johnson in Tuffen bei Porto da Cruz entdeckte, nur noch in
der Ribeira de S. Jorge neben einer Lignitbildung unter vulkanischen Massen von über 1000 Fuss Gesammtmächtigkeit durch Sir Charles Lyell Pflanzenreste aufgeschlossen wurden, die nach Prof. Heer's Bestimmung einer
der jetzigen Bewaldung ähnlichen Vegetation angehören. Allein es wird
das Missverhältniss zwischen den unzähligen angenommenen ehemaligen Vegetationsschichten und den wenigen aufgefundenen Pflanzenresten erklärlich,
wenn man bedenkt, dass die meisten der alten, unter Laven begrabenen

Erdschichten unzugänglich oder überhaupt noch nicht sorgfältig erforscht sind.
In der Ribeira de S. Jorge zog eine Lignitschicht die Aufmerksamkeit auf
sich, bei Funchal und Porto da Cruz regten die leicht zugänglichen geschichteten Tuffmassen an der Pontinha und am Ilheo da Vigia zu genauerer Untersuchung an. Mögen nun auch noch an vielen anderen Orten organische
Reste da verborgen sein, wo sie niemand suchte oder wo sie überhaupt niemals jemand finden kann, so ist ausserdem nicht zu übersehen, dass zur
Erhaltung von Pflanzen- und Thierresten gewisse Bedingungen nothwendig
sind, die gerade nicht überall wo einst Pflanzen wuchsen oder Thiere lebten
mit Bestimmtheit vorausgesetzt werden können.

b. Die Agglomerate.

Wenn nun die in den tieferen Durchschnitten aufgeschlossenen Lavabänke mit den an der Gebirgsoberfläche auf den Abhängen von ehemaligen
Ausbruchskegeln abgelagerten Strömen übereinstimmen, was sollten dann die
älteren, im Innern des Gebirges aufgeschlossenen Agglomerate anderes als
die Reste der Schlackenmassen und Schlackenberge sein, die zu den älteren
stromartig ausgebreiteten steinigen Laven gehören? Dass die Agglomerate
mehr verändert erscheinen und in ihrer ursprünglichen Bedeutung weniger
leicht zu erkennen sind als die steinigen Laven, ist in ihrer Natur begründet.
Aus einzelnen losen oder nur locker zusammenhängenden Theilchen gebildet
und mehr unter dem Einfluss der Zersetzung leidend, mussten die Agglomerate durch Schlammtheilchen, die in die leer stehenden Zwischenräume hin-
eingewaschen wurden, und unter dem Gesammtdruck der oberen, nach
und nach immer höher angehäuften Massen sich in ganz anderer Weise verändern als die steinigen Schichten. Denn diese blieben eigentlich so wie sie
waren; selbst die ursprünglichen Formverhältnisse lassen sich bis auf einige
unter der mächtigen Ueberdeckung verschwundene Merkmale noch deutlich
erkennen und den Formverhältnissen der an der Gebirgsoberfläche abgelagerten neueren Laven an die Seite stellen. Von den Agglomeratmassen dagegen
sind nur in wenigen Durchschnitten, die gerade einzelne auf Lavabänken
anfruhende und von Lavabänken bedeckte ältere Ausbruchskegel treffen, die
eigenthümlichen Umrisse von einzelnen Theilen alter Ausbruchskegel aufgeschlossen. Gewöhnlich bilden die Massen von mehreren alten Schlackenbergen, mit losgerissenen eckigen Bruchstücken gemengt und mit ihren eigenen
Zersetzungsproducten durchdrungen und gemischt, grössere Agglomeratmassen, deren ursprüngliche Beschaffenheit man nicht mehr an den äusseren
Formen, sondern nur noch an dem theilweise veränderten Material, an ihrer

Vergesellschaftung mit älteren stromartigen Ablagerungen und an den allgemeinen Lagerungsverhältnissen erkennen kann.

1. Begrabene Schlackenkegel.

Reste von überdeckten oder, wie sie Sir Charles Lyell sehr bezeichnend nennt, von begrabenen Schlackenkegeln (buried cones) kommen ziemlich häufig zwischen den Lavabänken in den Durchschnitten der Thalbildungen und Meeresklippen vor. Doch sind solche Reste von Schlackenbergen, deren ursprüngliche Formverhältnisse sich wenigstens ziemlich deutlich erkennen lassen, selten. Zu diesen gehört eine an der Mündung des Thales von Boaventura aufgeschlossene Masse rothen Agglomerates, die Sir Charles Lyell's Aufmerksamkeit besonders in Anspruch nahm. Das Thal von Boaventura mündet durch zwei Schluchten, die Ribeira do Porco und die Ribeira dos Moinhos, (Schwein- und Mühlbach) aus, welche dort durch einen niederen schmalen Bergrücken getrennt sind. An der Mündung der östlicheren Schlucht, durch welche die Ribeira do Porco nach dem Meere fliesst, erhebt sich unmittelbar über dem Geschiebebette des Gebirgsbaches und der Küste ein rothes, schlackiges Agglomerat, das auf beiden Seiten von Lavabänken, Schlacken und Tuffschichten bedeckt ist. Zunächst über dem Bachbette bildet eine linsenförmig gestaltete, säulenförmig abgesonderte Basaltmasse, die in der Mitte 150 Fuss hoch sein mag, gewissermaassen den Kern, den das Agglomerat einschliesst und über welchem es sich bis zu etwa 500 Fuss Meereshöhe wölbt. Darüber sind an der Oberfläche des ehemaligen Schlackenberges gelbliche, tuffartige, geschichtete Massen ((2) Tafel VIII Fig. 1), die aus feinen Lapillen und Aschen gebildet zu sein scheinen, so abgelagert, dass sie, wie man noch deutlich sehen kann, nach drei (von den vier) Seiten mantelartig einfallen. Ein Agglomerat von halbgerundeten oder eckigen Bruchstücken (3) bedeckt theilweise diese Schichten. Am Meere schneidet die Klippe den alten Schlackenberg in seiner nördlichen Hälfte durch und legt dort einen ansehnlichen Gang (g) blos. Gegen Süden oder nach landeinwärts sind Lavabänke der ursprünglichen Böschung der Agglomeratmasse angelagert, deren Bedeckung auf der östlichen und westlichen Seite in Folge der Thalbildung gegenwärtig von sehr verschiedener Mächtigkeit ist. Auf der Westseite, an dem niederen Bergrücken zwischen der Ribeira do Porco und der Ribeira dos Moinhos bedecken nur wenige Lavabänke das Agglomerat, über welchem auf der Ostseite noch eine Gesammtmasse von 700 F. ansteht. Auf derselben Seite des Durchschnittes sind die zahlreicheren Lavabänke oberhalb des begrabenen Schlackenberges durch gelbe, oben rothgebrannte, mit punktirten Linien bezeichnete Tuffablagerungen in einzelne Gesammtmassen von verschiedener Mächtigkeit abgetheilt (Tafel VIII Fig. 1

bei 4, 5, 6, 7, 8, 9, 10). Die untere Gesammtmasse 4 besteht aus dünnen Lavabänken, die darauffolgenden 5, 6, 7, 8 werden durch mächtigere, säulenförmig abgesonderte steinige Laven gebildet und in den oberen Abtheilungen 9 und 10 stehen wieder dünn geschichtete Lavabänke an. Aber in den durch die Tuffschichten gesonderten ungleichen Gesammtmassen ist selbst die Mächtigkeit der einzelnen steinigen Lager veränderlich. In dem Durchschnitt des Thales, der von Süd nach Nord gerichtet ist, fallen die Lavabänke und die Tuffschichten mit der Abdachung des Gebirges auch von Süd nach Nord ein. In dem Durchschnitt der Meeresklippe sind die Tuffablagerungen in der Richtung von West nach Ost nur theilweise annähernd wagrecht; denn die zwischen 5 und 6, 6 und 7 und zwischen 7 und 8 sind mehr oder weniger steil von West nach Ost geneigt. Die später entstandenen Gesammtmassen steiniger Laven, welche an und auf den geneigten Tuffflächen lagern, müssen, wie bereits bei Besprechung der älteren Lavabänke erwähnt wurde, an diesen Stellen wenigstens sich in südwestlich nordöstlicher Richtung bewegt haben. Nachdem die Unebenheiten des Bodens bei 5—6, 6—7 und 7—8 durch Laven, die sich an einzelnen Stellen höher anhäuften, ausgeglichen waren, konnten sich die späteren Laven in 9 und 10 wiederum in der Richtung von Ost nach West in annähernd wagrechten Bänken ausbreiten.

In der Schlucht der Ribeira Brava ist auf der rechten (westlichen) Seite nicht sehr weit von der Mündung unter Lavabänken von vielen 100 Fuss (6—800 Fuss) Gesammtmächtigkeit eine Agglomeratmasse von 700 Fuss Länge und 150 Fuss mittlerer Höhe aufgeschlossen, die ursprünglich einem Ausbruchskegel angehören musste. Die Schlucht scheint nur einen Theil des alten Schlackenhügels durchschnitten zu haben; denn auf der gegenüberstehenden Uferwand ist nicht wie in der Ribeira da Boaventura (Ribeira do Porco, Tafel VIII Fig. 1) die entsprechende Hälfte der Agglomeratmasse blosgelegt. Dessenungeachtet wurde, um eine besondere Zeichnung überflüssig zu machen, der Durchschnitt, sowie er sich in Wirklichkeit an der rechten Uferwand gestaltet, auf Tafel II Fig. 2 an der linken Seite der Ribeira Brava bei K eingetragen, wobei noch zu bemerken ist, dass bei dem kleinen Maassstabe der Zeichnung die Agglomeratmasse, wenn sie überhaupt deutlich hervortreten sollte, etwas grösser angenommen werden musste. Die Grundlage bilden steinige Lavabänke, die sanft in der Richtung des Durchschnittes und mit der Abdachung des Gebirges einfallen. Darüber lagert, unter Lavabänken begraben, das rothe, von Gängen durchsetzte Schlackenagglomerat, den Durchschnitt eines kegelförmig gestalteten, etwas abgeplatteten Hügels darstellend, dessen Masse unten nach beiden Seiten, nach Nord und Süd ausspitzt und sich als dünne tuffartige

Schicht zwischen den oberen und unteren Gesammtmassen von Lavabänken weiter fortsetzt. Ein paar dünne basaltische Gänge, welche die Agglomeratmasse durchsetzen, machen es noch wahrscheinlicher, dass diese einen Theil eines ursprünglichen Ausbruchskegels darstellt.

Aehnlich gestaltete Agglomeratmassen, die in ähnlicher Weise auch an manchen anderen Stellen zwischen den mit Schlacken und Tuffen geschichteten Lavabänken vorkommen, können wir um so mehr als die Reste vergrabener Schlackenberge betrachten, da auf den Canarien und auch auf den Azoren in verschiedenen Abstufungen Ausbruchskegel, die nur theilweise bis vollkommen vergraben sind, beobachtet wurden. Nur noch auf einen solchen Durchschnitt, der im Curral an dem Absturz der Sidraõ-Wand vorkommt, sei hier aufmerksam gemacht. Dort stellt sich, von der gegenüberstehenden Wand am Fusse des Pico Grande gesehen, von unten nach aufwärts der folgende Durchschnitt dar:

In einer gewissen Höhe oberhalb der Thalsohle stehen Lavabänke an, die den anderen steinigen Schichten und der Abdachung des Gebirges entgegen unter einem Winkel von 4 Graden nordwestlich einfallen.

Darüber lagern Lavabänke, die mit der Abdachung des Gebirges (dessen Oberfläche nur um etwa 5 Grade geneigt ist) unter einem Winkel von 14 Graden von Nord nach Süd einfallen.

Darüber erhebt sich eine von ein paar schrägen Gängen durchsetzte Agglomeratmasse, über einer dünnen tuffartigen Schicht in domförmigem Umrisse aufsteigend; die steinigen Laven fallen gegen das Aglomerat nördlich, südlich unter einem Winkel von etwa 12 Graden ein.

Im oberen Theil des Absturzes sind die mit Schlacken und Tuffen geschichteten Lavabänke in der Richtung der Gebirgsabdachung unter einem Winkel von etwa 20 Graden geneigt.

Die Agglomeratmasse, die so wie jene in der Ribeira Brava wahrscheinlich von einem vergrabenen Schlackenberge herrührt, ist im Durchschnitt Tafel II Fig. 3 wenigstens flüchtig angedeutet. Doch konnten bei dem kleinen Maassstabe der Zeichnung die verschiedenen Neigungswinkel, unter welchen die einzelnen, durch Tufflagen gesonderten Gesammtmassen von Lavabänken einfallen, nicht berücksichtigt werden. Nochmals sei indessen darauf hingewiesen wie sehr die Einfallswinkel der verschiedenen steinigen Schichten in einem und demselben Durchschnitt von einander abweichen, indem wir den Unterschied von 24 Grad hervorheben, der sich zwischen den um 20 Grad gegen Süden und den um 4 Grad gegen NNW geneigten Lavabänken herausstellt.

2. Die Hauptmasse des Agglomerates

steht gerade da an, wo sie abgelagert sein müsste, wenn sie ursprünglich die Ausbruchstellen, aus welchen die Laven hervorbrachen, bezeichnete. Wo das Gebirge am höchsten ist, wo anscheinend die meisten Ausbrüche statt-fanden, sind die Agglomeratmassen am mächtigsten und am höchsten ange-häuft. Wo der höchste Bergkamm die Wasserscheide der Insel darstellt, bilden in den meisten Fällen auch die Agglomerate eine hoch emporragende Lavascheide für die nach beiden Seiten abgeflossenen Lavaströme. Der Bergkamm, der sich bei Porto Moniz am nordwestlichen Ende der Insel er-hebt, besteht vorherrschend aus Schlackenagglomerat, das von Gängen durchsetzt und mit Kuppen steiniger Lave gekrönt ist. Diese Lavascheide, die auf Tafel II Fig. 1 im Querdurchschnitt dargestellt ist, verschwindet am Hochland des Paul da Serra, das auf derselben Zeichnung im Hintergrunde im Umriss angedeutet ist. Dort ist kein Einschnitt so tief wie das Thal der Janella; aber am Abhang gegen das Thal von S. Vicente kann man sehen, dass auch unter diesem Hochlande die von zahlreichen Gängen durchsetzten Agglomerate hoch angehäuft sind und bis gegen die Oberfläche hinanreichen. Weiter östlich zeigt der Durchschnitt, der auf Tafel II Fig. 2 quer durch die Insel und durch die Thäler von S. Vicente und der Serra d'Agoa gelegt ist, dass auch hier das Agglomerat im Mittelpunkt des Ge-birgszuges am bedeutendsten angehäuft ist und nach beiden Seiten hin unter den zahlreichen über einander abgelagerten Lavabänken immer mehr und mehr an Mächtigkeit verliert. Wo das Thal der Serra d'Agoa mit dem Curral zusammenstösst, ragen die Agglomeratmassen im Pico da Empenha, der in Folge der Einwirkung der Erosion entschieden von seiner ursprüng-lichen Höhe bedeutend einbüsste, und im Pico das Torres (x und z Taf. II Fig. 2), dem höchsten Punkte der Insel, so empor, dass sie, wie wir im Querdurchschnitt Tafel II Fig. 3 sehen, die Lavascheide für die nach Nord und nach Süd einfallenden Lavabänke bilden. Von dort, vom Pico das Torres (Pico do Gato) kann man auch weiter ostwärts durch das obere Medade-Thal und den Ribeiro Frio die mächtig angehäuften und hoch hin-aufreichenden Agglomeratmassen verfolgen, die indessen hier, so wie an man-chen Stellen in der Serra d'Agoa theilweise von darüber gelagerten Lava-bänken bedeckt werden. Noch weiter ostwärts erstreckt sich vom Poizo bis zum Pico do Castanho und zur Abdachung gegen die Ponta de S. Lou-renço ein Höhenzug, der so wie die zuerst genannte Encumeada (Tafel II Fig. 1 bei 4271 Fuss) bis zum Kamm hinauf vorherrschend aus Agglomerat mit einzelnen eingelagerten steinigen Schichten und überaus zahlreichen Gängen besteht. Demgemäss bilden die von Gängen durchsetzten Agglome-rate mit dazwischen eingelagerten steinigen Massen und einzelnen einge-

schalteten Lavabänken eine Anhäufung, die sich, wie auf der Karte durch
die punktirte Linie A B angedeutet ist, im mittleren und höchsten Theil des
Gebirges von dem westlicheren Ende bis an die östliche Spitze der Insel,
bis an die Ponta de S. Lourenço, wo sie, wie wir später sehen werden,
unter den Wellen verschwand, verfolgen lässt. Mit dieser aus breiter Grundlage aufsteigenden, nach oben meist verschmälerten Agglomeratmasse parallel
verläuft eine andere ganz ähnlich zusammengesetzte Anhäufung, die, wie auf
der Karte bei a—b ebenfalls durch eine punktirte Linie angedeutet ist, sich
in der Serra d'Agoa, im Curral und am S. Antonio da Serra unter der
mächtigen Gesammtmasse von mit Schlacken und Tuffen geschichteten Lavabänken erkennen lässt.

Es sei hier nochmals bestimmt hervorgehoben, dass die Agglomerate
keineswegs, wie das bei dem kleinen Maassstabe in den Durchschnitten
nicht anders eingezeichnet werden konnte, eine einzige ungetheilte Masse
bilden, die sich in der oben angegebenen Weise durch die ganze Länge der
Insel verfolgen lässt. Denn erstlich kommen in der mächtigen Agglomeratanhäufung immer vereinzelte Lavabänke vor und dann sind, wo dies nicht
gerade der Fall ist, die Agglomeratmassen durch die Verschiedenheit des
Materials, aus dem sie an den einzelnen Stellen zusammengesetzt sind, und
selbst durch dünne tuffartige Ablagerungen in viele einzelne Theile oder
untergeordnete Parthien gesondert.

C. Die Entstehung der Bergform.

a. Die Hauptmasse des Gebirges von Madeira.

In den Canarien erstreckt sich auf Lanzarote von der 1959 Fuss hohen
Montaña blanca eine Hügelreihe in ostnordöstlich westsüdwestlicher Richtung
durch den grösseren Theil der südlicheren Hälfte der Insel. Es sind alte
Schlackenberge mit zum Theil noch erkennbaren Kratern aber mit meist
zugerundeten Gipfeln und mit Abhängen, die stark mit herabgewaschenen
Zersetzungsproducten bedeckt sind. Mit dieser älteren Hügelreihe parallel
zieht sich etwa 3 Minuten weiter nördlich von der Mitte der Insel bis zu der
westlichen oder nordwestlichen Meeresküste die in den Jahren 1730 bis
1736 entstandene Kette der neuesten Ausbruchskegel, von welchen der höchste
(die Montaña del Fuego) 1750 Fuss über dem Meere emporragt. Denken
wir uns nun die Hügelreihe der Montaña blanca sei ursprünglich durch
etwas zahlreichere Ausbruchskegel so weit vermehrt und in Folge der Einwirkungen der Erosion so zugerundet worden, dass sie im Querdurchschnitt

einen Höhenzug oder eine langgestreckte Bodenerhöhung von etwa den Umrissen, die auf Tafel VIII Fig. 2 über a angedeutet sind, darstellte. Denken
wir uns dann ferner, es hätten die neueren, viel später erfolgten Ausbrüche,
welche die Hügelreihe der 1730—36 entstandenen Montaña del Fuego bildeten, andauernd in derselben Richtung und über derselben Hauptspalte
stattgefunden bis oberhalb A (Tafel VIII Fig. 2) die Schlackenberge 1, 1, 1,
2, 2, 2, u. s. w. bis 6, 6, 6, in sechs Stockwerken über einander
angehäuft waren. Denken wir uns endlich, dass die Laven auf leicht abgedachter Grundlage nach beiden Seiten abflossen, so müsste durch die Anhäufung von Auswurfsstoffen und durch die Ablagerung von Lavenströmen
eine Gesammtmasse entstanden sein wie sie auf Tafel VIII Fig. 2 in einem
idealen Durchschnitt gezeichnet ist. Oder mit anderen Worten es konnte
durch solche Vorgänge eine Gesammtmasse gebildet werden, die in ihrer
äussern Form wie in ihrem innern Bau die Verhältnisse veranschaulicht,
welche in dem Querdurchschnitt durch die Insel Madeira auf Tafel II Fig. 3
in kleinem Maassstabe nach der Natur dargestellt sind. Und in der That
scheinen bei der Entstehung der Bergform dieser Insel solche Umstände
mitgewirkt zu haben.

In dem mittleren und höchsten Theil des Gebirges von Madeira, dessen
innerer Bau hauptsächlich in dem Durchschnitt Tafel II Fig. 3 und dem-
nächst in dem Durchschnitt Tafel II Fig. 2 veranschaulicht wird, traten die
vulkanischen Erzeugnisse hauptsächlich über zwei parallelen Linien A B und
a b (Karte, und A a idealer Durchschnitt Tafel VIII Fig. 2) hervor; ob auf
beiden anfangs gleichzeitig, ob zuerst über a, dann über A (Tafel II Fig. 3),
das lässt sich natürlich nicht mehr bestimmen, nur so viel steht fest, dass
über A (Tafel II Fig. 3, oder A B der Karte) die Vulkane länger als über a
(Tafel II Fig. 3, oder a b der Karte) thätig waren und dass sie dort die
höchste Lavascheide darstellten, von welcher die heissflüssigen Gesteinsmassen nach beiden Seiten abflossen und die Anhäufung der älteren Laven
bei a b (Karte, oder a Tafel II Fig. 3) begruben. Diese Lavascheide bildete so lange auch die Wasserscheide des Gebirges bis die Erosion in Folge
der Gestaltung der einzelnen Entwässerungsgebiete an einzelnen Stellen
nach der einen oder anderen Seite übergriff. So entstand im Laufe der Zeit
die Bergform mit dem breiten abgeplatteten, von Nord nach Süd abgedachten Kamm, der nur noch am Poizo-Hochlande hervortritt, sonst aber im
Laufe der Zeit vom fliessenden Wasser in den tiefen und breiten Thälern
des Curral und der Serra d'Agoa ausgenagt ist.

Weiter ostwärts überragt die höchste Lavascheide in dem Höhenzug
A B (der Karte) bedeutend das kleine Hochland von S. Antonio da Serra.
Beide Formen heben sich in den äusseren Umrissen deutlich von einander

ab wie zwei Bergmassen, die nur theilweise mit einander verschmolzen sind. So vollständig wie in dem im Curral blosgelegten Theil des Gebirges bei a Tafel II Fig. 3 ward hier die weniger hochaufragende Anhäufung von Agglomerat entschieden nicht unter den späteren Ablagerungen begraben, und überhaupt kann man nicht wissen, ob nicht der auf der Karte mit A B bezeichnete Höhenzug bereits gebildet war als das sanft von Nord nach Süd abgedachte Hochland von S. Antonio da Serra an dem südlichen Gehänge durch spätere Ablagerungen entstand. Doch auf die Altersbestimmung der einzelnen Theile kommt es gegenwärtig nicht an; jedenfalls sind hier, wie man noch an den Umrissen sehen kann, ein Höhenzug und ein Hochland zu der Bergform verschmolzen, welche das Gebirge in diesem Theile der Insel darstellt. Weiter östlich setzt sich nur der Bergrücken mit der ehemaligen Lavascheide, an Höhe schnell abnehmend, in der Ponta de S. Lourenço fort nachdem sich vorher ein seitlicher Höhenzug nach südwärts abgezweigt hat.

Westwärts von dem höchsten mittleren Theile des Gebirges, der in den Durchschnitten Tafel II Fig. 2 und 3 dargestellt ist, dacht sich das Hochland des Paul da Serra ebenfalls nach südwärts aber nicht wie das andere Hochland am Poizo von der Linie A B (Karte) sondern gegen diese Linie ab, welche auf der Karte die ehemalige mittlere Lavascheide für die Ablagerungen der vulkanischen Erzeugnisse angiebt. Denn es verschwindet diese höhere, vorherrschend aus Agglomerat gebildete Lavascheide des höchsten und mittleren Theiles von Madeira an dem östlichen Ende des Paul da Serra unter dessen südlichem Rande und tritt an dem anderen westlichen Ende wiederum als Encumeada hervor, die man auf Tafel II Fig. 1 im Querdurchschnitt (bei 4271 Fuss) erblickt. Hier wurden also soweit der Paul da Serra reicht nördlich von der Lavascheide vulkanische Erzeugnisse allmählich so hoch angehäuft bis das von Norden nach Süden abgedachte Hochland gebildet war. Oder mit anderen Worten, es erlangten hier, wie der breite abgeplattete, von Nord nach Süd abgedachte Kamm beweist, die Ausbruchsstellen nach nordwärts eine grössere räumliche Ausdehnung. Und damit stimmt auch die Thatsache überein, dass an der nordöstlichen Ecke des Paul da Serra oberhalb S. Vicente die von Gängen durchsetzten Agglomeratmassen hoch hinauf bis an den Rand der Hochebene reichen, während weiter nordost- und nordwärts die Abhänge gegen das Meer hin vorherrschend aus mit Schlacken und Tuffen geschichteten Lavabänken bestehn. An dem Westende der Insel, west- und nordwestwärts vom Paul da Serra scheint das Hochland, wie auf der Tafel II Fig. 1 mit einer punktirten Linie angedeutet ist, von Südwest nach Nordost abgedacht gewesen zu sein, bevor das Thal der Ribeira da Janella dort in Folge der Einwirkungen

des Dunstkreises in einer ursprünglichen muldenförmigen Einsenkung eingeschnitten ward.

Es bildete sich also das Gebirge von Madeira, wie Naumann in seinem
Lehrbuch der Geognosie von den grösseren Vulkanen sagt, „indem sich die
„Paroxismen der vulkanischen Thätigkeit durch lange Zeiten vielfach und in
„immer gesteigertem Maasse wiederholten, so dass um die anfänglich gebil-
„deten Eruptionskegel ganze Systeme von übereinanderliegenden Lavaströ-
„men und Lavadecken mit dazwischen eingeschalteten losen Auswürflingen zur
„Ablagerung kamen." Daher bezeichnen die Agglomerate durch die grosse
Verbreitung, die sie neben den sparsam auftretenden steinigen Laven erlangten, diejenigen Theile des Gebirges, in welchen die Ausbrüche am zahlreichsten stattfanden und von wo aus die Ströme nach zwei oder mehreren
Seiten, Lavabänke bildend, abflossen. Von der Art und Weise, wie die
Ausbruchsstellen in Betreff der räumlichen Ausbreitung vertheilt waren, hing
aber wieder die Entstehung der Bergform ab. Wo die Ausbrüche nur über
einer Längsspalte stattfanden, wo auf einer der Breite nach beschränkten
Strecke immer neue Ausbruchsstoffe angehäuft und nach beiden Seiten immer wieder Laven abgelagert wurden, da entstand ein Bergrücken, dessen
Kamm um so schärfer ward je mehr die vulkanischen Erzeugnisse über der
Mittellinie des Höhenzuges zu Tage traten. Wo aber die Stellen, an welchen die Lavamassen in einer gewissen Längenerstreckung hervorbrachen,
auch eine gewisse Breite einnahmen, oder wo die Ausbrüche hauptsächlich
über zwei parallelen Spalten stattfanden, von welchen die eine sich schliesslich ergiebiger als die andere erwies, da bildeten sich in Folge der andauernden Anhäufungen im Laufe der Zeit Höhenzüge mit abgeplatteten
Kämmen oder mit Hochgebirgstafelländern, die bald nach der einen bald
nach der anderen Seite sanft abgedacht sind. Wenn eine eingehende Betrachtung der Thalbildungen zeigte, dass diese nicht zugleich mit der Bergform durch eine aus der Tiefe nach aufwärts wirkende Gewaltäusserung
hervorgebracht sein können, sondern vielmehr durch eine von der Oberfläche nach abwärts wirkende Kraft an der bereits vollständig oder doch
nahezu vollendeten Bergmasse entstanden sein müssen, — so können wir
jetzt aus den innigen Beziehungen zwischen dem innern Bau
und der äussern Gestaltung des Gebirges weiter schliessen,
dass die Bergform das Ergebniss von Anhäufung und Ablagerung vulkanischer Erzeugnisse sein müsse. Diese Annahme
erklärt nicht nur die Form der Gebirgsmasse in ihren Grundzügen, sondern
auch Einzelheiten der Oberflächengestaltung, die sich in keiner anderen
Weise deuten lassen; nehmlich: den an ein und demselben Gehänge wechselnden Grad der Steilheit, welcher in verschiedenen Höhen oberhalb des

Meeres durchschnittlich zwischen 5 und 16 Graden schwankt (Vergleiche die Durchschnitte Tafel II Fig. 1, 2. und 3), dann die Bildung der natürlichen Mulden und endlich die Entstehung der seitlichen Höhenzüge, auf die wir im Folgenden näher eingehen müssen.

b. Die seitlichen Höhenzüge.

Um die steil ansteigende Bergmasse mit den in ihrem Innern hoch angehäuften Agglomeraten herzustellen, mussten die meisten Ausbrüche annähernd in der Mitte der Insel, d. h. auf oder doch nahe bei der Mittellinie des Gebirges stattfinden. Doch waren ausserdem zu allen Zeiten der Ablagerung der Massen und des Anwachsens des Gebirges viele Ausbruchsstellen über die Gehänge vertheilt, gewöhnlich hier und da zerstreut oder in kleine Gruppen gesondert, oft aber auch in Reihen geordnet und dann seitliche Ketten bildend, welche die mittlere Hauptkette des Gebirgszuges unter rechten oder spitzen Winkeln schneiden. Eine solche seitliche Kette ist bereits unter der Ueberschrift: „Die Hügelreihe des Höhenzuges von S. Martinho" ausführlicher beschrieben worden. Dass die dort unter 1 bis 10 geschilderten Hügel und Reste von Schlackenbergen und Kratern die einzigen Ausbruchsstellen auf dieser von Nord nach Süd gerichteten Erhöhung bezeichnen, ist keineswegs erwiesen. Es ist vielmehr nicht unwahrscheinlich, dass dort noch einzelne andere Ausbruchskegel entstanden, die wieder zerstört wurden und mit ihren zurückbleibenden Massen dazu beitrugen die Grundlage für die später aufgeworfenen Schlackenberge zu bilden. Wie dem auch sei, immerhin stellen die Agglomeratmassen mit den noch kenntlichen Resten von Ausbruchskegeln und Kratern und einzelnen dazwischen liegenden Laven eine Anschwellung des Bodens oder einen kleinen Höhenzug dar, der sich von Nord nach Süd am Gehänge des Gebirges gegen die Küste erstreckt. Aber nicht immer blieb es wie hier auf dem kleinen Hochlande von S. Martinho bei einer so unbedeutenden Erhöhung, die gewissermaassen nur den Anfang oder die Grundlage eines seitlichen Höhenzuges bildet. Oft fanden die Ausbrüche andauernd in derselben, den Gebirgszug schneidenden Richtung statt und häuften bedeutende Massen zu ansehnlichen seitlichen Bergrücken an, oder es wurde die anfängliche Bodenerhöhung, wie eine solche z. B. jetzt im Hochlande von S. Martinho vor uns liegt, mit anderen darüber fliessenden Laven bedeckt, die sich, der Gestaltung der Grundlage folgend, über dieser wölbten, oder es dauerten endlich die örtliche Anhäufung um neue Ausbruchsstellen und die Ablagerung herbeigeflossener Laven entweder gleichzeitig oder wechselweise an. So entstanden

an den Gehängen des durch die mittlerere Anhäufung gebildeten Gebirges
bald mehr bald weniger bedeutende Hervorragungen und . Unebenheiten,
welche der Bergform Abwechselung ertheilten und später bei den Einwirkungen des Dunstkreises einen entschiedenen Einfluss auf die Thalbildungen
ausübten. Die seitlichen Höhenzüge, welche die auf der Tafel V dargestellte
Thalmulde nach Ost und West begrenzen, endigen an der Küste in mächtigen annähernd senkrechten Klippen, die sehr lehrreiche Durchschnitte bilden.

**Der Höhenzug am. Palheiro und Cabo Garajaõ, aufgeschlossen im Küstendurch-
schnitt zwischen dem Forte de S. Thiago bei Funchal und der Ponta da Oliveira
(Tafel III Fig. 5).**

Von Funchal führen zwei Wege ostwärts steil hinauf; der eine mehr
nördlich auf den Palheiro*) bis zu einer Meereshöhe von ungefähr 1800 F.,
der andere unfern der Klippe bis zur Kapelle Nossa Senhora das Neves,
die etwa 1000 Fuss oberhalb des Meeres liegt. Auf dem ersteren gelangt
man über Camacha und Joaõ frio nach S. Antonio da Serra, auf dem andern über Caniço und Porto novo nach Sta. Cruz; auf beiden steigt man
sobald man die Höhe erreicht hat, nicht wieder bedeutend herab, weil das
Gebirgsgehänge auf der östlichen Seite des Höhenzuges viel mehr erhöht ist,
als in der Thalmulde von Funchal. Sehr auffallend erscheint der Höhen-
unterschied wenn man einen Durchschnitt parallel . mit der Meeresklippe
durch den Palheiro, den Covoës und den Pico do Caniço legt. Was diese
auf Tafel III Fig. 5 angedeutete Ungleichheit der Gebirgsabhänge ursprünglich hervorbrachte, lässt sich nicht mehr ergründen, da kein Längendurchschnitt das Innere des von Nord nach Süd gerichteten Palheiro - Rückens
bloslegt und da der Küstendurchschnitt nur Lavabänke, die sich von Ost
nach westwärts in flachem Bogen wölben, enhüllt. Doch beweist eben diese,
auf Tafel III Fig. 5 unter a b c d e angedeutete Wölbung der geschichteten steinigen Laven, dass hier schon in den tieferen Schichten des Gebirges eine Bodenanschwellung bestanden haben muss, und zwar eine von Nord
nach Süd gerichtete Erhöhung des Gebirges, welche sich bei der fortdauern-
den Anhäufung der vulkanischen Erzeugnisse erhielt, vielen Laven in ihrer
Bewegung von Nord nach Süd eine Grenze setzte und schliesslich zuletzt
an der Oberfläche durch örtliche Ablagerungen soweit erhöht ward, dass sie

---

*) Palheiro (Strohschuppen oder Strohhütte) ist der Name einer Besitzung des
Grafen Carvalhal, die häufig von Fremden wegen des ausgedehnten Parkes, der reinen
Luft und der herrlichen Aussicht besucht wird. Die Lage ist auf der Ansicht Taf. V
und im Durchschnitt Tafel III Fig. 5 angedeutet. Der Name Palheiro do Ferreiro soll
von dem „Strohschuppen eines Schmiedes" herrühren, der vor der Anlage des Parkes
die Oertlichkeit auf der Höhe des Bergrückens bezeichnete.

sich auch über dem höheren östlich gegen Caniço hin gelegenen Gebirgsgehänge erhebt. Ganz ähnliche Verhältnisse beobachtet man an dem westlichen, mit dem Pico da Cruz Campanario gekrönten Höhenzuge, der am
Meere (Tafel III Fig. 3) mit dem Cabo do Girão endigt. Auch hier ist das
Gebirgsgehänge westlich von dem von Nord nach Süd verlaufenden Bergrücken
bedeutend höher als auf dessen östlicher Seite in der Thalmulde von Funchal, die in Ansicht Tafel V einen Raum darstellt, in welchem abgesehen
von anderen Ursachen auch in Folge der schützenden natürlichen Seiten-
wälle (des Cabo Girão- und Palheiro-Höhenzuges) weniger vulkanische Erzeugnisse zur Ablagerung kamen.

Die Masse des Küstendurchschnittes Tafel III Fig. 5 lässt sich dem
Alter nach in vier Abtheilungen bringen, die auf Tafel III bei A B in einem
besonderen Umriss in verkleinertem Maassstabe unter 1 bis 4 eingetragen
sind. Die Gesammtmasse 1 erhebt sich, im Querdurchschnitt domförmig
gewölbt, über dem Meeresspiegel und wird nach oben begränzt durch ein
dünnes Tufflager a b c d e, das an der Oberfläche roth gebrannt ist und
einer ehemaligen Erd- oder Vegetationsschicht angehört. In dieser Gesammtmasse sind die einzelnen Lavabänke von sehr verschiedener Mächtigkeit.
Keine, weder die zahlreichen dünnen noch die seltneren mächtigen steinigen
Schichten halten in der Richtung von O nach W auf nur irgendwie beträchtlichere Entfernungen aus. Alle und namentlich die oberen sind im
Allgemeinen so gelagert, dass sie, der im Querdurchschnitt domförmig abgerundeten Gesammtmasse entsprechend, auf der einen Seite gegen Ost auf
der andern nach West einfallen. Der Parallelismus der einzelnen über einander lagernden steinigen Schichten ist nur ein scheinbarer, hervorgerufen
durch die allgemeine vorherrschende Richtung nach welcher die meisten
Schichten einfallen; es ist dies aber nicht eine Erscheinung, die auch bei
genauerer Beobachtung sich stichhaltig erweist. Denn es weichen einerseits
die Neigungswinkel, unter welchen die steinigen Schichten von der Mitte
des Durchschnittes nach Ost oder West einfallen, beträchtlich von einander
ab, und es treten andererseits in der Gesammtmasse einzelne Gruppen von
Lavabänken hervor, die sich jedesmal während der Ablagerung der früher
gebildeten Oberflächengestaltung anschmiegten; an einer Stelle ist sogar
(bei v w Tafel III Fig. 5) eine dünne Tuffschicht mit roth gebrannter Oberfläche eingeschaltet. Gerade oberhalb dieser Tuffschicht, die bald bei w
unter der Meeresfläche verschwindet, senkt sich die Oberfläche der unteren
Gesammtmasse 1 (A B), wie durch das dünne Tufflager d e deutlich angezeigt ist, etwas herab und steigt dann, einen zweiten kleineren, untergeordneten Bogen bildend, wieder herauf. In der Einsenkung, die an dieser Stelle
entstanden war, muss sich eine Lave angestaut haben, denn wir treffen dort

ein mächtiges, compactes, säulenförrmig abgesondertes Lager, das sich bei
geringer Breite nach Ost und West schnell auskeilt. Aehnliche aber nicht
ganz so mächtige Lavabänke von unregelmässig säulenförmiger Absonderung
kommen auch in der unteren Gesammtmasse unterhalb der dünnen Tuffschicht a b c d e vor, indem sie sowie die spätere oberhalb d e abgelagerte
Masse auf ganz geringe Entfernungen nach beiden Seiten hin ausspitzen.
Ueberhaupt hat es den Anschein, dass wir in dieser untern Gesammtschicht
1 (A B auf Tafel III Fig. 5) nur die, freilich mitunter mehr oder weniger
schräg gezogenen Querdurchschnitte von Laven vor uns sehen, die sich von
weiter landeinwärts her gegen die Küste bewegten. Die Mittellinie, den
Focus oder mit anderen Worten die durch zahlreiche Gänge angedeutete
grössere Spalte, über welcher der seitliche Höhenzug entstand, und die damit verbundene Agglomeratanhäufung trifft der Küstendurchschnitt Tafel III
Fig. 5 nicht. Einen Durchschnitt ähnlich demjenigen, der auf Tafel II Fig. 3
quer durch die Mitte der Insel und den Hauptgebirgszug gelegt ist, einen
solchen Durchschnitt würden wir wahrscheinlich erblicken, wenn die Brandung um 1 bis 2 Minuten weiter landeinwärts vorgedrungen wäre und die
Massen unterhalb des Palheiro blosgelegt hätte. Allein es waltet — was
wir nicht übersehen dürfen — bei den seitlichen Höhenzügen im Vergleich
zum Hauptgebirgszug stets der Unterschied ob, dass bei der Entstehung
der ersteren nicht allein die über der seitlichen Spalte angehäuften und von
derselben nach beiden Seiten abgeflossenen, sondern auch diejenigen Massen in Betracht kommen, die während dessen in der Richtung der Längenausdehnung der seitlichen Erhöhung abgelagert wurden.

Einige Gänge setzen indessen doch durch die zu unterst aufgeschlossene
Gesammtmasse 1. (A. B. Tafel III) hindurch und gerade in der Mitte auf
der Spitze der unter a b c d e abgelagerten Gesammtschicht erhebt sich
am Pico das Neves (1000 F.) ein aus rother schlackiger Lave und Anhäufungen von Schlacken und Lapillen gebildetes Agglomerat, von welchem
steinige mit Schlacken geschichtete Massen unterhalb der weit verbreiteten
dünnen Tuffschicht f g h i k gegen Westen und Osten einfallen. Es mag
sein, dass einige der Lavabänke der zweiten zwischen den Tuffschichten
a b c d e und f g h i k eingeschlossenen Gasammtmasse 2 (A B) vom Pico
das Neves an den Seiten des Höhenzuges in östlich und westlicher Richtung
von b nach a und von c nach e flossen; die meisten werden indessen auch
hier nur Querdurchschnitte von Strömen darstellen, die sich von Nord nach
Süd oder häufiger in schräger d. h. in südöstlicher oder südwestlicher
Richtung gegen das Meer bewegten.

Darüber entstand die bei A B mit 3 bezeichnete Gesammtschicht. Auf der
Ostseite des Durchschnittes gewann diese zwischen den Linien f g h i k

und l m, n o, p q, r s, t u, eingeschlossene Gesammtmasse eine bedeutende
Ausbreitung. Sehr ansehnliche Massen rothen Agglomerates und gelber geschichteter Tuffen so wie auch steinige Lavabänke sind hier so hoch über
einander angehäuft, dass das Gebirgsgehänge bedeutend mehr als an der
westlichen Abdachung des seitlichen Höhenzuges, wo oberhalb der Tuffschicht
f g nur wenig Laven zur Ablagerung kamen, emporwuchs. Zu dieser Gesammtmasse 3 (A B) gehört auch das Cabo Garajaŏ, das wegen seiner gelben Färbung von den Engländern brazen head. (der eherne, messingene
Kopf) genannt wird. Nach A. T. E. Vidals Angabe erstreckt sich das Vorgebirge etwa 1000 Fuss über den auf Tafel III Fig. 5 dargestellten Küstendurchschnitt hinaus und ragt vorn an dem Gipfel des Ganges bei x noch
420 Fuss oberhalb des Meeres empor. Nur an der Spitze stehen geschichtete gelbe Tuffen an; wo das Vorgebirge mit der Küste zusammenhängt
wird es wie diese aus rothem Agglomerat gebildet und nur an der westlicheren Seite sind unter dem letzteren und der gelben Tuffe unmittelbar
oberhalb des Meeres dünne Lavabänke beobachtet worden, die der Lage und
dem Alter nach zu der zwischen d e und i k eingeschlossenen Gesammtschicht
(2, A B) gehören dürften. Die Agglomeratanhäufung, die am Cabo Garajaŏ
und in den nächsten Umgebungen eine so grosse Verbreitung erlangt, können wir um so mehr als den theilweise vom Meere zerstörten Rest zusam-
mengepackter Schlackenberge betrachten, da an der Stelle, wo das Vorgebirge heraustritt, Anzeichen eines ehemaligen Kraterrandes erhalten sind.
Ueber dieser Agglomeratschicht sind steinige Laven abgelagert, die zu der
sogleich zu erwähnenden Gesammtmasse 4. (A B Tafel III Fig. 5) gehören.
Der Weg vom Pinheiro Grande nach Caniço führt über solche Lavabänke, die anscheinend durch den Telegraphenhügel und eine andere ähnliche, aus Agglomerat bestehende Anhöhe angestaut wurden und eine kleine
sanft von Nord nach Süd abgedachte Fläche von etwas über 1000 Fuss
mittlerer Meereshöhe bilden. Etwa 200 Fuss tiefer ist bei 825 Fuss Meereshöhe in ganz ähnlicher Weise eine zweite sanft abgedachte Fläche durch
Laven entstanden, deren Rand auf Tafel III Fig. 5 bei r s die obere Linie
des Küstendurchschnittes darstellt. Die Kuppe welche bei s darüber hinausragt und zur Gesammtmasse 3. (A B, Fig. 5) gehört, mag mit den tiefer
unten aufgeschlossenen Schlackenschichten einem Ausbruchskegel angehören, gegenwärtig lässt sich indessen hier keine bestimmte Form mehr
herauserkennen. Aber weiter gegen Süden bei etwa 650 Fuss Meereshöhe
wo das Cabo Garajaŏ aus der hohen Klippe heraustritt, hebt sich der Rest
eines Kraterrandes ab, der sich halbmondförmig von Südwest nach Nordost
krümmt. (Durchschnitt oberhalb x und gleich rechts von y. Tafel III Fig. 5.)
Am westlichen Rande des Vorgebirges sind die Schichtenköpfe, oder die ab-

gebrochenen Enden von Schlackenschichten am deutlichsten sichtbar. Die letzteren, die Schlackenschichten, neigen, so weit sie erhalten sind, trichterförmig gegen den ehemaligen Mittelpunkt des Kraters, der in Folge der zerstörenden Einwirkungen der Brandung gegenwärtig ausserhalb der Klippenwände in der durch die hervortretende Masse gebildeten südöstlichen Ecke zu suchen ist. Nähert man sich dieser Ecke im Boot, so unterscheidet man an den steilen Klippen eine dunkler gefärbte gangartige Masse, welche, die älteren Agglomerate durchsetzend, sich nach oben zu dem soeben erwähnten Rest eines Kraters erweitert. Auf der anderen westlicheren Seite wurde dagegen an den Schichtenköpfen der Schlackenmassen durch Fortwaschen ein Gang (bei y auf Tafel III Fig. 5) blosgelegt, der in Sir Charles Lyells Manual of elementary Geology auf Seite 480 (Ausgabe 1855) abgebildet ist. Ein anderer Gang von 1 Fuss Mächtigkeit durchsetzt unfern der Spitze des Vorgebirges die dem rothen Agglomerat aufgelagerte gelbe Tuffmasse in der Richtung von Ost nach West. Er ist dort auf beiden Seiten des Vorgebirges blosgelegt, auf dessen Gipfel er sich bei 420 Fuss Meereshöhe (bei x Tafel III Fig. 5) zu einer plumpen Felsmasse ausbreitet. Fast scheint es als wenn die ansehnliche Masse geschichteten gelben Tuffs ursprünglich die mächtige Anhäufung von Agglomerat in der Gegend des Cabo Garajaõ mantelförmig umgab. Westlich vom Vorgebirge fallen die Schichten (unter s t Fig. 5 Tafel III) gegen Westen auf der anderen Seite, unter s t u, gegen Osten oder Ostsüdost ein, und am Vorgebirge selbst schneidet die Tuffmasse unter ziemlich steilen Winkeln von Nord nach Süd über dem Agglomerat ab. Die dazwischen liegenden Massen fehlen und die nördliche Hälfte der mantelartigen Ausbreitung ist, wenn solche überhaupt vorhanden war, von den darüber gelagerten Laven vollständig der Beobachtung entzogen.

Die zur obersten und jüngsten Gesammtschicht 4 (A B) gehörigen Massen stehen in Fig. 5 oberhalb der Tuffen l m, n o, p q, r s, t u, an. Nach der Lage zu urtheilen dürften sie in ihrem Alter ungefähr zu denjenigen vulkanischen Erzeugnissen gehören, die an und auf dem Höhenzuge von S. Martinho und am Ostabhang des Cabo Giraõ bei e. (Tafel III Fig. 3) zur Ablagerung kamen. Zu dieser oberen Gesammtschicht 4. (A B) sind natürlich auch alle diejenigen Massen zu zählen, die an der Oberfläche des seitlichen Höhenzuges des Palheiro vorkommen. Von dem Pico das Neves (Fig. 5 Taf. III) oder eigentlich von der Stelle, wo der Weg nach Caniço den Höhenzug beim Pinheiro Grande überschreitet, steigt der Abhang des Palheiro nach landeinwärts steil von etwa 1000 bis 1800 Fuss Meereshöhe an. Beim Pico das Neves und beim Pinheiro Grande fehlen die Ablagerungen von 3 und 4 (A B) theilweise oder ganz; am Palheiro aber, etwas weiter landeinwärts, gewinnen die vulkanischen Massen, die wir der Gesammtschicht 4. zurechnen, eine grosse Verbreitung und von da an ragt, wie wir in dem Umriss im Hintergrund des Durchschnittes Tafel III.Fig. 5 und auf der Ansicht Tafel V sehen, der seitliche Höhenzug nicht blos über der Thalmulde von Funchal, sondern auch über dem nach Ostwärts angrenzenden Berggehänge empor. Diese oberen Massen nun, die sich am Pico do Infante (bei e auf der Karte) zuerst deutlich von dem Gebirgsgehänge abheben, bestehen, soweit sie blosgelegt sind, vorherrschend aus rothem Agglomerat, in welchem Gänge und einzelne steinige Schichten vorkommen. Reste von Schlackenbergen und Kratern unterscheidet man bis auf eine Ausnahme, deren sogleich Erwähnung geschehen soll, nicht. Aber Lavaströme, die in verschiedenen Richtungen flossen, sind an der bald mehr bald weniger steil geneigten Oberfläche zu steinigen Schichten erkaltet, und an den Seiten wurden namentlich gegen Osten rothe und gelb gefärbte Tuffmassen herabgewaschen und in oft sehr beträchtlicher Mächtigkeit angehäuft.

Die gangartigen Bildungen, die an der Oberfläche dieses seitlichen Höhenzuges oder in kleinen Wasserrissen theilweise über den Boden hinausragen, sind oft, ja wohl meistentheils durch Hineinpressen der Laven von unten herauf, in manchen Fällen aber auch durch Eindringen von darüber geflossenen Strömen von oben her entstanden. In der Ribeira dos Piornaes, in welcher der auf Tafel VIII Fig. 7 dargestellte natürliche Durchschnitt vorkommt, ist eine solche gangartige Masse durch Fortwaschen blosgelegt. Anfangs nur 1½ Fuss breit und kaum 2 Fuss über dem Boden erhaben, erstreckt sich die Lave in einer Meereshöhe von etwa 900 Fuss in östlich westlicher Richtung. Bald nehmen Breite und Höhe zu, bis zuletzt eine Wand entsteht, die bei 18 Fuss Breite 40 Fuss Höhe erreicht und über welche das Wasser des Baches wie über ein Wehr herabfliesst. Dort liegt das obere Ende der Masse, die sich am Abhang herabzieht, etwa 50 Fuss tiefer als weiter östlich, wo dieselbe bei einer Breite von nur 1½ Fuss in jener Richtung zuerst sichtbar wird. Auf der ganzen Strecke sieht man wie die steinige Lave auf Schlacken, Lapillen und Tuffen oder vielmehr auf dem daraus gebildeten Agglomerat aufruht. Wo die Mächtigkeit nicht 10 Fuss überschreitet ist die Lave innen mit Blasenräumen erfüllt und nur an den Seiten compact und schieferig. Unfern des westlichen Endes, in der 40 F. hohen und 18 Fuss breiten Wand ist die compacte basaltische Masse durch senkrechte Klüfte, die nur in einer Richtung streichen, nicht in Säulen sondern in breite senkrechte Platten abgesondert. An dem unteren spitz zulaufenden Ende ist die gelbe Tuffe an der Berührungsstelle roth gebrannt. Man sieht an dieser von einem bis zum anderen Ende aufgeschlossenen gangartigen Masse, wie Laven von oben her Unebenheiten, kleinere oder grössere Risse erfüllen und wie die compacte Beschaffenheit mit der Mächtigkeit und

Breite, kurz mit der Masse der Lave anwächst, was ja auch bei dem natürlichen Durchschnitt Fig. 7 (Tafel VIII) beobachtet und hervorgehoben wurde.

An dem Westabhang des Palheiro ragt 1611 Fuss oberhalb des Meeres
(siehe den Umriss im Hintergrund des Durchschnittes Tafel III Fig. 5) ein
kegelförmiger Hügel mit dem Rest einer kraterförmigen Einsenkung von etwa
40 Fuss Tiefe empor. Diese würde vervollständigt einen Umfang von etwa
800 Fuss haben, denn gegenwärtig ist anscheinend etwas weniger als die
Hälfte und etwas mehr als ein Drittheil des Kraters über dem steilen Abhang gegen das Thal von Funchal hin zerstört. Den Rand und die Abhänge
bildet eine basaltische Lave von graungsteinartigem Ansehen, die mantelartig
dem rothen Schlackenagglomerate aufgelagert ist und nach abwärts von 8
bis 10 zu 65 bis 70 Fuss Mächtigkeit anwächst. Der Neigungswinkel dürfte
im Allgemeinen 20 bis 25 Grad, an der unteren Fläche aber 30 bis 40 Grad
betragen. Die Lave, welche unter diesen Winkeln an so steilen Böschungen
erkaltete, ist compact und an der oberen Fläche oft schieferig abgesondert.

**Der Höhenzug am Cabo Giraś, aufgeschlossen im Küstendurchschnitt von Ponta
d'Agua im Westen bis Camara de Lobos im Osten** (Tafel III Fig. 3).

Auch an diesen Felsenmassen, die im Querdurchschnitt gewölbt erscheinen, lassen sich aus den Lagerungsverhältnissen dem Alter nach 5 einander
auf- und angelagerte Gesammtschichten unterscheiden, wobei jedoch nicht
so wie in dem anderen Fall, an dem Küstendurchschnitt am Cabo Garajaŏ
(Fig. 5), die gelb oder roth gefärbten, weit ausgebreiteten Tuffschichten, die
hier ebenfalls vorkommen, als Richtschnur dienen können. Scharf abgegrenzt
sind die Gesammtmassen a, b, c, d, e nur auf der rechten östlichen Seite
und allenfalls in der Mitte des Durchschnittes oberhalb a, a und a². Die
unterste sichtbare Gesammtmasse a, a¹, a² und a³ besteht aus rothem mas-
sigem (a) und gelbem geschichtetem Agglomerat (a²) sowie aus dünnen mit
Schlacken und Tuffen wechselnden Lavabänken (a¹ und a³), die so wie in
1, A B Fig. 5 Tafel III, meist nur Querdurchschnitte von Lavaströmen darstellen dürften. Die Gesammtmasse a³ ist ganz fein und regelmässig geschichtet und von röthlicher Färbung. Ob es wirklich steinige Schichten
oder nur erhärtete Tuffen sind, das ist bei der Höhe an dem unzugänglichen
Absturz nicht zu unterscheiden. Bei a² wird, wie bereits in dem Abschnitt
über die Felsarten erwähnt wurde, die beste Cantaria molle (Quaderstein)
aus einem mehr oder weniger deutlich geschichteten Agglomerat gewonnen,
das aus meist gelb gefärbten und schwärzlichen, feinen, gleichmässig gemengten Lapillmassen zusammengesetzt ist.

An dieser ältesten Gesammtmasse a (a¹, a², a³), die in der Mitte des
Durchschnittes bis zu etwa ¾ der Höhe der Klippe oder 1200 Fuss oberhalb

des Meeres hinaufreicht, lagert auf der östlicheren Seite, die Gesammtmasse b,
aus ⁴/₅ schlackiger und ¹/₅ steiniger Lave oder aus Agglomerat und Lavabänken bestehend. Die Lavabänke fallen gegen Osten im Mittel unter einem
Winkel von 5 Graden ein. Unter einzelnen sind dünne, oben roth gebrannte
Tuffschichten bemerkbar. Ob auch auf der westlichen Seite des Cabo Girão,
die im Durchschnitt Tafel III Fig 3 zurücktretend im Hintergrund oberhalb der Fazenda dos Padres in hellerer Schattirung dargestellt ist, ob auch
dort vulkanische Erzeugnisse anstehen, die gleichzeitig mit der Gesammtschicht b abgelagert wurden, das lässt sich bei den an jener Stelle obwal-
tenden Verhältnissen nicht bestimmen, weil wir, so wie in der Mitte des
Durchschnittes, dort nur die Gesammtmasse a an den weit verbreiteten
Agglomeraten und die aus geschichteten Lavabänken bestehende Gesammtschicht c zu unterscheiden vermögen.

Am eigentlichen Cabo Girão, im Vordergrund des Durchschnittes Taf. III
Fig. 3, bedeckt die Gesammtschicht c die Gesammtmassen a, (a¹, a², a³)
und b, die grossartigste Meeresklippe bildend, die überhaupt in Madeira
vorkommt.

Gegen Osten lagert an dieser plötzlich abgebrochenen Felswand die Gesammtschicht d. Diese besteht sowie die Gesammtmasse b zu ⁴/₅ aus
Agglomerat und zu ¹/₅ aus steinigen Lavabänken, die im Mittel unter Winkeln von 30 Graden gegen den Horizont einfallen. Bei der ähnlichen Zusammensetzung, bei der gleichen hell violett grauen Färbung der beiden Gesammtschichten b und d könnte es fast scheinen als wenn beide ursprünglich zu-
sammengehörten und durch irgend eine Gewaltäusserung getrennt seien,
wobei die letztere (d) in ihre gegenwärtige schräge Lage gebracht wurde.
Allein einer solchen Annahme widerspricht die gezackte Grenzlinie, deren
Einfallwinkel wiederholt zwischen 30 und 65 Graden wechseln. Lag die
Gesammtschicht d früher so tief, dass ihre Lavabänke mit denen der Gesammtmasse b unter Winkeln von 5 Graden einfielen, so konnte sie, wenn
beide Theile (der festbleibende und der emporgeschobene) nach der Zerreissung und Verwerfung genau auf einander passen, nur auf einer geradflächi-
gen Bruchebene in die schräge Lage gelangen. Denn war die Bruchebene
gezackt, so mussten zwischen der emporgeschobenen Masse und der Grundlage an einzelnen Stellen mit Trümmermassen ausgefüllte Zwischenräume
bleiben. Da dies nun nicht der Fall ist, da die untere Fläche der Gesammtschicht d genau so wie die obere Fläche, welche die Gesammtmassen c und
b bilden, gegen den Gesichtskreis einfällt, so müssen wir annehmen, dass
die Laven bei d, an einem über b und c entstandenen Abhang abgelagert
wurden. Sehr wohl möglich, ja wahrscheinlich ist es, dass, wie Smith of
Jordanhill bemerkt, das Cabo Girão so wie jetzt nach Süden früher auch

nach Osten, gegen Camara de Lobos hin einen Absturz bildete. Das Meer
mochte damals, wie noch jetzt an der westlichen Seite bei der Fazenda dos
Padres, eine Ecke bildend, weiter nach landeinwärts vordringen, bis es später in Folge erneuerter Ausbrüche durch Ablagerungen zurückgedrängt ward.
Sobald aber die Brandung nicht mehr den Fuss des Absturzes erreichte,
verlor dieser durch oben losgelöste Stücke seine ursprüngliche jähe Steilheit.
Auch gegenwärtig steigt das Cabo Giraŏ, das von oberhalb des höchsten
Punktes der Klippe (bei 1600 Fuss Tafel III Fig. 3) oder von vorn aus
einem Boot betrachtet, anscheinend eine senkrechte Wand darstellt, nur unter Winkeln von 70 bis 75 Graden empor. Leicht konnte diese jähe Abdachung durch Nachstürzen allmählich in eine von 30 Graden verwandelt
werden, und wer kann sagen ob nicht die Oberfläche der unteren Masse a²
ebenso hervorgebracht wurde bevor die Laven der Gesammtschicht b daran zur
Ablagerung kamen. Allein es bietet sich, wie wir später sehen werden, noch
eine andere Erscheinung, welche die Entstehung dieser schrägen, unter verschiedenen Winkeln geneigten Flächen ebenfalls erklären könnte. Die enge
Schlucht des Boqueiraŏ (deutsch: Riss, Spalte) dringt nicht tief genug landeinwärts vor, um festzustellen ob die Grenzlinie zwischen den Gesammtmassen b und d in schräger Richtung von Nordost nach Südwest streicht. Als
die letzteren, die Gesammtschichten b und d, bereits einander so wie gegenwärtig aufgelagert waren setzten ein paar Gänge durch beide hindurch.

Später als die Gesammtmasse d entstanden die Laven bei e, die mit
dem Pico de Camara de Lobos, mit der Hügelreihe von S. Martinho, mit
den diesen Schlackenbergen an- und aufgelagerten Lavabänken und mit den
obersten Massen des Durchschnittes Tafel III Fig. 5, (AB, 4) dem Alter
nach nahezu übereinstimmen dürften. Soweit der Durchschnitt Tafel III
Fig. 3 reicht erlangten bei e neben steinigen Lavabänken von oft beträchtlicher Mächtigkeit geschichtete gelbe Tuffen eine grosse Verbreitung, in welchen gerundete Bruchstücke als die Ueberreste eines von Laven bedeckten
Alluviums besonders hervorzuheben sind. Aehnliche alluviale Massen sind
nur noch an der Klippe westlich vom Cabo Giraŏ unfern Ponta do Sol und
am Ausgang des Thales von Fayal unter Laven beobachtet worden. Wenn
nun auch die genannten keineswegs die einzigen Fälle sein können, wo vom
Wasser gerundete Bruchstücke von Laven bedeckt wurden, so scheint doch
die Seltenheit dieser Erscheinung darauf hinzudeuten, dass, wie bereits bemerkt, die Einwirkungen der Erosion erst in grösserem Maassstabe hervor-
traten als das Gebirge nahezu in seinem Bau vollendet war.

Ob überhaupt und wo auf der Westseite des Cabo Giraŏ oberhalb der
Fazenda dos Padres vulkanische Erzeugnisse gleichzeitig mit denen, die auf
der östlichen Seite die Gesammtschicht d bilden, abgelagert wurden, lässt

sich aus der Lagerung der Lavabänke, die von dünnen, weit aushaltenden
Tuffschichten in ungleich mächtige Partien oder Gesammtmassen gesondert
sind, nicht mehr feststellen. Da nun die Gesammtschicht d sich dort nicht
abhebt, so gelingt es auch nicht die jüngsten Massen e im Klippendurch-
schnitt nach abwärts abzugrenzen. Im Allgemeinen nimmt die Gesammtmasse, die wir mit c bezeichnet haben, oberhalb a, a, a², nach ost- und
westwärts an Mächtigkeit zu und senkt sich in der letzteren Richtung mehr
und mehr herab bis Lavabank auf Lavabank, Tuffschicht auf Tuffschicht
unter dem Meeresspiegel verschwindet; jedoch nicht weit, denn gegen Ponta
do Sol und von da nach westwärts liegen Lavabänke und Tuffschichten, die
unvermeidlichen, stets wiederkehrenden Abweichungen abgerechnet, wieder
annähernd wagrecht. Bemerkenswerth ist gleich westlich von Fazenda dos
Padres eine Verwerfung der Schichten, die auf Tafel III Fig. 3 bei x—x
angedeutet ist. Ein Riss geht schräg unter einem Winkel von 45 bis 50 Graden durch die ganze in der Klippe aufgeschlossene Gesammtmasse. Der
obere (westlichere) Theil der getrennten Massen hat sich so viel gesenkt oder
der untere (östlichere) Theil ist so viel gehoben, dass der Unterschied 4 bis
5 Fuss beträgt. Gleich daneben kreuzen sich ein paar Gänge, die Lager
durchsetzend, unter der Form eines lateinischen X. Dass diese die Verschiebung hervorgerufen oder wenigstens einen Einfluss darauf ausgeübt
hätten, wäre gerade nicht unmöglich; allein wahrscheinlicher ist es, dass die
örtliche Ausdehnung, welche die Felsmasse weiter östlich am Cabo Girão
durch die ungemein grosse Zahl von Gängen erfuhr, ein Aufbersten der
nahegelegenen Gesammtschicht bei x—x (Fig. 5) hervorbrachte. Vielleicht
war durch dieselben Ursachen einst ein Riss da entstanden, wo jetzt die
Gesammtschicht d den Gesammtmassen b und c in einer gebrochenen Linie
auflagert; und als dann die Brandung in einer Bucht von ostwärts vordrang,
fiel der Rest der abgetrennten mehr und mehr zerstörten Felsmasse herunter,
die gezackte unter Winkeln 30 bis 65 Grad geneigte Bruchfläche hinterlassend,
an der später die Laven der Gesammtschicht d zur Ablagerung kamen.

Von den ungemein zahlreichen Gängen; welche die Wand des Cabo
Girão durchsetzen, konnten bei dem kleinen Maassstab des Durchschnittes
Fig. 3 nur verhältnissmässig wenige eingetragen werden. Nicht alle reichen
bis zum Gipfel hinauf, viele endigen in grösserer oder geringerer Höhe oberhalb des Meeres. Die Meisten kommen da vor, wo die Wand am höchsten,
bis 1600 Fuss emporragt. Von dort aus werden die Gänge nach Osten und
Westen mit dem zunehmenden wagrechten Abstande und mit der abnehmenden Höhe der Klippe immer seltener. Nur nach Westen vermehrt sich ihre
Zahl bevor sie gegen die Fazenda dos Padres entschieden abnimmt noch

einmal, eine zweite Gruppe bildend, die indessen nicht so dicht gedrängt als die erstgenannte ist.

So stellen sich die Durchschnitte der beiden seitlichen Höhenzüge (c—d und e—f, Karte), dar, welche die Thalmulde von Funchal nach Westen und Osten begrenzen. Am Cabo Giraŏ scheint die Brandung am weitesten landeinwärts vorgedrungen zu sein, denn hier wo eine bedeutend höhere jähe, annähernd senkrechte Wand entstand, sind bei a, a und a² (Tafel III Fig. 3) die Agglomeratmassen und zahlreichen Gänge aufgeschlossen, die nach theoretischer Auffassung der Verhältnisse im Innern als Kern solcher örtlicher Massenanhäufungen vorkommen sollen. Aber während die kleinen Vulkane über der seitlichen, von Nord nach Süd gerichteten Spalte (c—d, Karte) thätig waren, flossen noch manche Laven, welche die östlich westlich verlaufende Hauptspalte (a—b der Karte) heraufsandte, gegen das Meer und lagerten sich zwischen den angehäuften Auswurfstoffen ab. Alle diese Laven kamen über der einmal entstandenen Bodenanschwellung zur Ablagerung, indem sie gewölbte oder dachartig gestaltete Schichtenfolgen bildeten, wodurch sich an solchen Stellen die Küstendurchschnitte vor den anderen meist annähernd wagrecht geschichteten Meeresklippen unterscheiden. Auf den Kämmen des seitlichen, am Cabo Giraŏ abgeschnittenen Höhenzuges und des Palheiro-Bergrückens, liessen die letzten örtlichen Ausbrüche an der Oberfläche Schlackenanhäufungen oder kegelförmig gestaltete Agglomeratmassen zurück, die eigentlich nirgends an der Gebirgsoberfläche ganz fehlen, die aber gerade über solchen seitlichen Ausbruchslinien häufiger als sonst, näher bei einander und reihenweise vorkommen.

Die seitlichen Höhenzüge entstanden daher durch Anhäufung und Ueberlagerung von vulkanischen Erzeugnissen, wobei eine Emporhebung und Aufrichtung der entsprechenden Gebirgstheile gar nicht oder nur in ganz beschränktem, vollkommen untergeordnetem Maassstabe berücksichtigt werden darf. Die einzige Zerreissung und Verwerfung der Schichten, die mit Ausnahme von den hieher zu rechnenden Gangbildungen bisher auf Madeira und Porto Santo bei x—x (Fig. 3 Tafel III) westlich von Fazenda dos Padres beobachtet wurde, ist so geringfügig, dass sie nur eine ganz unbedeutende Hebung der unteren Masse beweist. Wo aber keine auffallenderen Berstungen und Verschiebungen an steinigen Massen vorkommen, die, wie das östlich und westlich von Funchal an den Durchschnitten am Cabo Garajaŏ und am Cabo Giraŏ der Fall ist, flach gewölbte Erhöhungen bilden, da können wir nicht anders als annehmen, dass die Laven sich noch in der Lage befinden, in der sie ursprünglich abgelagert wurden.

Dieselbe Schlussfolgerung müssen wir dann selbstverständlich auch auf den Hauptgebirgszug ausdehnen, von welchem auf Tafel II Fig. 1 bis 3

Querdurchschnitte gegeben sind. Wie andere Beobachtungen gezeigt haben, können die Thalbildungen nicht als ausgewaschene Spalten betrachtet werden, die bei Aufrichtung der ursprünglich niederen oder weniger hochgewölbten Bergmasse entstanden. Die einzigen Zerreissungen der Schichten, die man an dem Gebirgskörper aufzufinden vermag, sind die als Gänge zurückgebliebenen, mit steiniger Lave erfüllten Spalten. Möglich, ja wahrscheinlich, wenn nicht gewiss ist es, dass in Folge der ungleichen Ausdehnung, welche einzelne Theile des Gebirges durch ungemein zahlreiche Gangbildungen erfuhren, hier und da Zerreissungen wie am Cabo Giraõ (bei x — x, Fig. 3 Tafel III) stattfanden; allein solche Spalten müssen, da sie jetzt nur so ganz ausnahmsweise vorkommen, bei erneuerter Thätigkeit jedesmal von oben oder von unten her wieder mit Laven erfüllt und als Gänge zurückgeblieben sein. Dadurch schwoll die Bergmasse zwar in einem gewissen Grade an aber sie ward nicht aufgerichtet. Und so haben wir denn in der genaueren Betrachtung der Querdurchschnitte von zwei der ansehnlichsten seitlichen Höhenzüge eine Bestätigung der Annahme gefunden, die bereits früher zur Erklärung des innern Baues des Hochgebirgszuges in Anwendung gebracht ist, der Annahme nehmlich, dass die Bergform der Insel mit der kühn emporstrebenden Gebirgsmasse, mit dem abgeplatteten sanft abgedachten Kamm, mit der ungleichen Bodengestaltung der Gehänge, mit den seitlichen Höhenzügen und den natürlichen Thalmulden, dass die Bergform, die erst später unter dem Einfluss des Dunstkreises von Schluchten durchfurcht und zu weiten Thälern ausgehöhlt ward, ursprünglich nur aus der Art und Weise hervorging, in welcher an den verschiedenen Stellen die Auswurfstoffe angehäuft wurden und die Laven zur Ablagerung kamen.

Schilderung von einzelnen besonders wichtigen Oertlichkeiten der Insel Madeira.

Die untermeerischen, tertiären Schichten von S. Vicente.

Wenn man von der Nordküste in das Thal von S. Vicente eintritt erscheint die rechte oder östlichere, mehrere 1000 Fuss hohe Wand in mächtige Vorsprünge abgetheilt, die in langer Reihe wie die Seitenkoulissen auf einer Bühne hinter einander hervortreten. Die Gestaltung dieser mit Strebepfeilern verglichenen Vorsprünge und ihre Bedeutung für die Entstehung der Thalbildungen sind bereits früher ausführlicher besprochen worden. Oben wo die mit Schlacken und Tuffen geschichteten Lavabänke die Thalwand bilden, sind die Vorsprünge jähe oder annähernd senkrecht, unten aber, wo Agglomerate vorherrschen, setzen sie sich zwischen den Seitenrunsen des Thales als zugeschärfte Bergrücken, deren Kämme unter Winkeln von 30 bis 40 Graden abgedacht sind, bis zum Thalweg fort. Bevor das Thal ausgewaschen war, reichte die obere, hauptsächlich aus steinigen Laven gebildete Gesammtmasse bis zur gegenüberstehenden Seite und bedeckte die darunter anstehende Schicht, in welcher die tertiären untermeerischen Ablagerungen etwas mehr als eine Minute von der Küste entfernt vorkommen.

In einer Meereshöhe von etwas über 1450 Fuss steht dort zu unterst in der jähen, meistentheils aus steinigen Laven gebildeten Wand ein säulenförmig abgesondertes, 8 bis 10 Fuss mächtiges Lager compacter basaltischer Lava an, das mit einem Gang in Verbindung steht, der nur die tiefer gelegenen Schichten durchsetzt.

Darunter lagert, etwas über 3 Fuss mächtig, ein grünlich gelblicher Tuff, der an der oberen Fläche von der darauf liegenden Lava roth gebrannt ist.

Der Tuff ruht auf einer 3 Fuss mächtigen Breccia, die aus eckigen und etwas abgerundeten Bruchstücken besteht.

Darunter folgt abermals eine 3 Fuss mächtige Schicht grüngelben Tuffes.

Unter dieser steht in einem senkrechten Abstande von 15 Fuss eine Masse mehr oder weniger abgerundeter Bruchstücke an, die jedoch nicht vollständig zu Geschieben abgeschliffen sind, sondern mehr den in den Schutthalden aufgehäuften Trümmern gleichen.

Darunter lagert wieder der grüngelbe Tuff.

Dieser schmutzig grünlich gelbliche Tuff nun hat ganz das Ansehn von Schichten, die auf Porto Santo eine grosse Verbreitung erlangten und in welchen auf dem Eilande Baixo die der obermiocänen Periode angehörenden organischen Reste gefunden sind. Doch kommen bei S. Vicente ähnliche Versteinerungen erst etwa 80 Fuss tiefer in der kleinen Schlucht der Achada do Furtado (des ertappten Diebstahles) vor. Dieser Einschnitt gehört einem der Seitenthälchen an, die sich mit jäh emporsteigender Sohle spaltenartig in der oberen Wand fortsetzen und die Strebepfeilern gleichenden Vorsprünge von einander sondern. In einer Meereshöhe von etwa 1350 Fuss sind dort zu oberst tuffartige Agglomeratmassen mit Kalkstücken in Korallenform, mit Geschieben und Resten von Meerthieren gefunden worden. Etwa 80 Fuss tiefer liegt die Hauptfundstelle bei dem Ferno do Cal (Kalkofen), der dem Führer als Ziel des Ausfluges genannt wird. Noch etwa 25 Fuss tiefer ent-

hält eine vulkanische Breccia gerundete Geschiebe, Bruchstücke von Meeresmuscheln und Stacheln von Echinodermen, so dass die, untermeerische fossile
Reste enthaltenden Massen in einem senkrechten Abstande von etwas über
100 Fuss vorkommen. Die in der rothen, tuffartigen Agglomeratmasse eingeschlossenen marmorähnlichen Kalkstücke, die noch hier und da die Structur
von Korallenbildungen erkennen lassen, werden zur Mörtelbereitung ausgebeutet, aber in den Tuffen sind die am besten erhaltenen Versteinerungen
zu finden. Auch über den niederen Bergrücken lassen sich diese untermeerischen Schichten verfolgen, aber weder tiefer nach abwärts gegen die
Küste noch weiter landeinwärts in bedeutenderer Meereshöhe sind im Thale
von S. Vicente oder überhaupt sonst irgendwo auf Madeira Reste untermeerischer Bildungen entdeckt worden. Wir können daher für diese Insel vorläufig nur annehmen, dass sie in dem von Herrn K. Mayer festgestellten
Zeitabschnitt um 1350 Fuss tiefer als gegenwärtig untergetaucht war.

Dass späteren Zeiten die Entdeckung von untermeerischen Schichten in
noch anderen Theilen der Insel vorbehalten sein sollte, ist wohl möglich ja
vielleicht sogar wahrscheinlich, darf jedoch keineswegs mit Bestimmtheit
vorausgesetzt werden. Da der von Porto Santo eingeführte Kalk, namentlich
wenn er auf Lastthieren vom Landungsplatz ins Innere der Insel geschafft
werden muss, theuer zu stehen kommt, so hat man in verschiedenen Thälern
eifrig, jedoch bisher vergebens nach Kalk führenden Schichten gesucht. Im
Thale von Boaventura, in gerader Linie etwa 3 Minuten östlich von der
Achada. do Furtado, glaubte man das ersehnte Material in einer unrein
weissen Trachytschicht gefunden zu haben, die sich erst in dem an Ort und
Stelle erbauten Kalkofen als dem verlangten Zwecke nicht entsprechend erwies. Etwa 350 Fuss tiefer als die untermeerischen Schichten von S. Vicente
und in derselben Entfernung von der Küste sind im Thale von S. Jorge die
Reste einer Waldvegetation unter Laven vergraben, und an der Ponta de
S. Lourenço liegt die Dünenbildung mit den oberpliocänen Landschnecken
nur etwas über 100 Fuss oberhalb des Meeres. Gar nicht unmöglich ist es
daher, dass die obermiocänen untermeerischen Schichten auf Madeira nur an
der Achada do Furtado bis 1350 Fuss oberhalb des Meeres emporreichen,
in anderen Theilen der Insel aber noch unentdeckt in geringerer Höhe oberhalb, oder gar unterhalb des Meeresspiegels anstehen. Da die Pflanzenreste
von S. Jorge und die Landschnecken der Dünenbildung der Ponta de S.
Lourenço jünger als die organischen Reste bei S. Vicente sind, so könnten
die untermeerischen Schichten an den betreffenden Stellen vor der Ablagerung
der späteren fossilen Massen zerstört und fortgeführt worden sein. Allein
diese Voraussetzung ist keineswegs die einzig denkbare, und verdient auch
nicht einmal neben anderen, die eben so viel wenn nicht mehr Wahrschein-

lichkeit für sich haben, den Vorzug. Wenn nehmlich in jener Zeit, wo die
Bedingungen zur Entstehung kalkführender Schichten und zur Erhaltung
organischer Reste gegeben waren, der ungleich tief untergetauchte Meeresboden nur in der Gegend der Achada do Furtado im Thale von S. Vicente,
wie auf Tafel IV Fig. 3 in einer punktirten Linie angedeutet ist, bis an die
Meeresfläche heran, oder auch in einer kleinen Insel über dieselbe hinaus-
ragte, und wenn dann während einer langsamen Hebung und bei schnell auf
einander folgenden Ausbrüchen keine organischen Reste erhalten wurden, so
könnten wir später nirgends organische untermeerische Reste in so bedeutender Meereshöhe als eben dort im Thale von S. Vicente finden. Dann
könnte aber auch endlich die Hebung möglicherweise seit der Tertiärzeit in
den verschiedenen Theilen der Insel eine sehr ungleiche gewesen sein und
die untermeerischen Schichten an den einzelnen Stellen in sehr verschiedenem
Grade oberhalb des Meeresspiegels erhöht haben. Wir werden später sehen
in wie fern die Lagerungsverhältnisse der Kalk und Versteinerungen führenden
Schichten von Pórto Santo für die grössere Wahrscheinlichkeit der einen
oder anderen der oben aufgestellten Voraussetzungen sprechen, die einstwei-
len bei Erörterung der bisher auf Madeira entdeckten untermeerischen Schichten erwähnt werden mussten.

Die Pflanzenreste des Thales von S. Jorge.

Schon lange war es bekannt, dass in einer Schlucht unfern S. Jorge
ein Lignitlager vorkommt, aber die Pflanzenreste in den darüber gelagerten
Tuffen entdeckte erst Sir Charles Lyell im Januar des Jahres 1854. Ueber
diese fossilen Pflanzen besitzen wir eine werthvolle Arbeit des Prof. Heer,
aus welcher in der folgenden Schilderung nur das Ergebniss mitgetheilt
werden soll.[*]
Das Flussgebiet der Ribeira de S. Jorge umfasst hauptsächlich drei
grössere Barranco's, die unmittelbar nördlich von der Gebirgswasserscheide
der Insel ihren Anfang nehmen und an der Nordküste zwischen den Kirch-
spielen von Sta. Anna und S. Jorge durch eine gemeinsame Schlucht ausmünden. Das Hauptthal bildet die Ribeira Grande. Dieselbe biegt, nachdem sich mit ihr von südwestwärts eine bei weitem weniger tief eingeschnittene Nebenschlucht vereinigt hat, etwa 1½ Minuten von der Küste nach

---

[*] Ueber die fossilen Pflanzen von S. Jorge in Madeira von Dr. Oswald Heer. Im
XV. Band der neuen Denkschriften der allgemeinen schweizerischen Gesellschaft für
die gesammten Naturwissenschaften. Zürich, 1857.

Nordost um. In geringer Entfernung von der Biegung münden nach einander zwei tiefe Nebenschluchten, die in südlich nördlicher Richtung vom Hochgebirge herabkommen, in die Ribeira Grande ein und diese wendet sich nachdem sie die Ribeira dos Marcos aufgenommen hat wieder nordwärts in gerader Richtung gegen der Meeresküste. In der zweiten grösseren Nebenschlucht, die zwischen dem Oberlauf der Ribeira Grande und der Ribeira dos Marcos, mit beiden parallel, das Nordgehänge durchfurcht, sind die Lignitschichten und Pflanzenreste aufgefunden worden. Die Schlucht heisst Ribeira do Meio, der Bergrücken, der sie von der Ribeira dos Marcos trennt, wird A Ilha, der andere zwischen ihr und der oberen Ribeira Grande O Lombo do Meio genannt.

In gerader Linie etwa 2 Minuten vom Meere entfernt, ragt auf der rechten Uferseite der Ribeira do Meio bei der sogenannten Fajaä do Taboado (am „Dielengrund") eine mächtige, säulenförmig abgesonderte Basaltwand über dem Bachbette empor. Wo diese nach Norden plötzlich abgeschnitten ist unterscheidet man vom Geschiebebette nach aufwärts die folgenden Schichten:

1. Lignit von unbestimmter Mächtigkeit wird anstehend gefunden, wenn man die Geschiebe des Flussbettes entfernt, wobei sich alsbald Wasser ansammelt.
2. Säulenbasalt . . . . 15 Fuss — Zoll.
3. Eine feingeschlämmte thonige Schicht (sogenannter „underclay") . . . . : . . . — „ 10 „
4. Oberer Lignit . . . . — „ 4 „
5. Brecciemartiger Tuff. Derselbe ist an einer Stelle säulenförmig abgesondert, so dass er von Ferne einem Lager compacten Basaltes gleicht . . . 3 „ — „
6. Eine Masse erhärteten Schlammes . . . . . — „ 3 „
7. Brecciemartiger Tuff von unbestimmter Mächtigkeit verschwindet unter einer Anhäufung von Erde und Felsstücken . . . . — „ — „

Die Pflanzenreste finden sich in' den Tuffschichten über der oberen Lignitschicht 4. An dem gegenüber liegenden linken Ufer steht zwar ein ähnlicher röthlich gefärbter brecciemartiger Tuff an, der mit 8 Zoll bis 1¼ Fuss mächtigen Bändern von erhärtetem, ebenfalls röthlichem Schlamm wechselt, doch sind dort bis jetzt weder Lignitschichten noch Pflanzenreste aufgefunden worden.

Die unter 1 bis 7 angeführten Schichten, welche unmittelbar an die gegen Norden annähernd senkrecht abgeschnittene Wand grenzen, senken sich von Süd nach Nord unter einem Winkel von 11 Graden und verschwinden bald unter dem Geschiebebette des Gebirgsbaches. Der Durchschnitt, den sie bilden, ist bedeutend niederer als der Absturz der Basaltwand. Ueber der obersten Schicht 7, erhebt sich daher ein zwar steiler aber nicht jäher Abhang und dieser lehnt, mit Erde und Bruchstücken bedeckt und von Pflanzen überwachsen, an der annähernd senkrechten Uferklippe der Ribeira do Meio, die an dieser Stelle etwas zurücktritt, so dass eine einspringende Ecke entsteht. Hier nun kann man von dem theilweise bewohnten Bergrücken der Ilha an die Fundstelle der fossilen Pflanzen gelangen. Ein anderer Weg führt eben dahin in den engen, schwer zugänglichen Bachbetten der Ribeira Grande und der Ribeira do Meio; beide Wege sind, jeder in seiner Art, gleich mühsam aber ohne besondere Anstrengung zurückzulegen. Sind die Gebirgsbäche, die man oftmals überschreiten muss, vom Regen angeschwollen, so dürfte der Weg über die Ilha den Vorzug verdienen.

Die einspringende Ecke an der Fajaã do Taboado ist nicht schwer zu erklären. Es ist dies eine Ausbuchtung, die der Gebirgsbach früher, bevor er so tief als gegenwärtig einschnitt, an der rechten Uferseite hervorrief, wo später, nachdem sich die zerstörende Kraft des Wasserlaufes gegen die linke Uferwand gewandt hatte, durch von oben herabgefallene Bruchstücke und durch erdige Zersetzungsprodukte ein steiler Abhang gebildet ward. Wahrscheinlich floss also der Gebirgsbach früher einmal über die Tuff- und Lignitschichten, die jetzt an seiner rechten Seite aufgeschlossen sind, hinweg. Selbst abgesehen von der durch die einspringende Ecke hervorgerufenen Erweiterung der Schlucht ist das Geschiebebette an dieser Stelle etwas breiter als gleich daneben thalauf- wie thalabwärts. Solche wenn auch nicht bedeutende so doch immerhin auffallende örtliche Erweiterungen der von jähen Uferwänden eingeschlossenen, engen Thalschluchten kommen überall vor und lassen sich nur durch die allmähliche Einwirkung des fliessenden Wassers erklären. Dafür aber, dass gerade diese Bachbetten vom Wasser ausgewaschen oder doch sehr beträchtlich vertieft worden sind, liefern diejenigen Flussgeschiebe einen Beweis, die, wie bereits früher erwähnt, nicht weit von dieser Stelle unfern der Mündung der Ribeira de S. Jorge in einer Höhe von 132 Fuss oberhalb des gegenwärtigen Geschiebebettes gefunden sind.

Die Stelle, welche die Lignit und Pflanzenreste führenden Schichten einnehmen, liegt 1014 Fuss oberhalb des Meeres und etwa eben so tief unter der Gebirgsoberfläche, also unter vulkanischen Massen von etwa 1000 Fuss Gesammtmächtigkeit. Auf beiden Seiten der Schlucht stehen steinige, zum Theil säulenförmig abgesonderte Laven sowie Agglomerat und Tuffschichten in mehr oder weniger unregelmässiger Wechsellagerung an. Die steinigen Laven mit meist dunkler Grundmasse sind vorherrschend basaltischer Natur und dadurch ausgezeichnet, dass die Hohlräume fast durchweg mit zahlreichen aber kleinen Chabazit-Kristallen angefüllt sind, während in ähnlicher Weise

9*

seltener strahliger Arragonit vorkommt. Doch fehlen auch trachydoleritische Abänderungen nicht, die bei hellgrauer, feinkörniger Grundmasse zahlreichere meist mattweise Einmengungen von Feldspath, seltener Olivin und sporadisch schwarze Körnchen von Augit einschliessen. Die mächtige säulenförmig abgesonderte Basaltwand besteht aus einem schwarzen, ungemein compakten Basalt mit muscheligem oder splittrigem Bruch. Die Lavabank oberhalb des untern Lignites ist basaltisch mit hellgrauer Grundmasse, die zahlreiche Olivin und einzelne Augitkristalle enthält. In einer andern Lavabank höher aufwärts am Absturz der Ilha und oberhalb des Lignitlagers ist die Grundmasse hellgrau und von ungemein häufigen kleinen weissen Feldspathkristallen feinkörnig, aber mit zahlreichen oft grösseren Ausscheidungen von Olivin erfüllt. An der Oberfläche endlich lagern auf der Ilha kugelförmig abgesonderte Massen mit hellgrauer Grundmasse vom Ansehn der Grausteine oder trachydoleritischer Abänderungen, die mehr oder weniger echt trachytischen Gebilden gleichen. Diese oberen Schichten sind wie die ihnen ähnlichen Massen, die nicht weit davon auf den sanft abgedachten Hochebenen bei S. Jorge und Sta. Anna so wie an vielen anderen Theilen der Gebirgsoberfläche vorkommen, mehr oder weniger zersetzt und bis auf die inneren Kerne häufig ganz in wackeartiger Umwandelung begriffen.

Unter den Pflanzenresten machen die ausgestorbenen Arten $1/3$ bis $1/4$ der Gesammtzahl aus.[*]) Von den übrigen stimmen 8 Arten mit Pflanzen überein, welche jetzt noch auf Madeira angetroffen werden, zu welchen auch wahrscheinlich noch die Woodwardia und das Asplenium marinum L.? hinzuzufügen sind, wogegen von 2 Arten (Psoralea und Vinca) die Bestimmung noch sehr unsicher ist, daher wir sie nicht in Rechnung bringen dürfen. Zwei Arten (Osmunda regalis L. und Rhamnus latifolius Her.) sind zwar nicht mehr auf Madeira wohl aber auf den Azoren zu Hause und das Ulmenblatt gehört wahrscheinlich einer europäischen Art an. Diese Zusammenstellung zeigt uns „dass die Florula von S. Jorge in naher Beziehung zu der Flora der Insel stehe und dass Arten, welche jetzt noch ein sehr wesentliches Glied der Flora Madeira's bilden, wie der Adlerfarrn, der Til, der Folhado, die Uveira, die Myrica, die Urze (Erica arborea) und Myrthe, schon damals vorhanden waren."

Die Frage ob die untergegangenen Arten schon zur Zeit der vulkanischen Ausbrüche, durch welche die Insel umgebildet wurde, oder vielleicht erst in historischer Zeit untergegangen seien und ob sie daher noch in die jetzige Zeit hineinragten, diese Frage beantwortet Prof. Heer dahin, dass

---

[*]) Ueber die fossilen Pflanzen von S. Jorge von Dr. O. Heer. XV. Band der neuen Denkschriften etc. Seite 3 und 15.

alle diese Arten schon zu einer Zeit bevor die Insel von Menschen bewohnt wurde, am wahrscheinlichsten während und in Folge der vulkanischen Umbildungen zu Grunde gegangen sein müssen.

„Wenn nun auch die Florula von S. Jorge,“ bemerkt Prof. Heer weiter, „eine noch grössere Annäherung an die tertiäre Flora zeigt, als die der Jetztwelt Madeira's, so ist doch kein Zweifel, dass sie dessen ungeachtet zu der letzteren in viel näherer Beziehung steht. Es geht dies schon aus dem Umstande hervor, dass sie mit dieser mehrere gemeinsame Arten theilt, während keine mit tertiären völlig übereinstimmen. Ferner fehlen die eigentlichen tertiären Leitpflanzen, namentlich die Cinnamomum-Arten, welche im tertiären Lande so ganz allgemeine Verbreitung hatten. Es gehören daher die S. Jorge-Pflanzen nicht der tertiären Flora an, sondern stehen der jetzt lebenden näher. Da sie aber mit dieser auch nicht völlig übereinkommen, sondern eigenthümliche untergegangene Arten beigemischt sind, so dürfen wir wohl weiter schliessen, dass sie aus der Zeit herstammen, welche man mit dem Namen des Diluviums belegt hat.“

In derselben Arbeit führt Prof. Heer die folgenden Arten an, die auf zwei Quarttafeln abgebildet sind:

1.	Pteris aquilina L. oder der Adlerfarrn.	13.	Oreodaphne foetens Ait. spec.
2.	— cretica L.?	14.	Clethra arborea L.
3.	Trichomanes radicans Sw.	15.	Erica arborea L.
4.	Woodwardia radicans Cav.?	16.	Vaccinium maderense Link.
5.	Osmunda regalis L.	17.	Vinca major L.
6.	Asplenium marinum L.?	18.	Myrtus communis L.
7.	Asplenium Bunburianum m.	19.	Ilex Hartungi m.
8.	Aspidium Lyelli m.	20.	Rhamnus latifolius Herit.
9.	Salix Lowei m.	21.	Pistacia Phaeacum m.
10.	Myrica Faya L. (Faya fragifera Webb).	22.	Pittosporum?
11.	Corylus australis m.	23.	Rosa canina L.?
12.	Ulmus suberosa Mönch.?	24.	Psoralea dentata. Dec.?
		25.	Phyllites (Rhus) Ziegleri m.
		26.	Gramineen. —

Dazu gab Prof. Heer noch die folgenden nachträglichen Bemerkungen:

2 Pteris cretica L.? Auf Tafel VIII Fig. 12.

Das Blatt hat Form und Grösse von Pteris cretica, leider ist es aber zur sicheren Bestimmung nicht genügend erhalten, namentlich ist die Nervation verwischt.

Das Blatt ist linienförmig, am Grund verschmälert; der Rand scheint ganz zu sein. Der Mittelnerv überall gleich stark, von einer scharfen Linie eingefasst. Seitennerven nur hier und da angedeutet, müssten jedenfalls sehr zart gewesen sein; standen wie es scheint dicht beisammen; scheinen theils einfach, theils gablich gewesen zu sein; sind etwas mehr nach vorn geneigt als bei Pteris cretica.

11. Corylus australis?

Das Haselnussblatt ist in der Bestimmung noch zweifelhaft.

Die Lagerungsverhältnisse im Thale von Porto da Cruz.

Zwischen dem höchsten Gebirgskamm der Insel und einem seitlichen Höhenzuge, der sich unter einem spitzen Winkel gegen Nord abzweigt (i—l und i—k auf der Karte), liegt eine tiefe Mulde eingesenkt, die in der Ansicht Tafel VII Fig. 3 vom Portella-Passe dargestellt ist, Die Oberflächengestaltung dieses Theiles von Madeira und die Vorgänge, denen die Felsenmasse der Penha d'Aguia muthmaasslich ihre Abtrennung von dem nach Nord gerichteten seitlichen Höhenzug verdankt, wurden bereits in dem Abschnitt, der über die Thalbildungen handelt, (auf Seite 23 bis 25) ausführlicher besprochen. Es bleibt daher nur noch einiges über die Lagerungsverhältnisse der Hypersthenite und Diabase, der Trachyte und derjenigen Schichten nachzuholen, welch fosile Pflanzenreste enthalten.

Die Häuser und Hütten des Kirchspiels von Porto da Cruz liegen an den Gehängen des Thalgrundes inmitten der dazu gehörenden Weingärten und Felder. Nur wenige Wohnungen und die Kirche sind dicht bei einander hart an der Küste, wo das Bachnetz des Thales ausmündet, erbaut. Hier waren schon lange grössere und kleinere gerollte Bruchstücke von kristallinischen Gesteinen gefunden worden, die auch theilweise mit zur Herstellung von Einfriedigungen und Terassenwänden dienten. Folgt man der Spur nach landeinwärts, so gelangt man zunächst des seitlichen Höhenzuges (i—k der Karte) an der Einsattelung, die diesen von der Penha d'Aguia trennt, in der sogenannten Soca an eine Stelle, wo auf der linken (westlicheren) Uferseite der Hypersthenit an 200 Fuss emporragt. Es ist eine massige Felswand, die allem Anschein nach, während der Gebirgsbach immer tiefer und tiefer einschnitt, von oben nach abwärts herunter nach und nach dem Einfluss des vorbeiströmenden Wassers ausgesetzt war. Verschiedene Lager unterscheidet man nicht, aber Klüfte verlaufen einmal annähernd wagrecht oder etwas gegen die Küste geneigt und dann senkrecht hindurch, während die Partieen dazwischen eine Wollsackartige Abrundung erkennen lassen. Von dieser Wand ist nur ein beschränktes Stück blosgelegt; bald verschwindet der Hypersthenitfels unter vulkanischen Erzeugnissen, die später darüber abgelagert wurden. Aber auf der entgegengesetzten Uferseite steht noch eine Masse an, die jedoch nicht hoch emporragt und von dem

Gebirgsbach, welcher, durch Regengüsse angeschwollen, grösstentheils darüber hinwegströmt, etwas abgeschliffen ist. Ueber diesem Hypersthenitfels liegt gelber Tuff und darüber erhebt sich der Trachytdom der Achada, der auf Tafel VII Fig. 3 unterhalb der Penha d'Aguia mit einem fliegenden Vogel angedeutet ist. In demselben Thale ist ausser dem Hypersthenit ein grünlich grauschwarzes, matterdiges Diabasgestein mit seltenen und kleinen Feldspathkristallen aufgeschlossen. Der höchste Punkt, bis zu welchem der Hypersthenit hier hinaufreicht, liegt 750 Fuss oberhalb des Meeresspiegels, die Entfernung bis zur Küste mag etwas über ½ Minute betragen.

In einer anderen Richtung mehr gegen Süden hin, nicht eben weit von der Küste ist ausser einem grünlich schwarzen Diabasporphyr mit Einmengungen von Feldspath und einem mehr oder weniger veränderten olivinartigen Mineral, der Melaphyrmandelstein gefunden, der bereits früher in der Beschreibung der die Inseln zusammensetzenden Felsarten erwähnt wurde. Noch mehr landeinwärts, etwa eine Minute von der Küste bei Porto da Cruz entfernt, und in einer Meereshöhe von ungefähr 450 Fuss fliesst der Gebirgsbach über einen Hypersthenitfels, der vom Wasser abgeschliffen ist, auf der linken Uferseite etwa 50 Fuss über dem Bachbette aufragt und von compactem Basalt überlagert wird. Der enge Thalweg der nicht sehr tiefen Schlucht steigt ziemlich schnell an. Im Grunde derselben sind bis gegen 700 F. oberhalb des Meeres in Zersetzung und Umwandelung begriffene Massen von matterdigem Ansehn aufgeschlossen, Felsarten, die offenbar ebenfalls der älteren Hypersthenit- und Diabasformation angehören. Vulkanische Gesteine stossen daran oder setzen als Gänge hindurch. Darüber lagern meist gelbliche tuffartige ungeschichtete Massen, die von 850 Fuss oberhalb des Meeres den Thalgrund erfüllen und grösstentheils die oberste Schicht darstellen. An den oberen Gehängen haben sie mehr den Character von zersetzten und umgewandelten agglomeratartigen Massen, erst tiefer abwärts sind es geschichtete gelbe Tuffen, die in den Abstürzen an der Küste kleine gerundete Geschiebe in dünnen, auskeilenden Bändern enthalten.

Die neuesten Ablagerungen dieses Thales bilden die den geschichteten Tuffen aufgelagerten Trachyte. Sie stehen in der Richtung von WSW nach ONO in vier Partien hinter einander an und mögen zum Theil als gesonderte Kuppen, zum Theil aber auch stromartig abgelagert worden sein. Es sind bläulich oder graulich weisse, zum Theil rauchgraue Trachyte mit sparsamen Einmengungen von mattweissen Feldspathkristallen, alle mehr oder weniger in Zersetzung oder Umwandelung begriffen. Die Grundmasse erscheint zum Theil dicht, gefrittet aber matt, oft ist sie auch schuppig körnig oder sehr feinkörnig und lässt sich wie bei den Domiten in kleinen Stückchen zwischen den Fingern zerbröckeln, sehr häufig endlich bemerkt man unter der Loupe ungemein zahlreiche mikroskopische dunkle metallisch leuchtende Pünktchen. Ein spezifischer Unterschied, der für die eine oder andere der gegenwärtig gesonderten Partien die Annahme eines besonderen Ausbruchs erheischte, ist nicht beobachtet worden; die oben angeführten unbedeutenden Abweichungen der petrographischen Beschaffenheit wiederholen sich an den verschiedenen von einander getrennten Trachytmassen. Dennoch ist die Form der am meisten nach landeinwärts vorgeschobenen Masse der Achada so augenscheinlich Kuppelförmig gewölbt, dass wir diese für sich allein als einen kleinen Trachytdom ansehen können. Auch die zunächst gelegene, weniger hoch emporragende und weniger mächtige Trachytmasse, die, wie der jähe Absturz und ihr Name Quebrada (abgebrochene Höhe) andeuten, nur noch ein Bruchstück der ursprünglichen Form darstellt, dürfte vielleicht früher eine besondere Trachytkuppe gewesen sein. Doch . an der Abelheira (die auch Lombo dos Pinheiros, Kiefernrücken genannt wird) scheint der Trachyt unter anderer Gestaltung zur Ablagerung gekommen und sich stromartig über den Ilheo da Vigia, von dem er gegenwärtig getrennt ist, ausgebreitet zu haben. Immerhin ist aber entschieden auf die Möglichkeit hinzuweisen, dass der Trachyt an den vier auf Tafel VII Fig. 3 bezeichneten Punkten ursprünglich einer zusammenhängenden sehr zähflüssigen Masse angehört haben mag, die sich, allmählich an Mächtigkeit abnehmend, langsam gegen das Meer bewegte; die Stelle wo sie zu Tage trat, wäre dann wie bei vielen der massigen Trachytströme Terceira's an einer kuppelförmigen Erhöhung, die man gegenwärtig Achada nennt, zu erkennen. Der Gipfel dieses Trachytdomes ragt 764, die untere Grenzlinie der Trachytmasse 448 Fuss über dem Meere empor, so dass die letztere eine Mächtigkeit von über 300 Fuss erlangte. An' der Abelheira erreicht der Trachyt, der etwas über 200 Fuss mächtig ist, eine Meereshöhe von 444 Fuss, die Quebrada steht, was die Höhe oberhalb des Meeres und die Mächtigkeit der Trachytmasse betrifft, zwischen beiden und auf dem Ilheo da Vigia endlich ist die Trachytschicht nur gegen 30 Fuss mächtig, während der Gipfel nicht viel über 100 Fuss oberhalb des Meeres emporragt. Der Trachyt ist, wie man an den jähen Abstürzen sieht, durch senkrechte Klüfte unbestimmt oder unregelmässig säulenförmig abgesondert, etwa so wie es an vielen Stellen im Siebengebirge beobachtet wurde. An der Achada ist er auf der westlicheren Seite vom Hypersthenit nur durch den darüber gewaschenen Tuff getrennt, am Ilheo da Vigia bildet eine compacte Basaltlave die Grundlage des Tuffs, auf welchem der Trachyt aufruht, an der Abelheira treffen wir unter dem letzteren eine mächtige sehr schön säulenförmig abgesonderte Schicht eines Trachydolerites mit dunkelgrauer höchst feinkörniger Grundmasse, in welcher man mit der Loupe kleine weisse Feldspaththeilchen und kleine schwarze Körnchen, die dem Augit angehören dürften, unterscheidet. Die Säulen sind ziemlich regelmässig und zeigen eine wagrechte Absonderung, so dass die Felswand, aus der Ferne betrachtet, wie aus Zellen aufgebaut erscheint, was vielleicht die Veranlassung zu der Benennung Abelheira (Bienenschwarm) gegeben haben mag.

Alle diese Trachytmassen scheinen, selbst vorausgesetzt, dass sie ursprünglich nur theilweise an der Oberfläche zusammenhingen, doch jedenfalls in einer gewissen Beziehung zu einander zu stehen und eine bestimmte Epoche von Ausbrüchen anzudeuten, etwa so wie die Schlacken und Laven, die in den Jahren 1730 bis 36 auf Lanzarote eine lange Hügelkette und ein breites Lavafeld bildeten. Noch $1\frac{1}{2}$ bis 2 Minuten weiter westlich trifft man einen 12 Fuss breiten Gang von demselben hellen beinah weissen Trachyt, der an der neuen Wasserleitung in der Ribeira do Meio aufgeschlossen ist, wo er das rothe Agglomerat, zu dem er offenbar nicht gehört, durchsetzt. Derselbe streicht in der Richtung gegen die Trachytmasse der Achada und könnte möglicherweise mit jenen trachytischen Ausbrüchen des Thales von Porto da Cruz in einem gewissen Zusammenhang stehen, wenigstens ist es denkbar, dass die Lavamassen der Trachyte, während sie im Grunde der Thalmulde von Porto da Cruz austraten, hier nicht an die höher gelegene Gebirgsoberfläche gelangen konnten.

Der Ilheo da Vigia (Wachtposten-Eiland) ragt als eine kleine Landzunge in die nur flach eingeschnittene Bucht von Porto da Cruz hinein. Die Grundlage bildet bis 20 oder 22 Fuss über dem Meere eine dunkle basaltische steinige Lave mit rauher Oberfläche. Darüber lagert in einer Mächtigkeit von etwa 80 Fuss geschichteter gelber Tuff und auf diesem endlich eine 25 bis 30 Fuss mächtige Trachytschicht. In dem gelben Tuff sind die beinah wagrechten Schichten aus ungleichen, bald gröberen und bald feineren, oft ganz feingeschlemmten Massen gebildet und dazwischen kommen zwei zehn Zoll dicke Lagen kleiner gerundeter Geschiebe vor. Die ganze Tuffanhäufung macht den Eindruck von Ablagerungen, die in stehendem Wasser stattfanden. Herr W. Reiss, der diese Oertlichkeit später besuchte, machte, ohne die Ansicht Sir Charles Lyell's (a lacustrine deposit), die in dessen gedrucktem Bericht über Madeira keine Stelle gefunden hatte, zu kennen, dieselbe Bemerkung und theilte noch die folgenden charakteristischen Züge mit:

„Die Schichtung der Tuffen, Aschen und Lapillager ist keineswegs sehr regelmässig; es scheint als habe häufig eine Störung kleine Störungen in der Ablagerungsweise veranlasst. So findet man z. B. eine Reihe von erdigen Tuffen zwischen welchen Schlacken und Lapillenschichten eingelagert sind. Die dünnen Streifen der letzteren Massen schwellen jedoch auf kurze Entfernungen rasch an und ziehen sich dann wieder zusammen, ja zwischen zweien sind

sogar die sonst zwischenlagernden Tuffe verdrängt. Fast möchte dies zum
Glauben verleiten, es seien diese gröberen Massen im Bette einer Strömung
angehäuft, während die leichten beweglichen Theile des Tuffs mehr zu den
Seiten abgelagert wurden. Auch zeigt sich in den Lapillschichten eine eigenthümliche Gliederung, ähnlich jener die so häufig bei Sandablagerungen unserer Flüsse gefunden wird.

„An der Nordspitze dieser kleinen Halbinsel entdeckte Mr. J. Y. Johnson
im Jahre 1859 eine Schicht mit Blattabdrücken, nachdem er bereits früher
an mehreren Stellen Stücke fossilen Holzes aufgefunden hatte. Die Pflanzen
führende Schicht ist 2 bis 3 Zoll mächtig und enthält ausser grossen Blattabdrücken häufig Gräser eingeschlossen, deren noch erhaltene Fasern wie
Borsten an der verwitterten Gesteinsoberfläche ausragen. In Begleitung der
Pflanzen finden sich häufig Schwefelkiesknollen in den Tuffen. Es liegt diese
Schicht im unteren Theile des Hügels nur wenige Fuss über dem nach der
Nordspitze führenden Weg. Wohl mag es als ziemlich wahrscheinlich anzunehmen sein, dass sich bei dauernder Nachforschung noch mehr Pflanzen-
schichten würden auffinden lassen.

„Mr. J. Y. Johnson's Sammlung, vervollständigt durch einige meiner
Funde, lag Herrn Prof. O. Heer zur Untersuchung vor." ·

Ueber die aus dieser Pflanzenschicht stammenden noch erkennbaren
Blattreste, welche Prof. Heer in Zürich untersucht und auf Tafel VIII abgebildet hat, macht derselbe folgende Mittheilung:

„1. Carex? Tafel VIII Fig. 2.

Breites Blatt mit 3 Längsfalten; einer mittleren und 2 seitlichen; die
mittlere bildet auf der oberen Seite die Falte, die seitliche auf der untern.
Zahlreiche Längsnerven, zwischen den stärkeren 1. 2. 3. und 4. feinere
Zwischennerven und ferner zarte Quernervchen, welche nur die feineren
Zwischennerven mit einander verbinden. Auf der einen Seite sind im Ganzen etwa 20, auf der anderen aber circa 30 solcher Längsnerven (stärkere
und feinere) zu zählen.

„Bei einem anderen Stück auf jeder Seite 30 Längsnerven; es ist
stark zusammengedrückt und die Falte nicht mehr erhalten. Es sind jederseits 7 stärkere Längsnerven, das erste Interstitium vom Rande aus mit 2,
das zweite mit 1 Zwischennerven, alle übrigen aber mit 3. Ein drittes Stück
stellt die Blattspitze dar. Fig. 3.

„Stimmt in der Breite und Art der Faltenbildung des Blattes vollständig mit Carex maxima Scop. überein und auch die Nervation lässt keine
Unterschiede erkennen. Wir haben nehmlich auch bei C. maxima zwischen
den stärkeren Längsnerven 1—3 etwas schwächere Zwischennerven, welche
ebenfalls durch sehr feine Quernerven verbunden sind. Der Representant

der C. maxima in Madeira und auf den Azoren ist die Carex myosuroides Lowe. welche nur durch die Bildung ihrer Fruchtähren von derselben unterschieden wird. Leider standen mir keine Exemplare zur Vergleichung zu Gebote; die grosse Aehnlichkeit der fossilen Blätter mit denen der C. maxima machen es jedoch wahrscheinlich, dass sie zur Carex myosuroides gehören.

Vielleicht gehören zu dieser Art die kleinen ovalen Früchte, welche in Fig. 4 und 5 abgebildet sind.

"2. Carex? Fig. 1.

Blatt viel schmäler als bei vorigem, und nur mit einer mittleren Falte, und alle Längsnerven gleich stark, jederseits circa 15. sonst diese in ähnlichen Abständen wie die feineren Zwischennerven der vorigen Art und auch mit Quernervchen wie dort.

"Auf demselben Steine ähnliche dunkle Bänder mit sehr starken Längsnerven. Diese wohl Halmstücke, die danach dick gewesen sein müssen.

"3. Rubus fruticosus. L.*)

Die auf Tafel VIII Fig. 6—11 abgebildeten Blätter gehören ohne Zweifel zur Gattung Rubus und zwar in die Gruppe des R. fruticosus L. — Bekanntlich hat man in neuerer Zeit diese Linneische Art in eine Menge von Arten zerlegt, welche eine grosse Mannigfaltigkeit in der Grösse und Form ihrer Blätter zeigen. Es hält schwer mit einiger Sicherheit diese Blätter einer dieser Unterarten zuzuschreiben, doch scheinen sie mit dem R. discolor Weih.. welcher auch jetzt noch in Madeira häufig vorkommt, am meisten übereinzustimmen.

"Fig. 6 stellt ein Endblättchen dar mit gleichzeitiger Basis. Es ist oval, am Grund zugerundet, scharf doppelt sägezähnig. Die Secundarnerven entspringen in spitzigen Winkeln, ebenso die randläufigen Tertiärnerven. Die Nervillen treten deutlich hervor. Fig. 8 und 9 sind Seitenblättchen; sie sind etwas länger und schmäler als sie gewöhnlich bei R. discolor vorkommen. In Fig. 10 liegt neben 2 Blättchen ein mit Stacheln besetzter Stengel; die Stacheln sind zurückgebogen aber gerade, fein zugespitzt. Fig. 7 ist ein Stück eines grossen Blattes mit scharf abgesetzter, schmaler Spitze, wie sie bei verschiedenen Formen des R. fruticosus sich findet. Fig. 11 ein junges Blatt mit vier festsitzenden Blättchen, die seicht gezahnt sind.

---

*) Recherches sur le climat et la vegetation du pays tertiaire par Oswald Heer. Introduction de Charles Th. Gaudin. Winterthur. Wurster et Comp. 1861. Seite 179. Anmerkung: Eine Sendung, die mir Herr J. Y. Johnson von Madeira zukommen liess, enthielt zahlreiche Bruchstücke eines Rubus, der sich kaum von Rub. fruticosus unterscheidet, eine Art, welcher auch die Blätter zugezählt werden müssen, die ich früher frageweise zu ulmus gerechnet hatte. (Die S. Jorge-Pflanzen u. s. w. Tafel I Fig. 24.)

„Die wenigen bestimmbaren Arten stimmen, soweit die Feststellung möglich ist, mit jetzt lebenden Arten überein und scheinen daher einer jüngeren Bildung anzugehören als die Pflanzen von S. Jorge."

Werfen wir nach diesen Erörterungen noch einen flüchtigen Rückblick auf das Thal von Porto da Cruz, so können wir seine Bodengestaltung und Lagerungsverhältnisse in folgender Weise darstellen.

Die älteren Eruptivmassen einer Hypersthenit- und Diabasformation, die, wie wir anzunehmen berechtigt sind, den Grundstock des Gebirges bilden, ragen an dieser Stelle der Insel 7 bis 800 Fuss oberhalb des Meeres empor.

Die später hervorgebrochenen vulkanischen Massen wurden darüber in ungleicher Mächtigkeit und zwar so abgelagert, dass jene früheren Schichten, die ältesten, die überhaupt in der Inselgruppe sichtbar sind, an mehreren Stellen im Grunde einer natürlichen Mulde entweder nur wenig bedeckt waren oder ganz frei zu Tage ausgingen.

Unter dem Einfluss des Dunstkreises erlitt die aus der ungleichen Anhäufung der vulkanischen Erzeugnisse hervorgegangene muldenförmige Einsenkung mancherlei Abänderungen. Es wurden Zersetzungsprodukte an den Abhängen herabgewaschen und Bachbetten ausgehöhlt. Unfern des Meeres scheinen sich die Tageswasser an der Mündung zusammenströmender Gebirgsbäche in einer Vertiefung gesammelt zu haben, die später von der nach landeinwärts vordringenden Brandung zerstört ward.

Die Ausbrüche der Trachyte erfolgten erst nach Ablagerung der herabgewaschenen Zersetzungsprodukte, Tuffen u. s. w.; die ersteren sind, an einer Stelle wenigstens, nur durch die letzteren von den darunter anstehenden älteren Eruptivmassen getrennt.

Aber auch diese trachytischen Laven müssen schon vor sehr langer Zeit abgelagert worden sein, denn abgesehen von dem matten erdigen Ansehen der Grundmasse und Einmengungen, sind sie bereits durch die Einwirkungen des fliessenden Wassers theilweise zerstört und in jähen Felsenwänden abgeschnitten.

Die Dünenbildung an der Ponta de S. Lourenço.

Um diese oberflächliche Ablagerung richtig auffassen zu können, müssen wir zunächst die Grundlage, auf der sie aufruht, genauer betrachten. Die Ponta de S. Lourenço bildet einen Rest der Fortsetzung des Hauptgebirgszuges der Insel (A B, Karte), der die Wasserscheide des Gebirges darstellt und in welchem die Anhäufung von Agglomerat am bedeutendsten oberhalb des Meeres hinausragt. Gleich östlich von Porto da Cruz ist dieser Hauptgebirgszug (zwischen S. Antonio Pt und B auf der Karte) an der Nordküste unfern seines Kammes in einer hohen und jähen Klippenwand abgeschnitten, an seinem Südabhang aber erhebt sich jenseits des Thales von Machico (bei b auf der Karte) das Hochland von S. Antonio da Serra und erstreckt sich (bei l—m auf der Karte) ein seitlicher Höhenzug vom Pico do Castanho in der Richtung von Nord nach Süd. Weiter gegen Osten setzt sich nur der Hochgebirgszug der Insel (A B, Karte) fort, indem er zu der schmalen und niederen Landzunge von S. Lourenço herabsinkt. Diese aber besteht, so wie sie sich gegenwärtig darstellt, augenscheinlich nur aus der südlicheren kleineren Hälfte eines Bergrückens, dessen grössere nördliche Hälfte bereits von der Brandung zerstört ist. Zu einem solchen Schlusse berechtigt die Uebereinstimmung, die zwischen der untergetauchten, durch Lothungen erforschten Grundlage, den über dem Meere emporragenden Bergformen und dem innern Bau der letzteren obwaltet. Das Verhältniss, in welchem die Bodengestaltung des bis zu einer Tiefe von etwa 200 Faden (1200 Fuss) ermittelten Meeresgrundes zu der Form der schmalen Landzunge steht, erhellt am besten aus dem Durchschnitt Tafel III Fig. 2, der nach A. T. E. Vidal's Karte in fünffach vergrössertem Maassstabe angelegt ist. Die Ponta de S. Lourenço ist durchweg nach südwärts sanft abgedacht. Die Klippenwände sind zwar an beiden Seiten jähe aber an der nördlichen viel höher als an der südlichen. An dem vorliegenden Durchschnitt Tafel III Fig. 2, der in Fig. 4 abermals in noch grösserem Maassstabe theilweise dargestellt ist, rührt die Höhe der südlichen Klippenwand von dem Rest eines vereinzelten Schlackenberges her, welcher, wie wir gleich sehen werden, erst verhältnissmässig spät an der südlichen Abdachung des Bergrückens aufgeworfen wurde. Mit Ausnahme des Pico da Piedade dacht sich auch hier die Landzunge von Nord nach Süd ab und bildet augenscheinlich das Südgehänge eines von Ost nach West streichenden Höhenzuges. Dieser Gestaltung entsprechend erstreckt sich der bis etwa 1200 Fuss untergetauchte Meeresgrund nordwärts viel weiter als südwärts über die Klippe hinaus, so dass es nahe liegt die ursprüngliche Bergform in der Weise zu ergänzen wie dies in Fig. 2 (Tafel III) durch die punktirte Linie a g b angedeutet ist. Eine Bestätigung dieser aus der Oberflächengestaltung abgeleiteten Annahme bieten die Lagerungsverhältnisse der Landzunge. Denn erstens fallen die steinigen Schichten, wie wir in Fig. 4 (Tafel III), sehen von Nord nach Süd mit der Abdachung des Ueberrestes eines von Ost nach West verlaufenden Bergrückens ein; zweitens vermehren sich die Lavabänke ebenso gegen Süden als die Agglomeratmassen gegen Norden an Mächtigkeit zunehmen; endlich drittens sind an der Nordküste bei a, c, b (Fig. 1 Tafel III) die Anzeichen eines später vollgefüllten Bachbettes so aufgeschlossen, dass wir die Wasserscheide des theilweise zerstörten Höhenzuges ausserhalb der Nordklippe etwa bei g auf Tafel III in Fig. 2 suchen müssen, von wo aus das Bachbette, wie ebendaselbst durch die untere punktirte Linie c c c angedeutet ist, gegen die Südküste ausgehöhlt gewesen sein mag.

Um die Schilderung der geologischen Verhältnisse des Theils der Ponta de S. Lourenço, auf welchem die Dünenbildung abgelagert ist, zu vervollständigen, müssen wir noch den Pico de Nossa Senhora da Piedade erwähnen. Dieser Rest eines ehemaligen Schlackenberges ist mit dem natürlichen, unter der Einwirkung der Brandung entstandenen Durchschnitte auf Taf. VIII in Fig. 5 dargestellt.

Die Grundlage, über welcher der Ausbruchskegel aufgeworfen ward, besteht aus älterer basaltischer, kugelförmig abgesonderter Lave, die überhaupt häufig an der Oberfläche der Landzunge ansteht. An dem vorliegenden Durchschnitt ragt diese, theilweise in wackeartiger Umwandelung begriffene Lave bei 1 (Tafel VIII Fig. 5) 25 bis 30 Fuss oberhalb des Meeres empor und ist an der zu gelblichem Tuff zersetzten Oberfläche von der später darüber geflossenen Lave in einem schmalen Sahlbande ziegelroth gebrannt.

Darüber steht zunächst eine 15 bis 20 Fuss mächtige blasige und schlackige Lave 2 an, die nach Osten compacter und säulenförmig abgesondert erscheint und sich im Bogen unter Winkeln von etwa 13 Graden wölbt.

Dann folgt die Hauptmasse des Hügels, bestehend aus violett oder weinroth gefärbtem Agglomerat 3, dessen dünne, parallele Schlackenschichten im Bogen von OSO nach WNW unter Winkeln von 10 bis 15 Graden gewölbt sind. An einer Stelle rechts von dem breiten Gange, bemerkt man über der blasigen Lave 2 eine örtliche, 15 bis 25 Fuss hinaufreichende, unregelmässig säulenförmige Absonderung der Agglomeratmasse. Gleich daneben sind in dem Agglomerat bei 11 zwei unregelmässig gestaltete Massen schwarzer, blasiger und verschlackter Laven eingeschaltet. Die bemerkenswertheste Erscheinung aber bildet eine gangartige, compacte, in senkrechte parallele Platten abgesonderte basaltische Masse, die unten 15 Fuss breit ist, sich nach oben etwas zusammenzieht und mit den Schlackenmassen des ehemaligen Ausbruchskegels 3 über den kugelförmig abgesonderten älteren Laven 1 abschneidet. Ein anderer Gang durchsetzt weiter westlich bei g die Agglomerate, wo diese bis unter die Meeresfläche herabreichen, weshalb es sich nicht feststellen lässt, ob er so wie der andere über der älteren Grundlage abschneidet oder durch dieselbe hindurchsetzt. An der Nordseite des Hügels lehnt, 40 bis 50 Fuss mächtig, eine mit Blasenräumen erfüllte steinige Lave L, die sich, drei Absätze oder Terassen bildend, bis ans Meer herabzieht, wo sie theilweise in der Ansicht Tafel VIII Fig. 5 sichtbar ist.

An der östlichen Seite des Hügels sind dem Agglomerat geschichtete schwarze Lapillen angelagert. Die erste unterste Masse 4 ist sehr steil, die andere obere Masse 5 weniger steil geneigt. An der Klippe kommt unter oder gewissermaassen aus dieser letzteren Gesammtschicht schwarzer Lapillen ein Strom hervor und bildet das Riff r, an welchem die Bote anlegen. Es ist eine dunkle basaltische, in senkrechten Klüften abgesonderte Lave mit tauartig gereifter Oberfläche und mit in der Richtung des Stromes verlängerten Blasenräumen.

Auf der oberen Masse schwarzer Lapilli 5 ruht eine bis 15 Fuss mächtige Lage gelben geschichteten Tuffs 6, dem endlich eine 2 Fuss starke Schicht unreiner Kalkmasse 7 aufgelagert ist. Die beiden Schichten 6 u. 7 keilen sich gegen den Gipfel aus. Sie gehören anscheinend mit zu der Dünenbildung, die theilweise die Abhänge an der Nordseite des Pico da Piedade, jedoch nicht bis zum Gipfel hinauf, bedeckt und daher erst nach der Bildung des ehemaligen Ausbruchskegels entstanden sein kann.

So erscheint der Pico de Nossa Senhora da Piedade auf Tafel VIII Fig. 5 in einem Durchschnitt von Ost nach West. Auf Tafel III Fig. 4 ist ein anderer Durchschnitt von Nord nach Süd gegeben, in welchem der ehemalige Ausbruchskegel nach Sir Charles Lyell's Auffassung vervollständigt und in seinem Verhältniss zu älteren und jüngeren Ablagerungen dargestellt ist. Der aus Agglomerat und Lavabänken gebildete Bergkörper der Landzunge von S. Lourenço ist mit 1 bezeichnet. Darüber sind die durch wellenförmige Linien 2 bezeichneten kugelförmig abgesonderten Laven abgelagert, welche an der Oberfläche der Ponta de S. Lourenço eine grosse Verbreitung erlangten und auch, wie bei Aufzählung der Felsarten bemerkt wurde, in den übrigen Theilen der Insel häufig als die obersten Schichten anstehn. Auf der Lave 2 ruht die Masse des ehemaligen Schlackenberges 3, von welcher nur noch der auf Tafel VIII Fig. 5 dargestellte Pico de Nossa Senhora da Piedade erhalten ist. Dem Abhang des letzteren ist die Dünenbildung 4 mit den Ueberresten von Landschnecken, den Kalkkonkretionen und den dünnen Kalkschichten aufgelagert. Da der Schlackenberg 3 offenbar ursprünglich, wie durch den heller schattirten Theil des Durchschnittes angedeutet ist, weiter südwärts ins Meer hinausreichte, ist die Stelle, an welcher die Auswurfsstoffe ausgeschleudert und die Laven hervorgepresst wurden, bei V angenommen. Nachdem die heissflüssigen Gesteinsmassen bis a—b hinaufgehoben waren, durchbrachen sie nach seitwärts die untere blasige Lave und die Schlakenmassen des Ausbruchskegel 3 aber nicht die ältere bereits vorhandene Bergmasse, an deren Oberfläche die vulkanischen Erzeugnisse (bei V) einen Ausweg fanden. Das Riff r, welches (auf Tafel VIII Fig. 5) ein Stück ins Meer hinausreicht, und die basaltische Lavenmasse L, die an dem nördlichen und nordwestlichen Aussengehänge des Berges ansteht, sind anscheinend durch seitliche Spalten abgeflossen und in einer solchen mag auch die zuletzt zurückbleibende Lave zu einer gangartigen Masse erkaltet sein, welche unter diesen Verhältnissen in dem später blosgelegten Durchschnitte über der älteren, früher vorhandenen Grundlage abschneiden musste. Wohl denkbar ist es, dass die Lave (in Fig. 4 Tafel III) bis a—b gehoben ward, bevor sie durch das Gewicht ihrer Masse die Seite des Schlackenberges aufriss. Es bestand daher entweder ein tiefer bis gegen V herabreichender Krater, dessen Umwallung in einer Spalte aufbarst als die Lave die Höhlung von V bis a—b erfüllt hatte, oder, was wahrscheinlicher sein dürfte, es hatte der Schlackenberg nur einen weniger tiefen, etwa bis a—b herabreichenden Krater, zu welchem die Lave emporgepresst ward und, wie das gewöhnlich der Fall zu sein pflegt, bevor sie an den Rändern überfloss durch eine oder mehrere seitliche Spalten entwich.

Beachtenswerth ist noch ein anderer Schlackenkegel, der weiter westwärts ebenfalls über der kugelförmig abgesonderten Lave (1 Tafel VIII Fig. 5 und 2 Tafel III Fig. 4) ansteht und von Herrn W. Reiss in folgender Weise beschrieben wird:

„Am Fusse der steilen und rasch abfallenden Ausläufer des Pico do Castanho, do Facho u. s. w. liegt auf einem flachen Landstriche der Ort Caniçal. Im Osten Caniçal's erhebt sich abermals das Land um dann gegen das sogenannte „fossil bed" wieder abzufallen. Schon die eigenthümlich scharf abgeschnittene Einsenkung bei den Häusern Caniçal's lässt grosse Verschiedenheiten in den die Gegend zusammensetzenden Gesteinen oder deren Alter vermuthen. Und wahrlich es finden sich hier die am meisten veränderten Gesteine der Insel neben frischeren Ausbruchsmassen. Auf einem kugelig abgesonderten aber fast zu Thon verwitterten Basalt stehen die Häuser Caniçal's. Meist zeigt sich an der kahlen Oberfläche dieser verwitterten Massen nur noch durch ringförmige Streifen und Bänder die concentrisch schalige Structur der Basaltkugeln. Seltener sind noch einzelne dieser Kugeln über der allgemeinen Fläche erhaben.

„Auf diesen zersetzten, Olivin und Augitreichen Massen lagern nun gegen Ost die neueren, tauförmig gewundenen Schlacken und Bomben des Pico de Caniçal. Es ist dies ein Ausbruchshügel, der sich kegelförmig rasch über die verwitterte Grundlage erhebt. Auf dem Gipfel findet sich ein etwa 50 Fuss tiefer Krater, dessen Einfassung in ungefähr 10 Minuten zu umgehen ist. Der Kraterrand ist nicht vollständig erhalten sondern auf der Süd- und Nordseite bis fast zum jetzigen Kraterboden durchbrochen. Während nun aber die Gesteine des Hügels und auch die an seinem Südostfusse abgelagerten neuen Laven dicht erscheinen und wenig Augit und Olivin enthalten ist der Kraterboden bedeckt mit verwitterten Massen, welche jene Mineralien von beträchtlicher Grösse und Zahl einschliessen, so den alten

Gesteinen am Fusse des Hügels entsprechend. Sollte einst das Meer in diesen Krater getreten sein?"

An der auf Tafel I mit n—o bezeichneten Stelle lagert nun die Dünenbildung, bestehend aus kalkhaltigem Sande, aus den kalkigen Conkretionen des sogenannten fossilen Waldes, aus Schalen von Landschnecken und aus dünnen Lagern oder Krusten von unreinem Kalk. Die Ausbreitung dieser Gebilde ist in der Richtung von Nord nach Süd in Fig. 4, von Ost nach West bei d—e in Fig. 1 der Tafel III angegeben. Die sandigen und kalkigen Massen erfüllen demnach, gegen Ost und West ausspitzend, eine Einsenkung des Bodens, die mit der Abdachung der Landzunge von S. Lourenço von Nord nach Süd geneigt ist. In der Mitte und an der tiefsten Stelle, (bei 254 Fuss, Fig. 1 und Fig. 4 Tafel III) und von da gegen Süden sind in dem kalkhaltigen meist gelblich gefärbten Sande die meisten Landschnecken enthalten, deren Zahl nach beiden Seiten (gegen d und e Fig. 1 Tafel III) mit der Mächtigkeit der oberflächlichen Ablagerung schnell abnimmt. Dort sind denn auch durch theilweise Entfernung des Sandes eine ungemein grosse Menge kalkiger Gebilde blosgelegt, die in ihren Formen auffallend den Zweigen, Wurzeln und Stubben eines Dickicht, (auf Madeira mato genannt) gleichen. Die einige Zoll bis wenige Fuss mächtigen, kalkigen Ueberzüge, welche auf den Madeira-Inseln Lagenhas de Cal (kleine oder dünne Kalkplatten oder Kalkfliesen) genannt werden, kommen mehr an den Seiten der Ablagerung über dem kalkhaltigen Sande vor und enthalten auch mitunter Reste derselben zum Theil bereits ausgestorbenen Schnecken, die in der Mitte der Dünenbildung in so grosser Zahl eingelagert sind.

Die ganze oberflächliche Ablagerung und namentlich die kalkigen astartigen Conkretionen sind von verschiedenen Beobachtern in verschiedener Weise gedeutet worden. Bowdich beschrieb die letzteren als die fossilen Reste eines Waldes (fossil forest) und nahm an, dass das Meer, als die Ponta de S. Lourenço tiefer als gegenwärtig untergetaucht war, an dieser Stelle hereingebrochen sei (an irruption of sea) und die Ablagerung des vulkanischen Sandes sowie die Bildung der Kalkabgüsse verursacht habe. Auf die ferneren zur Beschaffung des Kalkes angeführten Voraussetzungen dürfen wir hier nicht weiter Rücksicht nehmen. Smith of Jordanhill war dagegen der Ansicht, es sei ein kleines Thal, von welchem wir jetzt nur ein Bruchstück erblicken, mit seinen bewaldeten Abhängen, mit den Sumpfpflanzen und den die Waldungen liebenden Mollusken mit (aus zerkleinerten basaltischen Massen und Meeresschnecken gebildetem) Seesand bedeckt worden und darauf hätten dann die Landschnecken, welche an trocknen Oertlichkeiten vorkommen, in grosser Anzahl gelebt. Dr. Macaulay, der die Ponta de S. Lourenço später besuchte, stellte noch eine andere Annahme auf. Da nehmlich die von Prof. Anderson gemachte Analyse der Kalkkonkretionen einen Gehalt von 4,25 Procent stickstoffhaltiger organischer Substanz ergeben hatte, erklärte er die kalkigen Verästelungen für thierische Gebilde einer Korallenformation (a tract of fossil corral) aus der Familie der Alcyonidae (vielleicht mit A arboreum verwandt). Sir Charles Lyell, der sich der Auffassung von Smith of Jordanhill anschloss, deutete die Sandablagerungen bei Caniçal auf der Ponta de S. Lourenço, und die ganz ähnlichen auf Porto Santo als übermeerisch entstandene Dünenbildungen, deren grössere oder geringere Mächtigkeit von der Bodengestaltung der Grundlage abhängig war, auf welcher der Sand angehäuft wurde.

Steigt man an der nördlichen Klippe bis zu etwa 100 Fuss oberhalb des Meeres herab, so trifft man bei c zwischen a und b (Tafel III Fig. 1) gerundete Bruchstücke, die ursprünglich einem Bachbette angehören mussten. Sie sind etwa 5 Fuss hoch angehäuft, faustgross und messen bis 2¼ Fuss im Durchmesser. Auf beiden Seiten treten anscheinend die Reste der einstigen Uferwände hervor, nehmlich bei a Fig. 1 (Tafel III) eine Felswand, die sich 15 Schritte weit landeinwärts verfolgen lässt, und bei b an der gegenüberstehenden Seite der entsprechende Absturz, zu dem man jedoch nicht gelangen kann. Der Zwischenraum mag etwa 50 Schritte betragen. Wohl denkbar ist es, dass die oberen sanft abfallenden Gehänge des Thales, in dessen Grunde der Bach floss, mit Bäumen oder mit Unterholz bestanden waren, dass die Stämme, Wurzeln und Aeste unter dem von der Nordküste heraufgewehten Sande begraben wurden, dass der kohlensaure Kalk des hereinsickernden Regenwassers nach der allmähligen Entfernung der Holztheile die Formen des überdeckten Gesträuppes annahm und dass endlich die so entstandenen Abgüsse in Folge der Erosion durch fliessendes Wasser und Wind wieder theilweise blosgelegt wurden. Allein nicht überall, wo solche und annähernd ähnlich gestaltete kalkige Konkretionen vorkommen, ist zu deren Entstehen die Anwesenheit von vermodernden Aesten und Wurzeln unumgänglich nothwendig. Es müssen solche stalagmitischen Gebilde, die mehr vereinzelt in den Dünenbildungen von Porto Santo und Fuertaventura, wo doch keine fossilen Ueberreste von Wäldern vorausgesetzt werden, vorkommen, auch etwa so wie die Lössmännchen durch Einsickern des kalkhaltigen Regenwassers in anderweitig gebildeten Höhlungen entstehen. Und selbst in der Dünenbildung der Ponta de S. Lourenço sind die kalkigen Theile mitunter in Risse und Spalten der zusammengetrockneten Dünenbildung hineingesickert und haben ganz dünne weisse Platten oder einzelne Knollen hinterlassen, die später wieder blosgelegt wurden. An dieser Oertlichkeit ist indessen die Masse der Stalagmiten so bedeutend und ihre Aehnlichkeit mit Wurzeln, Aesten und selbst mit Stämmen oft so auffallend, dass die zuerst von Bowdich aufgestellte Annahme, soweit sie die Entstehung der Kalkabgüsse betrifft, um so mehr als die richtige erscheint, da Darwin in seinen geologischen Beobachtungen über vulkanische Inseln am Bald Head in King George's Sound auf Australien Kalkmassen schildert, die ganz entschieden in der oben angedeuteten Weise hervorgebracht wurden und die er den Formen nach genau mit kalkigen Aesten von Madeira und den Bermudas-Inseln übereinstimmend fand. Unter Zurückweisung der von Dr. Macaulay aufgestellten Annahme bemerkt Darwin noch, dass die thierische Substanz, die Mr. Anderson durch seine Analyse in den Kalkabgüssen von Madeira nachwies, gerade etwas sei was man voraussetzen müsse, da die Kalkmasse von zerkleinerten Schalen und Corallen herrührt. *)

Der Kalksand besteht aus gelblich gefärbten Tuffmassen oder aus zerkleinerten vulkanischen Erzeugnissen der verschiedensten Art, denen weisse Körnchen von abgeschliffenen Bruchstücken von Meeresmuscheln und eine feine kalkige Masse in grösserer oder geringerer Menge beigemischt sind. Uebergiesst man etwa erbsengrosse Stücke des zusammenhaftenden Kalksandes mit verdünnter Salzsäure, so lösen sich die weissen Bestandtheile unter heftigem Aufbrausen auf und es bleiben als Rückstand die erdigen Theile und eine gelblich braune flockige Masse zurück. Manche Abänderungen der Dünenbildung von Fonte da Areia auf Porto Santo lösen sich beinah ganz auf, indem nur ein paar Körnchen vulkanischen Sandes zurückbleiben. Solche bestehen beinah ausschliesslich aus gerundeten Bruchstücken zerkleinerter Schalen, an welchen hier und da noch die Reifung erkennbar ist, während nicht eben ganz selten Theile von Echinusstacheln oder auch ganz kleine erhaltene Conchylien dazwischen vorkommen. Auch in dem Kalksande der Landzunge von S. Lourenço erwähnt der Geheimerath Albers in seiner Malacographia Maderensis (Berol. 1854, S. 77) Reste von Meeresschnecken (Lacuna, Venus, Cerithium, Murex, Trochus) und Echinusstacheln, welche jedoch so klein sind, dass sie leicht mit dem Sande heraufgeweht sein können. Auf dieser kalkhaltigen Dünenbildung lebten dann die Landschnecken in ungemein grosser Zahl. Gegenwärtig fällt auf Porto Santo und auf dem kleinen Eilande Baixo gerade an den dürren mit kalkigen Schichten bedeckten Küstenstrichen die ungeheure Menge der lebenden Landschnecken auf, welche gewisse Pflanzen wie mit einer Kalkkruste dicht überziehen und unter jedem Stein zu Hunderten angetroffen werden. Die Schalen der abgestorbenen Landschnecken wurden später auf der Ponta de

---

*) Geological observations on coral reefs, volcanic islands and South America by Charles Darwin. London, Smith elder and Co. 1851. Part. III, p. 447.

S. Lourenço wieder mit Sand bedeckt und, wie Prof. Heer annimmt*), mit dem Sande durch den Regen allmählich in die Einsenkung herabgewaschen, wo sie jetzt in so ungeheurer Menge vorkommen. Viele zerfielen auch an der Oberfläche und vermehrten die Kalkmasse der Dünenbildung, die, vom Regenwasser aufgelöst und wieder abgesetzt, das Material zu den Aesten oder Wurzeln gleichenden Kalkkonkretionen, zu den Kalkknollen, den ganz dünnen senkrechten kalkigen Platten und den wenig mächtigen oberflächlichen Kalklagern oder Kalkkrusten lieferte, von welchen eine bei 7 auf Tafel VIII Fig. 5 angedeutet ist. Da nun der Kalk zum Theil aus zerriebenen Schneckenschalen besteht, dürfte der Gehalt an stickstoffhaltiger thierischer Substanz erklärlich sein, den Prof. Anderson in den Kalkmassen der Ponta de S. Lourenço fand, und den Prof. E. Schweizer viele Jahre später, ohne von der früheren Arbeit etwas zu wissen, durch eine Analyse der ihm von Prof. Heer übergebenen Handstücke bestätigte.

Prof. Anderson.**)		Prof. E. Schweizer.***)		
Kohlensaurer Kalk	73,15	Kohlensaurer Kalk	84,29	
Kieselerde	11,90	Kohlensaure Magnesia	5,48	
Phosphorsaurer Kalk	8,81	Phosphorsaure Erden	1,00	
Thierische Substanz	4,25	Stickstoffhaltige organ.	4,66	7,07
	98,11	Substanz		
		Wasser	2,41	
		Sand	1,48	
			99,32	

In seiner Malacographia madeirensis erwähnt der Geheimerath Dr. Albers in den Dünenbildungen von Madeira und Porto Santo 62 lebende und 10 ausgestorbene Arten. Prof. Heer giebt in seiner soeben erwähnten Abhandlung für die Ponta de S. Lourenço 35 Arten und unter diesen 10 ausgestorbene an und schliesst aus dieser Mischung lebender und ausgestorbener Arten, die in demselben Verhältniss bei den S. Jorge-Pflanzen vorkommen, dass beide Ablagerungen der Diluvialzeit angehören. Sir Charles Lyell spricht sich in seinem neuesten Werke†) über die an den betreffenden

---

*) Ueber die fossilen Pflanzen von S. Jorge. Madeira, von Dr. Oswald Heer. XV. Band der neuen Denkschriften der allgemeinen schweizerischen Gesellschaft für die gesammten Naturwissenschaften. Seite 11.

**) Dr. J. Macaulay. Notes on the physical geopraph., geology and climate of the island of Madeira. Edinburgh. New Phil. Journ. vol. XXIX. p. 350, (für Octob. 1840).

***) Ueber Kalke von Madeira von E. Schweizer. Aus den Mittheilungen Nr. 104 der Naturf. Gesellschaft in Zürich (1854).

†) The geological evidences of the Antiquity of man with remarks on the theories of the origin of species by variation by Sir Charles Lyell. London, John Murray. 1863, pag. 444.

Oertlichkeiten vorkommenden Conchylien in folgender Weise aus. „ . . . . . wenigstens ist es sicher, dass seit dem Schluss der neueren pliocenen Periode Madeira und Porto Santo zwei getrennte Inseln bilden, jede in Sicht der anderen und bewohnt von einer Anzahl Landschnecken (helix, pupa, clausilia etc.), die grossentheils von einander verschieden und jeder Insel eigenthümlich sind. Ungefähr 3² fossile Arten sind auf Madeira, 42 auf Porto Santo gefunden, während im Ganzen nur 5 beiden Inseln gemein sind. In jeder sind die lebenden Landschnecken ebenso verschieden und entsprechen zum grössten Theile den fossilen Arten, die auf jeder Insel besonders vorkommen. Unter den 72 Arten scheinen 2 oder 3 vollständig ausgestorben zu sein; eine grössere Zahl von Arten sind aus der Fauna der Madeira-Gruppe verschwunden, obschon sie noch in Africa oder Europa vorkommen. Viele, die in der neueren Pliocen-Periode sehr gemein waren, sind jetzt äusserst selten und andere, die früher selten waren, sind nun gerade am zahlreichsten vertreten."

Obgleich das Ergebniss, das aus dem Alter der an den verschiedenen Stellen aufgefundenen organischen Resten hervorgeht, später noch ausführlicher besprochen werden muss, so dürfte es doch angemessen sein hier vorläufig eine Bemerkung einzuschalten. Wenn nehmlich an der Oberfläche der Ponta de S. Lourenço fossile organische Reste vorkommen, die ebenso alt sind oder wohl gar als etwas älter als solche betrachtet werden, die an einer andern entferntern Stelle unter einer Masse von 1000 Fuss Gesammtmächtigkeit anstehen, so ist eine solche Erscheinung ganz im Einklang mit der Annahme, welche die Entstehung des Gebirges in seiner äussern Form und in seinem innern Bau aus der allmählichen Anhäufung vulkanischer Erzeugnisse herleitet. Dass die vulkanische Thätigkeit an der Landzunge von S. Lourenço um vieles früher als an dem weiter westwärts gelegenen Theile von Madeira erlosch, ist keineswegs ganz unmöglich; sind doch auf dieser Insel dieselben miocenen Schichten in ungleich bedeutenderem Maasse als auf Porto Santo von später gebildeten Laven überdeckt und lässt sich doch die an den verschiedenen Stellen so ungleiche Zeitdauer der Ausbrüche und Ablagerungen auf den Canarien und namentlich auf den Azoren auch aus dem verschiedenen Ansehn der vulkanischen Erzeugnisse und aus der ungleichen Tiefe der vom fliessenden Wasser ausgewaschenen Thalbildungen nachweisen. Jedenfalls reicht die Entstehung des Bergrückens, dessen Ueberrest die Ponta de S. Lourenço bildet, und des Schlackenberges, Pico de Nossa Senhora da Piedade, in sehr entfernte Zeiten zurück, die an oder doch nahe der Grenze der Tertiärzeit stehen dürften. Sehr treffend bemerkt Sir Charles Lyell in dem oben erwähnten Werke: „Seit die fossilen Schalen unfern der Küsten in Sand eingebettet wurden, haben die vulkanischen Inseln unter dem andauernden Einfluss der Brandung des atlantischen Oceans sehr bedeutende Veränderungen in ihrem Umfang und in ihrer Gestaltung erfahren, so dass der Beweis für einen langen dahingeschwundenen Zeitraum an Erscheinungen der unorganischen wie der organischen Welt hergeleitet werden kann."

Fassen wir die Hauptpunkte der Schilderung der Landzunge von S. Lourenço nochmals zusammen so lassen sich folgende Hauptpunkte bei den Vorgängen feststellen, denen die genannte Oertlichkeit ihre gegenwärtige Gestaltung verdankt..

Am Schlusse der Tertiärzeit erhob sich am östlichen Ende des Madeira-Gebirges ein Bergrücken, dessen Kamm in einiger Entfernung von der jetzigen Nordklippe der Ponta de S. Lourenço etwa bei g Tafel III Fig. 2 lag.

An den mit Bäumen oder Sträuchen bewachsenen Gehängen dieses Bergrückens entstanden unter dem Einflusse des Dunstkreises Wasserrunsen oder kleine Schluchten mit Geschiebebetten, von welchen die Spuren bei c (Tafel III Fig. 1) aufgefunden sind.

Bei der aus NW, N und NO vorherrschenden Windesrichtung wurde von der Nordküste an dem Nordgehänge vulkanischer Sand mit zerkleinerten Meeresschalen und Bruchstücken von Echinusstacheln heraufgeweht und in einer Dünenbildung angehäuft, die bis an den Kamm herauf oder, wo dieser weniger hoch emporragte, an einzelnen Stellen über die Wasserscheide hinaus auf den Südabhang herüberreichte.

Diese Sandablagerungen bedeckten die Reste der Vegetation. Eine Menge von Landschnecken lebten auf dem zwar trockenen aber ungemein kalkreichen Sande.

Durch den Regen ward der Kalksand mit den Schneckengehäusen in die Vertiefung der Thaleinsenkung herabgewaschen. Der im Regenwasser gelöste kohlensaure Kalk des Kalksandes und der zerfallenen Landschneckengehäuse ward, in die Sandablagerung hineinsickernd, wieder abgesetzt und nahm theilweise die Stellen und Formen der vermodernden Aeste und Wurzeln an oder bildete dünne oberflächliche Kalklager.

Unterdessen drang die Brandung, namentlich an der der vorherrschenden Windesrichtung zugekehrten Seite allmählich immer weiter landeinwärts vor und zerstörte im Laufe der Zeit den Bergrücken bis auf den Rest, der noch gegenwärtig als Ponta de S. Lourenço über dem Meere emporragt.

Die Insel Porto Santo.

Beinah 22 Minuten von der äussersten und östlichsten Spitze Madeira's entfernt erhebt sich der südwestlichste Punkt des Ilheo de Baixo, eines kleinen Eilandes, das nur durch eine schmale Meerenge von der Insel Porto Santo getrennt ist. Diese hat mit Einschluss des genannten Eilandes von SW nach NO eine Längenausdehnung von 7³/₄ und in der Richtung von SO nach NW mit dem Ilheo de Cima, einem anderen der Hauptinsel ganz nahe gelegenen kleinen Eilande, eine grösste Breite von 4 Minuten. Ohne den Ilheo de Cima beträgt die Breite im nordöstlichen Drittel von Porto Santo nur 3¹/₄, im mittleren Theile etwa 2¹/₄ und im südwestlichen Drittel nur 1¹/₂ Minuten. Der von dem Küstensaum umspannte Flächenraum der ganzen Insel umfasst etwa 12¹/₂ ☐ Minuten, eine Zahl die durch Hinzurechnung der Grundfläche der drei kleinen Eilande Ilheo de Cima, Ilheo de Baixo und Ilheo do Ferro nur etwa um eine halbe ☐ Minute vermehrt wird.

An dem Gebirge ist, wie bereits in dem über die Bergformen handelnden allgemeinen Abschnitt gezeigt wurde, weder die Gestaltung eines grösseren Vulkanes zu entdecken, noch sind irgendwo Anzeichen vorhanden, dass eine solche Gebirgsform ursprünglich bestand und erst in Folge späterer Einwirkungen zerstört ward. Der in der Richtung von NO nach SW gezogene Durchschnitt (Tafel IV Fig. 1) stellt einen Höhenzug dar, welcher in der Mitte der Insel zu einem niederen Strich Landes herabsinkt und, wie man in Fig. 2 Tafel IV sehen kann, in dem nordöstlichen Drittel durch Einsattelungen von parallel verlaufenden Höhen getrennt wird. Die der vorherrschenden Windesrichtung zugekehrten nordwestlichen und nordöstlichen Klippen ragen durchschnittlich am höchsten empor und sind näher an die Wasserscheide des Gebirges herangerückt als die südöstliche Küste, wo sich ein flacher sandiger Strand etwa 4¹/₂ Minuten, vom Fusse der Klippe bei Casas velhas bis an das südwestliche Ende der Insel, ausbreitet. Ja es ist sogar, ähnlich wie an der Ponta de S. Lourenço, von der ursprünglichen Bergform des mittleren Inselstrichs, da wo die Dünenbildung ansteht, nur noch das gegen SO abgedachte Gehänge übrig geblieben. Und überhaupt erweitert sich, wie man auf der kleinen Karte (Tafel I) und an den Durchschnitten (Tafel IV Fig. 1 und 2) sehen kann, der Unterbau der Insel Porto Santo in einer Meerestiefe von 200 Faden oder 1200 Fuss in beinah ebenso bedeutendem Maasse als an der schmalen und niederen Ostspitze von Madeira, denn die Ausdehnung des Gebirgsstockes steigert sich in jener Tiefe

in der Richtung von NO nach SW von 7¾ auf 12¼ und von SO nach NW
von 4 auf 15¼ Minuten, während der Flächeninhalt von 13 zu 74 Quadratminuten anwächst.

Bei der beschränkten Höhe und Ausdehnung hat die Insel Porto Santo
im Vergleich mit Madeira nur unbedeutende Thalbildungen aufzuweisen. Die
ansehnlichsten Thäler sind die der Serra de Fora und der Serra de Dentro.
Das erstere erstreckt sich vom Sattel zwischen dem Pico do Facho und dem
Pico do Castello in südöstlicher Richtung gegen die Küste von Porto dos
Frades, also auf der rechten Seite von Tafel IV Fig. 2 zwischen dem dunkler angelegten Durchschnitt des Vordergrundes (mit dem Pico do Castello,
dem Pico do Maçarico und dem Pico de Baixo) und dem dahinter angedeuteten Umriss (mit dem Pico do Facho und Pico do Concelho). Das
andere Thal, die Serra de Dentro, ist etwas breiter aber auch kürzer; beide
stellen muldenförmige Einsenkungen dar, die ursprünglich zugleich mit den
Bergformen durch die Art der Ablagerung und Anhäufung der vulkanischen
Massen entstanden und später in Folge der Einwirkungen des Dunstkreises
erweitert wurden. Die von zahlreichen Wasserrissen durchfurchten Seitenwände steigen gegenwärtig nur unter Winkeln von 20 bis 40 Graden an.
Ausser diesen Thalbildungen erscheinen die Berggehänge im nordöstlichen
und südwestlichen Drittel der Insel gerippt durch kleine Bergschneiden mit
meist zugeschärften Kämmen, die zwischen den Wasserrunsen emporragen.
Eigentliche Barranco's oder enge Schluchten mit jähen oder annähernd senkrechten Uferklippen fehlen hier gänzlich. Die Bachbetten füllen sich nur
nach den Regen, sonst sind sie selbst im Winter bis auf einige hier und da
zurückbleibende Lachen wasserleer. Die Insel ist daher trocken und dürr.
Die Waldung vertreten nur einige niedere Janiperus-Sträucher und selbst
diese haben keine grosse Verbreitung erlangt. Bäume kommen bei dem
fehlenden Schutz vor Wind und bei der Trockenheit nur in kleinen Exemplaren hier und da bei den Wohnungen, wo sie gepflegt werden, vor. Das
Gedeihen der Saaten hängt von dem Regen des Winters und von den Feuch-
tigkeitsniederschlägen, die noch im Frühjahr stattfinden, ab. Auch an Quellen ist die Insel nicht reich. Die ergiebigsten sickern durch die Kalksand-
und Dünenbildung, die sich in der Mitte der Insel von der nordwestlichen
zur südöstlichen Küste erstreckt. An jener ist es die Fonte da Areia, die
an der jähen Klippe über einer undurchlassenden Kalkthonschicht hervor-
bricht, an dieser ist es eine andere künstlich gefasste Quelle, welche die
Villa mit Wasser versieht, das, wahrscheinlich wegen der in dem Kalksand
enthaltenen thierischen organischen Substanz, dem Fremden, bevor er daran
gewöhnt ist, nicht besonders gesund erscheint.

Was den innern Bau des Gebirges betrifft, so unterscheiden wir wie in Madeira Agglomeratmassen und steinige Lavabänke, aber das gegenseitige Verhältniss ist ein anderes. In Madeira stellen die mit Schlacken und Tuffschichten wechselnden Gesammtmassen der steinigen Laven wenigstens die Hälfte der über dem Meere emporragenden Bergmasse dar. In Porto Santo bilden dagegen die von zahlreichen Gängen durchsetzten Agglomerate anscheinend die Hauptmasse des Gebirges, da die Gesammtmächtigkeit der mit Schlacken und Tuffen wechselnden, meist basaltischen Lavabänke und der Trachytmassen kaum einen senkrechten Abstand von mehr als 350 Fuss und daher noch nicht ganz ein Viertel der bedeutendsten Höhe der Insel erreichen. In noch auffallenderem Maasse weichen die Inseln Madeira und Porto Santo in dem Verhältniss der unter und über dem Meere entstandenen Schichten von einander ab. Denn auf Porto Santo sind die älteren untermeerischen Ablagerungen ungeachtet der viel geringeren Erhebung des Gebirges doch nur 300 Fuss tiefer als im Thale von S. Vicente, also wenigstens annähernd in der gleichen Meereshöhe wie auf jener grösseren Insel gefunden werden. In Madeira reichen daher die tertiären untermeerischen Schichten nur etwas über ein Viertel der Meereshöhe des Gebirges hinaus, in Porto Santo aber machen sie mehr als zwei Drittel der Gesammthöhe der Insel aus. (Tafel IV Fig. 1 und 3 bei k—k und t. —) In beiden Inseln scheinen die untermeerischen tertiären Ablagerungen wenigstens annähernd in gleichem Grade gehoben, aber in sehr verschiedenem Maasse von späteren vulkanischen Erzeugnissen überlagert zu sein.

Die untermeerischen tertiären Schichten von Porto Santo.

Schon seit längerer Zeit sind in den zu Baumaterial ausgebeuteten Kalkschichten des Eilandes Ilheo de Baixo Abdrücke und Steinkerne von Meeresconchylien gefunden worden. Die noch wohl erhaltenen organischen Reste entdeckte erst Sir Charles Lyell in der Tuffschicht, welche die Kalkadern oder Kalklager enthält. Es ist eine helle, grünlich gelbliche oder grünlich graue Masse derjenigen ähnlich, die bereits in der Beschreibung der Kalk und Versteinerungen führenden Schichten von S. Vicente erwähnt wurde. Ungeschichtet gleicht sie oft mehr einem Agglomerat, geschichtet hat sie entschieden das Ansehn von Tuffen, in beiden Fällen sind die ursprünglichen Bestandtheile mehr oder weniger zersetzt, umgewandelt oder auch wohl, wenigstens theilweise, in eine von der ursprünglichen abweichende gegenseitige Lage gebracht. An dem Ilheo de Baixo reichen diese, Versteinerungen und Korallenkalke führenden Massen an der östlicheren, in Fig. 1 Tafel IV dargestellten Seite in der Mitte des Eilandes bis 280 Fuss oberhalb des Meeres oder bis zu zwei Dritttheil seiner Höhe hinauf. Doch senkt sich die Grenzlinie mit den darauf lagernden vulkanischen Massen gegen Süden und auch nach Norden gegen die Küste von Porto Santo tiefer, an dem Südende des Eilandes sogar bis unter den Meeresspiegel herab. Indessen bilden die untermeerischen Tuffe im mittleren und nördlichen Theile des Ilheo nicht ganz ausschliesslich seine untere Masse, weil da wo sie an der Ostküste am höchsten emporsteigen unter ihnen gerade über dem Meeresspiegel an einzelnen Stellen schlackige basaltische Laven hervortreten, die ausserdem auch noch hier und da als Einlagerungen von jedoch nur beschränkter Ausbreitung vorkommen. Den obigen Angaben entsprechend sind nun die Lagerungsverhältnisse der unteren, Kalk und Versteinerungen führenden Schicht, so weit es der beschränkte Raum des Durchschnittes gestattete, am Ilheo de Baixo auf Tafel IV Fig. 1 bei k—k durch einen weiss gelassenen Raum angedeutet.

Ausser den im grünlich gefärbten Tuff enthaltenen Versteinerungen kommen an zwei Stellen unter einander Kalkadern vor, von welchen die obere sich weiter als die untere ausdehnt und auf der untermeerischen Schicht, die sie dort anscheinend nach aufwärts abschliesst, aufruht. Herr W. Reiss, der die Oertlichkeit erst im Jahre 1859 besuchte, theilte mir die nachfolgende Bemerkung mit. „Ueber diesen Tuffen (der Versteinerungen führenden Schicht) liegt die etwa 16 Fuss mächtige Kalkmasse, meist gebildet aus Korallenstücken, zwischen welchen die Abdrücke und Steinkerne von vielen Conchylien vorkommen. In den Hohlräumen des Kalkes finden sich Gypstropfsteine aus einem einzelnen Individuum bestehend, wie die durchgehende Spaltung beweisst. Die Kalkbank keilt sich an dem natürlichen Durchschnitt der Klippenwände bald aus. Sie fällt gegen SW rasch gegen das Innere des Eilandes ein. Die Steinbrüche schliessen ihr Inneres bereits in grösserer Tiefe auf, als man nach der äussern Erscheinung ihr überhaupt hätte zuschreiben können. An andern Stellen des Eilandes folgen auf die grünen oder gelben Tuffen Schlackenagglomerate oder Lavabänke, der Kalk aber fehlt dort."

Durch die Versteinerungen führende Schicht und die darüber gelagerten, mit Schlacken und Tuffen geschichteten Lavabänke oder die schlackigen Lavamassen setzen von unten herauf viele Gänge hindurch, von welchen manche mit den oberen steinigen Laven in sichtbarem Zusammenhang stehen. In der südlicheren Hälfte des Eilandes, wo die oben erwähnte Kalkschicht gerade oberhalb der grünlichen Tuffschicht vorkommt, folgt auf diese zunächst eine Schicht schlackiger Lava und dann ein Lager compacter, säulenförmig abgesonderter Basaltlava.

Die Oberfläche des Eilandes bedeckt eine nur wenige Fuss mächtige Schicht des unreinen Kalkes, welcher den „piedras de cal" sowie manchen Abänderungen der „Tosca" der Canarien entspricht und auf der Madeira-Inselgruppe unter der Benennung „Lagenhas de Cal" (dünne Kalkfliesen) bekannt ist.

An der entgegengesetzten, westlicheren, Madeira zugekehrten Seite des Eilandes lagern in dem natürlichen Durchschnitt der Klippe von oben nach abwärts unter einander die folgenden Schichten, deren Mächtigkeit nur durch Schätzungen der senkrechten Abstände festgestellt wurde.

1) Oberflächliche Ablagerung eines unreinen Kalksteines (Lagenhas de Cal.) . . . . 2 Fuss
2) Schlackige Lava . . . . 50 „
3) Compacte, säulenförmig abgesonderte basaltische Lava 80 „
4) Gelbliche Tuffe mit einem grünlichen Anflug . . . 20 „
5) Kalksteinader . . . . 8 „
6) Bräunliche Tuffe . . . . 160 „
7) Kalkseinader . . . . 8 „
8) Gelbe Tuffe . . . . 70 „

Zusammen 398 Fuss.

Auch hier reichen die untermeerischen, kalkführenden Schichten (4 bis 8) bis zu etwa ⅔ der Höhe der Meeresklippe empor. (266 und 132 Fuss zusammen 398 Fuss). Die obere Kalkader 5) war etwa 8 bis 10 Fuss mächtig. An der Decke und am Boden hafteten noch Ueberreste des entfernten Korallenkalkes mit dazwischen steckenden Geschieben dunkler basaltischer Laven. Die obere Kalkschicht 1) ist, wie wir später sehen werden, entschieden über dem Meere zu einer Zeit entstanden, als die Masse des Eilandes bereits emporgehoben aber wahrscheinlich noch nicht in Folge der länger andauernden Einwirkung der Brandung von dem Gebirge der Hauptinsel abgesondert war. Die darunter lagernden Schichten 2) und 3) könnten möglicherweise ganz oder nur zum Theil unterhalb des Meeresspiegels und zwar unter Bedingungen entstanden sein, welche die Bildung von Korallenbänken und die Erhaltung von Versteinerungen nicht zuliessen. Wollen wir indessen die Abwesenheit von Versteinerungen und von Geschieben, die bisher weder in den oberen Massen selbst noch zwischen den einzelnen Lagen gefunden sind, als entscheidend erachten, so müssen wir das obere Drittel des Eilandes als eine übermeerische Bildung ansehn.

In dem nordöstlicheren Drittel der Insel Porto Santo, wo die höchsten Gipfel des Gebirges (Pico do Facho, Pico do Castello, Pico de Juliana u. s. w.) emporragen, haben die hellgefärbten, grünlich grauen oder grünlich gelblichen, ungeschichteten Agglomerate und geschichteten Tuffen, kurz Massen, die den soeben geschilderten untermeerischen Ablagerungen ganz ähnlich sind, eine grosse Verbreitung erlangt. Sie bilden, so viel man bei der geringen Tiefe der Thaleinschnitte sehen kann, die untersten Schichten der über dem Meere aufragenden Gebirgsmasse, in welcher sie bis zu einer beträchtlichen Höhe hinaufreichen. Ihnen aufgelagert sind rothe Agglomerate oder die daraus hervorgegangenen Zersetzungsproducte, basaltische mit Schlacken und Tuffen wechselnde Lavabänke und Trachytlaven. Das rothe Agglomerat (Conglomerado vinoso) stimmt mit den in Madeira vorkommenden Agglomeratanhäufungen überein, die Zersetzungsproducte bilden ebenso wie dort die rothe, Salão genannte Erde und wurden über die älteren grünlich gelblich oder bräunlich gefärbten Agglomerat- und Tuffmassen herüber gewaschen, die unter denselben gewöhnlich in den Wasserrissen wieder blosgelegt sind. Bisher war es nur als möglich, vielleicht als wahrscheinlich angenommen, dass diese unteren Massen des Gebirges ebenfalls untermeerischen Ursprungs sein dürften. Erst Herr W. Reiss hat diese Voraussetzung durch Auffindung organischer Reste thatsächlich erwiesen und dadurch viel Licht über die geologischen Verhältnisse der Insel verbreitet. Die Oertlichkeiten, an welchen die untermeerischen Schichten in dem nordöstlichen Drittel von Porto Santo aufgeschlossen sind, schildert derselbe in folgender Weise:

„Während meines Aufenthaltes auf Porto Santo erhielt ich vom dortigen Militär-Gouverneur eine fossile Cypraea und als Angabe des Fundortes die Ribeira da Serra de Dentro. Da nun das anhängende Gestein mit keinem der mir bekannten Fundstellen sich vereinbaren liess, beschloss ich jenes Thal zu besuchen. Von der Villa führte uns der Weg in das Thal der Ribeira da Serra de Fora, dann über den Rücken, der den Pico do Facho mit dem Pico do Concelho verbindet, herab an den gesuchten Bach (Tafel IV Fig. 2). Aber dort war von Versteinerungen keine Spur zu sehen und selbst der Finder jener erwähnten Cypraea, ein im Thale wohnender Mann, konnte mir keine genaue Auskunft geben. Er hatte die Versteinerung als Gerölle im Bach gefunden. Nun durchstreiften wir die Gehänge des Pico Branco und erst den Nachmittag kehrten wir unverrichteter Sache zurück in den oberen Theil der Ribeira da Serra de Dentro. Hier zu meiner grossen Freude fanden wir Gerölle eines röthlichen, Versteinerungen umschliessenden Kalksteines. Während der Führer die einzelnen Gerölle sammelte, folgte ich deren Spur bachaufwärts. Bald mehrten sich die Blöcke und ihre Grösse nahm zu. Von Zeit zu Zeit wurden die gesammelten Stücke untersucht und die Versteinerungen, die leider nur selten vorkommen, herausgeschlagen. Endlich kurz vor Sonnenuntergang erreichten wir nahe dem höchsten Kamm des Gebirges in einer kleinen Seitenrunse das anstehende

Gestein. Aber der Aufschluss war ein so geringer, dass an weitere Gewinnung von Versteinerungen nicht zu denken war. Eine etwa 5 bis 6 F. mächtige Bank, bestehend aus kleinen vulkanischen Geröllen, Seeconchylien und Korallen, welche durch eine Art Kalksinter verkittet sind, ist auf etwa 8 bis 10 Fuss Länge in der Runse aufgeschlossen. Dazu sind die blossgelegten Wände noch abgerundet von dem während der Regenzeit in kleinen Fällen darüber hinrauschenden Wasser.

„War auch der Fund keineswegs befriedigend, so ist doch dadurch eine Hebung der Insel um wenigstens 1000 Fuss nachgewiesen, ja man kann fast mit Sicherheit annehmen, dass der ganze unter dieser Schicht liegende Theil submarin gebildet wurde.

„Das in der Ribeira unter dem Kalke aufgeschlossene Gestein ist meist jenes gelbe bis braune Zersetzungsproduct basaltischer Gesteine, welches auf der Insel Porto Santo häufig vorkommt. Viele Gänge durchsetzen diese Massen. Der höchste Gipfel über diesem Thale wird von einem dichten Basalte gebildet, der, scharf von dem unteren raueheren Gestein sich abhebend, steil emporragt mit mächtigen Steinhalden an seinem Fusse.

„Etwa 400 oder 450 Fuss tiefer als dieser höchste Gipfel, der Pico de Juliana, findet sich nun die Kalkbank und zwar an dem Rücken, der den Pico de Juliana mit dem Pico do Facho verbindet, (Tafel IV Fig. 2, nordöstlich vom Pico do Castello in Umrissen angedeutet.) Ein kleiner Seitenarm der Ribeira da Serra de Dentro entspringt etwa 30 Fuss unterhalb der Kammhöhe jenes Sattels und an seinem Ursprung steht der Kalk an. Er wird bedeckt von einer dichten Basaltbank, über welcher rothe Tuffe folgen; dann ist der Abhang verstürtzt.

„Der Pico de Juliana hat eine Höhe von etwa 1500 Fuss; somit würde der Kalk bei 1000 bis 1100 Fuss Meereshöhe, also nahezu eben so hoch wie der Kalk von S. Vicente auf Madeira liegen.

„Leider war es mir nicht vergönnt noch einmal jene Stelle zu besuchen. Ein günstiger Wind veranlasste mich den folgenden Morgen die Insel zu verlassen, da ich nicht gesonnen war wochenlang dort auf eine Gelegenheit zur Ueberfahrt nach Madeira zu warten."

Die Höhe, in welcher die oben geschilderte Kalk und Versteinerungen führende Schicht zwischen dem Pico de Juliana und dem Pico do Facho ansteht, ist an dem letzteren auf Tafel IV Fig. 1 bei k—k angedeutet. Ausserdem sind auf dem Ilheo de Cima Versteinerungen gefunden, deren Vorkommen Herr W. Reiss aus eigener Anschauung in folgender Weise schildert.

„Der Ilheo de Cima ist, wie auch der Ilheo de Baixo nur eine Fortsetzung der Laven und Tuffmassen von Porto Santo. Auf der dem Ilheo de

Baixo zugekehrten Seite liegt zu unterst eine ungefähr 60 Fuss mächtige Masse schlackigen Basaltes, bedeckt von ziemlich mächtigen Tuffen. Schon das eigenthümliche Ansehn dieses untersten Basaltes lässt auf einen untermeerischen Aufenthalt schliessen. Die Tuffen aber bestätigen diese Voraussetzung, denn sie enthalten ziemlich gut erhaltene Spondylen, Austern u. s. w. und sehr viele Korallenfragmente. Abgerundete Stücke, wie sie sich am Strande bilden, treten namentlich an der oberen Grenze der Tuffe auf, ja an der Nordspitze der Insel finden sich Kalkkugeln in solcher Masse im Tuff eingebettet, dass sie jener Stelle den Namen Cabeça da Laranja (Orangen-Spitze) eingetragen haben.

„Der Bau der ganzen Insel ist viel einfacher als der des Ilheo de Baixo. Es fehlen die grossen Schlackenmassen. Drei mächtige Basaltlager mit trennenden Tuffstreifen bilden die Hauptmasse der Insel an der untersuchten Stelle. Eine vierte Masse, die sich sehr bald auskeilt liegt gerade über den erwähnten untermeerischen Tuffen. Bis jetzt wurden nur in der unteren stark entwickelten Tuffschicht Versteinerungen aufgefunden. Die übrigen Tuffe bilden nur dünne Lager. Die Tuffe sind nicht so hart wie am Ilheo de Baixo, aber es ist bei den fast senkrechten Wänden noch schwieriger sie zu untersuchen. Auf der Oberfläche des Eilandes finden sich ebenfalls kalkige Schichten mit subfossilen Landschnecken."

Die Lagerungsverhältnisse des Eilandes sind auf Tafel IV Fig. 2 dargestellt; die Kalk und Versteinerungen führende Tuffschicht ist dort bei k—k angedeutet.

Bevor wir zu den vulkanischen Massen, die auf den untermeerischen Schichten aufruhn, übergehn, müssen wir noch zwei Oertlichkeiten erwähnen, wo Meeresconchylien und Dünensand bis zu einer gewissen Höhe oberhalb des Meeres hinaufreichen. Die eine beschreibt Herr W. Reiss wie folgt:

„Porto da Calheta wird die äusserste, dem Ilheo de Baixo zugekehrte Landspitze von Porto Santo genannt, wo am Fuss einer unersteiglichen Felswand sich ein schlechter Landungsplatz für kleine Boote findet.

„Dort entdeckte ich bei einer meiner Ueberfahrten nach dem Ilheo an den von vielen Gängen durchsetzten, aus Lavenmassen und Tuffen bestehenden Wänden eine Art Conglomerat angeheftet. Es sind Basaltbrocken und Conchylienreste, letztere oft von beträchtlicher Grösse, durch ein äusserst zähes Cement verkittet und so an die Rauheiten und Ecken der Wand angeheftet. Es ist dies keine flach liegende Schicht, sondern es sind, wie bemerkt, Conchylien namentlich Perna's, mit beiden Schalen selbst in zerbrochenem Zustand noch zusammenhaltend, durch den Kalk an die steile Wand bis zu einer Höhe von 40 Fuss über dem Meeresspiegel fest angekittet."

Diese Bildung, die man nach ihrer Lagerung fast für eine recente halten könnte, gehört nach der Bestimmung des Herrn K. Mayer demselben Zeitabschnitt an wie die untermeerischen Tuffschichten des nahegelegenen Ilheo de Baixo. Annähernd in gleicher Meereshöhe kommt etwa 3½ Minuten weiter nordostwärts unfern der Villa an der Mündung der Ribeira de S. Antonio eine Kalksandablagerung vor, die nicht wohl durch den Wind an ihre gegenwärtige Stelle gelangt sein kann. Der Kalksand ist, dem der Dünenbildung ganz ähnlich, aus vulkanischem Sande und ganz kleinen abgeschliffenen Bruchstücken zerbrochener Meeresconchylien zusammengesetzt, die sich unter heftigem Brausen in Salzsäure lösen, so dass die zurückbleibenden basaltischen Körnchen kaum ⅕ der ganzen Masse ausmachen. In dem Sande, der für sich allein wohl herauf geweht sein könnte, sind recht zahlreiche grössere ebenfalls abgeschliffene Bruchstücke unbestimmbarer Meeresconchylien und Geschiebe basaltischer Laven enthalten. Diese nun, die nicht gut anders als durch Wellenbewegung fortgeschafft sein können, deuten einen geringen Grad einer Hebung an, welche entweder gleichzeitig mit der Hebung der obermiocenen Schichten oder auch erst später nach der Bildung der Sanddünen und der Ablagerung der darin enthaltenen oberpliocenen Landschnecken stattgefunden haben kann. Nur die letztere Annahme, die bei der Unmöglichkeit das Alter der gehobenen Massen zu bestimmen immerhin denkbar ist, bedarf einiger Erörterungen.

Es ist früher bemerkt wie das Verhältniss der Höhe der Meeresklippen und der Tiefe des angrenzenden Meeresbodens die Annahme einer Senkung um wenigstens 150 Fuss, die nach der Hebung der obermiocänen untermeerischen Schichten eintrat, als unvermeidlich erscheinen lässt. Fand nun in den späteren Epochen eine wenn auch nur unbedeutende Hebung statt, so ist es wahrscheinlich, dass überhaupt seit der obermiocenen Zeit Hebungen und Senkungen mit einander wechselten. Bald überwog die Hebung, bald die Senkung; ersteres wäre in den früheren, letzteres in den späteren Epochen der Fall gewesen, das Endergebniss aber würde nach den wenigen vorliegenden Thatsachen für die Insel Madeira z. B. eine Hebung um 1500 und eine Senkung um 150 Fuss sein, durch welche letztere die bereits höher gehobenen untermeerischen Schichten auf ihre gegenwärtige Meereshöhe von 1350 Fuss herabsanken. Die an der Ribeira de S. Antonio wahrgenommene Hebung könnte selbst als eine recente noch immer vor der Zeit, wo die Bildung der gegenwärtigen Meeresklippen begann und wo eine Senkung der Gebirgsmasse sich bemerkbar machte, stattgefunden haben; ja es dürfte, da die Meeresklippen wie die Thalbildungen der Inseln, von der Gegenwart zurückgerechnet, in der letzten Epoche gebildet wurden, gerade diese Voraussetzung die wahrscheinlichste sein. Aber selbst wenn in Porto Santo

zuletzt noch einmal eine Hebung vorgeherrscht haben sollte, so könnte sich
dessen ungeachtet während der letzten Epoche der Herausbildung des gegenwärtigen Zustandes eine allgemeine Senkung geltend gemacht haben, eine
Senkung nehmlich, die hier später durch eine nicht lange andauernde Hebung
nur zeitweise aufgehoben ward. Die Spuren einer solchen, durch die langsam
vorschreitende Senkung noch nicht völlig verwischten späteren Hebung könnten uns nun möglicherweise in der Ribeira de S. Antonio entgegentreten und
würden in diesem Falle die wechselweisen, in anderen Theilen der Erde so
häufig beobachteten Hebungen und Senkungen auch für dieses grössere vulkanische Gebiet nachweisen.

Die vulkanischen Erzeugnisse, welche auf den untermeerischen tertiären Schichten aufruhn.

Wo auf Porto Santo und den angrenzenden Eilanden tertiäre untermeerische Schichten gefunden sind, da kommen sie in sehr verschiedener
Meereshöhe vor. Auf dem Ilheo de Cima, der kaum 2¼ Minuten von der
beinah 1100 Fuss hohen Fundstelle der Ribeira da Serra de Dentro entfernt
ist, liegen sie noch keine 100 und 5½ Minuten weiter nach SW, am Ilheo
de Baixo kaum 300 Fuss über der Meeresfläche. Zwischen der zuletzt genannten Stelle und der Versteinerungen führenden Schicht des nordöstlichen
Theils von Porto Santo sind in den Bergmassen der Insel bis jetzt weder
Kalkadern noch Versteinerungen oder Geschiebe gefunden worden. Dass
solche später auch dort noch aufgeschlossen werden sollten ist wohl möglich,
darf aber keineswegs mit Bestimmtheit vorausgesetzt werden, da hier dieselben
Erwägungen in Betracht kommen, die bereits bei Schilderung der Lagerungsverhältnisse der untermeerischen tertiären Schichten von Madeira besprochen
wurden. Ungefähr so wie gegenwärtig der nordwestlich von Porto Santo
gelegene, auf Tafel IV Fig. 2 dargestellte Meeresgrund mag auch in der
obermiocenen Periode der Meeresboden von sehr ungleicher Tiefe gewesen
sein. In dieser Weise aufgefasst ist es dann wohl denkbar, dass die Oberfläche der tertiären untermeerischen Schichten sich von dem nordöstlicheren
Theile von Porto Santo, von k—k auf Tafel IV Fig. 1, nach allen Seiten
schnell herabsenkte, dass sie im südwestlichen Theile der Insel (bei 870 F.
und 910 F.) einstmals nahezu eben so tief, vielleicht sogar noch tiefer als
bis zu der Linie, die gegenwärtig durch die Höhe des Meeresspiegels gegeben ist, herabreichte und am Ilheo de Baixo wieder einige hundert Fuss
höher anstieg. Ausserdem ist zu berücksichtigen, dass der durch die fossilen organischen Reste bezeichnete geologische Abschnitt immerhin einen
längeren Zeitraum umfasst, in welchem sicherlich in Folge der vulkanischen

Thätigkeit wiederholt Niveauveränderungen und Anhäufungen von Lavenmassen erfolgten, und dass daher der tertiäre Meeresboden am Ilheo de Baixo erst der Meeresfläche nahe gerückt sein mag als die untermeerischen Schichten der Serra de Dentro bereits ein Stück emporgehoben waren, während ebenso die submarinen Ablagerungen des Ilheo de Cima erst dann entstanden sein könnten als die Korallenbildungen des Ilheo de Baixo bereits etwas über den Meeresspiegel hinausragten. Endlich mögen auch einzelne Theile der Inselmasse oder der gesonderten Eilande, die allmählich aus dem Meere auftauchten, unter dem Einfluss der Brandung zerstört und entfernt worden sein bevor die allmählich trocken gelegten Theile durch darüber gelagerte vulkanische Erzeugnisse vergrössert wurden.

Da nun, wie schon bei Schilderung des Ilheo de Baixo angeführt wurde, selbst dort wo die Kalk und Versteinerungen führenden Schichten von später gebildeten Laven bedeckt sind manche der letzteren unter besonderen Verhältnissen möglicherweise vor der völligen Hebung theilweise oder ganz unter Wasser abgelagert sein könnten, so vermögen wir von der Bergmasse, die zwischen dem Ilheo de Baixo und dem nordöstlichen Theile von Porto Santo liegt und nur an ihrem Südwestende bei Porto da Calheta kaum 40 F. über dem Meere submarine Reste enthält, nicht mit Sicherheit anzugeben ob sie über oder unter dem Meeresspiegel entstanden sei. Doch dürfte die erstere Voraussetzung die wahrscheinlichere sein und jedenfalls können wir im Allgemeinen annehmen, dass ein nicht unbeträchtlicher Theil der gegenwärtig über dem Meere aufragenden Bergmasse der Insel erst dann entstand, als die tertiäre untermeerische Grundlage bereits über die Wasserfläche emporgehoben war. Halten wir das Vorkommen von Korallenkalk, Meeresconchylien und Geschieben, insoweit diese Massen bis jetzt entdeckt sind, für maassgebend, so beträgt die Gesammtmächtigkeit der übermeerischen Bildungen an den verschiedenen Stellen zwischen 250 und 550 Fuss und mag sogar im südwestlichen Drittel von Porto Santo einen senkrechten Abstand von beinah 900 Fuss erreichen.*)

Zu diesem später gebildeten, meistentheils über dem Meere abgelagerten Massen gehören ausser manchen Agglomeraten die mit Schlacken und Tuffen

---

*) Am Ilheo de Baixo ragt der höchste Punkt nach Capitän Vidal's Angaben 570 F. über dem Meere, also schlecht gerechnet 250 Fuss über der Kalk und Versteinerungen führenden unteren Masse empor; im nordöstlichen Theile von Porto Santo erhebt sich der Pico do Facho bei 1660 Fuss Meereshöhe ebenfalls wenigstens 550 Fuss über der von Herrn W. Reiss beschriebenen untermeerischen Schicht der Serra de Dentro und unter dem 910 Fuss hohen Pico de Anna Ferreira sind bis jetzt noch keine tertiären untermeerischen Massen gefunden.

geschichteten, auf Tafel IV Fig. 1 und 2 angedeuteten basaltischen Lavabänke und der grösste Theil der Trachyte. Die zahlreichen Gänge, welche
entweder, wie bestimmte Beobachtungen nachweisen, mit dieser Gesammtmasse in Verbindung stehen, oder ihr allem Anschein nach beigezählt werden
müssen, streichen vorherrschend südwestlich nordöstlich und südöstlich nordwestlich, also in zwei Richtungen, die der grössten Längen- und Breitenausdehnung der über dem Meere aufragenden Bergmasse entsprechen. Namentlich im nordöstlichen breitesten Theile der Insel Porto Santo kreuzen sich
diese Gangbildungen in auffallender Weise. Aber auch die Lavenmassen, die
am Pico de Anna Ferreira (910 Fuss, Fig. 1 Tafel IV), am Pico do Facho
und am Pico Branco anscheinend am oberen Ende von Gangspalten über-
quollen, dehnen sich von Südwest nach Nordost aus. Die Trachyte erstrecken
sich vom Pico do Castello gegen den Pico de Baixo (Tafel IV Fig. 2) in
nordwestlich südöstlicher Richtung, andere wieder folgen von Südwest nach
Nordost hinter einander und auch die basaltischen Lavabänke fallen, wie
man auf den Durchschnitten Fig. 1 und 2 Tafel IV sehen kann, in allen
diesen Richtungen und überhaupt der Abdachung des Gebirges entsprechend
ein. Dagegen streichen andere zu älteren Massen gehörende Gänge nur
theilweise in den genannten, oft auch in anderen Richtungen. Sie unterscheiden sich von den neueren, vorherrschend basaltischen Gängen meist
durch ein matt erdiges, oft auch durch ein ganz wackichtes Ansehn sowie
dadurch, dass sie häufig aus trachydoleritischen Erzeugnissen von mehr
trachytischem Character oder aus echtem Trachyt bestehen. Doch herrscht
zwischen den unteren älteren und den oberen jüngeren Ablagerungen in
petrographischer Hinsicht kein spezifischer Unterschied, weder in der Art
wie zwischen den ältesten sichtbaren Felsarten von Porto da Cruz und der
Hauptmasse von Madeira, noch in Betreff der Unterscheidung von trachytischen, basaltischen und trachydoleritischen Abänderungen, die, wenn auch
in verschiedenen Epochen einzelne eine grössere oder geringere Ausbreitung
erlangten, doch in allen abwechselnd entstanden sein müssen. In dem nordöstlichen Drittel von Porto Santo bilden Trachyte in nicht unbeträchtlicher
Masse die jüngsten Ablagerungen, denn sie haben vom Pico do Castello bis
zum Pico de Baixo die unter ihnen anstehenden Agglomerate und Lavabänke
durchbrochen. Solche Bänke, welche der Hauptmasse nach aus basaltischen
Abänderungen bestehen, bilden dagegen auf den kleinen Eilanden und in
anderen Theilen der Insel Porto Santo, wo sie nicht später von Trachyten
durchbrochen wurden, die obersten Schichten, während manche ältere trachydoleritische und trachytische Gänge anzeigen, dass vor diesen basaltischen
und den neueren trachytischen auch noch ältere trachytische Laven an die
Oberfläche gelangten.

In petrographischer Hinsicht bieten die vulkanischen Erzeugnisse dieser Insel gerade keine Mannichfaltigkeit dar. Ein Trachyt von porphyrartigem Ansehn mit bräunlicher, äusserst compacter Grundmasse und zahlreichen ein paar Linien grossen Kristallen von Sanidin und Hornblende trägt am meisten ein alt-trachytisches Gepräge ohne dass man ihn jedoch deshalb von den anderen trachytischen Abänderungen als ein ganz verschiedenes Gebilde absondern dürfte. Ein anderer Trachyt mit weisser feinkörniger Grundmasse scheint ganz aus Feldspath zu bestehn, lässt sich leicht zerbröckeln und erinnert an gewisse Domite. Am Portella-Bergrücken kommt unfern des Sitio das casas velhas eine ziemlich dunkelgraue Abänderung mit kleinen ziemlich zahlreichen Einmengungen von Sanidin und Hornblende vor, die bei frischem Ansehn an den Trachyt der Wolkenburg im Siebengebirge erinnert; eine andere ist licht rauchgrau gefärbt wie der Trachyt vom Drachenfels, enthält jedoch nur kleine aber ziemlich zahlreiche Feldspathkristalle, sporadisch kleine schwarze Theilchen und häufig mikroskopische schwarze Pünktchen. Die hellgraue, rauhe Grundmasse des Trachyt vom Pico de Baixo erscheint durch zahlreiche, nur mit dem Vergrösserungsglase sichtbare Feldspathkriställchen feinkörnig. An diesen schliessen sich dann manche graue höchst feinkörnige Trachydolerite mit Sanidinkristallen und Augitkörnern. Von den basaltischen Abänderungen kommen solche mit heller gefärbter feinkörniger oder dichter grausteinartiger und mit dunkler feinkörniger anamesitischer Grundmasse vor. Ueberhaupt aber fehlt es, so weit die bisherigen Beobachtungen reichen, auf dieser Insel an Felsarten, die sich durch eigenthümliche Zusammensetzung, Verschiedenheit der Grundmasse, Grösse und Zahl der eingemengten Kristalle oder durch accessorische Bestandtheile auszeichnen.

In Betreff der Formen, unter welchen die vulkanischen Erzeugnisse erkalteten, unterscheiden wir bei den Trachyten Kuppen und stromartige, wulstförmige Massen. Von den Kuppen, die wahrscheinlich ursprünglich domförmig waren, ist keine soweit erhalten wie die Achada im Thale von Porto da Cruz auf Madeira (Tafel VII Fig. 3). Die Gipfel des Pico do Castello, des Pico do Maçarico und des Pico de Baixo (Tafel IV Fig. 2) haben augenscheinlich in Folge der Einwirkungen des Dunstkreises beträchtlich von ihrer ursprünglichen Massenausbreitung eingebüsst. Der Rest der Trachytkuppe des Pico de Baixo steht noch mit zwei Gängen in Verbindung, die in der Meeresklippe durch die darunterliegenden basaltischen Lavabänke hindurchsetzen. Von dem Pico do Castello dehnt sich von NW nach SO eine Trachytmasse, die ganz das Ansehn der mächtigen Trachytströme von Terceira hat. Etwa 200 Fuss mächtig, besteht der Bergrücken der Portella anscheinend aus massiger nicht in Lager abgesonderter Trachytlave und gleicht der Form nach der oberen Hälfte eines stellenweise etwas plattge-

11*

drückten Cylinders. Ob die ganze, auf Tafel IV Fig. 2 dargestellte Masse einem Strom angehört, der aus einer einzigen Oeffnung am Pico do Castello hervorbrach und am Abhang herabfloss, oder ob sie über einer Längsspalte, die sie theilweise bedeckte, an mehreren Stellen hervorgepresst ward, das lässt sich nicht entscheiden. Wenn die verschiedenen Kuppen und die schmale langgestreckte Masse beweisen, dass die Trachyte über einer nordwestlich südöstlich streichenden Linie an verschiedenen Punkten austraten, so spricht der stromartige Charakter des Trachytrückens für die Annahme, es müsse sich die zähflüssige Lave zwar langsam aber doch bemerkbar an dem sanft geneigten Gehänge fortbewegt haben. An manchen Stellen ist dieselbe säulenförmig abgesondert, was namentlich am Steinbruch an der Portella deutlich hervortritt, wo die fünf- oder sechsseitigen Köpfe der Säulen wie in einer Mosaikarbeit blosgelegt sind. Aber auch an den Kuppen macht sich eine Absonderung mit senkrechten Klüften, die mehr oder weniger säulenförmig erscheint, bemerkbar. Die bedeutendste Mächtigkeit, die der Trachyt auf Porto Santo erreicht, mag am Pico do Castello bis 500 Fuss betragen.

Die mit Schlacken und Tuffen geschichteten, meist basaltischen Lavabänke sind an beiden Enden schlackig sonst aber compact und entweder gar nicht oder bald mehr bald weniger mit grösseren oder kleineren Blasenräumen erfüllt. So wie die ähnlich gebildeten Massen von Madeira haben sie ganz das Ansehn von alten Lavenströmen, was sie auch entschieden ursprünglich waren. Dagegen lassen sich auf Porto Santo keine Reste von ehemaligen Ausbruchskegeln unterscheiden, die, wenn sie wie wir wohl annehmen können einst vorhanden waren, jetzt beinah vollkommen zerstört und als erdige Zersetzungsprodukte über die Gehänge herab und ins Meer gewaschen sein müssen.

Die Dünenbildungen.

Die bedeutendste Anhäufung von Dünensand breitet sich an der Nordwestküste zwischen dem Pico do Castello und Pico de Anna Ferreira bei der Fonte da Areia aus und reicht von dort aus in einer verschmälerten Spitze an dem sanft abgedachten mittleren Theile der Insel bis in die Gegend, wo die Villa an der Südostküste erbaut ist. Auch hier ist wie bei der Ponta de S. Lourenço auf Madeira das der vorherrschenden Windesrichtung zugekehrte Gehänge, an welchem der Kalksand, der jetzt eine Mulde füllt, heraufgeweht wurde, unter dem Einfluss der Brandung zerstört. Bei der Fonte da Areia (Sandquelle), wo diese Dünenbildung in der Mitte ihrer nordöstlich südwestlichen Längenerstreckung am mächtigsten ist, zeigt die Meeresklippe von unten nach aufwärts den folgenden Durchschnitt:

1. Gelbes oder gränlich gelbes Agglomerat, Tuffe oder brec-
cienartige Tuffe mit zahlreichen Gängen, reichen vom
Meeresspiegel hinauf bis . . . . 285 Fuss
2. Geschichteter Kalksand, enthält gar keine oder ganz vereinzelte Reste von Landconchylien . . . . 55 „
3. Unreine thonige Kalkschicht, der Tosca ähnlich . . . 4 „
4. Grünlich gelbliche Tuffe . . : . . . . 8 „
5. Geschichteter Kalksand mit seltenen Resten von Landschnecken . . . . 25 „
6. Röthliche, unreine thonige Kalkschicht, manchen Abänderungen, die auf den Canarien Tosca genannt werden,
ähnlich . . . . 12 „
7. Geschichteter Kalksand mit zahlreichen Landschnecken und
Kalkstalagmiten . . . . 30 „

Die Höhe der Klippe nach Bowdich' Messung . Zusammen 419 Fuss

An dieser Stelle nimmt die Dünenbildung 134 Fuss, also etwa ein Drittel der Gesammthöhe von 419 Fuss ein. Weiter gegen Westen, wo die
Gesammtmächtigkeit der sich auskeilenden Anhäufung abnimmt, beobachtet
man die unten angegebenen Schichten, die in ihrer Lage und Mächtigkeit
nicht immer genau mit den oben angeführten übereinstimmen. Es ist also
die ganze Dünenbildung nicht nur von ungleicher Mächtigkeit, sondern auch
an den einzelnen Stellen verschieden zusammengesetzt und mit mehr oder
weniger zahlreichen kalkhaltigen Lagern geschichtet.

1. Die unteren Agglomerate und Tuffe, die an einzelnen
Stellen bis zu ¼ ihrer Masse aus Gängen bestehen
mögen.
2. Geschichteter Kalksand . . . . 30 Fuss
3. Unreine thonige Kalkschicht . . . . 1½ „
4. Geschichteter Kalksand . . . . 4 „
5. Der Tosca ähnliche Kalkschicht . . . . 2 „
6. Geschichteter Kalksand . . . . 9 „
7. Gelblich röthliche, thonige Kalkschicht . . . . . 2 „
8. Geschichteter Kalksand . . . . 7 „
9. Kalkschicht wie 7 . . . . 2 „
10. Geschichteter Kalksand . . . . 5 „

Gesammtmächtigkeit der Dünenbildung . . . . 62½ Fuss

Noch weiter südwestlich von dieser Stelle, so wie auch nordöstlich von
Fonte da Areia spitzt die Dünenbildung mit den Kalkschichten allmählich
ganz aus, während die unteren vulkanischen Massen sich immer höher oberhalb des Meeres erheben.

.　Der Kalksand besteht hauptsächlich aus weissen, seltener aus gelblichen, bräunlichen oder röthlichen Körnchen, die von zerkleinerten Meeresconchylien herrühren; an manchen ist sogar noch eine Reifung zu erkennen, die an den kleinen ziemlich häufigen Bruchstücken von Echinusstacheln ungemein deutlich hervortritt. In verdünnter Salzsäure lösen sich unter Brausen wenigstens drei Viertheile des Sandes, mitunter bleiben nur ein paar Körnchen vulkanischer Massen zurück, die aus kleinen abgeschliffenen Bruchstückchen dunkelgrauer vulkanischer Erzeugnisse, häufiger aus lauchgrünem Olivin, dunklem Augit oder hellem glasartigen Feldspath bestehen. Die Olivinstückchen sind bei weitem die zahlreichsten; sie kommen auch im Sande der Ribeira de S. Antonio und in der Dünenbildung der Ponta de S. Lourenço am häufigsten neben den dort vorherrschenden dunklen basaltischen Körnchen vor. In den unteren Kalksand-Massen treten nur sporadisch Landconchylien auf, in der obersten sind sie am häufigsten, aber nirgends in so ungeheurer Zahl zusammengehäuft wie an der früher beschriebenen Stelle der Ponta de S. Lourenço. Die obere Kalksandschicht hat denn auch, namentlich in der Nähe der Fonte da Areia, noch ganz das Ansehn einer Sanddüne. Bei wellenförmiger Oberfläche ist sie ungleich geschichtet, wie das bei allmählich aufgewehten Sandmassen häufig oder gewöhnlich der Fall zu sein pflegt. Ausser den Landschnecken finden sich hier und da, jedoch lange nicht so häufig wie an der Ponta de S. Lourenço, stalagmitische Gebilde oder röhrenartige Concretionen von Kalksand und Kalkmasse. Die letztere bildet gewöhnlich die innere, der zusammenhaftende Kalksand die äussere Masse der meist hohlen Formen, die indessen gar nicht selten ganz aus ziemlich reinem Kalk bestehen und mit ihren Seitenverzweigungen einmal Aesten täuschend ähnlich sehen, dann aber auch wieder sich solchen Gestaltungen gar nicht vergleichen lassen. Darf man auch hier nicht so wie bei Caniçal auf Madeira ein bewaldetes oder mit Buschwerk bewachsenes Ufergehänge annehmen, so mögen doch immerhin einzelne im Sande vermodernde Aeste die Formen für die Concretionen abgegeben haben, die übrigens wahrscheinlich in den meisten Fällen in anders entstandenen Höhlungen aus hinuntersickerndem Kalkwasser abgesetzt sein dürften.

Eine andere Dünenbildung lagert auf der linken Seite der Serra de Fora an der Mündung des Thales unmittelbar an der Küste bei Porto dos Frades. Vom Fusse des Pico do Concelho erstreckt sie sich nach dem Thaleinschnitte bis an die tiefste Stelle am Bachbette und nimmt, an den Abhang gelehnt, wo dieser sich herabsenkt an Mächtigkeit zu. Im Thale unmittelbar über der Meeresfläche bildet die Grundlage eine Bank zusammenhaftender Geschiebe, die etwas über 5 Fuss sichtbar ist. Darüber lagert eine 30 Fuss mächtige Schicht eines dunkler gelblich braun gefärbten Sandes

und auf dieser wieder eine Masse geschichteten heller gefärbten gelben Sandes, die, in drei Lagen gesondert, etwa 90 Fuss Gesammtmächtigkeit erreicht. An der tiefsten Stelle des Thales und am Meere endigt die Sandan-
häufung terrassenartig in Stufen, die oben mit schwarzer Kruste bedeckt
sind. Der Durchschnitt, der zwischen der untersten und der darauf folgenden Stufe blosgelegt ist, besteht grösstentheils aus kalkigen aufrechten stalagmitischen Massen, die durch Einsickern gebildet und jetzt wo der Sand theilweise entfernt ist blosgelegt sind. Allem Anschein nach steigt die aus ver-
kitteten Geschieben zusammengesetzte Bank unter dem Dünensand landeinwärts an und ist, da sie unter dem Meere entstanden sein muss, vielleicht
etwas gehoben. Landschnecken kommen zwar, jedoch nicht gerade zahlreich
in der Sandablagerung vor. Dieselben Arten, die bei Fonte da Areia die
Dünenbildung in die jüngere pliocene Zeit verweisen, sind bisher hier nicht
nachgewiesen, so dass diese Anhäufung möglicherweise in neuerer Zeit über
der trocken gelegten Geschiebebank und an den Gehängen, die sich früher
weiter landeinwärts erstreckten, unter dem Einfluss der nordöstlichen Winde
entstanden sein könnte.

Die Ablagerungen von mehr oder weniger reiner Kalkmasse.

(Die Lagenhas de Cal. z. Theil Tosca der Canarien).

Wo' solche Kalkschichten auf, zwischen oder neben dem Kalksande an
der Ponta de S. Lourenço und auf Porto Santo vorkommen, hält es nicht
schwer ihre Entstehung zu erklären. Allein es treten ähnliche Ablagerungen
auch an anderen Oertlichkeiten und unter Verhältnissen auf, die eine andere
Deutung erheischen. Obschon nun die Verhältnisse, unter welchen sich auf
den atlantischen Inseln an manchen Stellen an der Oberfläche Kalküberzüge
von 2 bis 8 Fuss Mächtigkeit bilden, bereits in den Schilderungen der Azoren so wie der Inseln Lanzarote und Fuertaventura ausführlicher besprochen
wurden, so müssen wir hier, wo es sich darum handelt die Anwesenheit der
dünnen Kalkschichten auf Porto Santo zu erklären, wenigstens die Hauptpunkte der frühern Erörterungen zusammenstellen.

Was die Art der Entstehung betrifft, so ist L. v. Buch's Annahme, dass
sich diese Kalküberzüge aus Wasser niedergeschlagen haben, beibehalten.
Die Quelle aber, aus welcher der Kalk abstammt, ist nach Sir Charles
Lyell's Ansicht in den basaltischen Gesteinen zu suchen, in welchen in zersetztem Zustand die Kalkerde im Verhältniss von 11 : 7,5 vermindert gefun-

den wird,*) und dies ist eine Annahme, die fernere, weiter ausgedehnte
Beobachtungen bestätigt haben.

Die oberflächlichen Ablagerungen entstehen weder unmittelbar auf den
compacten steinigen Basaltmassen, noch auf den rauhen schlackigen Endflächen von Laven. Es muss erst über diesen durch Zerfallen der Oberfläche
oder durch Herab- und Herüberschwemmen von Zersetzungsproducten eine
tuffartige, erdige Schicht gebildet werden, bevor die kalkigen Theile zur
Ausscheidung und Ablagerung gelangen können. Schreitet dann die Zersetzung weiter fort und werden die anfangs mehr zerfallenen als aufgelösten
Gesteine allmählich gänzlich zerstört, so nimmt der Regen den Kalkgehalt
auf und setzt ihn nach dem Verdunsten des Wassers als kohlensauren Kalk
wieder ab.· Hat sich in Folge dieses Vorganges an der Oberfläche erst eine
wenn auch nur dünne zusammenhängende Kalkschicht abgelagert, so schützt
diese die darunter liegenden Massen, sie selbst aber wird, von den oberen
Gehängen her durch immer wieder erneute Zufuhr von kohlensaurem, im
Regenwasser herabgewaschenen Kalk vermehrt. Denn die Kalkkruste zerfällt ebenfalls allmählich an ihrer Oberfläche und ihre Zersetzungsproducte
werden ebenso wie die der vulkanischen Erzeugnisse an den Abhängen herab
auf die unteren sanft abgedachten Gehänge geschwemmt, wo die meisten zur
Ruhe kommen und der gelöste Kalk sich unter der heissen Sonne des sub-
tropischen Klima's aus dem schnell verdunstenden Wasser wieder absetzt.
Darum erlangten diese oberflächlichen Kalkablagerungen auf den unteren
sanft geneigten Küstenstrichen eine Mächtigkeit von 2 bis 8 Fuss, während
sie an den steiler ansteigenden Gehängen nur dünn blieben; nach aufwärts
aber spitzen sie endlich ganz aus oder reichen nur ausnahmsweise, wie z. B.
an der Cuesta de la Villa von Fuertaventura, unter besonderen Verhältnissen
bis auf die Höhe hinauf. So stellen sich denn auch auf Porto Santo die
Lagenhas de Cal (Kalkfliesen oder Kalkplatten) an den sanft· abgedachten
Küstenstrichen der südwestlicheren Hälfte der Insel dar, wo sie, nach aufwärts auskeilend, ein Stück an dem steiler geneigten Gebirgsgehänge hinaufreichen. Gerade so wie die ähnlichen Gebilde von Fuertaventura, die
dort als piedras de cal (Kalksteine) gebrochen und nach den andern Inseln,
namentlich nach Tenerife verschifft werden, wurden früher· auch diese oberflächlichen Kalkschichten ausgebeutet und als Baumaterial verbraucht. Erst
als man am Ilheo de Baixo den Korallenkalk, der bei grösserem Kalkgehalt
ein besseres Material liefert, in Angriff nahm wurden auf Porto Santo jene
Arbeiten eingestellt.

---

*) Nach den Analysen von frischem und zersetztem Basalt aus Bischof's Lehrbuch
der Geologie II. S. 693.

Nach der obigen Voraussetzung müssten die Bedingungen zur Entstehung der oberflächlichen Kalkschichten auf den atlantischen Inseln überall
vorhanden gewesen sein, wo die Laven nach dem Erlöschen der vulkanischen
Thätigkeit für längere Zeit den Einwirkungen des Dunstkreises ausgesetzt
waren. Die Ursache weshalb die Kalkkrusten auch da wo diese Bedingungen vorhanden waren nicht bis hoch hinauf bei weitem den grössten Theil
der Bergmassen überzogen, sondern nur auf gewisse Oertlichkeiten beschränkt
blieben, ist in so fern in den klimatischen Verhältnissen gegeben als diese
den eigenthümlichen Charakter des Pflanzenwuchses in den verschiedenen
Regionen bedingen. Denn die oberflächlichen Kalkschichten kommen nur in
der afrikanischen Zone von Buch's vor, in dem wärmsten und trockensten
Gürtel, der sich vom Meere bis zu einer gewissen, mehr oder weniger beschränkten Höhe an den Gehängen herauf erstreckt; sie fehlen in den höher
gelegenen, mit Wäldern oder Buschwerk dicht bewachsenen Regionen so wie
da wo sich eine eng zusammenschliessende Grasnarbe bildete. In der sogenannten afrikanischen Region der atlantischen Inseln treten zwar sehr üppige
Pflanzenindividuen auf, allein dieselben wachsen in grösseren Zwischenräumen
auf einem anscheinend völlig dürren Boden, der ausser den tropischen Formen zwar vereinzelte spärliche Unkräuter, nie aber eine zusammenhängende
Pflanzendecke zulässt. Solche Oertlichkeiten begünstigten offenbar die allmähliche Entstehung der kalkreichen Schichten, weil dort die oben erwähnten Vorgänge von anderweiten Einflüssen möglichst unbehindert stattfinden
konnten; dagegen liessen, wie es scheint, Wälder, dichtes Buschwerk
(mato) und Rasendecken die Bildung der oberflächlichen kalkhaltigen Lager
gar nicht zu, weil die eng an einander gedrängten Pflanzen den Kalk zum
grossen Theil selbst aufbrauchten und, indem sie den Boden lange feucht er-
hielten, die schnelle Verdunstung des Wassers verhinderten. Waldungen und
Rasendecken können aber nur da gedeihen wo ihnen andauernd Feuchtigkeit
zugeführt wird, und das geschieht auf den atlantischen Inseln durch die
Wolkenschichten, die nicht nur im Winter sondern auch im Frühjahr und
Herbst, ja sogar noch im Sommer während eines Theiles des Tages an den
Gebirgen haften. Die andauernde Feuchtigkeit, welche den höheren Gehängen während des grössten Theiles des Jahres zugeführt und von der dadurch
hervorgerufenen eng zusammenschliessenden Pflanzendecke am Boden fest-
gehalten ward, diese verhinderte vermittelst der Vegetation die Bildung von
oberflächlichen kalkhaltigen Schichten. Die letzteren konnten nur da entstehen wo auf die vorübergehenden Regengüsse ein schnell austrocknender
Sonnenschein folgte und wo die lange andauernde Dürre nur einen spärli-
cheren Pflanzenwuchs in grösseren unbedeckten Zwischenräumen aufkommen

liess. Wenigstens spricht das Vorkommen der oberflächlichen ·Kalkkrusten ganz entschieden für eine solche Annahme. — ´

Die günstigsten Verhältnisse für die Ausbreitung der oberflächlichen kalkreichen Schichten boten die Inseln Lanzarote und Fuertaventura. Weit ausgedehnte, nur ganz sanft abgedachte, niedere Küstenstriche sind dort von mässig hohen Bergmassen überragt, die gewöhnlich nur 1000 bis 1500, ausnahmsweise etwas über 2000, nirgends bis 3000 Fuss Meereshöhe erreichen. Gegenwärtig sind diese Inseln bis auf einige kleine besonders gehegte Exemplare völlig Baum- und Strauchlos und so trocken, dass selbst an den günstigsten Stellen zwei Palmen nur dann bei einander fortkommen, wenn sie ein Zwischenraum von wenigstens 100 Schritten trennt. Aber auch früher, lange bevor Menschen sich ansiedelten, müssen diese Inseln, deren Gebirge nur mit einzelnen Gipfeln in die Wolkenschichten hinaufragen, von Wäldern und Grasflächen entblösst gewesen sein, während der Pflanzenwuchs der sogenannten afrikanischen Zone sich über den grössten Theil ihrer Oberfläche ausbreitete. Diesen Verhältnissen entsprechend sind die Inseln Lanzarote und Fuertaventura beinah ganz und gar mit oberflächlichen, kalkreichen Schichten überzogen, über welche die später entstandenen Laven hinwegflossen. Auf den niederen, ebenen oder nur ganz sanft abgedachten Landesstrichen sind die Kalküberzüge am mächtigsten; obgleich von gelblicher Färbung, mehr oder weniger mit thonigen oder erdigen Theilen gemischt und dann Tosca genannt, sind sie doch an manchen Oertlichkeiten so rein, dass sie nach anderen Inseln, wo nur unreine, weniger kalkreiche Abänderungen vorkommen, verschifft werden. In dem ältesten Theil der Insel Fuertaventura, wo die Diabasschichten nicht von späteren vulkanischen Massen bedeckt sind und daher die Oberfläche des Gebirges bilden, reichen die Kalkkrusten bis auf die Höhen, bis gegen 1500 Fuss oberhalb des Meeres empor; auf den übrigen Inseln der Canarien findet man sie nur da wo sich sanft abgedachte Küstenstriche wenigstens auf eine gewisse Entfernung am Fusse des Gebirges ausdehnen. Doch erreichen diese oberflächlichen kalkreichen Schichten weder eine solche Ausbreitung noch sind sie durchschnittlich so kalkreich wie auf Lanzarote und Fuertaventura; die unreineren, erdigen und thonigen Abänderungen, ·die man als Tosca bezeichnet, herrschen meist vor und sind oft in dem Maasse abgeändert, dass der Kalkgehalt mehr und mehr zurück oder ganz in den Hintergrund tritt.

Die afrikanische Zone oder die Küstenregion, die auf den Canarien durch eine grössere Anzahl von zum Theil sehr auffallenden Pflanzenformen ein echt sub-tropisches Gepräge erhält, ist auch noch auf der weiter nördlich gelegenen Madeira-Gruppe durch eigenthümliche Gewächse, worunter Bäume und Sträuche, bestimmt charakterisirt und verschwindet erst noch weiter

nordwärts auf den Azoren. Während nun auf der mächtigen, grösstentheils
mit Wolken bedeckten Bergmasse der Insel Madeira vor der Besiedelung
Rasendecken, dichtes Buschwerk (mato) und immergrüne Wälder vom Hochgebirge bis tief herab gegen das Meer reichten, so dass für die unterste
oder Küstenregion nur wenig Raum übrig blieb, war diese letztere um so
mehr auf Porto Santo ausgebreitet, wo das soviel niederere Gebirge die ausgedehnten sanft abgedachten Küstenstriche nicht ansehnlich überragte und
nur mit einzelnen Gipfeln in die Wolkenschichten hinaufreichte, die höchstens
an regnerischen Tagen an seinen Gehängen hafteten. Hier waren nur einzelne
Theile des Gebirges mit niederem Buschwerk bewaldet; die Hauptmasse der
Insel bedeckte der wenig geschlossene Pflanzenwuchs der unteren sub-tropi-
schen Zone mit den eigenthümlichen, zwar üppigen aber durch Zwischenräume gesonderten Formen, unter denen der Drachenbaum besonders zahlreich vertreten war. Daher erlangten denn auch auf dieser Insel die kalkhaltigen Ablagerungen die grösste Mächtigkeit und Ausbreitung, während
auf Madeira ausser den Kalkschichten bei der Dünenbildung der Landzunge
von S. Lourenço nur am Pico da Cruz und am Areeiro unfern Funchal vereinzelte wenig mächtige und wenig ausgedehnte Kalkmassen gefunden sind,
die, wie wir gleich sehen werden, ebenfalls Bruchstücke von Kalküberzügen
bilden dürften.

Auf den Azoren endlich hebt sich eine untere Küstenregion nur durch
wenige ihr eigenthümliche Pflanzen von den höheren Zonen ab; die sub-
tropischen, in Zwischenräumen wachsenden Formen und der dürre krautlose
Boden sind verschwunden. In dem kühleren und vorherrschend feuchten
Klima dieser inmitten eines stürmischen, mit Wolken bedeckten Meeres gelegenen Inseln, wo der Regen lange, der trockene Hochsommer nur kurze
Zeit andauert, ist der dicht geschlossene Kraut- und Graswuchs keineswegs
von den unteren ausgedehnten, sanft abgedachten Küstenstrichen ausge-
schlossen; und diesen Verhältnissen entsprechend vermissen wir denn auch
die oberflächlichen kalkreichen Schichten selbst auf dem weit ausgebreiteten,
niederen und flachen Theile von Sta. Maria, wo sie unter günstigeren klimatischen Verhältnissen entschieden vorkommen müssten.

Am Abhang des Pico da Cruz, unfern Funchal, entdeckte Prof. Heer
zuerst ein kleines Stück einer kalkigen Masse, die rothem Schlackenagglomerate aufgelagert war. Eine andere Kalkschicht, die bei 5 Fuss Mächtigkeit
auf eine Entfernung von 20 Fuss nach beiden Seiten sich auskeilte, ward
später unter denselben Lagerungsverhältnissen weiter westwärts an dem
Ueberrest eines anderen Schlackenberges, am Areeiro gefunden, der auf
Tafel VII Fig. 2 abgebildet ist. Handstücke von der erstgenannten Oertlichkeit hat Prof. E. Schweizer in Zürich einer Analyse unterworfen. Aus

dem Ergebniss derselben, das im Jahre 1854 in den Mittheilungen (Nr. 104) der naturforschenden Gesellschaft von Zürich abgedruckt ist, heben wir hier nur die wichtigsten Punkte hervor.

„Der Kalk bildet mitten in dem sogenannten Vinoso (vulkanisches Agglomerat) ein Nest von nicht sehr bedeutender Ausdehnung.

„Er stellt eine dichte Masse von erdigem Ansehn, aber ziemlicher Festigkeit dar. Hier und da finden sich einzelne schwarze Körner (vulkanischer Sand) eingesprengt. Seine Farbe ist graulich weiss oder schwach gelblich. Sein spezifisches Gewicht wurde zu 2,255 gefunden.

„Erhitzt man eine Probe des Gesteins im Kölbchen, so giebt sie zuerst viel Wasser, hernach entwickeln sich empyreumatische Dämpfe, welche den Geruch des angebrannten Hornes besitzen und starke Reaction auf Ammoniak zeigen, während der Rückstand eine schwarze Farbe von ausgeschiedener Kohle annimmt.

„Ich erhitzte eine grössere Menge (ungefähr 20 Grm.) des gepulverten Gesteines in einem Destillationsapparate, zuletzt bis zum Glühen, und erhielt in der Vorlage eine Flüssigkeit, welche eine gelbe Farbe hatte, sehr deutlich den Geruch der Destillationsproducte von stickstoffhaltigen thierischen Stoffen besass und stark ammoniakalisch reagirte. In dem kälteren Theile des Retortenhalses hatte sich etwas Brandöl und Brandharz angesetzt.

„Es geht aus diesen Versuchen, die häufig mit dem gleichen Resultate wiederholt wurden, unzweideutig hervor, dass der Kalkstein in nicht unbeträchtlicher Quantität stickstoffhaltige organische Ueberreste enthält.

„Stellt man die Resultate aller Bestimmungen zusammen, so enthält der Kalkstein in 100 Theilen:

		Sauerstoff:	
Kieselsäure , . .	20,38		
Kohlensäure . . .	25,63		18,64
Kalk	29,19	8,34	
Magnesia	7,84	3,14	11,48
Eisenoxyd, Phos. etc.	0,36		
Organische Substanz	4,76		
Wasser	10,00	14,76	
Sand	1,57		
	99,73		

„Wie schon aus der Vergleichung der Sauerstoffmengen hervorgeht, reicht die Quantität der Kohlensäure nicht vollständig hin, um die vorhandenen Basen, Kalk und Magnesia, zu sättigen, ein Theil der letzteren muss also mit Kieselsäure verbunden sein.

„Nimmt man an, es sei aller Kalk mit Kohlensäure verbunden, so enthält das Mineral 52,12 Procent kohlensauren Kalk und es bleiben noch 2,70 Proc. Kohlensäure für die Magnesia übrig. Ist die kohlensaure Magnesia ferner als neutrales Salz Mg O, CO 2 vorhanden, so sind 2,45 Proc, Magnesia an Kohlensäure gebunden.

„Nach diesen Voraussetzungen hätte dann der Kalkstein in 100 Theilen folgende Zusammensetzung:

Kieselsäure	20,38
Magnesia an Kieselsäure gebunden .	5,39
Kohlensaure Magnesia	5,15
Kohlensaurer Kalk	52,12
Eisenoxyd, PhO,5 etc.	0,36
Organische Substanz	4,76
Wasser . . . . . :	10,00
Sand	1,57
	99,73

„Als ich bei meinen ersten Versuchen mit dem Kalkstein die Beobachtung machte, dass derselbe nicht nur eine beträchtliche Menge von der in Alkalien leicht löslichen, der Substanz des Opales ähnlichen Kieselsäure, sondern auch eine auffallende Quantität stickstoffhaltiger organischer Substanzen enthält, glaubte ich, es mit einem jener Gebilde zu thun zu haben, welche grossentheils aus Kieselinfusorien bestehn. Allein die mikroskopischen Untersuchungen, welche die Herren Heer und Frey mit den Gesteinen anstellten, zeigten, dass eine solche Annahme nicht zulässig ist. Herr Prof. Frey äussert sich darüber folgendermaassen:

„In den beiden mir übergebenen Erdarten von Madeira (dem Kalk vom Pico da Cruz und dem nachher zu beschreibenden Kalk von Caniçal) zeigt die mikroskopische Untersuchung keinerlei als organisch zu erkennende Reste. Das Ganze ist eine feinkörnige Masse. Von thierischen Resten in solcher Menge, dass hierdurch der Stickstoffgehalt erklärt werden könnte, ist, wenn auch einige mikroskopische Formelemente darin übersehen sein sollten, nicht im Entferntesten die Rede.

„Dieses Resultat der mikroskopischen Untersuchung macht es wahrscheinlich, dass das Vorhandensein der stickstoffhaltigen organischen Substanz mehr ein zufälliges ist, dass dieselbe in aufgelöstem Zustande an Ort und Stelle gekommen und dort von den unorganischen Bestandtheilen des Gesteins aufgenommen worden ist.

„Hält man das isolirte Vorkommen des letzteren im vulkanischen Tuff mit seinen Hauptbestandtheilen zusammen, so scheint überhaupt die Annahme gerechtfertigt, als sei dasselbe das Produkt einer ehemaligen Therme.

„Will man sich eine Vorstellung von der Bildungsweise des Gesteines machen, so kann man annehmen, dass die Therme eine verhältnissmässig beträchtliche Quantität von Kalk und Talksilikaten enthielt, dass dieselbe auf ihrem späteren Lauf mit Strömen von Kohlensäuregas in Berührung kam, durch welches das Kalksilikat vollständig, das schwieriger zersetzbare Magnesiasilikat nur theilweise, unter Abscheidung von Kieselsäure in Carbonat verwandelt wurde und dass sie endlich auf eine Stelle traf, wo thierische Ueberreste vorhanden waren. (Vergleiche Bischof's Lehrbuch der chem. u. physik. Geologie Bd. I. p. 347, 509—511, 769—771)."

Die Art, wie diese Kalkmassen am Pico da Cruz und am Areeiro vorkommen, spricht für die von Prof. C. Schweizer aufgestellte Annahme, die indessen nicht ausreicht die verbreiteten Kalküberzüge von Madeira, Porto Santo und den canarischen Inseln zu erklären. Mögen auch die Kalkmassen in der Nähe von Funchal aus heissen Quellen abgesetzt sein, so müssen die Kalkschichten an der Landzunge von S. Lourenço und auf Porto Santo entschieden anderen Vorgängen ihre Entstehung verdanken; lassen wir aber für diese die früher erwähnten Voraussetzungen gelten, so liegt die Möglichkeit nahe, dass auch jene ursprünglich in derselben Weise gebildet wurden und gegenwärtig nur die Ueberreste von einst grösseren, theilweise zerstörten Schichten darstellen. Hinsichtlich der Anwesenheit der stickstoffhaltigen organischen Substanz bliebe noch die Frage zu erörtern, wo sollten die thierischen Ueberreste, welche die Quelle traf, herkommen? Es könnten dies nur Ueberreste von Landschnecken gewesen sein, die an irgend einer Stelle in ungemein grosser Zahl zusammengeschwemmt wurden. Nun ist die stickstoffhaltige organische Substanz aber ebenfalls in den Kalkgebilden der Ponta de S. Lourenço gefunden worden, wo sie von den Landschnecken herrühren muss, die nach und nach auf der kalkreichen Dünenbildung lebten und abstarben. Ebenso wie dort könnte sich ihre Anwesenheit natürlich auch bei dem Kalk des Pico da Cruz und des Areeiro erklären lassen, wenn wir annehmen, dass die Schnecken in grosser Zahl auf der anfangs nur dünnen Kalkschicht lebten, und dass eine lange Zeit hindurch fortwährend viele von diesen Thieren abstarben, deren verweste und zersetzte Ueberreste andauernd in die allmählich anwachsende Kalkmasse aufgenommen wurden.

Rückblick.

Nach dem Ergebniss der im Bereich der Canarien, der Madeira-Gruppe und der Azoren angestellten Lothungen müssen wir, wie auf Seite 1 bis 7 gezeigt wurde, die atlantischen Inseln als die Gipfel von untergetauchten Gebirgsstöcken ansehen, die mit durchschnittlich steilen Böschungen von dem Grunde des Meeres aus mehr oder weniger bedeutenden Tiefen emporsteigen. In der geringeren Tiefe von einigen hundert Fuss erheben sich, soviel man bisher weiss, zwei oder mehrere Inseln nur dann über einer gemeinsamen untergetauchten Gebirgsmasse, wenn die gegenseitige Entfernung, die sich zwischen Madeira und den Dezertas bis auf 10 Minuten steigert, ein gewisses Maass nicht überschreitet. Aus bedeutenderen, mehrere tausend Fuss betragenden Tiefen könnten jedoch, wie Maury in seiner Darstellung des Beckens des atlantischen Meeres andeutete, die Bergmassen der verschiedenen Inseln in jeder der genannten Gruppen auch bei viel beträchtlicheren Zwischenräumen über einem grösseren gemeinsamen untergetauchten Gebirgsstock emporragen.

Die ältesten Schichten, die auf den Inseln der Madeira-Gruppe aufgeschlossen sind, bestehen hauptsächlich aus Hypersthenit und Diabas, neben welchen an einer Stelle ein zersetztes, als Melaphyr erkanntes Gestein anstehend vorkommt.

Welchem geologischen Zeitabschnitt diese älteren Eruptivmassen angehören, das lässt sich bei der Abwesenheit organischer Reste nicht einmal annähernd bestimmen. Wenn auch solche Gesteine nach den bisherigen Forschungen grossentheils in der Grauwacken- und Kohlenzeit abgelagert wurden, so kommen doch so häufig Ausnahmen von dieser Regel vor, dass man die Entstehung der in Madeira blossgelegten Massen keineswegs mit auch nur einiger Sicherheit in jene entfernten Perioden der Erdumbildung zurückversetzen kann. Jedenfalls aber dürften diese auf Madeira nur bei Porto da Cruz gefundenen Eruptivmassen viel älter sein als die später entstandenen vulkanischen Erzeugnisse, welche beinah ausschliesslich die über dem Meere emporragenden Bergmassen dieser Inselgruppe zusammensetzen.

Nach den auf den Canarien beobachteten Lagerungsverhältnissen der Diabas- und Hypersthenit-Gesteine ist es mehr wie wahrscheinlich, dass diese und ähnliche Eruptivmassen als eine älteste Formation, die auch auf Madeira anstehend gefunden ist, in jener südlicheren wie in dieser nördlicheren

Inselgruppe die untergetauchten Massen der Gebirge bilden. Da aber diese älteste Formation, von welcher auf Porto Santo bis jetzt noch keine Spur entdeckt ist, auf Madeira ungeachtet der zahlreich durchforschten, tief herabreichenden Durchschnitte, nicht im Mittelpunkt des Gebirges sondern nur unfern der Küste (bei Porto da Cruz) aufgefunden ist, so liegt die Vermuthung nahe, dass sie überhaupt nur an dieser auf Tafel IV in Fig. 3 angedeuteten Stelle (bei h) in einem Gipfel von beschränkter Ausdehnung eine solche Höhe erlangte, während sonst ihre obere Grenze in dieser Inselgruppe mehr oder weniger tief unter dem Meeresspiegel liegen dürfte. Diesen Verhältnissen entsprechend würden dann einerseits die über dem älteren Gebirge abgelagerten vulkanischen Massen der jüngeren Formation mehr oder weniger tief unter den Meeresspiegel herabreichen, und es könnten andererseits die unteren Gebirgsstöcke bis zur Meeresfläche hinauf neben der älteren Formation etwa in dem Verhältniss aus der jüngeren Formation bestehen, als jene neben dieser in den die Meeresfläche überragenden Inselgebirgen vorkommt.

In Madeira ist so wenig von der älteren Formation aufgeschlossen, dass sich aus den dort angestellten Beobachtungen kaum etwas über die Art, in welcher die älteren Eruptivmassen zu Tage traten und abgelagert wurden, sagen lässt. In den Canarien jedoch, wo die Hypersthenit und Diabasformation auf Palma in bedeutendem Umfang in tiefen Durchschnitten bloosgelegt ist und auf Fuertaventura sogar als ein Gebirgszug von 20 Minuten Länge, 10 Minuten Breite und etwa 2500 Fuss Meereshöhe, von späteren vulkanischen Erzeugnissen unbedeckt, frei zu Tage steht, dort sind die Lagerungsverhältnisse, besonders in dem mittleren Theile der zuletzt genannten Insel, deutlich zu erkennen. Es soll hier nicht, wie in einer anderen Arbeit geschah[*]), ausführlich gezeigt werden, dass sich die späteren Eruptivmassen der sogenannten vulkanischen Formation von den Eruptivmassen der früheren geologischen Zeitabschnitte zwar durch eine abweichende petrographische Beschaffenheit, durch die meist verschiedenen Formverhältnisse und durch Feinporigkeit wie durch Schlackenbildung auszeichnen, dass aber dennoch ungeachtet dieser Unterschiede einerseits die stromartigen Ablagerungen und Tuffbildungen der vulkanischen Erzeugnisse sich bis zu den älteren Eruptivmassen verfolgen lassen, während andererseits die bei diesen vorherrschenden Massenausbrüche bis in die Neuzeit hinaufreichen. Es würde ferner zu weit führen die auf den Canarien und auf deutschen Gebieten beobachteten Thatsachen zu erwähnen, welche dafür sprechen, dass in allen

---

[*]) Betrachtungen über Erhebungskrater, ältere und neuere Eruptivmassen u. s w. von G. Hartung. Leipzig. Engelmann, 1862.

Zeitabschnitten der Erdumbildung an der Erdoberfläche Eruptivmassen austraten, die bei abweichender petrographischer Beschaffenheit und verschiedener Gestaltung dennoch früher wie später in dem Umfang ihrer Einzelmassen ein gewisses Maass nicht überschritten und erst nach allmählich erfolgter, wiederholter Ueberlagerung durch Anhäufung ansehnlichere Bergmassen hervorbrachten. Erwähnt sei nur das aus den oben angedeuteten Thatsachen gefolgerte Ergebniss, dass seit den ältesten geologischen Perioden der Unterbau in den atlantischen Gebirgen, also auch in Madeira und Porto Santo, vom Meeresgrunde herauf über breiter Grundlage in Folge wiederholter Ausbrüche durch Ueberlagerung von älteren Eruptivmassen allmählich emporwuchs bis die Ausbrüche und Ablagerungen in späteren Zeitabschnitten der Erdumbildung in petrographischer Beschaffenheit, in Structur und Formverhältnissen durch die vorherrschenden Merkmale das Gepräge der sogenannten vulkanischen Formation annahmen und mit ihren angehäuften Massen das so weit vollendete Ganze der Berggebäude abschlossen.

In den über dem Meere emporragenden Inselgebirgen der Madeira-Gruppe herrschen pyroxenische Gesteine vor. Neben dem typischen, dunkel gefärbten, dichten, mehr oder weniger Augit und Olivinreichen Basalt treten häufig Abänderungen auf, die sich den Grausteinen, den Doleriten und Trachydoleriten nähern. Ausser einigen seltenen echt doleritischen haben trachydoleritische Felsarten eine etwas grössere Verbreitung erlangt. Trachyte endlich sind selten in den tieferen, häufiger, jedoch immer nur in verhältnissmässig geringer Ausbreitung, in den oberen Schichten beobachtet, wo sie indessen nicht überall die jüngsten, zuletzt abgelagerten Erzeugnisse bilden.

Alle diese vulkanischen Gesteine sind wie in anderen Theilen der Erde auch in der hier ausführlicher beschriebenen Inselgruppe während der Tertiärzeit, in der Quartären Periode und wohl auch in der Neuzeit zur Ablagerung gekommen. Sicherlich dürfen wir annehmen, dass die vulkanischen Gebilde seit dem Beginn der Tertiärzeit an der Oberfläche der bereits vorhandenen Eruptivmassen austraten. Eine bestimmte Thatsache liefern indessen erst die obermiocenen Schichten von Madeira und Porto Santo, deren untermeerische organische Reste Herr K. Mayer bestimmt und beschrieben hat.

Nach der Entstehung dieser mitteltertiären Schichten kamen noch vulkanische Massen von sehr beträchtlicher Gesammtmächtigkeit zur Ablagerung. Im Thale von S. Vicente erhebt sich unmittelbar über den tertiären untermeerischen Schichten eine Felsenmasse von 1500 bis 2000 Fuss Mächtigkeit. Nehmen wir an, dass die Schicht, in welcher die tertiären Reste von S. Vicente vorkommen, der Gebirgsoberfläche entsprechend, nach landeinwärts ansteigt, so würde im Mittelpunkte der Insel eine Gesammtmasse von gegen 3000 Fuss darauf ruhen. Erwägen wir aber endlich, dass östlich von

S. Vicente schon in einer Meereshöhe von etwa 1000 Fuss die fossilen Pflanzenreste einer Waldvegetation vorkommen, so können wir die Gesammtmasse der vulkanischen Erzeugnisse, die nach der Entstehung der untermeerischen tertiären Schichten zur Ablagerung kamen, nicht geringer als auf 5000 Fuss anschlagen.

Nach Sir Charles Lyells Annahme, der alle ausgestorbenen Arten von Conchylien der Tertiärzeit zurechnet, war die vulkanische Thätigkeit auf dem niederen und schmalen Bergrücken, der gegenwärtig die Landzunge von S. Lourenço bildet, bereits am Ende der pliocenen Periode erloschen. In den zusammengetrockneten und erhärteten Resten von ehemals weit ausgebreiteten Dünenbildungen sind auf Madeira und Porto Santo 72 Arten Landschnecken erhalten, von welchen 2 bis 3 ausgestorben zu sein scheinen. Die fossilen Pflanzenreste von S. Jorge zählt aber Prof. Heer zum Diluvium, also zu der quartären Periode. Nach diesen Bestimmungen hätte daher die vulkanische Thätigkeit in dem höchsten und breitesten Theile von Madeira bedeutend länger als an der Ponta de S. Lourenço angedauert. Denn nicht allein, dass die Waldvegetation später blühte als der Abhang des Schlackenberges an der Ponta de S. Lourenço mit Dünensand beweht wurde, es sind sogar unmittelbar über den quartären Pflanzenresten und dem Lignit Lavenmassen in mehr denn 1000 Fuss Gesammtmächtigkeit abgelagert worden. Allein hiebei ist zu berücksichtigen, dass seit Mr. R. T. Lowe nach langjährigem Aufenthalt auf Madeira die Landschnecken von S. Lourenço zuerst beschrieb und seit vor etwa 10 Jahren Albers' Malacographia Madeirensis erschien, die 10 oder 12 als ausgestorben angenommenen Arten durch neue Funde auf 2 bis 3 zurückgeführt worden sind. Da nun, was keineswegs unmöglich ist, auch diese wenigen, anscheinend ausgestorbenen Arten im Laufe der Zeit an entlegenen Oertlichkeiten der Inseln oder in anderen Landestheilen lebend gefunden werden könnten, so würden die Dünenbildungen nicht mehr zu tertiären, wohl aber zu quartären Bildungen gehören, weil viele Schnecken, die in dem früheren Zeitabschnitt sehr gemein waren, jetzt sehr sparsam, andere dagegen, die damals selten waren, jetzt gerade am zahlreichsten vertreten sind. Es wären dann also die Pflanzenreste von S. Jorge und die Dünenbildungen annähernd gleichen Alters, ja es könnten sogar innerhalb derselben geologischen Periode die Wälder bei S. Jorge Tausende von Jahren vor der Zeit gewachsen sein, in welcher die Landschnecken bei Caniçal und auf Porto Santo auf den dürren, mit kalkhaltigem Sande bedeckten Landesstrichen lebten. Demnach muss die vulkanische Thätigkeit jedenfalls bis in die quartäre Periode angedauert haben; dass sie auch darüber hinaus bis in die Jetztzeit hineinreichte, ist wohl anzunehmen, lässt sich aber durch keinerlei Thatsachen mit Sicherheit nachweisen.

Zu vulkanischen Gebirgen, auf welchen (wie in den Canarien und auf den Azoren) die Ausbrüche bis in die allerneueste Zeit stattfanden, gehören die Madeira-Inseln nicht. Man hat vielmehr gegründete Ursache anzunehmen, dass hier die vulkanische Thätigkeit schon seit lange erloschen sei, weil selbst die jüngsten Laven, die an den steilen Meeresklippen oder in den tiefen, vom fliessenden Wasser ausgewaschenen Thalkesseln zur Ablagerung kamen, bereits wieder in Folge der Einwirkungen der Erosion durchnagt und theilweise zerstört sind.

Der lange ununterbrochen andauernde Einfluss des Dunstkreises ist als die Ursache zu betrachten, weshalb von so unendlich zahlreichen, aus rothem Schlackenagglomerat gebildeten, kegelförmigen Hügeln kaum drei vollkommen erhaltene, und nur verhältnissmässig so wenige deutlich erkennbare Krater aufzuweisen haben. Aber ungeachtet der Veränderungen, welche die jüngeren und oberen Schichten des Gebirges im Laufe der Zeit erfuhren, lassen sich diese dennoch an den Ausbruchskegeln, an den Lavaströmen und an den Resten von Lavakanälen als Massen erkennen, die genau mit den Erzeugnissen der neuesten vulkanischen Thätigkeit übereinstimmen. Solchen jüngeren schliessen sich die älteren Schichten durch die Form und Lagerung der Lavabänke, durch die verschütteten Schlackenberge und durch die Beschaffenheit der meist violett-röthlich gefärbten Schlackenagglomerate so genau an, dass man für alle, mit Ausnahme der meisten Massen der Hypersthenit- und Diabasformation, im Grossen und Ganzen dieselbe Art der Entstehung voraussetzen darf. Dies ist namentlich an dem tiefen Durchschnitt des Curral in dem höchsten und breitesten Theile des Madeira-Gebirges ersichtlich. Durch eine grosse Zahl von solchen Ausbrüchen, wie sie später an der Oberfläche vorkamen, und durch Anhäufung der immer wieder hervorgebrachten Lavenmassen wuchs daher über der älteren Grundlage, die vorher nicht durch vollkommen gleiche aber durch ganz ähnliche Vorgänge entstanden war, allmählich das Gebirge empor, dessen Erstreckung und Bergform von der räumlichen Ausbreitung der Ablagerungen abhingen.

So lange die kleinen Vulkane mit nur kurzen Unterbrechungen andauernd thätig waren, vermochte weder die Brandung bedeutend landeinwärts vorzudringen, noch das fliessende Wasser tiefe und weite Thäler auszuwaschen. Denn von dem Verhältniss zwischen der aufbauenden Thätigkeit der Vulkane einerseits und der zerstörenden Kraft des Meeres wie des Dunstkreises andererseits hängt es ab, ob hohe Meeresklippen, tiefe Schluchten und weite Thalkessel unter dem Einflusse der Brandung und des fliessenden Wassers entstehen können. In dem letzten grösseren Zeitabschnitt der geologischen Geschichte der Madeira-Inseln müssen nun die zerstörenden, Klippen, Schluchten und Thalkessel bildenden Kräfte des Meeres und des fliessenden Was-

sers entschieden die Oberhand gewonnen haben, während früher in vielen
mehr oder weniger langen Epochen die aufhäufende Thätigkeit der überaus
zahlreichen kleineren Vulkane überwog. Zeitabschnitte der Ruhe, die dazwischen dennoch eintraten, sind durch dünne weit verbreitete Tuffschichten
angedeutet und diese (die alten Erd- oder Humusschichten) lassen sich noch
jetzt in den später blosgelegten Durchschnitten der Meeresklippen und der
Thalschluchten auf bedeutende Entfernungen verfolgen. Als der Aufbau des
Gebirges wenigstens nahezu vollendet war und als durch die noch nicht ganz
erloschene vulkanische Thätigkeit nur noch selten unbedeutendere Lavenmassen abgelagert wurden, schnitten die Bachbetten in den Entwässerungsgebieten, welche durch die Abdachung und die Bodengestaltung der Gebirgsoberfläche vorgezeichnet waren, allmählich immer tiefer ein bis zuletzt unter
der andauernden Einwirkung des Dunstkreises die gegenwärtigen Thalbildungen entstanden. Die Thäler stellen sich daher dar, entweder als Mulden,
die zugleich mit der Bergform in Folge einer besonderen räumlichen Ver-
theilung der Ablagerungen entstanden, oder als Erosionsthäler, oder endlich
als solche Muldenbildungen, die später durch das fliessende Wasser beträchtlich vertieft und erweitert wurden. Aber selbst die bedeutendsten, durch
Anhäufung vulkanischer Massen entstandenen Thalmulden sind an den Sei-
tengehängen und im Grunde von ausgewaschenen Schluchten durchfurcht,
und auch die entschiedensten Erosionsthäler müssen ursprünglich in Vertiefungen, die oft nur ganz flach eingesenkt gewesen sein mögen, ihren Anfang genommen haben.

Da die tertiären, untermeerisch gebildeten Schichten in verschiedener
Höhe bis zu 1350 Fuss oberhalb des Meeres emporragen, so müssen die
Gebirgsmassen seit jener Zeit, in welcher die von Herrn K. Mayer bestimmten Thiere lebten, gehoben worden sein. Was diese Hebung bewirkte lässt
sich nicht ergründen, doch liegt der Gedanke nahe, die Ursache in der vulkanischen Thätigkeit zu suchen und anzunehmen, dass möglicherweise die
Spalten, welche in grosser Zahl einbarsten und durch hineingepresste Ge-
steinsmasse erfüllt wurden, eine Anschwellung und Erhöhung der aus dem
Meeresgrund aufragenden Bergmasse hervorbrachten. Nach den von Maury
gesammelten Angaben ist der Meeresgrund da wo sich die Madeira-Inseln
erheben 2 bis 3000 Faden oder 12 bis 18,000 Fuss tief. Bei der gegenwärtigen Höhe von 5 bis 6000 Fuss würde das Gebirge von Madeira mit dem
bis zu etwa 15,000 Fuss untergetauchten Grundstock eine Gesammthöhe
von mehr als 20,000 Fuss erreichen. Diese ganze aus den Tiefen des Meeresgrundes aufsteigende ansehnliche Bergmasse könnte nun unter dem Druck
der aus den Tiefen der Erde gerade und nach seitwärts heraufgepressten
Ausbruchsmassen in Spalten geborsten, mit Gesteinsgängen erfüllt und dadurch

wie von zahllosen Keilen aufgetrieben sein, wodurch sich an dem über dem
Wasser erhabenen Gipfel eine nicht unbeträchtliche Hebung kund geben
musste. Da nun nicht nur diejenigen Gangbildungen, die in dem Inselgebirge selbst aufgeschlossen sind, sondern auch, und zwar hauptsächlich, diejenigen zählen, die wir in dem mächtigen untergetauchten Gebirgsstock voraussetzen müssen, so ist es erklärlich, dass, wie z. B. in Madeira und Porto
Santo, die Gesammtmächtigkeit der über den emporgehobenen untermeerischen Schichten abgelagerten Lavenmassen und die Zahl der sichtbaren
Gänge nicht immer in einem wenigstens annähernd gleichmässigen Verhältniss zu dem Grade der beobachteten Hebung stehen. Denn über diejenigen
Spalten, die ohne zur Oberfläche hinaufzureichen in dem unteren Gebirgsstock einbarsten und über solche Laven, die dort ohne an der Gebirgsoberfläche auszutreten hineingepresst wurden, können uns keine Beobachtungen
Aufschluss geben. Nur einige untermeerische Ausbrüche, die in dem Bereich einiger Inselgruppen vorgekommen sind, deuten darauf hin, dass später
auch an den untergetauchten Gebirgsstöcken ähnliche Vorgänge, wie sie auf
den Inselgebirgen selbst wahrgenommen wurden, stattgefunden haben müssen. Wollten wir indessen diese Voraussetzungen, die in einer anderen, bereits früher erwähnten Arbeit*) eingehend besprochen sind, nicht gelten lassen, so müssten wir, da die plötzlichen unverhältnissmässig grossen Gewalt-
äusserungen früherer Annahmen gegenwärtig nicht mehr maassgebend sein
können, auf eine langsame, allmähliche Hebung mit noch völlig räthselhaften
Ursachen verweisen.

Bei Betrachtung der Einwirkungen der Brandung gelangten wir zu dem
Schluss, dass die Inselgebirge seit der Entstehung der gegenwärtigen Klippenwände wenigstens um 150 Fuss herabgesunken sein müssen, wenn wir
nicht dem Meere eine zerstörende Kraft zuschreiben wollen, die bis zu einer
Tiefe von 30 bis 40 Faden oder etwa 200 Fuss unter seine Oberfläche herabreicht. Weil nun diese Senkung nur nach der Hebung der tertiären untermeerischen Schichten stattgefunden haben kann, so mussten diese bevor
sie ihre gegenwärtige Meereshöhe von 1350 Fuss einnahmen bei S. Vicente
bis 1500 Fuss oder bis zu etwa ¼ der Höhe des Gebirges von Madeira
hinaufreichen. Ausserdem ist in der Beschreibung von Porto Santo angedeutet, dass eine unbedeutende recente Hebung als denkbar vorausgesetzt
werden kann, eine Hebung, die zu der Annahme von Bodenschwankungen
oder wechselweise erfolgten Hebungen und Senkungen anregt. Die Meereshöhe von 1350 Fuss, in welcher wir die einst untergetauchten Schichten
von S. Vicente gegenwärtig antreffen, würde demnach den Unterschied von

---

*) Betrachtungen über Erhebungskrater, ältere und neuere Eruptivmassen u. s. w.

zahlreichen nach auf- und nach abwärts gerichteten Bewegungen angeben, einen Unterschied, der bedeutend zu Gunsten der Hebung ausschlägt.
Wollen wir die Hebung und Senkung der Inselgebiete in der von Mr. Ch.
Darwin bei Beschreibung der Coralleninseln angeregten Weise erklären, so
wäre eine allmähliche, langsam stattfindende Senkung durch die Einwirkungen der vulkanischen Thätigkeit nicht nur aufgehoben sondern sogar in eine
Hebung verwandelt worden. Ob die Senkung durch ein allmähliches Zusammensetzen und daher Zusammensinken der ansehnlichen, aus dem Meeresgrunde aufragenden Felsenmassen bewirkt ward, oder ob sie bei völlig
unbekannten Ursachen möglichst gleichmässig in einem grösseren Theile des
atlantischen Beckens stattfand, darüber lässt sich nichts feststellen. Nehmen
wir indessen eine allmähliche, wahrscheinlich noch fortdauernde Senkung an,
so würde bei den wiederholten Bodenschwankungen in einzelnen Epochen die
Hebung, in anderen die Senkung die Oberhand gewonnen haben. Das erstere
wäre in den Zeitabschnitten andauernder Ausbruchsthätigkeit, das letztere
während Zwischenpausen der Ruhe und nach dem Erlöschen der vulkanischen
Thätigkeit der Fall gewesen. Als die Gebirgsstöcke noch durch hineingepresste und an der Oberfläche abgelagerte Laven emporwuchsen, überwog die
Hebung, als aber die völlig oder nahezu vollendeten Inselgebirge den Einwirkungen des Dunstkreises und des Meeres überlassen blieben, ward die
Senkung, jedoch nur in untergeordnetem Maasse, bemerkbar. Denn wäre sie
eben so bedeutend als die Hebung gewesen, so müssten die tertiären untermeerischen Schichten bereits wieder bis an den Meeresspiegel herabgerückt sein.

Paläontologische Verhältnisse.

Systematisches Verzeichniss der fossilen Reste von Madeira, Porto Santo und Santa Maria nebst Beschreibung der neuen Arten

von

Karl Mayer.

———

Einleitung. Die leider durch den Tod beendigte Krankheit Bronn's veranlasste Herrn Dr. Hartung, im Herbst 1861, mir die Bearbeitung der Versteinerungen, welche Herr W. Reiss auf Madeira und Porto Santo gesammelt, anzubieten. Obwohl in meiner Doppelstellung als Conservator einer rasch anwachsenden Sammlung und als Privatdozent, mit Arbeiten überhäuft, nahm ich doch gern dieses Anerbieten an, in der Gewissheit dadurch meine Kenntniss der Tertiär-Faunen wesentlich zu erweitern und in der Voraussicht, dass diese Arbeit nicht zu umfassend sein würde. Als ich aber dieselbe vor einem Jahre begann, entdeckte ich bei Vergleichung der von Bronn in den Werken des genannten Forschers und W. Reiss' über die Azoren citirten und beschriebenen Fossilien so viele unsichere oder zum Theil unrichtige Bestimmungen, dass mir eine neue Untersuchung jener Fauna als unumgänglich nöthig und die Verbindung einer solchen Arbeit mit der übernommenen als höchst zweckmässig erschien. Ich wandte mich daher sogleich an die Herren Hartung und Reiss mit der Bitte bei dem Vorstande der Heidelberger mineralogischen Sammlungen mein Gesuch um Benutzung der Bronn'schen Originale aus Santa Maria zu empfehlen. Mit der grössten Bereitwilligkeit erfüllten die Herrn Professoren Blum und Pagenstecher sogleich meinen Wunsch, indem sie mir alles vorfindbare Material zusandten; und so konnte ich noch in der ersten Hälfte des verflossenen Winters meine erweiterte Aufgabe in Angriff nehmen.

Diese Aufgabe sollte indessen nicht so leicht werden als ich sie mir ge-
dacht hatte; denn abgesehen davon, dass die mir in Zürich zu Gebote stehenden Hülfsmittel in der Litteratur über die Bryozoen, Zoophyten und lebenden
Conchylien sich als unzureichend erwiesen, zeigte es sich, dass über die
Hälfte der 200 Arten zählenden Fauna durch mehr oder weniger unvollständige, zerdrückte, oder halb aufgelöste Stücke und durch Steinkerne vertreten
war. Nach Erschöpfung meiner hiesigen Vergleichungsmittel, musste ich
daher zu wiederholten Malen bei Fachgelehrten meiner Bekanntschaft, —
den Herren Crosse, Deshayes, de Fromentel, Hoernes und Schuttelworth, —
durch Zusendung der dubiös gebliebenen Stücke mir Rath holen. Dank
aber den freundlichen Mittheilungen dieser Herrn und Dank der Jahresfrist,
welche mir zum eingehenden Studium der Heidelberger Originale in so
liberaler Weise gegeben wurde, konnte ich am Ende doch alles Bestimmbare
bestimmen und mein Werk bei Zeiten zum Abschlusse bringen, ohne be-
fürchten zu müssen, Fehler in erheblicher Zahl begangen zu haben.

Wenn dennoch einzelne meiner Bestimmungen in den Augen mancher
Paläontologen als falsch gelten sollten, so wird dies wahrscheinlich nicht sowohl von unseren verschiedenen Ansichten in Betreff des Begriffs Species, als
von der grösseren oder geringeren Vollständigkeit des vorliegenden Materials
herrühren; denn, in Beziehung auf den Art-Begriff, bin ich mir bewusst mich
consequent auf dem Standpunkte der meisten Conchyliologen gehalten zu
haben, nach welchen zwei verwandte aber in einigen nicht ganz unwichtigen
Merkmalen abweichende Individuen, oder zwei Reihen von Individuen, die
durch einen oder mehrere fassbare Charaktere constant von einander abweichen zwei Arten bilden, oder doch vorläufig als zwei Arten betrachtet
werden sollen. Es ist dieser Standpunkt in der That, auch in meinen Augen,
der einzige, dessen Einhaltung die Wissenschaft vor einflussreichen Irrthümern
und vor Confusion bewahren kann. Dass er hingegen natürlich sei, das
heisst, auf einem in der Natur begründeten Begriffe der Art beruhe, bin ich
weit entfernt zu behaupten. Meine durch vieljährige Studien in dem Gebiete der tertiären Conchylien gewonnene Ueberzeugung ist vielmehr die, dass
die Arten, innerhalb der natürlichen Gruppen wenigstens, nicht sowohl vereinzelt bestehen, als vielmehr durch bald langsame, bald rasche, (ich sage
nicht plötzliche,) durch neue Lebensverhältnisse bedingte Modifikationen, Um-
wandlungen und vielleicht durch Kreutzungen früherer Arten entstehen.
Freilich kann ich mir mit meiner Anschauungsweise ebensowenig als andere
mit der ihrigen das Vorhandensein der grossen Lücken im Systeme der organischen Welt erklären; aber dadurch bin ich doch davor bewahrt, daran
zu glauben, dass chronologisch zunächst auf einander folgende und nächst-
verwandte Arten, wie Ammonites fimbriatus und A. cornucopiae, A. Moorei

und A. funatus, A. hecticus und A. lunula, Belemnites paxillosus und B. crassus, B. subhastatus und B. latisulcatus, B. clavatus und B. Toarcensis, zweien Schöpfungen angehören, so dass die einen plötzlich ausgerottet worden wären, um schnell für die neu zu schaffenden, höchst ähnlichen, andern Platz zu machen! Obwohl es sich daher versteht, dass ich mir bei jeder Gelegenheit Mühe gegeben habe, durch Vergleichung grösserer Serien von Exemplaren zweier naheverwandten Arten die Uebergänge von der einen zur andern aufzufinden, bin ich mir doch bewusst, nur in den Fällen von ganz entschieden positivem Resultate meiner Vergleichungen Gebrauch davon gemacht zu haben, um die eine Art einzuziehen. Ich rufe daher allfälligen Opponenten gegen meine Artenvereinigungen, unter Hinweisung auf das mir vorliegende, meist selbst gesammelte Vergleichungsmaterial, getrost zu: „Kommt und seht oder vervollständiget eure Sammlung."

Was den zweiten Vorwurf der mich treffen könnte betrifft, gewisse zoologisch kaum begründete Gattungen, wie Cytherea, Modiola, Lithodomus, Trivia etc., dennoch beibehalten und dafür andere von wenigstens gleichem Werthe, wie Serpulorbis, Nassa etc., vernachlässigt zu haben, so gestehe ich offen, dass ich mich hierin einzig von Gründen der Zweckmässigkeit leiten liess, indem ich es für passend halte übergrosse Gattungen, wie Venus, Mytilus, Ostrea, Cyprea etc., womöglich zu theilen, bei kleineren Gattungen aber, soviel als möglich ohne zoologisch scharf getrenntes zu vereinigen, die Arten und Gruppen beisammen zu behalten. Gegen die Annahme des Namens Nassa bin ich aber speziell desswegen, weil derselbe offenbar dem Kerne der Gattung Buccinum, mit Beschränkung dieser auf wenige Arten, usurpatorisch gegeben worden ist.

Indem ich, in Betreff der geologischen Verhältnisse der marinen Bildungen, welche die beifolgend beschriebene Fauna enthalten, auf die Schriften der Herren Hartung und Reiss über die Azoren- und Madeira-Inseln verweise,[*] und die aus dieser Fauna zu ziehenden weiteren Folgerungen auf das genauere Alter und die Zusammengehörigkeit der Fundorte am Schlusse meiner Arbeit zu entwickeln mir vorbehalte, bleibt mir hier nur eine Thatsache zu besprechen übrig, welche in meinem Verzeichnisse unberücksichtigt geblieben ist, bei der Beurtheilung der Tertiär-Fauna von Santa Maria aber nicht übersehen werden darf: ich meine das jüngere Alter der mit Prainha bezeichneten Localität jener Insel. Die dreizehn im Kalktuff von Prainha gefundenen Arten erweisen sich nämlich, bis auf eine neue, oder wenigstens

---

[*] Hartung, die Azoren, etc. Leipzig, 1860. — Reiss, Mittheilungen über die tertiären Schichten von Santa Maria, etc., in Bronn's Jahrbuch, etc., 1862. — Hartung, Geologische Beschreibung von Madeira und Porto Santo, etc., Leipzig, 1868.

bis jetzt noch in den Tertiärgebilden nicht vorgekommene, als solche die jetzt noch in der Nähe oder im Mittelmeere leben, ja fünf davon als nur recent bekannte. Alle diese Arten, ausser Patella Lowei, sind klein und häufig, und auffallend ist dabei sowohl dass so viele davon noch nicht aus der lusitanischen Provinz des atlantischen Ozeans citirt wurden, als dass die meisten überhaupt jetzt selten zu sein scheinen. Obgleich es nun wahrscheinlich ist, dass, bei besserer Kenntnis der Fauna jenes Theiles des atlantischen Ozeans, alle diese dreizehn Arten sich als darin vertreten erweisen würden, darf vor der Hand aus den angeführten Fakten geschlossen werden, dass die Küstenbildung von Prainha nicht recent, sondern quartär (diluvial) sei.

Bevor ich schliesse, kann ich nicht umhin, die Aufmerksamkeit der Paläontologen auf den Reichthum und die Mannigfaltigkeit der Tertiärfauna der atlantischen Inseln, wie sich beides aus meinem Verzeichnisse ergiebt, hinzuweisen. In der That bietet diese kaum erst entdeckte Fauna bereits fast alle Haupt-Typen von Weichthieren und alle Repräsentanten der verschiedenen Meeres-Bildungen-Facies dar, als da sind Bewohner der Hochsee (Janthina), der Tiefen (Terebratulina), der Felsen (Chama, Arca, Spondylus etc.), des Seegrases (Mytilus, Pecten, Rissoia, Trochus etc.), der Buchten (Perna, Bulla, Natica etc.), der Flussmündungen (Cerithium), des Sandes (Solen, Mactra, Tellina etc.) und des Schlammes (Conus, Cyprea etc.); sie zählt bereits 200 Arten aus 95 verschiedenen Gattungen; sie weist ein eigenthümliches Gemisch von europäischen „miocänen" Arten und von zugleich neogenen und recenten Species mit südafrikanischen oder ostindischen recenten auf; sie zeichnet sich endlich dadurch aus, dass ein volles Zehntel ihrer Arten aus grossen und sehr grossen besteht. Wenn man nun bedenkt, dass die sie darstellende Sammlung nur von drei Naturforschern, in wenigen Monaten und nur so nebenbei gesammelt, ja meistens aus mehr oder weniger hartem Gesteine geschlagen worden; wenn man erfährt, dass die von mir zum ersten Mal aus den Feiteirinhas citirten 29 Arten in einem kaum faustgrossen Stücke Kalktuff enthalten waren; so wird man sich vorstellen können, was für eine Ausbeute planmässig und jahrelang fortgesetztes Sammeln auf den atlantischen Inseln liefern müsste. Ich hege in der That die Ueberzeugung, dass gegenwärtige Monographie kaum die Hälfte der wirklichen Tertiärfauna jener Inseln umfasse und dass daher, früher oder später, eine zweite ähnliche Arbeit darüber nöthig werden dürfte.

Bryozoen.

1. Eschara lamellosa. Michelin (Adeone).

Iconogr., S. 326, Taf. 78, Fig. 5.

Diese Art war erst aus den Faluns der Touraine, des Anjou und der Bretagne, wo sie ziemlich häufig vorkommt, bekannt. Zahlreiche Bruchstücke, worunter mehrere sehr wohl erhaltene, liegen nun aus den Feiteirinhas der Insel Santa Maria vor.

2. Escharina biaperta. Michelin (Eschara).

Iconogr., S. 330, Taf. 79, Fig. 3. — Lepralia biaperta. Busk, Crag Polyzoa, S. 47, Taf. 7, Fig. 5.

Ein etwas beschädigtes Stück, das ich ohne die Zustimmung des Herrn de Fromentel nicht zu bestimmen gewagt hätte. Herr Michelin erwähnt die Art von Doué bei Angers. Das mir übergebene Stück stammt aus dem Tuff des Ilheo de Baixo bei Porto Santo.

3. Escharina celleporacea. Münster (Eschara).

Goldf., Petref., I, S. 101, Taf. 36, Fig. 10. — Phil., Tert., S. 39.

Das mir vorliegende Stück ist so wohl erhalten, dass ich es mit Sicherheit mit der deutschen Art identificiren kann. Die Stammform kommt zu Astrupp in Westphalen vor, welchen Fundort ich der aquitanischen Stufe beigeselle.

Figueiral auf Santa Maria.

4. Escharina incisa. Milne Edwards (Eschara).

Recherches, S. 5, Taf. 9, Fig. 2. — Michelin, Iconogr., S. 328, Taf. 78, Fig. 7. — Busk, Crag Polyzóa, S. 65, Taf. 10, Fig. 3.

Eine sichere Art, vertreten durch ein der Avicula Brossei anhaftendes Stückchen, aus dem Tuff des Ilheo de Baixo. Man hat dieselbe bis jetzt nur aus den Faluns des Anjou und dem Crag von Suffolk angeführt.

5. Cupularia intermedia. Michelotti (Lunulites).

Spec. zooph. diluv., S. 193, Taf. 71, Fig. 4. — Michelin, Iconogr., S. 75, Taf. 15, Fig. 7.

Obschon das mir vorliegende Stück nur auf der unteren Seite wohl erhalten ist, so stimmt es doch mit der von Michelin gezeichneten und beschriebenen Art und mit den von mir untersuchten typischen Exemplaren vollkommen überein. Die letzteren stammen sowohl aus dem Mayencien von Saucats, Leógnan und Mauras bei Bordeaux und St. Paul bei Dax, als auch aus den Helvetien von Saucats und Salles bei Bordeaux und von der Superga bei Turin.

Pinheiros auf Santa Maria.

6. Polytrema lyncurium? Lamarck (Tethia).

Hist., 2. Ausgb., V, S. 592. — Michti, Spec. zooph., diluv., S. 219, Taf. 7, Fig. 5. — Mich. Iconogr., S. 78, Taf. 15, Fig. 13.

Die Ueberreste, welche ich aus einem Handstück des Versteinerungen führenden Tuffes von Feiteirinhas loslöste, sind so schlecht erhalten, dass ich nicht für die Richtigkeit der Bestimmung einstehen kann. Indessen lassen doch die an mehreren Stücken beobachteten Bläschen, die den von Michelin abgebildeten im Allgemeinen gleichen, auf die Uebereinstimmung mit der lebenden und fossilen Art schliessen.

P. lyncurium kommt ziemlich häufig im Turiner Berge, namentlich am Rio della Batteria vor, und lebt noch im Mittelmeere.

7. Polytrema simplex. Michelotti (Tethia).

Spec. zooph., diluv., S. 219, Taf. 7, Fig. 6. — Mich., Iconogr., S. 78, Taf. 15, Fig. 12.

Zwei wohl erhaltene, leicht bestimmbare Exemplare, die indessen eine Varietät mit ungewöhnlich grossen Poren darstellen. Der Typus ist ziemlich gemein bei Turin. Die Varietät kommt vom Figueiral auf Santa Maria.

Zoophyten.

8. Cyathina clavus. Scacchi (Caryophyllia).

M. Edwards u. Haime, Ann. Sc. nat., 3. Serie, X, S. 291. — C. turbinata Phil., Sic. I, Taf. 4, Fig. 18. — C. sp, Bronn, in Reiss, S. Maria, S. 47.

Diese Art scheint heutzutage im Mittelmeere eingeschränkt zu sein, während sie zur *helvetischen* Zeit zugleich in jenem Meeresbecken und im atlantischen vorkam. Sie ist in der That sowohl bei Turin als auf S. Maria nicht selten.

Pinheiros. (Drei Exemplare).

9. Parasmilia radicula. Mayer. — Taf. I, Fig. 1.

P. polypo elongato, irregulariter contorto, cylindraceo, rarus subtoruloso et strangulato; costis inferne evanescentibus, seriebus granulorum notatis, superne alternantibus, granulosis; majoribus satis eminentibus; calici subcirculari, fossula parum profunda, columella distincta; cyclis quatuor in completis; septis subaequalibus, satis tenuibus

Alt. 60, crass. 7 mill.

Nach der Ansicht des Herrn de Fromentel, würde diese Art der P. serpentina nahe stehen. Dagegen unterscheidet sie sich bedeutend von den sechs durch M. Edwards und Haime (Ann. Sc. nat. 3. Ser., Zool., X S. 243) beschriebenen Arten, so wie von denjenigen, die Herr de Fromentel gegenwärtig in der „Paléontologie française‟ veröffentlicht.

Figueiral, Sta. Maria. (Ein Exemplar).

10. Desmastraea Mayeri. Fromentel. — Taf. I, Fig. 2.

D. Polypo explanato, calicibus majusculis, inaequalibus, irregulariter subrotundato-polygonis, plus minusve profundis, ad margines confluentibus; columella distincta, papillosa; cyclis duobus; septis crassis, parum regularibus, dentatis, lateraliter granulosis.

Diam. calic. 9 mill.

Die von Herrn de Fromentel neu aufgestellte, aber, soviel ich weiss, noch nicht veröffentlichte Gattung Desmastraea steht den Septastraeen nahe und unterscheidet sich von denselben nur durch das Vorkommen einer wohl ausgebildeten, fasciculären Axe, durch den Mangel einer Grenzlinie auf der Wandhöhe, und durch die dicken, in der Nähe der Axe besonders stark gezahnten Sternlamellen.

Woher die Stücke, welche Herrn de Fromentel erlaubt haben diese Gattung aufzustellen, stammen, weiss ich nicht. Ich finde nichts ähnliches unter den tertiären Corallen des hiesigen Museums, muss aber bemerken, dass eine Anzahl davon wegen Mangel an Raum in Kisten verpackt liegt.

Tuff des Ilheo de Baixo bei Porto Santo. (Ein Exemplar).

Bemerkung. Auf der Zeichnung sind die Kelchwände zu breit und nicht steil genug.

11. Desmastraea Orbignyana. Mayer. — Taf. I, Fig. 3.

Astrea corsica Orb., Prodr., III, S. 147??

D. polypo massam plano-convexam efformante; calicibus maximis, inaequalibus, irregulariter polygonis, plus minusve profundis, ad margines confluentibus; columella distincta, papillosa; cyclis duobus; septis crassiusculis, parum regularibus, distantibus.

Diam. calic. 33 mill.

Obgleich die Stücke auf welche ich diese Art gründe nur als Steinkerne vorkommen, so sind sie doch der vorhergehenden Art so ähnlich, dass ich mich nicht irren kann indem ich sie neben diese hinstelle. Beide Arten gleichen in der That einander fast in allen Beziehungen, nur dass die Kelche der einen fast vier Mal grösser sind als die der andern.

Da der kurze Satz, mit welchem d'Orbigny seine Astraea corsica bezeichnete, „Espèce dont les calices sont très-grands" nicht ausreicht um sie erkennen zu lassen, so wird die Art, wenn es sich in der Folge herausstellen sollte dass sie mit der gegenwärtigen identisch ist, den von mir vorgeschlagenen Namen führen müssen.

Weisser Kalkstein des Ilheo de Baixo. (Ziemlich häufig).

Bemerkung. Der Zeichner hat die Kelche zu klein und nicht tief genug, die Lamellen zu wellig dargestellt.

12. Phyllocoenia thyrsiformis? Michelin (Stylina).

Iconogr., S. 50, Taf. 10, Fig. 6. — Orb., Prodr., III, S. 147.

Die ziemlich zahlreichen und mitunter recht grossen Stücke sind alle in sofern schlecht erhalten, als während des Versteinerungs-Processes die Sternlamellen zerstört und die Zellenwände umgebildet wurden. Ich zähle darum dieselben nur unter erheblichen Zweifeln der genannten Art zu, um so mehr als ich, trotz d'Orbigny's Angabe, nicht ganz sicher bin, dass diese der Gattung Phyllocoenia angehöre.

Weisser Kalkstein des Ilheo de Baixo.

13. Astrocoenia Fromenteli. Mayer. — Taf. I, Fig. 4.

A. polypo ramoso, crasso; calicibus irregulariter pentagonis aut hexagonis, parum profundis, marginibus simplicibus, crassiusculis; columella tuberculum impressum simulante; typo decamerali; cyclis duobus completis; septis crassiusculis, satis approximatis, majoribus et minoribus decem.

Diam. calic. 2—3 mill.

Obschon vorliegender Polypenstock ziemlich schlecht erhalten ist, finden sich doch einige Kelche daran, die soweit unbeschädigt sind, dass man sie untersuchen kann. Nach den Merkmalen dieser Kelche sowohl als der Masse der Corallen ist die Art von den sieben anderen bis heute bekannten Astrocoenien sehr verschieden.

Tuff des Ilheo de Baixo. (Ein Exemplar).

Bemerkung. Der äussere Rand der Kelche bei Fig. 4, 6, zu schmal, die Sternlamellen daher zu lang.

14. Heliastraea Prevostana? M. Edwards und Haime.

Ann. Sc. nat., 1849, 3. Ser., XII, S. 110.

Da diese Art noch nicht abgebildet worden und da die Beschreibung, welche die Verfasser der „Recherches sur les polypiers" davon geben, ziemlich kurz gefasst ist, so war es selbst Herrn de Fromentel nicht möglich mit Bestimmtheit festzustellen ob die vorliegenden schönen und zahlreichen Stücke hierher gehören. Die H. Prevostana stammt aus dem Mainzer oder den helvetischen Schichten der Insel Malta.

Tuff des Ilheo de Baixo.

15. Heliastraea Reussana. M. Edwards und Haime.

Ann. Sc. nat., 1849, 3. Serie, Zool., XII, S. 110. — Explanaria astroites Reuss., Foss. Polyp. Wien, (Naturwiss. Abhqndl. von W. Haidinger) II, S. 17, Taf. 2, Fig. 8.

Zwei· ziemlich wohlerhaltene Exemplare vom Ilheo de Cima bei Porto Santo.

Nach den Oertlichkeiten aus welchen Herr Reuss diese Art citirt, findet sie sich im Wienerbecken ebenfalls in der helvetischen Stufe vor.

16. Danaia calcinata. Mayer. — Taf. I, Fig. 5.

D. Polypo massam irregularem, modo digitiformem, modo bulbosam, modo explanatam efformante; calicibus mimutis, aequalibus, rotundato - polygonis, approximatis; cyclis duobus. Diam. calic. 1 mill.

Die meisten der zahlreichen Stücke dieser Art sind, in Folge des Versteinerungs-Prozesses umgewandelt und eignen sich nicht mehr zu einer scharfen Bestimmung. Alle gehören indessen zu den Zoantharia tabulata und ordnen sich einem der Genera Chaetetes, Danaia oder Dekaia unter, die sich nur durch ihre Quersepta und ihre Wände von einander unterscheiden. Nun sind in einem meiner Stücke, das am besten erhalten ist, die Quersepta so aneinandergereiht, wie bei den Danaia-Arten; in den andern scheinen sie theilweise zerstört zu sein; die Form und die Grösse der Kelche ist bei allen Exemplaren gleich, und die am besten erhaltenen zeigen dieselbe Structur wie die Abdrücke welche die zu Steinkernen gewordenen in ihrem Muttergesteine hinterlassen haben. Ich glaube mich daher nicht zu täuschen wenn ich alle diese Stücke einer einzigen Art der Gattung Danaia zurechne. Da dieses Genus bis jetzt noch nicht in den tertiären Schichten gefunden wurde, so ist die Art jedenfalls neu.

Tuff des Ilheo de Cima (zwei Exemplare) und des Ilheo de Baixo (ein Exemplar). Kalk des Ilheo de Baixo. (Ziemlich häufig).

Echiniden.

17. Cidaris tribuloides. Lamarck.

Bronn, in Reiss, Sta. Maria, S. 47, Taf. 1, Fig. 20. — Encycl., I, Taf. 136, Fig. 4—5. — Cuvier, Règne animal, Zooph., Taf. 12, Fig. 1.

Etwa fünfzehn wenig veränderliche Stäbchen, die mit den Stacheln der lebenden Art gut übereinstimmen. C. Limaria, welcher Bronn dieselben zuzuschreiben geneigt war, hat schlankere und ziemlich abweichend gezeichnete Stäbchen. C. tribuloides lebt im Antillen-Meere.

Figueiral, Forno da Crè und Feiteirinhas auf Sta. Maria.

18. Rhabdocidaris Sismondai.   Mayer. — Taf. I, Fig. 6.

Rh. aculeis magnis, elongatis, subcylindricis vel subpolygonis, granuloso-spinosis, superne saepe striato-costatis; spinis paulum inaequalibus, plus minusve distantibus, subverticalibus, saepe longiusculis, in seriebus longitudinalibus, irregularibus, laxis, dispositis, nonnunquam costas efformantibus; costulis circiter 20, angustis, granulosis.

Long. (fragm.) 52, lat. 5 Mill.

Die mir vorliegenden Stacheln sehen denjenigen einiger Arten von Rhabdocidaris, unter anderen denen von Rh. Orbignyana so ähnlich, dass sie ohne Zweifel eher einer Art desselben Genus als einer typischen Form von Citaris angehören.   Dies wäre also die erste tertiäre Art der Gattung, insofern nicht C. Münsteri, Avenionensis etc. derselben generischen Gruppe unterzuordnen sind.

Porto da Calheta auf Porto Santo.   (Fünf Exemplare).

19. Echinocyamus pusillus.   Müller (Spatangus).

Forbes, Echin. brit. Tert., S. 10, Taf. 1, Fig. 8—15. — E. minimus (Girard), Bronn, in Reiss, Sta. Maria, S. 46.

Acht wohl erhaltene Exemplare, die bei etwas veränderlichen Umrissen durch die Dicke des Randes und durch die Stellung des Periproktes scharf gekennzeichnet sind.

Diese kleine Art, welche ausser im Red Crag Englands selten fossil vorkommt, lebt noch in der Nordsee, im atlantischen Ocean, und, wenn E. minimus Girard damit vereinigt werden muss, auch im Mittelmeer.

Figueiral.

20. Clypeaster altus.   Linné (Echinus).

Phil., in Dunker und Meyer, Palaeontogr., I, S. 322, Taf. 39. — Desor, Syn., S. 240.

Die acht Exemplare von S. Vicente auf Madeira und ein grosses Bruchstück von Pinheiros auf Santa Maria, stimmen vollkommen mit dieser Art, wie sie von Philippi festgestellt wurde, überein.   Cl. Scillae Phil. (nicht Mich.) kann übrigens nur als Varietät davon gelten.   Gerne hätte ich diese auffallende Form als characteristisch für die helvetische Stufe betrachtet; allein man erwähnt derselben aus mehreren Lokalitäten, wie von Nizza, S. Miniato, aus Calabrien, von Oran u. s. w., wo, so viel mir bekannt, diese Stufe nicht vorkommt.   Soll man denn annehmen, dass die Art in die piacenzische oder gar astische Stufe hinauf geht?   Allein warum findet sie sich denn nicht in den typischen Gebilden dieser Stufen, im Po-Becken?

21. Clypeaster crassicostatus. Agassiz.

E. Sism., Echin. foss. Piem., Taf. 3, Fig. 1—3. — Desor, Syn., S. 241.

Nach Vergleichung mit einem Exemplar von Turin, kann ich die drei mir vorliegenden Stücke vom Ilheo de Baixo bei Porto Santo und von S. Vicente auf Madeira, mit Sicherheit der obigen Art beizählen. Diese vier Individuen führen etwas erhabenere, kürzere und dickere Fühlergänge als das typische Exemplar, schliessen sich ihm indessen, in jeder anderen Beziehung vollkommen an.

22. Pericosmus latus. Agassiz.

Desor, Syn., S. 396. — Schizaster Grateloupi E. Sism., Echin. foss. Piem., S. 25, Taf. 2, Fig. 1—2.

Obschon das Stück, das ich dieser Art zurechne, nur aus einem Fragmente mit beiden hinteren Fühlergängen besteht, so stimmt die Form dieser letzteren doch zu gut mit dem mir vorliegenden Typus überein und ist sie zu sehr von derjenigen der Fühlergänge der P. Edwardsii und aequalis verschieden, um Zweifel über die Identität dieses Exemplares und des P. latus zuzulassen.

Man trifft diese Art in der tongrischen Stufe zu Häring in Tyrol, in der Mainzer Stufe? (den Mergelschichten unter dem gelben Kalk), auf Malta und in der helvetischen Stufe bei Turin und zu Bonifacio an. Das vorliegende Stück stammt aus dem Tuff des Ilheo de Baixo.

Mollusken.

23. Clavagella aperta. Sowerby.

Chemn, Illustr., Genus Clavagella, S. 4, Taf. 1, Fig. 1—3, b; Taf. 3, Fig. 9.

Der Abdruck einer Schale, der sich in der Füllung eines Bohrmuschel-Loches findet, stimmt, den angegebenen Abbildungen nach, vollkommen mit dieser Art überein. Durch meinen Fund wird das gleichzeitige Vorkommen dieser Muschel im Mittelmeer und im stillen Ozean einigermassen erklärt, und zugleich die Wahrscheinlichkeit ihrer Existenz im atlantischen Ozean angezeigt.

Es kommen in den neogenen Gebilden eine oder zwei dieser nahe stehende Clavagellen vor; eine völlig übereinstimmende Art aber kenne ich nicht daraus.

Weisser Kalk des Ilheo de Baixo.

24. Gastrochaena Cuvieri. Mayer. — Taf. I, Fig. 7.

G. vagina piriformi, crassa; testa subquinquangulari, oblique transversa, valde inaequi-laterali, striis incrementi irregularibus, sublamellosis, postice angulatis, rugiformibus, ornata, medio sulco obliquo, humili, bipartita; latere antico brevi, obtuse angulato, palliari arcuato, sinuoso, valde hiante, postico truncato, obtuse biangulato, cardinali recto, postea oblique truncato, angulato, obtuse carinato, area triangulari, elongata, depressa, efformante; umbonibus promimulis, recurvis; sinu pallii infundibuliformi, acute angulato.

Long. 44, lat. 20 mill.

Dies wäre die fünfte Art aus der Gruppe der G. mytiloides, und sie füllt einigermassen die Lücke zwischen der G. Spengleri der bartonischen Stufe und den lebenden Arten aus. Leider kenne ich die letzteren nur unvollkommen, da mir gegenwärtig weder Stücke noch Abbildungen vorliegen. Deshalb beschreibe ich diese nur auf Zureden des Herrn Crosse. Auf alle Fälle unterscheidet sie sich auffallend von der eocenen Art, da sie dreimal grösser, nach hinten vielmehr erweitert und auch auf dieser Seite weniger stark gefurcht ist.

Kalk des Ilheo de Baixo. (Sieben Exemplare)

25. Gastrochaena gigantea. Deshayes.

Traité, I. S. 35, Taf. 2, Fig. 6 – 8.

Die zahlreichen und schönen, im weissen Kalke des Ilheo de Baixo enthaltenen Abdrücke dieser Art gestatten keine Verwechselung mit der G. intermedia, Hoernes, aus den „miocenen" Schichten Europas, denn sie sind alle mehr in die Länge gezogen, wo nicht viel grösser als die Exemplare der G. intermedia von Bordeaux, die ich vor Augen habe. Uebrigens stehen die beiden Arten einander so nahe, dass zu erwarten steht, man werde später noch solche Individuen auffinden, die den Uebergang von der einen zur anderen bilden.

G. Gigantea lebt, bekanntlich im indischen Ocean.

26. Teredo species indeterminata.

Zwei im Tuff von Feiteirinhas auf Santa Maria gefundene Bruchstücke von Röhren gehören sicher einer Septaria an, reichen aber nicht hin, um die Art zu bestimmen und zu beschreiben.

27. Ensis magnus Schumacher.

Solen ensis L. Lam., Hist., 2. Ausgb., VI, S. 55. — Chemn., Conch., VI, Taf. 4, Fig. 29—30. — Nyst, Belg., I, S. 44, Taf. 1, Fig. 3.

Die Art ist in fossilem Zustande, von der helvetischen Stufe nach aufwärts, ziemlich selten. Sie lebt gegenwärtig im Mittelmeer und in den lusitanischen und celtischen Provinzen des atlantischen Ozeans.

Feiteirinhas (Ein Bruchstück.)

28. Solecurtus strigilatus. Linné (Solen).

Psammosolen strigilatus Hoerh., Wien, S. 19, Taf. 1, Fig. 16—17. — S. Basteroti Desmoul.

Es ist heute erwiesen, dass der „oberoligocäne" und „untermiocäne"
S. Basteroti durch allmähliche unmerkliche Abstufungen in den neuesten
Typus übergeht. Der Uebergang findet statt in den oberen Mainzer und
in den helvetischen Schichten des südwestlichen Frankreichs, der Schweiz
und der Umgebung von Wien, während die Varietäten höher aufwärts und
tiefer abwärts ziemlich constant sind.

In einem Stück vulkanischen Tuffs von Feiteirinhas fand ich einige
Schalen-Bruchstücke, die sicherlich dieser in den sechs oberen tertiären
Etagen sowie gegenwärtig im Mittelmeere und im atlantischen Ocean so
weit verbreiteten Art angehören.

29. Ervilia elongata. Mayer. — Taf. I, Fig. 8.

Lutraria elliptica (Lam.) Bronn, in Reiss, Sta. Maria, S. 37. (non Lam.)

*E. testa transversa, elliptica, inaequilaterali, compressa, tenuiuscula, transversim tenue
striata saepeque subrugata; latere antico breviore, obtuse-acuto, postico elongato, angustato,
margine rotundato, inferiori subsinuoso; umbonibus parvis, acuto-prominulis; cardine valvae
dextrae late triangulo, foveis duabus, dente crassiusculo separatis.*

Long. 15½, lat. 7½ mill.

Nachdem es mir gelungen eine rechte Klappe dieser kleinen Schale
(die linke nach Philippi und Hoernes) aus dem bedeckenden Gestein loszu-
lösen erkannte ich daran die Merkmale der Ervilien. In ihrem Aeussern
stellt die Art in verjüngtem Maassstab die Lutraria elliptica dar. Sie steht
ohne Zweifel der E. pusilla nahe, erscheint aber viel grösser und, was noch
wichtiger ist, ungleichseitiger sowie mehr in die Länge gezogen als alle
meine Exemplare dieser Art.

Pinheiros. (Drei Exemplare).

30 Ervilia pusilla. Philippi (Erycina).

*Sicil. I, S. 13, Taf. 1, Fig. 5. — Hoern., Wien, S. 75, Taf. 3, Fig. 15. — Bronn, in
Reiss, Sta. Maria, S. 38.*

Wohl erhaltene Exemplare von der Grösse und Form derjenigen, die
in den Tertiär-Gebilden der Umgebungen von Bordeaux vorkommen, bilden
an der Küste von Santa Maria bei Praia und Prainha beinah selbständig
eine mit Bruchstücken von vulkanischen Gesteinen untermischten Muschel-
lumachelle. Die Art ist sehr gemein in der aquitanischen, der Mainzer und
der helvetischen Stufe des südwestlichen Frankreich sowie in der Mainzer
Stufe in der Touraine und im Wiener Becken. Höher aufwärts wird sie
selten, und selbst im recenten Zustande scheint sie im Mittelmeere und im
atlantischen Ocean selten zu sein.

13*

Die Wiener Individuen dieser Art erlangen ganz ungewöhnliche Grössenverhältnisse, so dass man, wäre es nicht der Ansicht des Herrn Hoernes entgegen, in Versuchung gerathen könnte eine eigene Art daraus zu machen.

31. Mactra adspersa. Sowerby.

Reeve, Monogr., Mactra, Taf. 14, Fig. 65. — May., in Journ. de Conchyl., 1857, S. 180. — Bronn, in Hartung, Azoren, S. 121, Taf. 19, Fig. 5; in Reiss, Sta. Maria S. 37.

Diese Mactra ist merkwürdig veränderlich, man findet sie von sehr verschiedener Grösse, mehr oder weniger in die Länge gezogen, bald beinah glatt und bald wieder, besonders gegen den Palleal-Rand hin, zierlich in die Quere gestreift. Die Acht mir vorliegenden fossilen Individuen aus Santa Maria zeigen, ebenso wie meine Exemplare aus den helvetischen Schichten von Sancats bei Bordeaux, die ganze Reihenfolge dieser leichten Abänderungen, können aber aus keiner Rücksicht von der typischen Art getrennt werden.

Reeve führt M. adspersa von den Philippinen an; ich habe sie unter anderen in den Mainzer Schichten von S. Paul bei Dax und in den helvetischen bei Turin wiedergefunden.

Bocca do Crê, Pinheiros und Feiteirinhas auf Sta. Maria.

32. Tellina depressa. Gmelin.

T. incarnata Poli, Testac., II, Taf. 15, Fig. 1, — Dubois, Volh., S. 55, Taf. 5, Fig. 8—10. — Bronn, in Reiss, Santa Maria, S. 38.

Bei der sorgfältigen Vergleichung meiner Exemplare der T. depressa und T. bipartita mit den beiden verschiedenen, am Raboso auf Santa Maria gefundenen Schalenabdrücken, die mir das Heidelberger Museum überschickte, wurde es mir möglich an diesen Steinkernen alle der erstgenannten Art zukommenden Merkmale der Aussenseite wie des Scharniers aufzufinden. Während T. bipartita auf die Faluns des südwestlichen Frankreich beschränkt ist, findet sich die T. depressa sowohl fossil in den Mainzer und helvetischen Schichten der Schweiz und von Russland und in den „pliocenen" Schichten des südlichen Italien, als recent im Mittelmeer und in der lusitanischen Provinz des atlantischen Ozeans.

Bronn giebt noch als Fundorte dieser Art an: Bocca do Crê und Forno do Crê auf Sta. Maria.

33. Tellina donacina. Linné.

Wood, Crag, S. 233, Taf. 22, Fig. 5. — Hoern., Wien, S. 86, Taf. 8, Fig. 9.

Ein unvollständiges Exemplar, dessen characteristische Form aber dennoch eine Bestimmung zulässt.

Die Art findet sich beinah überall in den fünf letzten tertiären Stufen und bewohnt noch das Mittelmeer, den atlantischen Ocean und die Nordsee. Bocca do Crê.

34. Tellina subelliptica. Mayer. — Taf. I, Fig. 9.

Bronn, in Reiss, Sta. Maria, S. 38, Taf. 1, Fig. 16.

T. testa ovato-elliptica, compressiuscula, paulum inaequilaterali, tenui, sublaevi, transversim irregulariter striata, antice longiore, latiore, rotundata, postice attenuata, obtuse biangulata, inferne arcuata; umbonibus minutis, acutiusculis; valvula dextra paulo convexiore, plicatura humili notata.

Long. 10, Lat. 5½ mill.

Obgleich das Scharnier nur auf dem einen der drei mir vorliegenden Exemplare und zwar noch unvollständig sichtbar ist, so dürfte das Genus, dem diese kleine Muschel angehört, dennoch nicht zweifelhaft sein, da sie alle den Tellinen eigenthümlichen Merkmale aufzuweisen hat, nämlich die Falte und die beiden Ecken der Hinterseite, sowie die Ungleichheit und die leichte Biegung der Klappen. Was ihre Form betrifft, so ist dieselbe ganz eigenthühmlich, derjenigen gewisser Leda-Arten, z. B. der Leda semistriata Wood, ähnlich, nur etwas mehr in die Länge gezogen. Unter den Tellinen nähert sie sich meiner Ansicht nach am meisten der T. elliptica; sie ist aber etwas weniger ungleichseitig und auf der Rückseite weniger eingedrückt als diese.

Nach der Steinart und einem auf dem Steinkern einer Cytherea Heeri beobachteten Abdruck zu urtheilen, wurde die T. subelliptica bei Praia gefunden.

35. Psammobia aequilateralis. Bronn (Solen). — Taf. I, Fig. 10.

Bronn in Hartung, Azoren, S. 121, Taf. 19, Fig. 6. (mala).

P. transversa, ovato-oblonga, compressa, satis tenui, sublaevigata, transversim obscure et irregulariter striata, subaequilaterali, antice depressiuscula, rotundata, postice paululum dilatata, obtusissime carinata, obscure radiata, oblique subtruncata, obtuse angulata; inferne subsinuosa; umbonibus minimis, acutiusculis; nymphis brevibus.

Long. 31, lat. 14 mill.

Die Besichtigung der Schalen, die Bronn Solen aequilateralis benannt, hat mich dieselben als unzweifelhafte, der Gruppe der P. vespertina angehörende Psammobien erkennen lassen, die sich indessen durch ihre Grösse und Form von den ihnen zunächst stehenden Arten gut unterscheiden. Sie ähneln einigermassen gewissen Individuen der P. aquitanica, die im Südwesten von Frankreich und in Deutschland so weit verbreitet ist, doch sind sie weniger in die Länge gezogen und gleichseitiger.

Ponta dos Mattos.

36. Tapes Hoernesi.   Mayer. — Taf. I, Fig. 11.

T. testa ovato-transversa, inaequilaterali, turgida, crassiuscula, solida, transversim sul-cata; sulcis numerosis, angustis, irregularibus, postice paulo latioribus; latere antico brevi, angusto, obtuse angulato, postico elongato, margine rotundato; umbonibus obtusis, recurvis; lunula lanceolata, concava, vix marginata; dentibus cardinalibus tribus, divaricatis, crassis, conicis, medio bifido.

Long: 62, lat. 36 mill.

Die sehr veränderliche T. vetula stellt hauptsächlich drei Varietäten
dar: die erste, welche Basterot abbildete und die Pecten-Schichten des
Mayencien der Umgegend von Bordeaux charakterisirt, ist beinah elliptisch
und mit schmalen unregelmässigen Runzeln besetzt, die auf der Rückseite
plötzlich stärker werden. Die zweite, von welcher Herr Deshayes eine
Zeichnung in seinem „traité élémentaire" gegeben hat, ist bei dreieckiger
Form hinten eingebogen und eckig, hat starke, gebogene Furchen und ein
grosses, concaves, scharf begränztes Mondchen; sie stammt aus dem blauen
und gelben Muschelsande der Umgegend von Bordeaux und verdiente vielleicht als eine besondere, der T. Malabarica nahe stehende Art angeführt
zu werden. Die dritte endlich ist grösser, oval, unregelmässiger und schwächer gefurcht; man findet sie in der Touraine, in der Schweiz und in der
Umgebung von Wien. Gegenwärtige Art unterscheidet sich nun von allen
diesen Varietäten der T. vetula durch die noch ungleichseitigere, aufge-
schwollenere Form, durch die zahlreichen Furchen und durch das viel stärkere Scharnier. Mit T. Genei hat sie noch weniger Aehnlichkeit.

Eine rechte Klappe, bei Praia gefunden.

37. Venus Bronni.   Mayer.

V. praecursor (May.) Bronn, in Hartung, Azoren, S. 122, Taf. 19, Fig. 8; 1860. — Hoern, Wien, S. 126, Taf. 14, Fig. 5—9. — Non V. praecursor May., Leonhard und Bronn, Jahrb., 1860, Taf. 2, Fig. 22—23; Journ. de Conchyl., 1863, S. 92, Taf. 3, Fig. 1.

Als ich früher die mir gehörende Klappe der V. praecursor mit Fig. 8
der Tafel 19 aus dem Werke des Herrn Hartung, die mir Bronn zur Durch-
sicht geschickt hatte, verglich, glaubte ich diese beiden einander so nahe
stehenden Formen vereinigen zu können; allein die direkte Vergleichung der
Exemplare aus Santa Maria hat mich nun eines Anderen belehrt. Die neogene Art unterscheidet sich thatsächlich von dem eocenen Typus durch die
mehr abgerundete Form, durch die stärkeren Wirbel, durch die breitere Lunula, durch das erhabenere, stärker gewölbte Schildchen, das noch stärkere
Scharnier und durch die etwas zahlreicheren Runzeln. Das sind nun freilich
nur unbedeutende Unterschiede; allein der Umstand, dass diese gewöhnlich
gleichzeitig neben einander vorkommen und die Thatsache, dass in der ganzen grossen aquitanischen Stufe keine ähnliche Form auftritt, gewähren hin-

reichende Gründe die beiden Typen wenigstens bis auf Weiteres von einander zu trennen.

Die V. Bronni wurde, nach Hoernes, in der Mainzer Stufe bei St. Clement unfern Angers (?) und in der tortonischen Stufe bei Wien und in Siebenbürgen gefunden. Mir liegen etwa ein Dutzend Exemplare vor, die bei Pinheiros auf Santa Maria und am Pico da Juliana auf Porto Santo gesammelt worden sind.

38. Venus Burdigalensis. Mayer.

Journ. de Conchyl., 1858, S. 298; 1859, Taf. 5, Fig. 4. — Hoern, Wien, S. 129. Taf. 15, Fig. 1.

Die beiden Individuen, die ich hier dieser Art beizähle, fehlen in der Grösse, welche bei ihnen nur 34 Millimeter beträgt und im Mondchen, das etwas weniger herzförmig ist als das meiner typischen Exemplare. Nichtsdestoweniger können diese jungen Individuen keine besondere Art bilden, da ihre hauptsächlichsten Merkmale, die Form, die Lamellen, das Scharnier, vollkommen mit denjenigen der V. Burdigalensis übereinstimmen. Sollte der Fundort Grusbach in Mähren, wie man aus seiner Fauna schliessen möchte, der tortonischen Stufe angehören, so würde diese Art länger in dem Wiener Becken als in dem von Bordeaux, ausgeharrt haben, denn hier ist sie auf den oberen Theil der Mainzer und auf die untere Schicht der helvetischen Stufe beschränkt.

Tuff des Ilheo de Baixo.

39. Venus confusa. Mayer. — Taf. II, Fig. 12.

Astarte incrassata? (Broc.) Bronn, in Hartung, Azoren, S. 123, Taf. 19, Fig. 9. (non Broc.)

V. testa rotundato-subtriangula, inaequilaterali, paulum convexa, crassa et solida, concentrice rugato-lamellosa; rugis mediocribus, non numerosis, 30—35, rotundatis, ad latera irregulariter incrassatis, elevatioribus; latere antico brevi, declivi, obtuse angulato, postico arcuato rotundatoque, palliari arcuato; umbonibus prominentibus, subacutis, paulum recurvis, inclinatis; lunula majuscula, elongata, parum distincta; cardine crassiusculo; sinu pallii angusto, apice rotundato; margine crenulato.

Long. 25, lat. 27 mill.

In ihren Lamellen gleicht diese Art der sie begleitenden V. Bronni; in ihrer Form und Grösse aber nähert sie sich viel mehr der V. gallina von gewöhnlichen Dimensionen. Da die vier mir vorliegenden Stücke einander in allen Theilen ähnlich sind, halte ich dafür, dass sie eine besondere Art ausmachen.

Pinheiros.

Bemerkung. Die Lamellen sind auf der Fig. 12, b. etwas zu dick, und auf beiden Figuren hinten zu sehr zugespitzt.

40. Venus crebrisulca? Lamark.

Encycl., Taf. 276, Fig. 1. — Chenu, Illustr., Genus Venus, Taf. 7, Fig. 2. — Cytherea multilamella (Lam.) Bronn, in Reiss, Sta. Maria, S. 39.

Drei kleine Exemplare von etwas verschiedener Form, von welchen eines mit der Abbildung in der Encyclopädie, das andere mit derjenigen von Chenu übereinstimmt, die aber alle zu schlecht erhalten sind um eine sichere Bestimmung zuzulassen. Die geringe Breite des Schildchens und die Zahl der Lamellen entfernen sie von den mir bekannten tertiären Arten, und nähern sie mehr der V. crebrisulca; aber die Lamellen scheinen, wenigstens an zweien von den drei Individuen, weniger zurückgebogen gewesen zu sein als bei dieser Art. Nur die unmittelbare Vergleichung eines Exemplares der V. crebrisulca hätte meine Zweifel hinsichtlich der Identität der fossilen Reste mit der Art aus dem indischen Ozean beseitigen können.

Pinheiros und Bocca do Crê.

41. Venus ovata. Pennant.

Hoern., Wien, S. 139, Taf. 15, Fig. 12. — Bronn, in Reiss, Sta. Maria, S. 39.

Diese kleine Art hat eine eigenthümliche Verbreitung. Man trifft sie fossil, oft in grosser Zahl, in den sechs oberen tertiären Etagen und lebend in allen europäischen Meeren, so wie im atlantischen Ocean bis zum Senegal.

Pinheiros. (Ein wohlerhaltenes Exemplar.)

42. Cytherea Chione. Linné (Venus).

Poli, Testac., II, Taf. 20, Fig. 1—2. — Agas., Icon., S. 45, Taf. 10, Fig. 10—13. — Bronn, in Reiss, Sta. Maria, S. 39.

Diese wohlbekannte Art, welche im Mittelmeer und im atlantischen Ozean von den Küsten Englands bis zu den Azoren vorkommt, lebte bei den letzteren bereits um die Mitte der neogenen Periode, denn es befindet sich eine wohlerhaltene und der Steinkern einer zweiten Schale unter den fossilen Resten, die Herr W. Reiss aus dem Tuff von Pinheiros mitbrachte.

C. Chione kommt in fossilem Zustande bei Turin in der helvetischen, bei S. Jean-de-Marsacq unfern Bayonne in der tortonischen und im Norden und Süden Europa's in der piacenzischen und der astischen Stufe vor.

43. Cytherea Heeri. Mayer. — Taf. II. Fig. 13.

C. affinis (Duj), Bronn, in Reiss, Sta. Maria, S. 39.

C. testa ovato-cordato, subtrigona, paulum transversa, convexiuscula, inaequilaterali, laevigata et polita, obscure et irregulariter transversim rugata; latere antico brevi, declivi, rotundato, postico declivi, arcuato, obtuse angulato; umbonibus elevatis, tumidiusculis, obtusis; lunula ovato-oblonga; pube brevi, oblongo; cardine crasso, dentibus valvae dextrae crassis, sublunulari lamelliformi, obliquo; sinu pallii transverso, amplo, acuminato; margine integro.

Long. 41, lat. 32 mill.

Eine kleine Art, die der C. Pedemontana und Chione nahe steht, aber kürzer, dreieckiger und weniger stark gefurcht als die eine und nicht so völlig glatt als die andere ist. Sie bietet auch im Innern einige Eigenthümlichkeiten dar, wie einen starken, lamellenartigen, sublunularischen Zahn etc.

Seit zehn Jahren kannte ich diese Art aus dem helvetischen Muschelsande von Salles bei Bordeaux, in welchem sie nicht selten ist. Um so angenehmer wurde ich überrascht, als ich dieselbe in grosser Zahl unter den fossilen Resten von Praia und Bocca do Crê wiederfand, da sie meine Ansicht über das Alter der Versteinerungen führenden Schichten dieser Insel bestätigt.

44. Cytherea Madeirensis. Mayer. — Taf. II. Fig. 14.

C. testa ovata, transversa, parum convexa, sublaevi, transverse irregulariter substriata, subsulcataque; sulcis humilissimis, ad marginem saepe profundioribus; latere antico breviore, depresso, rotundato, postico elongato, obtuse angulato; umbonibus parvis, obtusiusculis; lunula ovato-oblonga; cardine angusto, dentibus divergentibus, primo valvae dextrae minuto, obliquo, cum sublunari confluente; sinu pallii lato, obtuse angulato.

Es ist dies diejenige Art, deren Steinkern ich früher für eine C. lilacina ansah. Eine eingehendere Untersuchung des mir nun viel zahlreicher vorliegenden Materials hat mir gezeigt, dass die Art aus Madeira sich mehr den C. maculata und erycina nähert. Sie ist weniger ungleichseitig und weniger breit als diese, und unterscheidet sich ausserdem durch ihre schwachen Verzierungen und das Schloss.

C. Madeirensis ist als Steinkern sehr zahlreich im weissen Kalkstein des Ilheo de Baixo vertreten. Sie ist seltener zu S. Vicente auf Madeira, von wo ich nur drei junge schlecht erhaltene Individuen kenne, die indessen noch Theile der Schale führen.

Mit Hülfe von Kittabdrücken, habe ich das Schloss und die äussere Oberfläche einiger Exemplare dieser Muschel untersuchen können. Leider fanden sich nur ein paar unvollständige Abdrücke der Klappen vor. Ich hätte wenige aber vollständige solche Abdrücke einer ganzen Reihe von Steinkernen vorgezogen.

Bemerkung. Die Anwachsstreifen auf Fig. 14 a und b sind zu stark und regelmässig gezeichnet.

45. Cytherea rudis. Poli (Venus).

Wood, Crag, S. 208, Taf. 20, Fig. 5—6. — B. Venetiana Lam., Phil., Sicil., I. S. 11, Taf. 4, Fig. 8. — C. cycladiformis Bronn, Nyst, Belg., S. 171, Taf. 12, Fig. 3. — C? sp. Bronn, in Hartung, Azoren, S. 122, Taf. 19, Fig. 7. (pessima).

Mit Hülfe meiner fossilen Exemplare aus Italien, welche die Uebergänge zwischen der zugespitzten und der abgerundeten (C. affinis Bronn) Varietät

dieser Art vorführen, gelang es mir das wohlerhaltene, bei Feiteirinhas gefundene Stück mit Sicherheit zu bestimmen. Es ist eine' jener unbedeutenden, mehr abgerundeten Abänderungen, denen die Art unterworfen ist, die
aber nicht den durch die Merkmale des Schlosses, des Mondchens und der
Oberflächenverzierungen gebildeten Kreis überschreiten.

Die C. rudis kommt hier und da in der Mainzer, der helvetischen und
der tortonischen, häufiger in der piacenzischen und astischen Stufe vor. Sie
lebt gegenwärtig im schwarzen Meer, im Mittelmeer und ohne Zweifel auch
in der lusitanischen Provinz des atlantischen Ozeans.

46. Cypricardia nucleus. Mayer. — Taf. II, Fig. 15.

*C. testa trapezia, transversa, ventricosa, subcarinata, laevi, striis incrementi tenuibus irre-
gularibusque, ad marginem crassioribus; latere antico brevi, angusto, obtuse angulato, postico latiusculo, paulum oblique subtruncato, cardinali recto, palliari late arcuato; umbonibus
parvulis, tumidiusculis, recurvis; sinu pallii nullo.*

· Long. 15, lat. 9 Mill.

Ich kenne keine recente oder fossile Cyparicardia, die dieser kleinen
Art gleicht. Die C. dilatata aus der bartonischen Stufe sieht ihr noch am
ähnlichsten, ist aber kleiner, aufgeblasener und hinten breiter.

C. nucleus, ist nur in einem Steinkern und in einem Abdruck, die aus
dem weissen Kalkstein des Ilheo de Baixo stammen, vorhanden. Die Gestalt dieses Steinkernes, diejenige der Mantellinie, so wie die Abdrücke der
Schlosszähne, welche man noch sieht, gestatten es das Genus dem diese
Reste angehören genau zu bestimmen.

47. Verticordia granulata? Sequenza.

'*Journ. de Conchyl., 1860, S. 293, Taf. 10, Fig. 2.*

Das Exemplar, welches ich erhielt indem ich ein Stück Gestein von der
Ponta dos Mattos zerschlug, ist an beiden Enden zerbrochen und nicht geeignet festzustellen, ob es genau zwanzig Rippen hatte und ob das Schloss
mit dem der erwähnten Art übereinstimmt. Im Uebrigen schliesst es sich
dieser Art in der Grösse und Form, so wie auch in der Gestaltung der
Verzierungen sehr genau an. Durch die zahlreichen wenig hervortretenden
Rippen unterscheidet es sich hinreichend von den anderen fossilen Arten und
von der V. Deshayesana, der einzigen lebenden Art, die ich aus eigener
Anschauung kenne.

V. granulata war nur erst durch eine einzige Klappe bekannt, die in
den piacenzischen Schichten von Trapani bei Messina gefunden worden.

48. Cardium comatulum. Bronn.

In Hartung, Azoren, S. 125, Taf. 19, Fig. 10. — Reiss, Santa Maria, S. 41. — Sandb., Mainz, S. 320, Taf. 27, Fig. 8.

Da die Identität des tongrischen Individuums und derjenigen, die bei Feiteirinhas auf Santa Maria gesammelt wurden, von Herrn Sandberger festgestellt worden ist, so handelt es sich gegenwärtig nur darum, die Art in den dazwischen liegenden Schichten, sei es in der aquitanischen oder der Mainzer Stufe, wieder zu finden.

Fünf Exemplare, darunter eines von S. Vicente auf Madeira und eines aus dem Kalk vom Ilheo de Baixo, auf Porto Santo.

49. Cardium Hartungi. Bronn. — Taf. III, Fig. 16.

Hartung, Azoren, S. 126, Taf. 19, Fig. 11. — Reiss, Santa Maria, S. 40. — C. pectinatum (L.) Hoern., Wien, S. 175, Taf. 24, Fig. 7?

C. testa ovato-rotundata, parum obliqua, cordato-ventricosa, subaequilaterali, tenui, solidula, polita, radiatim multistriata; striis confertis, impressis, ad latus posticum crassioribus, distantioribus, postea evanescentibus; sulcis transversis, circiter 28, acutis, subangulatis, ad latus posticum divergentibus, · evanescentibus; latere antico rotundato, postico compresso, oblique subtruncato; umbonibus tumidis, recurvis, rectis.

Long. 60, lat. 60 Mill.

Nach einer abermaligen Vergleichung der Arten aus der Gruppe der C. pectinatum bin ich in Betreff der neogenen Arten zu folgendem Ergebnisse gelangt:

1. Das C. discrepans, bei weitem die grösste Art der Gruppe, steht auch am weitesten von dem typus durch die hinteren Furchen ab. Es kommt ziemlich häufig in der aquitanischen, der Mainzer, der helvetischen und tortonischen Stufe vor.

2. Das C. anomale Mathéron, dieselbe Art wie mein C. aquitanicum, scheint durch die mittelmässige Grösse, durch die schiefe, wenig aufgeblasene Form, durch die zahlreichen Furchen der hinteren Seite und die zahlreichen aneinander gedrängten und erhabenen Rippen der Vorderseite sehr bestimmt characterisirt zu sein. Es findet sich in der tongrischen und aquitanischen Stufe des südwestlichen Frankreich und in der Mainzer Stufe, der Touraine und der Provence. Ich weiss nicht ob es noch höher hinauf geht.

3. Das C. Hartungi steht zwischen C. discrepans und C. pectinatum. Es wird grösser als das letztere und ist auch weniger schief und breiter; seine Rippen sind stärker und dehnen sich ebenso wie die Furchen weiter gegen die Rückseite aus.

4. Das Cardium, welches Herr Hoernes unter der Benennung C. pectinatum abbildete, ähnelt ein wenig dem C. lyratum, schliesst sich aber durch seine Furchen, seine Rippen und sein Schloss doch mehr an das C. Hartungi.

Diese schöne Art characterisirt durch seine Häufigkeit die helvetischen Schichten der Azoren und von Madeira. Ich sah etwa zwanzig Individuen von Praya und zwei von Feiteirinhas auf Santa Maria, sechs Exemplare von S. Vicente auf Madeira, und an hundert Steinkerne aus dem weissen Kalkstein vom Ilheo de Baixo bei Porto Santo.

Das zweifelhafte, von Herrn Hoernes beschriebene Exemplar stammt aus tortonischen Schichten.

50. Cardium lyratum? Sowerby.
Conch. illustr., Monogr. Card., S. 6, Nr. 77, Fig. 40. — Reeve, Monogr. Card.

Unter den Exemplaren des C. Hartungi von Praia fand ich ein junges Individuum, das sich durch die schiefe, wenig aufgetriebene Form, durch die ausharrenden und gleichförmigen hinteren Rippen und durch die wenig verlängerten Furchen, mehr der lebenden südafrikanischen als irgend einer anderen Form anschliesst. Es ist indessen zu klein und nicht vollkommen genug, als dass seine Identität unzweifelhaft wäre.

51. Cardium multicostatum. Brocchi.
Conch., S. 506, Taf. 13, Fig. 2. — Hoern., Wien, S. 179, Taf. 30, Fig. 7.

Nur die Hälfte der Hinterseite eines Exemplares, an welchem die meisten Rippen abgefallen sind und nur ihre Abdrücke auf dem Steinkerne zurückgelassen haben, fand sich von S. Vicente auf Madeira vor; dieses Bruchstück genügt indessen dennoch, um die an der Zahl und Gestalt ihrer Rippen und deren seitlichen Verzierungen, leicht erkennbare Art zu bestimmen.

C. multicostatum gehört zu der kleinen Anzahl Arten welche schon in den „eocänen" Gebilden auftreten und dennoch die ganze Reihe der obertertiären (mio-pliocänen) Schichten durchlaufen. Ich selber habe nämlich in der That, mehrere typische Exemplare davon in der tongrischen Stufe zu Gaas bei Dax aufgefunden. Aus der aquitanischen Stufe kenne ich annoch erst einige Exemplare von Saucats und S. Avit südlich von Bordeaux. Dafür wird die Art in der Mainzer Stufe in der Umgegend von Bordeaux und in der Schweiz schon ziemlich häufig. In der helvetischen Stufe endlich, zu St. Gallen, Luzern und Bern und zwar in den typischen Gebilden, erreicht sie das Maximum ihrer Häufigkeit. Höher ist sie nicht häufig und auf den Süden Europa's beschränkt.

52. Cardium papillosum. Poli.
Tet., I, Taf. 16, Fig. 2—4. — Hoern., Wien, S. 191, Taf. 30, Fig. 8. — C. nodulosum Wood, Crag, S. 154, Taf. 13, Fig. 3.

Indem ich mich der Ansicht des Herrn Hoernes, in Betreff der Nichtberechtigung der C. nodosum und nodulosum, als zwei von C. papillosum verschiedene Arten, anschliesse, bleiben mir in anderer Hinsicht zwei Aenderungen an der Synonymik der letzteren Art, welche der Wiener Gelehrte zusammenstellt, vorzuschlagen.

Vor Allem muss ich hervorheben, dass das C. hispidum Eichw. eine grosse Species aus der Gruppe des C. echinatum ist, die durchaus Nichts mit unserer Art zu thun hat, und aus deren Synonymik gestrichen werden muss; denn wenn auch der russische Autor aus Unachtsamkeit diese an Stelle seines C. hispidum hat abbilden lassen, so verbleibt doch der letztere Name der Art die er 1830 in seiner „naturhistorischen Skizze" festgestellt und die Dubois mit C. echinatum verwechselt hat.

Zweitens kann ich vor der Hand unmöglich das C. trigonellum, von welchem mir sechs Exemplare vorliegen, mit unserem C. papillosum vereinigen; denn ich finde an denselben mehrere bei allen sich gleich bleibende Merkmale und kenne keine Uebergänge zwischen diesen Stücken und dem mit ihnen bei Turin nicht seltenen C. papillosum. Diese Merkmale sind nämlich eine dreieckigere Form, zahlreichere Rippen; 36 an der Zahl, die ganz flach, glatt und durch eine schmale Furche getrennt sind, sowie endlich erhabenere Wirbel.

Da ich vorhabe, eine Revue der neogenen Cardien zu schreiben, werde ich Gelegenheit finden die zahlreichen Arten aus der Gruppe des C. papillosum genauer zu untersuchen. Gegenwärtig beschränke ich mich denn darauf, anzuführen, dass mir C. strigilliferum von C. hirsutum verschieden zu sein scheint und dass ich die erstere Art in der aquitanischen Stufe zu Saucats, in der Mainzer Stufe zu Pont-Levoy bei Blois und in der astischen Stufe zu Monale bei Asti wiedergefunden habe.

Das C. papillosum kommt beinah überall in den sechs oberen tertiären Stufen vor und lebt gegenwärtig im Mittelmeere und im atlantischen Ozean.

Bocca do Crê auf Santa Maria. (Ein Exemplar.)

53. Cardium pectinatum. Linné.

Chemn., Conch., VI, Taf. 18, Fig. 187—188. — Encycl., II, Taf. 296, Fig. 4.

Zwei Individuen von S. Vicente auf Madeira, die obgleich unvollständig, dennoch leicht zu bestimmen sind, und mehrere Steinkerne aus dem Kalk des Ilheo de Baixo gehören sicher dem lebenden Typus an; denn sie besitzen seine schiefe, schmale und bauchige Form, seine zusammengedrängten Furchen und seine grosse, glatte, hintere Fläche.

Die Art lebt jetzt noch in derselben Region wie die Azoren und die Madeira Inseln, bei den Cap-Verdischen Inseln nämlich.

54. Cardium Reissi. Bronn. — Taf. II, Fig. 17.

Reiss, Santa Maria, S. 40, Taf. 1, Fig. 17.

C. testa cordato-ovato, parum obliqua, inaequilaterali, turgidula, solida, laeviuscula, radia-tim costata, striatulaque; radiis circiter 35, impressis, angustis, ad latera latioribus, evanes-centibus, ad marginem intersticiis augustioribus; latere antico brevi, rotundato, postico latiore, laevi, obtuse truncato; umbonibus elevatis, tumidis, recurvis; margine late serrato.

Long. 58, lat. 48 Mill.

Diese Art gehört zu der grossen Gruppe der C. oblongum, serratum, laevigatum, ventricosum, latum etc.; indessen giebt es keine, die ihr voll-kommen gliche. Sie unterscheidet sich weniger durch die Form und das Schloss, als durch die Rippen und die diesen entsprechenden, starken Rand-zähnen.

Die einzige diese Art vorführende Klappe stammt von Praia auf Sta. Maria.

Bemerkung. Die Rippen sind auf der Zeichnung Fig. 17a, oben etwas zu schmal, unten zu breit

55. Chama gryphoides. Linné.

Chemn., Conch., VII, Taf. 51, Fig. 510—513. — Hoern., Wien, S. 210, Taf. 31, Fig. 1.

Die beiden dicken Steinkerne der Chama von Santa Maria, die Bronn anführt, habe ich nicht von Heidelberg erhalten. Dagegen liegen mir fünf. auf derselben Insel bei Pinheiros gefundene Abdrücke und eine vereinzelte Klappe von S. Vicente auf Madeira. vor, welche sicher dieser in den sechs oberen tertiären Schichten so weit verbreiteten und gegenwärtig im Mittel-meere und in der lusitanischen Provinz des atlantischen Ozeanes lebenden Art angehören.

Was Bronn, in Herrn Reiss Schrift über Santa Maria, als Chama gryphina beschrieben hat, ist nur eine schlecht erhaltene Austernschale.

56. Chama Lazarus. Linné.

Chemn., Conch., VII, Taf. 51, Fig. 507—509. —C. damaecornis Lam., Hist., 2. Ausgb., VI, S. 580. — Chenu, Illustr., Genus Chama, Taf. 2, Fig. 1—2.

Die zahlreichen, aus dem Kalk des Ilheo de Baixo gewonnenen Stein-kerne von Chama, die ich dieser Art zurechne, haben in der That ungefähr die entsprechende Grösse und Form, während die umhüllende Masse an einigen noch die Spuren der grossen, die Art bezeichnenden gabelartigen Lamellen erkennen lässt.

Ch. lazarus, war, so viel ich weiss, noch nicht als fossil bekannt. Sie bewohnt bekanntlich den indischen Ozean.

Zu dieser Art wahrscheinlich gehören die beiden oben erwähnten, auf Santa Maria gefundenen grossen Steinkerne, so wie eine unvollständige Schale und ein undeutlicher Abdruck aus S. Vicente auf Madeira, welche mir vorliegen.

57. Chama macerophylla. Chemnitz.

Conch., *VII*, *Taf. 52*, *Fig. 514—515.* — *C. lazarus Lam.*, *Hist.*, *2. Ausgb.*, *VI*, *S. 579.* — *Chemn.*, *Illustr.*, *Genus Chama*, *Taf. 1*, *Fig. 1—3. (non Linné).*

Es sind zwei als Steinkerne erhaltene Chama vom·Ilheo de Baixo vorhanden, welche sich jedoch Dank den sehr hervortretenden Merkmalen dieser Art, als· da sind die längliche, comprimirte Gestalt, die grosse Ungleichheit der Klappen etc., mit Sicherheit ihr zuzählen lassen.

Die gegenwärtig im Antillen-Meere lebende C. macerophylla wird sehr selten fossil gefunden. Ich kenne nur zwei bis drei Exemplare davon aus der Touraine und so viele von Turin.

58. Diplodonta rotundata. Montagù (Tellina).

Phil., *Sic.*, *II*, *S. 24.* — *Wood*, *Crag*, *S. 144*, *Taf. 12*, *Fig. 3.* — *D. dilatata Phil.*, *Sic.*, *I*, *S. 31*, *Taf. 4*, *Fig. 7.* — *Wood*, *Crag*, *S. 145*, *Taf. 13*, *Fig. 5.*

Die D. dilatata ist nur eine äusserste, seltenere Varietät der C. rotundata; davon kann man sich leicht überzeugen, wenn man, so wie ich, hundert und mehr Exemplare der Art vor Augen hat.

Von einem beinah vollständigen, im Kalk des Ilheo de Baixo gefundenen Abdruck habe ich mit Kitt sehr scharfe Gegenabdrücke genommen, welche vollkommen den gewöhnlichen Typus der Art wiedergeben.

D. rotundata ist nicht nur in den sechs obertertiären Stufen weit verbreitet, sondern sie lebt noch im Mittelmeer so wie in der lusitanischen und celtischen Provinz des atlantischen Ozeans.

59. Lucina Bellardiana. Mayer.

L. miocaenica Michti., *Descript.*, *S. 114 (pro parte)*, *Taf. 4*, *Fig. 10 (non Fig. 3.)*

L. testa irregulariter suborbiculari, plus minusve compressiuscula, subaequilaterali, gibbosula, plus minusve obliqua, antice rotundata, saepe obtuse angulata, postice subtruncata, transversim irregulariter striata; umbonibus acutis, oblique uncinatis; lunula subduplici, prima parva, sublanceolata, concava; pube magno, impresso, gibboso; cardine subunidentato, dentibus lateralibus nullis; nymphis magnis, praelongis; margine integro.

Long. 32, lat. 34 Mill.

Herr Michelotti hat, unter dem Namen L. miocaenica, zwei sehr verschiedene Arten beschrieben und abgebildet, deren eine der Gruppe der L. saxorum, die andere derjenigen der L. tigerina-angehört. Wenn die von diesem Autor gegebene Diagnose sich speziel auf eine dieser Arten anwenden liesse, so würde ich natürlich ohne Weiteres für diese die von ihm vorgeschlagene Benennung beibehalten haben; da aber diese Diagnose gerade Merkmale, die jeder von beiden Arten eigen sind, umfasst, wie die hintere Ausbuchtung, bei der einen und die Schlosszähne bei der anderen, so ist

eine Wahl unmöglich und es bleibt nichts übrig als beide Arten nochmals
zu beschreiben und zu benennen.

Die vorliegende Art unterscheidet sich von den ihr zunächst stehenden
durch die Grösse, die bis acht und dreissig Millimeter beträgt, durch die
gewöhnlich quergezogene und weniger comprimirte Form, sowie durch das
zahnlose Schloss, das sich durch die Länge der Bandlamelle auszeichnet. Sie
ist bei Turin ganz gemein. Ich habe übrigens auch einige Exemplare davon
in den tortonischen Mergeln von St. Jan-de-Marsacq bei Bayonne und ein
Individuum auf demselben geologischen Niveau bei Serravalle-di-Scrivia unfern Tortona gefunden. Das Doppel-Exemplar von S. Vicente auf Madeira
lässt einen Theil seines Scharniers sehen und trägt alle Merkmale der Art.

Von der zweiten Species habe ich bis jetzt ein halbes Dutzend Exemplare
in den Faluens der Touraine und ebensoviele bei Turin gefunden. Vor der
Veröffentlichung von Herrn Deshayes Werk über die wirbellosen fossilen
Thiere aus dem Pariser Becken, hatte ich diese Art L. Doderleini genannt;
gegenwärtig aber glaube ich, dass sie mit der in den Sables de Beauchamps
vorkommenden L. detrita Deshayes identisch sei.

60. Lucina divaricata. Linné (Tellina).

*Wood, Crag, S. 137, Taf. 12, Fig. 4. — Bronn, in Reiss, Santa Maria, S. 39. — L.
commutata Phil., Sic., 1, S. 32, Taf. 3, Fig. 15.*

Die vier vollständig erhaltenen, von Herrn Reiss bei Praia und Pinheiros gefundenen Schalen sind grösser als die gewöhnlichen Individuen des
Mittelmeeres, sie passen aber genau zu der von Wood gegebenen Abbildung;
daher zweifle ich nicht im Geringsten an ihrer spezifischen Identität mit der
Art aus den europäischen Meeren.

L. divaricata ist immer kleiner, abgerundeter und verhältnismässig mehr
aufgeblasen als die L. ornata, und, wenigstens bei den mir vorliegenden
Exemplaren, mit feineren, zahlreicheren, einen meist stumpferen Winkel bildenden Streifen geziert als diese. Uebrigens scheinen diese Merkmale, wie schon
die angeführten Abbildungen beweisen, veränderlich zu sein. Oder sollte
man bereits zwei Arten aus unserm Typus gemacht haben und sollte derjenige mit dem ich mich beschäftigte die L. Lamarcki Herrn Dunker's sein?
Ich betrachte L. Lamarcki als Synonym der L. ornata Agasiz und glaube,
dass sich auf diese und nicht auf die L. divaricata die Fig. 129 auf Taf. 13
von Chemnitz bezieht, die Herr Weinkauf in seinem Verzeichniss der an der
Küste von Algerien lebenden Conchylien fälschlich anführt.

L. divaricata kommt viel seltener als L. ornata fossil vor; ich kenne sie
nur aus den Mainzer Schichten der Schweiz und Süddeutschlands, aus den
helvetischen Schichten von Salles bei Bordeaux und aus den piacenzischen

und astischen Gebilden Italiens und Englands. Sie ist zahlreich vorhanden im Mittelmeer, im europäischen und nordafrikanischen Ozean sowie im englischen Kanale.

61. Lucina interrupta. Lamarck. (Cytherea).

Hist. 2. Ausgb., VI., S. 318. — Encyclop., II., Taf. 279, Fig. 1. — Chenu, Illustr., Genus Cytherea, Taf. 11, Fig. 1.

Herr Deshayes war im Jahre 1835 der Ansicht, dass diese Art als Varietät mit der L. tigerina zu vereinigen sei. Ich weiss nun zwar nicht, ob er seitdem seine Anschauungsweise geändert hat; was mich aber betrifft, so halte ich die L. interrupta für eine gute Art, die ganz ebenso von der L. tigerina verschieden ist, wie die L. punctata oder die L. reticulata. Das mir vorliegende fossile Exemplar, von S. Vicente, und die angeführten Abbildungen der senegalischen Art unterscheiden sich von der L. tigerina, abgesehen von den auf der Rückseite fehlenden Streifen, auch noch durch die weniger quergezogene Form, durch die Dicke der Schale und die Stärke der concentrischen Lamellen. An meinem Stück sind die Radialstreifen nur auf der Vorderseite leicht bemerkbar.

62. Lucina lactea. Linné (Tellina).

Chemn. Conch., VI, Taf. 13, Fig. 125. — Desh. Traité, S. 792, Taf. 17, Fig. 1—2. — L. Dujardini Desh., Traité, S. 783.

Herr Deshayes glaubte früher die im Muschelsande der Touraine so häufige Varietät der L. lactea als besondere Art unterscheiden zu können. Die grosse Uebereinstimmung welche zwischen den beiden so getrennten Arten obwaltet, hat mich indessen veranlasst, die mir zur Verfügung stehenden 3 bis 400 Exemplare des erloschenen Typus sorgfältig mit dem lebenden zu vergleichen, und es ist mir dadurch gelungen unter den ersteren ein Dutzend Individuen herauszufinden, die durch ganz unmerkliche Abstufungen in die Linnéische Art übergehen. Gewöhnlich unterscheidet sich die L. Dujardini einigermassen durch die etwas weniger breite Form sowie durch das etwas schmalere und bestimmter angedeutete Schildchen. Nun haben meine ausgewählten fossilen Stücke bald die Erweiterung der Hinterseite, bald die undeutliche Abgrenzung des Schildchens, bald endlich die Vereinigung dieser Merkmale aufzuweisen; sie stimmen daher spezifisch mit der lebenden Art überein.

L. lactea kommt noch fossil im Helvetien, der Schweiz und Volhyniens so wie im Plaisancien und Astien Italiens vor. Gegenwärtig lebt sie im Mittelmeer, in der lusitanischen Provinz des atlantischen Ozean und im rothen Meer.

S. Vicente, Madeira.

63. Lucina Pagenstecheri. Mayer. — Taf. II. Fig. 18.

L. testa suborbiculari, subaequilaterali, convexa, crassiuscula, solidula, striis incrementi irregularibus, tenuibus, praesertim postice remotiusculis; latere antico rotundato, postice subtruncato, subflexuoso; umbonibus elevatis, tumidiusculis, acutis; lunula vix marginata, ovata, convexa; pube obsolete impresso, parvo; margine crenulato.

Long. 12, lat. 13 mill.

Obgleich an keines der vier Individuen, auf welche ich diese Art gründe, das Schloss sichtbar ist, glaube ich sie dennoch unter einem besonderen Namen beschreiben zu müssen, da sie sich schon durch die äusseren Merkmale hinreichend von allen mir bekannten Arten unterscheiden. Lucina Pagenstecheri besitzt so ziemlich die Form der L. dentata Bast und der L. crenulata Wood; sie ist aber um einige Millimeter grösser als die stärksten Individuen der ersten Art, trägt leicht undulirende, besonders auf der Hinterseite erhabene Anwachsstreifen und hat stärker entwickelte Wirbel, ein kleineres Schildchen und ein ganz anders gestaltetes Mondchen.

S. Vicente, Madeira. (Drei Exemplare). Ponta dos Mattos, Santa Maria. (Ein Exemplar. Fig. 18, a.)

64. Lucina reticulata. Poli (Tellina).

Test., Taf. 20, Fig. 14. — L. pecten Lam., Phil., Sic., I, S. 31, Taf. 3, Fig. 14. — L. squamosa Lam., Hist., non Lam., Ann. — Encycl., Taf. 285, Fig. 3.

Je nach ihren Fundstellen ist diese Art in Form und Grösse ziemlich veränderlich; es darf daher nicht auffallen, dass Lamarck zwei Arten daraus gemacht hat. Wenngleich im fossilen Zustande nicht weit verbreitet und wenig zahlreich vertreten, geht sie doch durch die sechs obertertiären Stufen hindurch. Bei Turin und bei Palermo findet man sie noch am häufigsten. Sie lebt gegenwärtig im Mittelmeer, im europäischen und nordafrikanischen Theile des atlantischen Ozeans und im rothen Meer.

Feiteirinhas auf Santa Maria. (Ein Exemplar.)

65. Lucina sinuosa. Donavan (Venus).

Cryptodon sinuosum Wood, Crag, S. 134, Taf. 12, Fig. 20. — Ptychina biplicata Phil. Sic., I, S. 15, Taf. 2, Fig. 4. — Axinus angulatus Sow., sec, Mich., Descript., Taf. 4, Fig. 23

Ein ziemlich wohlerhaltenes Exemplar, von S Vicente auf Madeira.

Die Art kommt, wenigstens von der Mainzer Stufe an, in den meisten obertertiären Ablagerungen vor, ist aber gewöhnlich sehr selten. Sie lebt im Mittelmeer und wahrscheinlich auch im europäischen Theile des atlantischen Oceans. Sehr ähnliche Formen findet man übrigens schon in den vier oberen eocænen Stufen.

66. Lucina tigerina. Linné (Venus).

Agas., Iconogr., S. 60, Taf. 12, Fig. 1—12. — *Desh.*, Traité, I, S. 794, Taf, 16, Fig. 4—5. — *L. leonina Bast.*, Bord., Taf. 6, Fig. 1. — *Agas., Iconogr.*, S. 62, Taf. 12, Fig. 13—15.

Bei der aufmerksamen Vergleichung aller mir zu Gebote stehenden Stücke von L. leonina und L. tigerina, bin ich zu der entschiedenen Ueberzeugung gelangt, dass diese beiden Arten in eine vereinigt werden müssen, indem die erstere nur auf individuellen und bis zum Verschwinden veränderlichen Merkmalen beruht. Im Innern sind die beiden Conchylien einander vollkommen gleich, und es braucht eine gewisse Dreistigkeit um das Gegentheil zu behaupten und als massgebend hinzustellen. Aeusserlich bestehen die Unterschiede zwischen den am meisten von einander abweichenden Exemplaren darin, dass die Längs-Rippen der L. leonina oft breiter, auf der Hinterseite beinah verwischt, oder abgeplattet und weniger stark als die Anwachsstreifen sind, während diese Rippen bei der typischen L. tigerina schmal, erhaben und durch die Anwachsstreifen in Reihen kleiner Körnchen verwandelt erscheinen. Wären nun diese Unterschiede in der Verzierung constant, so könnte man freilich danach zwei Arten feststellen, die eben so gut als tausend andere sein möchten; glücklicherweise aber ist dem nicht so: Wenn man eine etwas zahlreiche Reihe von fossilen Exemplaren aus dem südwestlichen Frankreich, oder von der Astigiana unter einander vergleicht, so findet man eine Menge von Individuen heraus, bei welchen die Rippen ebenso zahlreich und schmal wie bei. der L. tigerina sind und man trifft endlich einzelne an, wo sie, wie bei dem lebenden Typus, hier und da erhaben und feinknotig werden. Noch mehr: Vergleicht man eine gewisse Zahl von Stücken der lebenden Art, so bemerkt man, dass auch diese etwas veränderlich ist, so dass die Rippen bei manchen Individuen breiter und abgeplatteter als gewöhnlich und daher kaum von denen gewisser fossiler Exemplare verschieden zu nennen sind.

Ich kenne diese Art aus den aquitanischen Schichten von St. Avit, von Saucats und Mérignac, aus den Mainzer Schichten von St. Paul und Saucats, aus dem Helvétien von Turin und aus dem typischen Astien. Subfossil kommt sie auf Guadeloupe vor. Sie bevölkert endlich gegenwärtig die tropischen Regionen des atlantischen Ozeans. Eine ihr offenbar sehr nahe verwandte Art, L. exasperata Reeve. findet sich im indischen Ozeane.

. Die wohl erhaltenen Exemplare, welche Herr Reiss zu S. Vicente und am Pico de Juliana gesammelt hat, schliessen sich dem lebenden Typus vollständig an.

14*

67. Cardita calyculata. Linné (Chama),

*Poli, Test., II, Taf. 23, Fig. 7—9. — C. sinuata Lam., Hist., 2. Auflage, XI, S. 433. —
C. elongata Bronn, Ital., II, S. 105. — C. crassicosta Lam. — Le Jeson, Adans, Seneg.,
Taf. 15, Fig. 8. — C. crassa Lam., Desh, Envir., I, S. 181, Taf. 30, Fig. 17—18; Traité
III, S. 179.*

Mit Hülfe der grossen Zahl der mir zur Verfügung stehenden Exemplare
der C. crassa aus dem Muschelsande der Touraine, ist es mir gelungen unter
diesen eine ganze Reihe von Varietäten, welche Uebergänge zur C. crassicosta und C. calyculata bilden, und selbst mehrere Individuen, die mit den
zwei lebenden Typen völlig übereinstimmen, herauszufinden, so dass die von
Herrn Deshayes aufgestellte Frage über die Identität dieser Arten bejahend
beantwortet werden kann.

Ich kenne den exotischen lebenden Typus, ausser aus dem Muschelsande
der Touraine, nur noch aus der subalpinen marinen Molasse der Schweiz
Sonst habe ich überall, in den aquitanischen, den Mainzer und den helvetischen Schichten des südwestlichen Frankreichs und in den helvetischen und
tortonischen Schichten Italiens, so wie auch in den beiden letzten tertiären
Stufen, nur den kaum abgeänderten Typus aus dem Mittelmeere gesehen.

Ganz kleine Exemplare dieser Art sind zu Prainha auf Santa Maria
nicht selten. Ein Individuum von der gewöhnlichen Grösse der C. calyculata das aber schon zu der C. crassicosta übergeht, ist auch am Pico da Juliana auf Porto Santo gefunden worden.

68. Cardita Duboisi. Deshayes,

*Traité, III, S. 180. — C. intermedia (Broc.) Dub., Volh., S. 61, Taf. 5, Fig. 20. —
C. aculeata Eich., Leth., III, S. 88, Taf. 5, Fig. 10 (non Poli).*

Diese Art ist der C. rhomboidea (rudista Lam.) am nächsten verwandt.
Sie unterscheidet sich von dieser durch geringere Grösse, durch die
schwächeren, erhabeneren und zahlreicheren Rippen, sowie endlich durch die
Verzierungen. Uebrigens ist sie etwas veränderlich, bald mehr, bald
weniger in die Länge gezogen und nach hinten erweitert, und führt sechszehn bis achtzehn mehr oder weniger stachlige Rippen.

Das Züricher Musäum besitzt C. Duboisi aus den helvetischen Schichten
von Szuskowce in Volhynien und von Gainfahren bei Wien, sowie aus den
tortonischen Schichten von Serravalle-di-Scrivia in Piemont. Von den wohlerhaltenen, mittelgrossen, auf dem Ilheo de Baixo gefundenen vier Exemplaren stimmen zwei vollständig mit dem Typus überein, während die beiden
andern etwas mehr als gewöhnlich verlängert und nach hinten erweitert
sind. Die angeführten Abbildungen sind übrigens sehr mittelmässig.

69. Cardita Mariae. Mayer. — Taf. II, Fig. 19.

C. testa oblonga, transversa, maxime inaequilaterali, plus minusve convexa, antice angusta, subsinuata, postice dilatata, rotundataque; costis circiter 14, angustis, antice confertis, postice distantibus, imbricato-squamosis; interstitiis longitudinaliter sulcatis, sulcis circiter sex, striis incrementi laeviter decussato-granulosis.

Long. 13, lat. 9 mill.

Diess ist wieder eine jener Arten, welche ich durch Zerschlagen eines Tuffbrockens aus den Feiteirinhas von Santa Maria erhielt. Diese hier gehört zu den zierlichsten Formen der Gattung Cardita. Sie unterscheidet sich von ihren Nachbarinnen aus der Gruppe der C. calyculata vorzüglich durch die geringe Zahl ihrer Rippen und durch die zahlreichen, deren Zwischenräume verzierenden Längsfurchen. Sie sieht übrigens der in der Encyclopédie Bd. II, Taf. 234, Fig. 3 abgebildeten Cardita, deren Name ich nicht finden konnte, sehr ähnlich und ist vielleicht damit identisch. Ihrer Kleinheit, ihrer gedrungenen, vorn noch stumpferen und schmäleren Form und ihrer anscheinend weniger zahlreichen Rippen wegen glaube ich sie indessen vorläufig unterscheiden zu müssen.

Bemerkung. Die während meiner Abwesenheit von Zürich verfertigten Abbildungen dieser Species sind insofern nicht ganz correkt ausgefallen, als die Rippen bei dem grösseren Exemplare etwas zn schmal und zu klein, beim kleineren zu breit und zu gedrängt gezeichnet sind.

70. Pectunculus conjungens. Mayer. — Taf. II, Fig. 20.

P. testa orbiculari, transversa, subcordata, fere aequilaterali, tenuiuscula, costis radiantibus circiter 50, angustissimis, convexiusculis, longitudinaliter et transversim striatulis- umbonibus mediocribus; cardine late-arcuato, dentibus 18, obliquis, angustis, distantibus, instructo; area latiuscula, brevi, margine dense crenulato.

Long, 37, lat. 42 mill.

Diess ist, so viel ich weiss, die erste neogene Art aus der Gruppe des P. radians. Sie nähert sich etwas gewissen Abarten des P. deletus, doch sind ihre Rippen zahlreicher, regelmässiger, und ist das Schloss einfacher gebaut. Nach Lamarck's Diagnose würde P. radians ebenfalls unserer Art nahestehen, jedoch sich durch seine ungleichseitige Form von ihr unterscheiden.

Saõ Vicente. (Ein Exemplar.)

Bemerkung. Die Anwachsstreifen auf der Zeichnung etwas zu lamellenartig.

71. Pectunculus multiformis. Mayer. — Taf. III, Fig. 21.

P. testa variabili, orbiculato-ovata, subcordata, subventricosa, inaequilaterali, paulum obliqua, satis crassa et solida, postice bisinuata, margine obtuse triangulata, antice rotundata, radiis circiter 60, angustis, longitudinaliter tenuestriatis; striis concentricis numerosis; umbonibus tumidiusculis, plus minusve elevatis; cardine crassiusculo, brevi, juvenilium angusto,

angulato-arcuato, area angusta, vetulorum late-arcuato, area latiore; dentibus 12—16 me-
diocribus, obliquis; cicatricibus musculorum inaequalibus, antica minore; margine denticulato,
Long. 72, lat. 65 mill.

Diese Art hat mir, sowohl wegen ihrer Veränderlichkeit, als wegen
ihrer Aehnlichkeit mit den P. inflatus und P. angulatus, viele Mühe verursacht. Durch öftere Vergleichung der vierzehn wohlerhaltenen Exemplare
davon, die ich in Händen habe, gelang es mir mich zu vergewissern, dass
sie alle einer und derselben Art angehören, die durch mehrere wichtige
Merkmale charakterisirt wird. Diese Merkmale sind: die verlängerte und
convexe Form, die beiden Depressionen der Hinterseite, die Zahl und
geringe Breite der Rippen etc. Dagegen sind denn auch wieder die einzelnen
Individuen in den Umrissen der Schale, in der Schärfe der hinteren Kanten,
in der Stärke der Wirbel und in der Breite des Schlosses und der Schloss-
bandfläche sehr veränderlich; man weiss aber, dass diese Abänderungen
dem Genus eigenthümlich sind.

Durch ihre weniger aufgeblasene, gegen das Schloss hin verschmälerte
nicht erweiterte Form und durch die schmaleren Rippen, weicht die Art,
constant von P. inflatus ab. Was P. angulatus betrifft, den ich nur aus
der Diagnose Lamarck's und der Abbildung im Chemnitz kenne, so scheint
er kleiner, aufgeblasener und hinten viel scharfkantiger zu sein.

Die obenbeschriebenen Individuen stammen aus dem Tuff des Ilheo de,
Baixo bei Porto Santo. Ausserdem ist die Art durch 3 aus dem Kalke des
Ilheo de Baixo gelöste Steinkerne und durch einen vierten, von S. Vicente
auf Madeira, vertreten.

72. Pectunculus pilosus. Linné (Arca).

Desh., Traité, III, S. 333, Taf. 34, Fig. 21—22. — P, glycimeris Lam,, Anim., 2. Ausgb
VI, S. 485. — P. pulvinatus Brongn., Vicent., Taf. 6, Fig. 15—16.

. Ein junges, zerbrochenes Individuum, dessen Schloss nicht sichtbar ist
an welchem aber die Verzierungen der Schalenoberfläche unversehrt erhalten
sind. Es zeigt, wenn man es mit kleinen fossilen oder lebenden Exemplaren
der Art vergleicht, alle derselben eigenthümlichen Merkmale, die abgerundete
und gleichseitige, etwas aufgeblasene Form, die durch erhabene Längsstreifen
getheilten Rippen, und die regelmässigen, kreisrunden Anwachsstreifen, so
dass seine specifische Identität nicht zweifelhaft ist.

Die Verbreitung des P. pilosus ist bekanntlich eine sehr grosse; er
fehlt in der That nur wenigen neogenen Fundorten und lebt noch in grosser
Zahl in den süd- und westeuropäischen Meeren.

Saõ Vicente.

73. Arca barbata. Linné.

Lam., Anim., 2. Auflg. VI, S. 465. — Encycl., II, S. 309, Fig. 1. — Desh., Traité, III S. 358 u. 365, Taf, 35, Fig. 18—19.

Diese im südwestlichen und mittleren Frankreich und in der Umgebung von Turin so häufig fossil vorkommende Arca varirt bekanntlich im hohen Grad, was die Form der Vorderseite betrifft. Zum zweiten Male habe ich es versucht, daraus mehrere Arten zu machen, indem ich diese Abänderungen der Form mit denen des Schlosses zusammenstellte; allein ich bin nur dahin gelangt, die Uebergänge von einer Varietät zur andern noch ein Mal zu constatiren. Uebrigens hatten vor mir bereits die Herren Deshayes und Dujardin dasselbe verneinende Ergebniss erzielt, so dass es jetzt feststeht, dass alle jene unregelmässigen, den A. scapulina, modioliformis,' magellanoides (!!) etc. aus dem Pariser Becken, ähnlichen Formen nichts als Varietäten der in den europäischen Meeren lebenden Art sind.

A. barbata kommt beinahe überall in den sechs obertertiären Stufen vor. Die zunächst stehenden Formen aus den eocaenen Schichten, die A. Brongniarti, Pandorae, barbatula etc., sowie auch die lebenden Arten aus der Gruppe der Barbatia's werden ohne Zweifel den Conchyliologen noch viel zu schaffen machen.

Pico da Juliana auf Porto Santo. (Drei Exemplare.)

74. Arca crassisima. Bronn. — Taf. III, Fig. 22.

Hartung, Azoren, S. 125, Taf. 19, Fig. 12.

A. testa transversa, oblonga, subtrapezia, subaequilaterali, ventricosa, crassisima, solidissima, antice rotundata, postice paulum latiore, obtuse truncata; costis circiter 30, latis, applanatis, transverse crassistriatis, sulcis angustis separatis; umbonibus elevatis, tumidis recurvis; area cardinali lata, declivi; lamna cardinali crassisima, dentibus minutis, verticalibus numerosis; margine late serrato.

Long. 40, lat. 60 mill.

Diese Art steht der Arca latesulcata Nyst., aus den unteren Mainzer Schichten Belgien's, sehr nahe; sie lässt sich indessen nichts destoweniger leicht davon unterscheiden, indem sie grösser, ungleichseitiger, weniger abgerundet, aufgeschwollener und viel dicker als ihre Verwandte ist. Ihre Rippen sind ausserdem etwas zahlreicher, einander mehr genähert und abgeplatteter; endlich ist auch ihr Schloss viel kräftiger als bei der Arca latesulcata.

Die sieben bis acht von Bronn beschriebenen Exemplare stammen von Ponta dos Mattos auf Santa Maria.

75. Arca Fichtelli. Deshayes.

Traité, III, S. 360. — Rolle, Horner Schichten, S. 30. — Fichtel, Verst. Siebenb, Taf. VI, Fig. 15. — A. helvetica Mayer, Journ. de Conchyl., 1857, S. 188, Taf. 14, Fig.

Hartung, Azoren, S. 126, Taf. 19, Fig. 13. — A. gigantea Ziet, Wurt., S. 93, Taf. 70, Fig. 1? — A. Weinkauffi Crosse, Journ, de Conchyl.; 1862, S. 325 ?

Als ich diese Arca unter der Benennung A. helvetica beschrieb, kannte ich noch weder den dritten Band des „Traité élémentaire de Conchyliologie" von Herrn Deshayes, noch den österreichischen Typus der Art. Seitdem habe ich Beides erhalten und die Uebereinstimmung meiner Art mit der von Herrn Deshayes benannten erkannt. Obgleich mir nun die Zeit der Veröffentlichung des genannten Bandes nicht bekannt ist, so muss ich doch annehmen, dass diese einige Jahre vor 1857 geschah, und beeile mich daher das Recht meines Vorgängers anzuerkennen.

A. Fichteli ist in mehrfacher Hinsicht eine der merkwürdigsten Conchylien; sie wird mitunter sehr gross und erreicht bis achtzig Millimeter Breite; sie ist meist fast gleichseitig, sehr aufgeschwollen, dick und fest; im Uebrigen ist sie in der Form in ziemlich beträchtlichem Grade veränderlich, indem gewisse Exemplare mehr oder weniger verkürzt und ungleichseitig, breit und höckerig, hinten oft wie gewunden erscheinen, während andere die gewöhnliche, etwas schiefe Gestalt der anderen Arten dieser Gruppe aufweisen. Die sorgfältige Vergleichung meiner zahlreichen Exemplare dieses Typus hat mich überzeugt, dass alle diese Varietäten nicht constant sind und um so weniger in mehrere Arten gesondert werden können, als sie neben einander vorkommen und an den meisten Fundorten in einander übergehen.

Die Arca Fichteli erscheint in den Mainzer Stufen zu Korod in Siebenbürgen, in der Umgegend von Horn bei Wien, zu Ulm und zu Othmarsingen im Aargau; sie wird in der helvetischen Stufe in der Schweiz, sowie zu Saucats und Salles ziemlich gemein; sie kommt endlich in der tortonischen Stufe zu Sassuolo bei Modena und zu Serravalle-di-Scrivia vor.

Das von Bronn abgebildete Exemplar stammt von der Ponta dos Mattos auf Santa Maria.

Es drängt mich, hier eine beachtenswerthe Thatsache, die den Jüngern Darwins vorgeführt zu werden verdient, hervorzuheben, die Thatsache nämlich, dass die A. sulcicosta, welche in den aquitanischen und Mainzer Schichten der Umgegend von Bordeaux so gemein ist, nachdem sie so lange ihre gewöhnliche Form beibehalten hat, in den obersten Schichten der Mainzer Stufe zu Saucats, oft die beinahe gleichseitige und höckerige Gestalt der bald auf sie folgenden A. Fichteli annimmt.

76. Arca lactea. Linné.

Pennant, Zool., Taf. 58, Fig. 59. — A. nodulosa (Mull.) Broc., Conch., S. 477 Taf. 11, Fig. 6.

Drei wohlerhaltene Exemplare, von Pinheiros, auf Santa Maria und ein viertes, vom Pico da Juliana auf Porto Santo. Die Art kommt in den sechs obertertiären Stufen und in den gegenwärtigen lusitanischen und celtischen Provinzen des Mittelmeeres, oft häufig, vor.

77. Arca navicularis. Bruguière.

Encycl., II, Taf. 308, Fig. 3. — A. tetragona Poli, Test., II, Taf. 25, Fig. 12—13.

Diese fossil ziemlich seltene Art kommt dennoch beinahe überall, von der Mainzer Stufe nach aufwärts, vor. Sie lebt gegenwärtig in einem grossen Theile des atlantischen Oceans, im Mittel- und dem rothen Meere. Einige Autoren halten sie für eine Varietät der A. Noae; ich hingegen kann mich dieser Ansicht nicht anschliessen, unter anderm desshalb nicht, weil A. Noae mir aus keinem andern „miocänen" Fundort, als aus dem von Turin bekannt ist, während typische A. navicularis schon viel tiefer auftreten.

Pico da Juliana (zwei Exemplare), Feiteirinhas und Pinheiros (drei Stücke).

78. Arca nivea. Chemnitz.

Conch., VII, Taf. 54, Fig. 538; Taf. 55, Fig. 542. — A. ovata Gmel. — A. Helbingi Brug. — A. rudis Desh., Envir., I, S. 210, Taf. 33, Fig. 7—8; Anim., I., S. 875. — Lam., Anim., 2. Ausgb., VI, S. 481.

Herr Deshayes gesteht gegenwärtig zu, dass die A. rudis vom Grobkalk bis zum Muschelsand der Touraine hinaufreicht, er weicht aber vor der Nothwendigkeit, seine Art mit der lebenden A. nivea zu vereinigen, zurück und zieht es vor, letztere ganz zu ignoriren. Ich nun, der ich zahlreiche Stücke der A. rudis aus dem Sande von Beauchamps und aus den Faluns der Touraine und gleichzeitig eine gewisse Anzahl fossiler Exemplare der Arca nivea aus den Umgebungen von Bordeaux, aus der Schweiz, von Turin und von Madeira vor mir habe, ich kann mich schon deutlicher, ausdrücken und in aller Form berichten, dass die beiden Arten in der That nur eine ausmachen. Zwar habe ich nicht, wie Herr Deshayes, die Beweise dass die A. Helbingi nur eine Abart der A. nivea ist, in Händen, ich kann aber wenigstens versichern, dass meine lebenden und fossilen Exemplare, die den ersteren Namen tragen, nicht von der A. rudis abweichen und das genügt mir, um, nachdem andere Gelehrte mir auf halbem Wege entgegen gekommen sind, die vier Arten zu vereinigen.

Somit haben wir also hier eine Arca, welche durch nicht weniger als zehn tertiäre Stufen hindurchgeht und noch in den meisten intertropischen Meeren lebt. Es ist das ohne Zweifel eine merkwürdige paläontologische Thatsache; sie steht indessen nicht ganz isolirt da, und es wäre mir ein Leichtes, ein halbes Dutzend streng beglaubigte ähnliche Fälle anzuführen.

Das Züricher Musäum besitzt einen vollständigen, sehr deutlichen Abdruck der A. nivea, var. rudis, aus dem weissen Kalk des Ilheo de Baixo. Ich kenne ausserdem von derselben Oertlichkeit einen Abdruck der Varietät ovata, welcher sich, glaube ich, jetzt auf dem Winterthurer Museum befindet.

79. Arca Noae. Linné.

Chemn., Conch., VII, Taf. 53, Fig. 529. — Encycl., II, Taf, 303, Fig. 1; Taf. 305, Fig. 2. -- Bronn, in Hartung, Azoren, S. 126; in Reiss, Santa Maria S. 41.

Zwar habe ich nicht die von Bronn angeführten Exemplare von Pinheiros auf Santa Maria vom Musäum zu Heidelberg erhalten; die Art ist aber so deutlich charakterisirt und so bekannt, dass kein Grund zur Bezweiflung der Richtigkeit der vom badischen Gelehrten getroffenen Bestimmungen vorhanden ist.

Als Fossil war A. Noae erst von Turin und aus den pliocænen Schichten der Mittelmeerländer bekannt. Sie lebt bekanntlich im Mittelmeere und im atlantischen Ocean, vielleicht an seinen beiden Küsten.

80. Lithodomus Lyellanus. Mayer. — Taf. IV, Fig. 23.

L. testa ·elongata, cylindracea, recta, maxime inaequilaterali, paulum ante medium tumidissima, latissima, extremitatibus obtusis, striis transversis praesertim versus marginem paliarem densis, paulum oliquis.

Long. 126. lat. 34 mill.

Nach Farbe, Grösse, Form und Verzierung der Oberfläche, unterscheidet man gegenwärtig mehrere Arten von Lithodomus, die Linné und Lamarck unter dem specifischen Namen Lithophagus vereinigten. Obgleich ich gegenwärtig nur die im Mittelmeer lebende Art vor Augen habe, so kann ich mir von den andern mit Hülfe der Abbildungen, die sich in Chemnitz, Rumph u. s. w. vorfinden, wenigstens eine Vorstellung machen und ihre grössere oder geringere Aehnlichkeit mit dem mir vorliegenden fossilen Rest beurtheilen. Nun gelange ich aber zu dem Schluss, dass dieser einen besonderen Typus bildet, der zwischen der Art des Mittelmeeres und derjenigen des indischen Oceans die Mitte hält, grösser und mehr in die Länge gezogen als die eine, schmäler aber und feiner gestreift als die andere und ausserdem von beiden durch die Länge der Hinterseite unterschieden. Genügen nun diese Merkmale oder kennt man eine bereits benannte lebende Art, die vollständig mit meinem Fossilen übereinstimmt? Darüber werden die Besitzer von Reeve's Monographie der Lithodomen oder einer vollständigen Sammlung der Arten der [Gattung entscheiden.

Ich kenne aus den oberen tertiären Gebilden allein fünf andere fossile Arten aus der Gruppe des L. lithophagus. Alle sind viel kleiner als die gegenwärtige.

Kalk des Ilheo de Baixo auf Porto Santo. (Gemein.)

81. Lithodomus Moreleti. Mayer. — Taf. IV, Fig. 24.

L. testa transversa, rubelliptica, subcylindrica, maxime inaequilaterali, tenui, sublaevi, striis incrementi tenuibus, rugis paucibus interruptis; latere antico angusto, obtuso, cardinali paulum dilatato, palliari fere recto, subsinuoso, postico laeviter attenuato, rotundato; umbonibus anticis, tumidiusculis.

Long. 14, lat. 7 mill.

Ich kenne drei tertiäre, der obigen nahestehende Lithodomus-Arten nämlich: L. papyraceus Desh. (Modiola), L. helveticus May. (L. Deshayesi May. Journ. de Conchyl. 1861, S. 56, non Dixon) und L. miocaenicus May. (Verzeichn. fossil. Mollusk. Mollasse). Die in Frage stehende Art unterscheidet sich von der ersten durch die schmalere Form und durch die kaum concave untere Seite. Sie weicht von der zweiten durch die viel geringere Grösse und die vorn breitere, mehr abgestumpfte Gestalt ab. Was die dritte Art betrifft, so ist sie weniger breit, cylindrischer und nach hinten zu spitzer als die andern.

Unter den lebenden Arten ist, meines Wissens, L. cinamomeus die einzige, die sich dem L. Moreleti nähert, aber sie stimmt mit dieser um Vieles nicht überein.

Das einzige die Species vertretende Exemplar ist am Pico da Juliana auf Porto Santo gefunden worden. Vielleicht mögen das von Bronn in Hartungs Schrift auf S. 126 angeführte Bruchstück eines Lithodomus und die kleinen cylindrischen Löcher, die man in fossilen Resten und in dem weissen Kalk des Ilheo de Baixo bei Porto Santo findet, von derselben Art herrühren.

82. Mytilus aquitanicus. Mayer.

Journ. de Conchyl., 1858, S. 188. — M. acutirostris Sandb., 1862, Mains., S. 360, Taf. 30, Fig. 4.

Seitdem ich diese Art bekannt machte, habe ich sie in Masse in den aquitanischen Schichten Oberbayerns gefunden. Dass M. acutirostris aus dem Aquitanien von Alzei und Kreuznach der gleiche sei, leidet, Dank der vortrefflichen von Sandberger gegebenen Abbildung, keinen Zweifel. M. Michelinianus Math., aus dem Mayencien der Provence, kann hingegen nur dann mit unserer Art identisch sein, wenn die eine deprimirte, hinten erweiterte Art darstellende Figur im Catalogue méthodique nicht massgebend ist.

Ich halte es für sehr wahrscheinlich, dass M. aquitanicus sich auch im Wiener Becken und im Tortonien Italiens finde. Dem allen nach ist diess, eine der in den „miocänen" Gebilden verbreitetsten Arten.

Praia. (Ein Stück.)

83. Mytilus Domengensis.   Lamarck. — Taf. IV, Fig. 25.

Lam., Anim., 2. Ausgb., VII, S. 39.

Ich kenne diese Art nur aus der Diagnose Lamarck's; diese Beschreibung passt aber, so kurz sie auch ist, so genau zu dem mir vorliegenden fossilen Reste, dass ich an der Stichhaltigkeit meiner Bestimmung nicht zweifeln kann.

M. Domengensis steht den M. ustulatus und M. exustus oder bidens sehr nahe. Von dem letzteren, dem einzigen den ich vor mir habe, unterscheidet er sich durch die mehr verkürzte, stärker gewölbte und auf der Pallialseite schärfer abgeschnittene Gestalt und folglich auch durch die kürzeren und gebogeneren Wirbel. Das mir vorliegende Fossil nähert sich auch dem M. oblitus Michti. (Descript. S. 93. Taf. 4, Fig. 8), es ist aber weniger abgerundet und seine Rippen sind zahlreicher und feiner. M. oblitus ist durchaus nicht selten am Rio de la Batteria bei Turin.

Der weisse Kalk des Ilheo de Baixo bei Porto Santo umschliesst als Steinkerne und Abdrücke sehr zahlreiche Exemplare von M. Domengensis, von welchem ich auch im kalkhaltigen Tuff von Feiteirinhas auf S. Maria einen Abdruck gefunden habe.

84. Pinna Brocchii?   Orbigny.

Prodr., III, S. 125. — P. nobilis Broc., Conch., S. 588 (non Lin.)

Das vorliegende Bruchstück ist so klein, dass damit nur die Gattung der es angehört, bestimmt werden kann. Da indessen die „miocänen'. Schichten bis anhin erst eine, die genannte, ziemlich häufige Pinna dargeboten haben, so ist es wahrscheinlich, dass dieses Bruchstück ihr angehört

     Feiteirinhas.

85. Avicula Crossei.   Mayer. — Taf. IV, Fig. 26.

A. testa oblique subquadrangulari, paulum obliqua, depressiuscula, subtenvi, striis lamellisque incrementi irregularibus, depressis, instructa; latere antico brevissimo, subtruncato, postico dilatato, rotundato, inferiore late arcuato, superiore recto; auricula antica longiuscula, angusta, profunde separata, lamellosa, postica brevi, lata; umbonibus obliquis, acutis; arca latiuscula, plana.

Long. 62, lat 56 mill.

Diese neue Avicula gehört der Gruppe der A. margaritifera an und unterscheidet sich von dieser ihr nahe stehenden Art durch ihre schräge, länger als breite Gestalt, durch die dünne, blätterige Schale, sowie durch die Schmalheit ihres vorderen Ohres.

Seit mehreren Jahren kannte ich einen Steinkern und einen Abdruck dieser Art aus dem weissen Kalk des Ilheo de Baixo bei Porto Santo. Kürzlich hat mir Herr Reiss ein besser erhaltenes, im Tuff des Ilheo de Baixo gefundenes Exemplar geschickt.

85. Perna Soldanii. Deshayes.

Lam., Anim., 2. Ausgb., VII, S. 79. — Sold., Test., 11, Taf. 24, Fig. A, B. — Knorr, Verst., IV, Theil 2, D. V, Taf. 64.

Drei Exemplare, die wohl erhalten und vollkommen übereinstimmend mit den von Asti stammenden Stücken sind.

Die Art kommt in der Mainzer Stufe in der Umgebung von Wien, in der helvetischen Stufe in der Schweiz und bei Turin, in der tortonischen Stufe bei Sassuolo unfern Modena, sowie in den piacenzischen und astischen Gebilden der Mittelmeer-Gegenden vor.

Porto da Calheta auf Porto Santo.

87. Lima atlantica. Mayer. — Taf. V, Fig. 27.

L. testa obliqua, depressa, ovali, plerumque paulum angusta; costis 23—25, altiusculis, obtusis, intersticiis paulo latioribus, squamoso-asperis; latere antico truncato, postico arcuato, medio angulato.

Long. 78, lat. 50—55 mill.

Indem ich mich genau an die Regel halte, nach welcher jedes Individuum oder jede Reihe von Individuen, die von einer bekannten Art durch ein oder mehrere einigermassen wichtige oder nicht als ungenügend erwiesene Merkmale abweichen, eine besondere Species bilden, sehe ich mich genöthigt, diese Lima von der L. squamosa zu trennen. Schon seit lange ist eine fossile, der obengenannten lebenden nahestehende Species bekannt; ich meine die L. plicata aus dem Sande von Beauchamps und aus den Faluns der Touraine. Ich kenne seit mehreren Jahren eine dritte Art derselben Gruppe; die gegenwärtige wäre demnach die vierte Art. Folgendes ist nun das Ergebniss der Vergleichung, die ich zwischen allen meinen Exemplaren der vier Typen angestellt habe:

L. plicata und L. squamosa stehen sich am nächsten. Sie erreichen dieselbe Grösse und haben genau dieselbe Form, wie dieselben Verzierungen, wenn die letzteren noch wohl erhalten sind; L. plicata aber zählt immer zwei und zwanzig bis drei und zwanzig Rippen, während L. squamosa niemals mehr als neunzehn bis ein und zwanzig zu haben scheint.

Der fossile Typus aus der Umgebung von Bordeaux, den ich L. aquitanica zu nennen vorschlage, unterscheidet sich von diesen Arten in mehreren wesentlichen Dingen; ob er dieselbe Grösse erreicht, ist mir unbekannt; er unterscheidet sich aber jedenfalls durch seine beinah immer
birnförmigen, d. h. nach hinten erweiterten Umrisse, durch seine Convexität
und durch seine zahlreicheren, dichter gedrängten, fünf und zwanzig bis
acht und zwanzig zählenden Rippen.

Die vierte Art endlich, die von Madeira, besitzt zwar die Grössenverhältnisse der lebenden Art und ist wie diese innerhalb gewisser Grenzen
ziemlich formveränderlich; sie ist indessen immer schmaler und nach hinten
weniger breit und abgerundet; übrigens führt sie stets zwei und zwanzig bis
vier oder fünf und zwanzig Rippen, die folglich und namentlich bei den verschmälerten Exemplaren dichter gedrängt als bei der L. squamosa sind.

Sind nun diese Unterschiede nicht zu gering, um besondere Arten an
Stelle einfacher Varietäten zu bezeichnen? Ich für meinen Theil möchte
diese Frage bejahen, indem ich fest glaube, man werde noch Individuen
finden, die Uebergänge von einer zur andern Art bilden und es gestatten
werden, alle vier zu vereinigen; da mir aber nicht hinreichendes Material
zu Gebote stand, mochte ich die Sache nicht übereilen.

L. atlantica ist als Steinkern im Kalk des Ilheo de Baixo ziemlich
häufig. An einigen Individuen ist selbst ein Theil der Schale vorhanden.
Zwei schlecht erhaltene Exemplare von S. Vicente auf Madeira und vom
Pico da Juliana auf Porto Santo deuten ebenfalls diese Art an.

88. Lima inflata. Chemnitz. (Pecten.)

*Conch., VII, Taf. 68, Fig. 649, lit. a. — Bronn, in Reiss, S. Maria, S. 42. — L. lians?
(Gmel.) Bronn, in Hartung, Azoren, S. 127, Taf. 19, Fig. 15 (mala).*

Mehrere mittelgrosse Exemplare, die leider alle die obere Schicht der
Schale verloren haben und so nur leicht erhabene, glatte Spuren der Rippen
aufweisen. Nach genauer Vergleichung dieser Stücke mit L. bicans, L. Los-
combi, L. tenera, L. exilis etc. habe ich dennoch die Ueberzeugung gewonnen, dass sie, ihrer Gestalt, ihrer Wölbung, ihrer etwas verdickten Schale
und den vorhandenen Spuren der Rippen nach, keiner von diesen Arten,
sondern nur der L. inflata angehören können.

Diese Art kommt beinahe überall, jedoch nirgends in Menge, in den
sechs obertertiären Stufen vor und lebt noch in den verschiedenen europäischen
Meeren.

Ponta dos Mattos und Espirito Santo auf Santa Maria.

89. Pecten Blumi. Mayer. — Taf. V, Fig. 28.

P. testa suborbiculari, subaequivalvi, planiuscula, tenui, laevigata, 20—22 radiata; radiis convexo-planis, aequalibus, intersticiis paulo latioribus; auriculis inaequalibus, longitudinaliter radiatis.

Long. 20, lat. 22 mill.

Dieser kleine Pecten verhält sich zu P. opercularis, in dessen Bank er zu Bocca do Crê vorkommt, wie die glatte Varietät des P. gibbus zu den typischen Individuen; er unterscheidet sich, mit andern Worten, nur dadurch von P. opercularis, dass seine Rippen und ihre Zwischenräume durchaus glatt sind. Da ich nun weder unter meinen zahllosen fossilen Exemplaren des P. opercularis, noch unter den recenten solche ungestreifte Individuen kenne, so genügt vor der Hand genanntes Merkmal um die durch drei verschiedene Klappen vertretene Art zu bezeichnen.

90. Pecten Burdigalensis. Lamarck.

Hist., 2. Aufl., VII, S. 157. — Goldf., Petref., II, S. 66, Taf. 96, Fig. 9, — Bronn, in Hartung, Azoren, S. 128, in Reiss, Santa Maria, S. 43.

Ich habe die von Bronn aufgeführten Exemplare dieser Art nicht erhalten, indessen ist sie so gut gekennzeichnet und so bekannt, dass die Bestimmung, welche der berühmte Heidelberger Gelehrte traf, nicht leicht falsch sein kann. Bronn erwähnt siebzehn Klappen, die alle oder wenigstens theilweise zu Bocca do Crê gesammelt worden. Mir liegt eine gut erhaltene obere Klappe aus dem Kalk des Ilheo de Baixo vor. Diese gehört, wie wahrscheinlich die andern Individuen auch, zu der mit starken Rippen versehenen Abart, die bei Bordeaux, in der in der die Grundlage der Mainzer Stufe bildenden Pecten-Schicht so gemein ist und auch in derselben Gegend und in der Schweiz in der helvetischen Stufe häufig vorkommt. P. Burdigalensis gehört zu den Arten, welche bie Unbegründetheit der Gattung Neithea oder Janira beweisen, indem die fast glatten, typischen Exemplare ächte Pecten sind, während die extremen, aber durch hundert Zwischengliedern mit dem Typus verbundenen Varietäten eigentliche Janiren darstellen.

91. Pecten Dunkeri. Mayer. — Taf. V, Fig. 29.

P. testa inaequivalvi, aequilaterali, suborbiculari, valva inferiori valde convexa, antice subrecurva, costis 15, satis elevatis, plano-convexis, intersticiiscum angustioribus irregulariter et tenue transversim striatis; auriculis aequalibus, sexradiatis, transversim striatis; valva superiore plano-convexa.

Long, 45, lat. 50 mill.

Diese Art ist mit P. volà Klein (Chenu Illustr., Genre Peigne, Taf. 7, Fig. 5) naheverwandt und es wird sich vielleicht einmal erweisen, dass beide zur gleichen Species gehören. Vorderhand jedoch muss ich meine beiden Exemplare von jenem getrennt halten, und zwar, weil sie viel kleiner, gewölbter und dabei weniger gegen das Schloss zurückgebogen sind als Chenu sein Exemplar dargestellt und weil ihre Rippen verhältnissmässig breiter und abgeplatteter erscheinen. Von P. Beudanti unterscheidet sich P. Dunkeri durch die gewölbtere Unterklappe, durch die weniger erhabenen Rippen und durch die viel feineren Querstreifen. Von P. benedictus von Manthelan ist er durch die Convexität und durch die weniger abgeplatteten Rippen scharf geschieden. P. aduncus Eichw. endlich (P. dentatus? Sow.), den ich in der Touraine wiedergefunden habe, zeichnet sich vor meiner Art durch zahlreichere und schmalere Rippen aus.

Bocca do Crê.

92 Pecten Hartungi. Mayer. — Taf. V, Fig. 30.

Hinnites quadricostatus Bronn, in Reiss. S. Maria, S. 44, Taf. 1, Fig. 19 (non P. quadricostatus Sow.)

P. testa oblonga, paulum obliqua; valva sinistra costulis radiantibus circiter 40, angustis, rotundatis, inaequalibus, sulcis angustis separatis, quarum 9 majoribus, squamulosis; intermediis semper 3, laevigatis; auriculis valde inaequalibus, antica magna, 8—10 radiata, postica angusta, oblique truncata.

Long. 28, lat. 22 mill.

Leider ist dieser Pecten nur durch eine einzige linke Klappe vertreten; denn da er zu der Gruppe der sehr veränderlichen P. islandicus und Reissi gehört, so würden mehrere Exemplare gezeigt haben, ob er constant ist oder mit der einen oder andern dieser Arten in Verbindung steht.

Bocca do Crê.

93. Pecten latissimus. Brocchi (Ostrea). — Taf. V, Fig. 21.

Conch., S. 481. — Bronn, in Hartung, Azoren, S. 128. — P. laticostatus Lam., Anim., 2. Aufl., VII., S. 156. — Aldrov., Mus. metall., S. 232, Fig. 1—2. — P. simplex Micht., Descript., S. 86, Taf. 3, Fig. 4. — Rolle, Horn. Schicht., S. 34.

Es liegen mir drei Exemplare des P. latissimus aus der Astigiana, eine schöne Klappe des P. simplex von Sievering bei Wien und ein Dutzend unvollständiger Individuen beider Arten von verschiedenen „miocänen" Fundorten vor Augen. Vermöge dieses Materials nun kann ich mit aller wünschbaren Sicherheit behaupten, dass P. simplex nur eine durch unmerkliche Abstufungen zur typischen Form übergehende Varietät des P. latissimus ist. Es treten in der That bei ersterem, je nach den Individuen, bald keine, bald wenige, bald zahlreiche Längsfurchen auf, und, ganz unabhangig von diesen. entstehen an den Knotenursprüngen bald weniger bald sehr deutliche Knoten, bis dass der Unterschied von P. latissimus null wird. In dieser Hinsicht sind just die Individuen aus Santa Maria und Porto Santo sehr lehrreich, denn sie bieten neben den beiden äussersten Typen, drei bis vier zwischenliegende Modificationen dar. Vier dieser Exemplare stammen von Ponta· dos Mattos und zwei aus dem Tuff des Ilheo de Baixo.

Die so festgestellte Art kommt nun in der Mainzer Stufe im Wiener Becken, in Oberbayern und im südlichen Frankreich, in der helvetischen Stufe in Volhynien, bei Wien, in der Schweiz und bei Turin, in der tortonischen Stufe zu Serravalle-di-Scrivia, im Plaisancien in der Gegend von Siena und in Calabrien, und endlich im Astien bei Asti selbst vor.

Ich kenne noch vier grosse, mit P. latissimus verwandte Pecten-Arten, die man nicht mit ihm oder unter einander verwechseln darf. Es sind:

1. P. terebratuliformis Serres, aus den Mainzer Schichten von Montpellier;

2. P. Tournali Serres, aus dem Mayencien von Saucats bei Bordeaux und aus (den Schichten gleichen Alters?) der Umgegend von Montpellier. — Länge 120, Breite 130· mill.;

3. P. gallicus Mayer, der auf jeder Schale dreizehn glatte und gleiche Rippen trägt, von welchen die der oberen Schale an ihrem Ursprung. Knoten tragen. — Länge 167, Breite 187 mill. — Ziemlich häufig im Mayencien zu Savigné bei Tours und im Helvétien zu Salles bei Bordeaux,

4. P. Napoleonis Mayer, ausgezeichnet durch seine in die Quere gebaute, weniger gewölbte Gestalt und durch die sechszehn erhabenen, wenig erweiterten Rippen, die, sowie ihre Zwischenräume, hier und da längsgestreift und zugleich mit Querstreifen bedeckt sind. — Länge 146, Breite 176 mill.

Zwei Exemplare, aus der oberen Pecten-Schicht von Saucats stammend.

94. Pecten nodosus? Linné (Ostrea).

Lam., Hist., 2. Aufl. VII, S. 139. — Chenu, Illustr., Genus Pecten, Taf. 23—25. — C. Corallinus Chemn., Conch., VII, Taf. 64, Fig. 609. — P. polymorphus (Bronn), Bronn, in Reiss, Santa Maria, S. 43 (pars), (Non Bronn. Jahrb., 1827, S. 542.)

Die mir vorliegenden fossilen Reste sind so schlecht erhalten, dass es unmöglich wäre, sie zu bestimmen, wenn die Art, der sie offenbar nahe stehen, nicht sehr hervorspringende Merkmale hätte, welche geeignet sind,

Hartung, Madeira und Porto Santo.　　　　　　　　　　15

selbst auf Steinkernen aufbewahrt zu werden. Obgleich zerbrochen und zum grösseren Theile der Schale beraubt, zeigen diese Stücke dennoch mehr oder weniger knotige, Rippen und denen der lebenden Art ähnliche Längsfurchen; wie diese sind sie in der Zahl und in den Verzierungen der Rippen veränderlich; wie diese haben sie auch eine abgeplattete, gleichseitige, etwas verlängerte Form; dagegen sind sie kleiner, höchstens 65 mill. lang, und halten daher in dieser Hinsicht die Mitte zwischen der typischen Form und dem P. corallinoides. Möglicherweise bilden sie auch eine ganz ebensogute Art als der letztere; vielleicht aber sollte man die eine wie die andere mit der im Antillenmeer lebenden Art vereinigen.

Saõ Vicente auf Madeira (vier Exemplare) und Ponta dos Mattos auf Santa Maria. (Ein ziemlich gut erhaltenes Exemplar, das der knotenlosen Abart angehört.)

95. Pecten opercularis. Linné. (Ostrea.)

Goldf., Petref., II, S. 62, Taf. 95, Fig. 6. — Wood, Crag, S. 35, Taf. 6, Fig. 2. — P. Scabrellus (Lam.) Bronn, in Hartung, Azoren, S. 128; in Reiss, Santa Maria, S. 42, (non Lam.)

Die hier in Frage stehende Abart des P. opercularis nähert sich etwas dem P. scabrellus durch ihre mittelmässige Grösse, durch eine etwas gewölbtere Form und durch die Rippen, welche etwas stärker als gewöhnlich sind; sie schliesst sich aber wiederum der typischen Form durch alle Uebergänge an und unterscheidet sich noch hinlänglich von der anderen Art durch die breiteren, viel weniger erhabenen Rippen und durch die zahlreicheren Längsfurchen. Es ist diess die Varietät, welche die Masse der unteren Pecten-Bank im blauen Muschelsande von Saucats, zu Czieu und zu la Cassagne, sowie die dünne Pecten-Schicht bildet, die diesen Muschelsand bei der Mühle von Lagus abschliesst. Der Typus des P. opercularis setzt dagegen zum grösseren Theile die mächtige Pecten-Bank der helvetischen Faluns zusammen, die in der Umgebung von Salles bei Bordeaux eine so grosse Verbreitung erlangt. Die Zahl der Exemplare dieser Art, welche letzte Bank bilden, ist so ungeheuer gross, dass schwerlich irgend wo anders etwas Aehnliches vorkommen wird. Ebenso ist auch am Figueiral und an der Bocca do Crê auf Santa Maria eine kleine Muschelbank beinahe ausschliesslich aus dieser Varietät des P. opercularis zusammengesetzt.

P. opercularis tritt schon in der aquitanischen Stufe auf, denn ich habe eine Klappe von ihm zu Larrieg bei Saucats gefunden. Höher aufwärts kommt er beinahe überall, bald allein, bald in Gesellschaft des P. scabrellus vor. Er lebt noch in sehr grosser Zahl in den europäischen Meeren und in dem nordwestafricanischen Ocean.

96. Pecten pes-felis. Linné. (Ostrea.)

Chemn., Conch., VII, Taf. 64, Fig. 612; Taf. 65, Fig. 613. — Encycl. Taf. 211, Fig. 1. — P. polymorphus (Bronn). Bronn, in Reiss, Santa Maria, S. 43. (pars).

Diess Mal befürchte ich nicht, mich zu täuschen, indem ich das kleine Pecten-Exemplar, das Bronn mit seinem P. polymorphus verwechselt hat, mit dieser bekannten Art vereinige. Mag dieses Individuum auch in der Grösse fehlen, so stimmen dafür die andern Merkmale, die alle bis auf das grössere Ohr sichtbar sind, zu genau mit der lebenden Art überein, als dass ein Irrthum in der Bestimmung möglich sein könnte. Das mir vorliegende Fossil ist von länglicher, flachconvexer, fast gleichseitiger Form und hat nur sieben bis acht erhabene Rippen, die beinah ebensobreit wie die Zwischenräume und wie diese mit Längsfurchen bedeckt sind, welche ungemein feine, fast lamellenartige und sehr regelmässige Anwachsstreifen durchschneiden. An ihrem Ursprung sind diese Rippen durch einen spitz zulaufenden, etwas wellenförmigen Streifen angedeutet. Ein zweites Exemplar, das zwar nur aus einem Bruchstück besteht, aber doch noch Spuren des grossen Ohres und einige abgebrochene Rippen aufzuweisen hat, bestätigt die Uebereinstimmung der Art mit dem P. pes-felis. Bei diesem Individuum nämlich sind die Rippen ganz so wie bei den mir vorliegenden recenten Exemplaren an ihrem Ursprung zweispaltig.

Die Art lebt bekanntlich im Mittelmeer, sowie im nordafrikanischen Ocean; als Fossil war sie annoch erst aus den astischen Schichten Italiens bekannt.

Ponta dos Mattos auf Santa Maria.

97. Pecten Reissi. Bronn. (Hinnites.) — Taf. V, Fig. 32.

Reiss, Santa Maria, S. 44, Taf. 1, Fig. 18.

P. testa subaequivalvi rotundato-oblonga, compressa, costis radiantibus circiter 30, inaequalibus, irregularibusque, rotundatis, squamulosis, saepe binis; auriculis inaequalibus radiatis, antica majori, bliqua.

Long. 52, lat. 43 mill.

Durch ihre Form und ihre Rippen nähert sich diese Art sehr dem P. islandicus; nichtsdestoweniger kann man sie vorläufig von ihm erstens an der bedeutend geringeren Grösse und der etwas schmaleren Form dann an den weniger zahlreichen und zum grossen Theile verhältnissmässig stärkeren Rippen unterscheiden. Um es zu versuchen, die beiden Arten zu

15*

vereinigen, bedürfte es eines viel reichhaltigeren Materials, als mir zu Gebote steht.

Drei Exemplare vom Forno do Crê auf Santa Maria und zehn vom weissen Kalk des Ilheo de Baixo bei Porto Santo.

98. Pecten scabrellus. Lamarck.

Anim., 2. Aufl., VII, S. 161. — Goldf., Petref., II, S. 62, Taf. 95, Fig. 5.

Ein einziges, wohlerhaltenes und sicheres Exemplar, das sich unter denen des P. opercularis von der Bocca do Crê auf Santa Maria vorfand.

Die Art tritt in der Mainzer Stufe in den Umgebungen von Wien und in der Touraine zuerst auf und stirbt in der astischen Stufe aus.

99. Plicatula Bronnina. Mayer. — Taf. V, Fig. 33.

Spondylus inermis Bronn, in Reiss, Santa Maria, S. 42 (pro-parte).

P. testa (valva inferiore) minuta, ovata convexa, crassiuscula, costato-tegulata; costis 8, crassis, elevatis, obtuse-angulatis, medianis distantibus, lateralibus minoribus, striis parcisque sulcis incrementi sublamellosis; cardine crassiusculo; area externa minuta, triangula, recurva; margine late-dentato.

Long. 7, lat. 4 mill.

Diese kleine Schale gehört, was auch Bronn darüber gesagt haben mag, sicher zu Plicatula, denn der kleine Fortsatz, den sie aufweist, ist von keiner generischen Bedeutung und findet sich oft bei anderen Arten wieder; Beispiele: Pl. incrassata, auriculata, cristata u. s. w. Unsere Art steht ohne Zweifel der zuletzt genannten nahe; ich sehe mich indessen genöthigt, sie von dieser, wegen ihrer geringen Grösse, ihrer convexen Form und ihrer verhältnissmässig stärkeren, weniger zahlreichen und weniger zugeschärften Rippen, zu unterscheiden, indem ich es der Zukunft zu entscheiden überlasse, ob sie und die von Dujardin aufgeführte Species aus der Touraine, von welcher mir neun Exemplare vorliegen, nur Varietäten der im Antillenmeer lebenden Art sind.

Pinheiros auf Santa Maria.

100. Plicatula ruperella. Dujardin.

Mém. Soc. géol. France, II, S. 271. — Bronn, in Reiss, Santa Maria, S. 42. — P., miocaenica Mich., Descript., S. 84?

Eine ziemlich weit verbreitete, aber gewöhnlich seltene Species. Ich kenne sie aus den aquitanischen und Mainzer Stufen des südwestlichen Frankreich, aus dem Muschelsande des Loirebeckens und aus den helvetischen Schichten von Turin und der Schweiz.

Das fossile Individuum von Pinheiros ist wohl erhalten und stimmt vollkommen mit denen aus den Umgebungen von Tours überein.

101. Spondylus Delesserti. Chenu.

Illustr., Genus Spondylus, S. 5, Fig. 12.

S. testa maxima, ovato-rotundata, paululum obliqua, convexa, crassa et ponderosa, multicostata et spinosa; costis majoribus circiter 26, irregularibus, inaequalibus, laeviter flexuosis, spinis muricatis armatis; costulis intermediis 3—6, squamuloso-spinulosis; margine irregulariter plicato-dentato.

Long. 183, lat 155 mill.

Es ist gewiss eine sehr auffallende Thatsache, dass diese ausgezeichnete, gegenwärtig den indischen Ocean bewohnende Art sich auf Madeira fossil wiederfindet. Uebrigens steht der Fall nicht ganz vereinzelt da; ja man kennt noch viel beträchtlichere Wanderungen, welche Mollusken gegen das Ende der Tertiärzeit ausgeführt haben. Ich erinnere nur an Cardita intermedia, Ostrea hyotis, Solarium variegatum, Terebra strigilata, Conus textilis etc., die in Europa noch in den „oberpliocänen" Gebilden vorkommen und jetzt den indischen oder gar den stillen Ocean bewohnen.

Die Identität der acht mir vorliegenden fossilen Individuen mit der lebenden Art ist unzweifelhaft; die Gestalt der Schale, das Schloss und die Art der Verzierungen sind beiderseits gleich. Nur sind die fossilen Individuen ganz wenig schmaler und schiefer als das bei Chenu abgebildete Exemplar, während nur zwei beinahe die Grösse dieses erreichen, hinter welcher die andern um zwei, drei und vier Centimeter zurückbleiben.

Von den fünf Stücken, an welchen die Schale erhalten ist, wurde eines am Porto da Calheta auf Porto Santo, ein zweites auf dem Ilheo de Cima, die drei anderen auf dem Ilheo de Baixo, beide bei Porto Santo gelegen, gefunden. Die drei halb als Steinkerne erhaltene Individuen waren im weissen Kalk des Ilheo de Baixo enthalten.

102. Spondylus gaederopus. Linné.

Chenu., Conch., VII, Taf. 44, Fig. 459; Taf. 115, Fig. 984 und 985. — Chenu, Illustr Genus Spondylus, S. 3, Taf. 1 und 2.

Von den sieben Individuen, mit welchen ich mich beschäftige und welche die gewöhnliche Form und Grösse des Sp. gaederobus haben, stimmt nur eines vollkommen mit dem lebenden Typus überein; bei den andern sind die Hauptrippen schwächer, zahlreicher und mit kleineren Stacheln versehen als bei letzterem. Sie schliessen sich dessenungeachtet mehr der gewöhnlichen, ziemlich veränderlichen Art der europäischen Meere als einem anderen Typus an und gestatten jedenfalls die Aufstellung einer neuen Art nicht.

So sehr ich mir Mühe gab, Sp. gaederopus in den „miocenen" Gebilden Europa's aufzufinden, konnte ich doch erst ein Exemplar, von Paulmy bei Tours stammend, als solchen bestimmen. Was die übrigen mir vorliegenden Spondylen aus derselben Gegend, dem südwestlichen Frankreich, von Turin (Sp. Deshayesi, Michti.), von Tortona und Modena betrifft, so sind sie im Allgemeinen klein oder schlecht erhalten und bleiben, meiner Meinung nach, vorderhand mehr oder weniger zweifelhaft. Unsere Species findet sich dagegen in den „pliocenen" Gebilden der Mittelmeergegenden, sowie im jetzigen Mittelmeer und in der lusitanischen Provinz des atlantischen Ocean ziemlich häufig.

Ilheo de Cima und Ilheo de Baixo bei Porto Santo.

103. Spondylus inermis. Bronn. — Taf. V, Fig. 34.

Hartung, Azoren, S. 127, Taf. 19, Fig. 14.

Sp. testa ovato-rotundata, convexa, crassiuscula, multicostata; costulis circiter 60, inaequalibus, laevigatis, majoribus circiter 15, cum 3—5 minoribus alternantibus; auriculis subaequalibus, majusculis.

Long. 50, lat. 40 mill.

An Stelle der von Bronn beschriebenen Exemplare dieser Art habe ich nur die viel zweifelhafteren erhalten, die er in dem Schriftchen von Herrn Reiss erwähnte. Aus diesem Grunde und in Erwägung der Aehnlichkeit, welche diese Art mit den jungen Individuen des Sp. Delesserti besitzt, führe ich sie hier nur als Citat an.

Bronn lagen sechs Exemplare von Pinheiros bei Santa Maria vor. Ich sah zwei andere von derselben Grösse von S. Vicente auf Madeira.

104. Ostrea hyotis. Linné (Mytilus).

Chemn., Conch., 8, Taf. 75, Fig. 685. - Quelt., Test., Taf. 103, Fig. A. — O. aquitanica May., Journ. de Conchyl., 1858, S. 190. — O. undata (Lam.) Delb. et Raul., Bull. Soc. geol. France, 2. Serie, XII, S. 1163 (non Lam.) — Ostrea sp. Bronn, in Reiss, Santa Maria, S. 45 (pro parte).

Getäuscht durch die Unterschiede, welche mir die fossilen Individuen dieser Art aus dem südwestlichen Frankreich, bei der Vergleichung mit den Abbildungen der Encyclopädie darboten, glaubte ich seinerzeit dieselben als eine neue Art betrachten zu dürfen. Gegenwärtig gestatten mir ein zahlreicheres, zur Vergleichung vorliegendes Material und die Kenntniss italienischer Exemplare meinen Irrthum zu berichtigen.

Beinah alle fossillen Individuen, die ich vor Augen habe, unterscheiden sich von den ausgewachsenen des lebenden Typus durch schwächere, weniger stark beschuppte Rippen und folglich durch einen weniger beträchtlich verbogenen Schalenrand; einzelne indessen, von verschiedenen Fundorten stammend, zeigen fast ebenso hervortretende Verzierungen wie die lebende Art. Uebrigens besitzen alle die Hauptmerkmale des Typus, die länger als breite Gestalt, die beinah gleichen Klappen, das characteristische Schloss u. s. w., und eine nicht unbeträchtliche Zahl unter ihnen erreicht sogar der gewöhnlichen Grösse nahe kommende Verhältnisse, etwa hundert Millimeter in der Länge. Ich kann daher meine fossilen Exemplare nur als Varietät von der lebenden Art unterscheiden.

O. hyotis ist in der aquitanischen Stufe um Bordeaux und Dax sehr verbreitet und zu St. Avit besonders gemein; schon in der folgenden Stufe aber wird sie in derselben Gegend selten und sie bleibt in Europa wenig zahlreich in der helvetischen Stufe (Turin) sowohl, als in den folgenden (Tortona, Castell-Arquato, Asti). Dagegen war sie zur helvetischen Epoche im atlantischen Ocean ziemlich häufig, denn es liegen mir von derselben dreizehn Klappen von Pinheiros, Forno do Crê und vom Ilheo de Baixo und Ilheo de Cima vor, sowie auch zahlreiche im weissen Kalk des Ilheo de Baixo eingebettete Bruchstücke und Abdrücke.

105. Ostrea lacerata. Goldfuss.

Petref., II, S. 17, Taf. 78, Fig. 1. — Ostrea sp., Bronn, in Reiss, Santa Maria, S. 4, (pro parte),

Diese Auster scheint mit der vorhergehenden nahe verwandt zu sein. Nach meinen Exemplaren wie nach dem von Goldfuss, unterscheidet sie sich indessen, abgesehen von der Grösse, durch die beträchtlichere Ungleichheit der Klappen und durch die Undeutlichkeit der Rippen. Mir war sie erst aus dem Mayencien der schweizerisch-deutschen Hochebene bekannt; nun liegt sie mir auch von Pinheiros (ein Exemplar) und von Forno do Crê (zwei Exemplare) auf Santa Maria vor.

106. Ostrea plicatuloides. Mayer. — Taf. V, Fig. 35.

Ostrea sp. pulla, Bronn, in Reiss, Santa Maria, S. 45.

O. testa minuta, irregulariter rotundata, inaequivalvi, tenuiuscula, costulata; valva inferiore convexa, costulis circiter 20, altis, angustis, irregularibus, squamoso-papillatis; cardine minuto, acuto; margine denticulato; valva superiore alterae simili, applanata.

Long. 17, lat. 15 mill.

Sollte diese kleine Muschel wohl ein ganz junges Individuum der O. hyotis sein? Ich glaube es nicht; denn die kleinen Exemplare dieser letzteren Art, die ich damit verglich, haben, bei doppelter oder dreifacher Grösse, dennoch weniger zahlreiche, viel stärkere, weniger erhabene Rippen und weniger ungleiche Klappen. In dieselbe Gruppe dagegen mögen wohl beide Arten gehören.

Pinheiros.

107. Anomia ephippium. Linné.

Lam. Anim, 2. Aufl., VII, S. 273. — Encycl., Taf. 170, Fig. 6,—7. — Brnn, in Reiss, S. Maria, S. 45.

Die mir vorliegenden, bereits von Bronn erwähnten Valven gehören in der That dieser Art an und sind typische Individuen davon.

In Italien kommt A. ephippium bereits in der helvetischen Stufe vor; sie lebt noch in Menge in den europäischen Meeren.

Forno do Crè und Pinheiros.

Brachiopoden.

108 Terebratulina caput-serpentis. Linné (Anomia).

Phil, Sicil., I, S. 94, Taf. 6, Fig. 1—5. — Bronn, in Hartung, Azoren, S. 128, Taf. 19, Fig. 16.

Die ziemlich zahlreichen und wohlerhaltenen, bei Ponta dos Mattos auf Santa Maria gesammelten Exemplare stimmen genau mit der Art aus den europäischen Meeren überein. Man kennt diese aus den helvetischen Schichten der Superga bei Turin und aus den astischen von Sicilien. Ob mit derselben die fossile T. Aquensis Grat. von Dax und die beim Vorgebirge der guten Hoffnung lebende Art zu vereinigen sind, weiss ich nicht.

Pteropoden.

109. Hyala marginata. Bronn. — Taf. VI, Fig. 36.

Reiss, Santa Maria, S. 36, Taf. 1, Fig. 15.

H. testa pisi magnitudine; facie superiore subpiriformi-oblonga, convexiusculo-plana, laevi, lateraliter et antice incrassato-marginata; lamella frontali descendente, longiuscula; lateribus clausis cuspidibus tribus, media ascendente et tertiam totius longitudinis partem superante, lateralibus brevibus et subdivergentibus; facie inferiore oblonga-semiglobosa (non saccata).

Long. 9, lat. 6 mill.

Der Form nach mit H. pisum und H. uncinata verwandt, unterscheidet sich die vorliegende Art dennoch von diesen durch die Anschwellung des Randes an der oberen Seite und durch die Abwesenheit der auseinandergehenden Falten. Sie ist weniger sackförmig aufgeschwollen als die erstere und kleiner, sowie mit schwächeren seitlichen Spitzen geschmückt als die letztere Art. Durch den Mangel seitlicher Spalten bildet sie neben Diacria, Pleuropus und Cavolinia ein besonderes Subgenus.

Gemein in den Tuffen von Bocca do Crê.

110. Cleodora columnella. Rang (Cuvieria).

Ann. scienc. nat., S. 323; Taf. 45, Fig. 1—8. — Triptera columnella H. et A. Adams, Gen. recent. Moll, 1. S. 55, Taf. 6, Fig. 6. — Bronn, in Reiss, Santa Maria, S. 37.

Drei wohlerhaltene Exemplare, die zu Bocca do Crê mit Hyalea marginata gefunden wurden. Die Art lebt im atlandischen Ocean, sowie in der Südsee bei den Philippinen.

Gasteropoden.

111. Dentalium incrassatum. Sowerby.

Min. Conch., I, S. 180, Taf. 79, Fig. 3—4, — D. coarctatum Broc., Conch., S. 264, Taf. 1, Fig. 4. — D. strangulatum Desh., Mem. soc. hist. nat. Paris, II, S. 372, Taf. 16, Fig. 28,

Es lassen sich über diese Art mehrere Bemerkungen anführen. Zunächst kommt sie nicht im Pariser Becken vor, wie mehrere Autoren glaubten. Dann scheint der eocene, zuerst von Sowerby beschriebene Typus sich in der That vollständig der lebenden Art anzuschliessen. Drittens endlich kann die Benennung D. incurvum, die 1804 von Renieri vorgeschlagen worden, desswegen nicht angenommen werden, weil sie weder von einer Beschreibung oder Abbildung, noch von dem Citat einer solchen begleitet war.

Diese kleine Species gehört bekanntlich zu den verbreitetsten. Sie tritt schon in der Londoner Stufe in England und Belgien auf und steigt von da, in letzterem Lande, bis in die tongrische, in Norddeutschland selbst bis in die aquitanische Stufe hinauf. In diesem Niveau geht sie nach Südeuropa über und kommt dort in Menge in den sechs neogenen Stufen vor. Sie bewohnt gegenwärtig in grosser Zahl das Mittelmeer und die lusitanische, ja selbst die westafrikanische Provinz des atlantischen Oceans.

Feiteirinhas (zwei Exemplare).

112. Patella Lowei. Orbigny.

Canar., S. 97, Taf. 7, Fig. 9—10.

Ein unvollständiges, übrigens gut übereinstimmendes Stück aus der recenten Schicht von Prainha.

P. Lowei lebt an den Küsten der Canarien- und Madeira-Inseln.

113. Hipponyx sulcatus. Borson (Patella).

H. granulatus Bast., Bord., S. 72, Taf. 4, Fig. 14. — Capulus sulcatus Harn,. Wien, S. 639, Taf. 50, Fig. 22.

Diese wohlbekannte Art charakterisirt die vier ersten neogenen Stufen. Sie ist in den drei ersten beinah überall ziemlich häufig, selten aber in der tortonischen Stufe, wo sie zu erlöschen scheint.

Pico de Juliana. (Zwei gut erhaltene Exemplare.)

114. Mitrularia semicanalis. Bronn (Dyspotæa).

Hartung, Azoren, S. 120, Taf. 19, Fig. 4. — Reiss, S. Maria, S. 33. — Martin Conch., I, Taf. 13, Fig. 119—120.

Indem er sich durch den Zustand der meisten ihm vorgelegenen Exemplare dieser Species, als Steinkerne, und durch die individuelle Struktur eines derselben täuschen liess, glaubte Bronn auf ihnen das sonderbare Merkmal eines Sipho-artigen halben Kanales entdeckt zu haben und gab daher der Art obigen unpassenden Namen. Die Vergleichung dieser Stücke mit der citirten Abbildung in Martini und später mit recenten Individuen der Art und der M. tectum-sinense, liess mich, zu meiner grossen Verwunderung, sowohl ihre Identität mit der Martini'schen Species, als die Thatsachen erkennen, dass diese noch unbenannt sei und dass genanntes, von Bronn, Fig. 4, 6, hervorgehobenes Monstrum nichts sei als eine Varietät der Art, bei welcher die Schale, wie diess bei M. textum-sinense habituell der Fall ist, in nur durch die innere Lamelle zusammenhängenden Absätzen abgesondert wurde.

Im Uebrigen besitzen unsere fossilen Exemplare nicht nur die Grösse und die unregelmässige Form des lebenden Typus, sondern auch dessen feinere Merkmale alle. Das mehrerwähnte Stück z. B. trägt auf der linken Seite die obere Lage der Schale, die mit querlaufenden Runzeln und mit sehr feinen wellenförmigen Längsstreifen geziert. ist ; und ein anderes, beinah vollständiges, aber abgenutztes Individuum bietet genau das Faltensystem und die Spuren der Längsstreifen der recenten Individuen dar.

Diese interessante Conchylie bewohnt gegenwärtig, nach Exemplaren in den Sammlungen der Herrn Deshayes und Shuttleworth, sowohl das Antillenmeer als den stillen Ocean, bei den Philippinen und Molluken. Die fünf vorhandenen fossilen Individuen stammen von Ponta dos Mattos.

115. Calyptræa Porti Sancti. Mayer.

Erst als ich den vorliegenden Calyptraea-Steinkern an seiner Spitze brach und mit Kitt den Abdruck des unteren Theiles davon nahm. konnte ich eine dritte Art aus der kleinen, Galerus genannten Gruppe der C. maculata Quoy u. Gaym. (Astrolab., III, S. 422, Taf. 72, Fig. 6, 9), Trochita maculata Reeve, Taf. 3, Fig. 15, erkennen, welche sich von dieser ihr ähnlichen Art durch die höhere, breitere Schale und die längere, nicht so stark ausgerandete Lamelle unterscheidet. Im Uebrigen sind Steinkern und Abdruck so unvollständig, dass an eine weitere Beschreibung der Art nicht zu denken ist.

Weisser Kalk des Ilheo de Baixo.

116. Crepidula fornicata? Linné (Patella).
Mart., Conch., I, Taf. 13, Fig. 129--130. — Lam., Hist., 2. Aufl., 7, S. 641.

Diese Art ist ebenfalls nur durch einen Steinkern vertreten; dessen Abdruck stimmt aber so gut mit einzelnen recenten Exemplaren, welche ich in der Sammlung des Herrn Shuttleworth vergleichen konnte, dass eine grosse Wahrscheinlichkeit der Identität des Stückes mit dieser antillischen Art vorliegt.

Weisser Kalk des Ilheo de Baixo.

117. Serpulorbis arenarius. Linné (Serpula).
Vermetus arenarius, Hoern., Wien, S. 483, Taf. 46. Fig. 15. — V. Turonensis, Desh., Traité, Taf. 70, Fig. 14. — V. Turbineus, Rouss., Chenu, Illustr., Genre Vemet, Taf. 4, Fig. 4.

Ich habe mir Zeit und Mühe nicht reuen lassen, um alle mir zu Gebote stehenden, sehr zahlreichen Exemplare der S. arenarius und Turonensis eingehend zu vergleichen und ich habe die Genugthuung erhalten, unter den aus der Touraine stammenden Individuen, nicht nur beide Typen, sondern auch eine ganze Reihe von Varietäten zu finden, welche den vollständigsten Uebergang von dem einen zum andern bewerkstelligen. Andererseits aber, bin ich durch die Thatsache überrascht worden, dass der typische S. arenarius, überhaupt, in den „miocänen" Gebilden, selbst in den ältesten, ebenso häufig ist, als die Varietät.Turonensis und, ohne Rücksicht auf das geologische Niveau, je nach den Lokalitäten, bald von dieser vertreten wird, bald mit ihr zugleich vorkommt, bald endlich allein herrscht. So habe ich den S. arenarius aus dem Aquitanien, dem unteren und oberen Mayencien und dem Helvétien von Saucats, aus dem oberen Mayencien der Touraine, dem Helvétien der Schweiz und von Turin und dem Tortonien von Saubrignes vor Augen, dem S. Turonensis aber aus dem Aquitanien von S. Avit und Saucats und dem oberen Mayencien von Saucats und der Touraine. Dass dann, neben dem das Mittelmeer und die Westküste

Afrika's bewohnenden S. arenarius, auch P. Turonensis noch in der Jetztwelt vertreten sei, wird durch obige Thatsachen sehr wahrscheinlich. Welche
aber von den an der Küste Senegambiens und im Antillenmeere vorkommenden Serpulorben mit diesen zwei zu vereinigen sei, vermag ich, in Er-
mangelung von Originalexemplaren, nicht zu entscheiden.

Die Art ist im weissen Kalk des Ilheo de Baixo ziemlich gemein,
aber stets schlecht erhalten. Ausserdem habe ich noch ein typisches Exemplar
vom Ilheo de Cima und einige Bruchstücke der var. turonica aus dem Tuff von
Feiteirinhas vorliegen.

118. Vermetus intortus. Lamarck (Serpula).

Wood, Crag, S. 113, Taf. 12, Fig. 8. — Hoern., Wien, S. 484, Taf. 46, Fig. 16. —
V. subcancellatus Ris., Bronn, in Reiss, S. Maria, S. 35.

Zwei Exemplare, die ziemlich wohl erhalten sind, stammen das eine
von Bocca do Crê auf Santa Maria, das andere vom Ilheo de Baixo bei
Porto Santo; ausserdem liegen noch zahlreiche aber etwas zweifelhafte Steinkerne aus dem Tuff von Feiteirinhas auf Santa Maria vor.

Diese kleine, in den sechs neogenen Stufen und im Mittelmeer weit
verbreitete Art ist, da einige Exemplare beinah glatt, andere mit einem erhabenen Spalierwerk bedeckt sind, bis zu einem beträchtlichen Grade veränderlich, und diess hat denn zu ihrer Trennung in zwei Arten die Veranlassung gegeben: Nach der Untersuchung von solchen frischen Exemplaren
die als V. intortus bestimmt waren, kann ich verzichern, dass die fossilen
Individuen sich genau diesem Typus beigesellen.

119. Vermiculus carinatus. Hoernes (Vermetus).

Wien, S. 486, Taf. 46, Fig. 17.

Diese interessante Art kannte man bisher nur aus den Mainzer Schichten von Manthelan, Paulmy und Ferrière-l'Arcon bei Tours, aus den helvetischen von Steinabrunn bei Wien und aus den tortonischen Schichten von
Lapugy in Siebenbürgen; nun ist auch ein unzweifelhaftes Individuum davon
am Pico de Juliana auf Porto Santo gefunden worden.

120. Siliquaria anguina. Linné (Serpula).

Phil., Sic., I, S. 173, Taf. 9, Fig. 24. — Hoern., Wien, S. 487, Taf. 46, Fig. 18. —
Siliquaria sp., Bronn, in Hartung, Azoren, S. 121.

Das Exemplar, welches Bronn vorlag und das Herr Dunker mit S.
australis verglich, besteht nur aus einem Bruchstück des vorderen Endes
der Röhre, das indessen durch seine starken und breiten Längsrippen genau
zu S. anguina passt. Uebrigens fand ich in dem Tuff, der dieses Bruch-

stück umschloss, noch andere Stücke desselben Individuums mit dem Anfang der Röhre, die alle mit der in Frage stehenden Art übereinstimmen.

S. anguina ist von der Mainzer Stufe an in den neogenen Gebilden sehr verbreitet. Als recent wird sie aus dem Mittelmeer und dem indischen Ocean angeführt.

Feiteirinhas.

121. Rissoina Bronni. Mayer. — Taf. VI, Fig. 37.

R. sp., Bronn, in Reiss, S. Maria, p. 32.

R. testa solida, sublaevi, nitidula, conico-turrita; spira elongata, acuminata; anfractibus circiter 9, plano-convexis, contiguis; sutura lineato-plana; costis longitudinalibus 22 in ultimo anfractu, parum confertis, obliquis, sinuosis; striis transversis tenuissimis, confertis, sub lente conspicuis; apertura . . . .

Long. circ. 9, lat. circ. 2½ mill.

Diess ist in der That, wie schon Bronn erkannte, eine gute neue Art. Sie schliesst sich zunächst der R. cochlearella an, unterscheidet sich aber schon auf den ersten Blick durch ihre weniger gedrängten, schiefen und sigmoiden Rippchen. Leider sind am einzigen vorliegenden Exemplare, die Mündungswände sowohl als die ersten Umgänge abgebrochen.

Bocca do Crê.

122. Rissoina pusilla. Broc. (Turbo.)

Conch., S. 381, Taf. 6, Fig. 5, — Hoern., Wien; 8, 557, Taf. 48, Fig. 4. — Schwartz, Rissoina, S. 65, Taf. 4, Fig. 29.

Vier aus dem Kalktuff von Feiteirinhas stammende, gut erhaltene Exemplare, welche mit dem Typus vollständig übereinstimmen und leicht von A. Grateloupi, myosoroides etc. zu unterscheiden sind.

Während R. Grateloupi die zwei ersten neogenen Stufen zu bezeichnen hilft, kömmt R. pusilla von der dritten Stufe, dem Helvétien, an, in Europa fast überall und oft häufig vor. Gegenwärtig lebt sie im indischen Ocean bei der Insel Mauritius, im stillen Meere bei den Sandwichssinseln und den Angaben von Deshayes, sowie dem Vorkommen im Astien nach, wahrscheinlich auch im Mittelmeere.

123. Rissoina Canariensis. Orbigny.

Drei Exemplare aus dem quartären Tuffe von Praia und Prainha.

124. Rissoina crenulata. Michaud.

Rissoia, S. 15, Taf. 1, Fig. 1. — Phil., Sic. II, S. 126.

Unter den vorliegenden, alle gut erhaltenen Exemplaren dieser Art sind einige, welche aus den „miocänen" Tuffen von Bocca do Crê und Feiteirin-

has stammen, während die meisten im jüngeren Tuff von Praia und Prainha
gefunden wurden.

Fossil scheint R. crenulata sehr selten vorzukommen. Philippi citirt
sie von Cassel; Grateloup führt sie seinerseits von St. Paul bei Dax an;
doch stellt seine Abbildung eine ganz andere Art dar. Sicher sind jedenfalls die Citate aus dem Plaisancien Calabriens und das Vorkommen der
Art im Mittelmeere und der lusitanischen Provinz des atlandischen Oceans.

125. Rissoina dolium. Nyst.

*Belg., II, S. 417. — R. nana Phil., Sic., II, S. 127. — R. pusilla Phil., Sic., I, S. 154,
Taf, 10, Fig. 13.*

Häufig im obersttertiären Tuff von Praia und Prainha. Ebenfalls
häufig im Plaisancien von Carrubare in Calabrien. Lebt im Mittelmeere
und wahrscheinlich auch im atlantischen Ocean.)

126. Rissoina similis. Scacchi.

Phil., Sic., II, S. 124, Taf. 23, Fig. 5.

Von dieser nur recent aus dem Mittelmeere bekannten Art liegen drei
Exemplare aus dem jüngeren Tuff von Praia und Prainha vor.

127. Alvania cimicoides. Forbes.

Quartärer Tuff von Praia und Prainha. 28 Exemplare. Lebt im
Mittelmeere.

128. Alvania costata. Desh. (Rissòa.)

*Bull. Scienc. Soc. phil. Paris, 1814, S. 7, Taf. 1, Fig. 1. -- Lam., Hist. 2. Aufl., VIII;
S. 471.*

40 Exemplare aus den jüngeren Schichten von Praia und Prainha.
War nur aus den „pliocänen" Gebilden der Mittelmeergegenden und aus
dem jetzigen Mittelmeere bekannt.

129. Alvania Philippiana. Jeffreys (Rissoa).

Mar. Test. Piedm. Coasts, Fig. 4—5.

Praia und Prainha (jüngere Schichten). 8 Exemplare. Mittelmeer.

130. Solarium simplex, Bronn,

*Ital., Tertiärgeb., II, S. 63. — Hoern., Wien, S. 464, Taf, 46, Fig. 3. — Bronn, in
Reiss, Santa Maria, S. 32. — S. neglectum Michti., Solar., Taf. 2, Fig. 7—9.*

Ein gut erhaltenes, unausgewachsenes Individuum. Die Art reicht vom Aquitanien (S. Avit, Saucats) bis in's Astien hinauf, ist aber erst vom Tortonien an einigermassen häufig.

Bocca do Crê.

131. Bulla Brocchii. Michelotti.

Descript., S. 151. — B. ovulata (Lam.) Broc., Conch., S. 277, Taf. 1, Fig. 8. — B. convoluta (Broc.) Bronn, in Reiss, S. Maria, S. 34,

Indem ich die drei von Bronn besehenen Exemplare aus dem Figueiral unter der Loupe aufmerksam betrachtete, gelang es mir auf zweien davon unzweideutige Spuren von Querstreifen zu entdecken; da nun diese Stücke zugleich die Grösse, die etwas ovale Gestalt und die langsam sich erweiternde Oeffnung der B. Brocchii besitzen, so glaube ich meiner Sache sicher zu sein, indem ich sie dieser Art zuhalte.

Von der Mainzer Stufe an, doch immer selten. Lebt in den europäischen und nordafrikanischen Meeren.

132. Bulla lignaria. Linné.

Hoern., Wien, S. 616, Taf. 50, Fig. 1. — Grat., Atlas, Taf. 2, Fig. 1—2. — B. Grateloupi Michti., Descript. S. 150. — Bronn, in Reiss, S. Maria, S. 34.

Nach genauer Vergleichung aller zu meinem Gebote stehenden Exemplare der B. lignaria und Grateloupi, bin auch ich, wie Herr Dr. Hörnes, zu dem Schlusse gekommen, dass letztere Art als unbeständige Varietät der ersteren eingezogen werden müsse. Zwar behauptet Herr Deshayes noch in jüngster Zeit „que le véritable lignaria ne descend pas au-dessous des terrains subappenins; que les espèces de Bordeaux, Touraine, Vienne etc., en sont toujours distinctes"; doch gibt er keine Beweise zu seinem Ausspruch und lässt daher der Vermuthung Raum, dass es ihm mit dieser Trennung auch um die weitere Befestigung einer angenommenen Grenze zwischen „miocän" und „pliocän" zu thun sei. Wie dem aber auch sei, sicher ist, dass B. Grateloupi weder durch die Gestalt, noch durch die Grösse, noch durch die Zahl der Querstreifen bestimmt von der lignaria abweicht, indem genau dieselben Formen, genau so dicht gestreifte Stücke auch unter meinen aus dem Mittelmeer stammenden Individuen letzterer Art vorkommen. Wahr ist freilich, dass die Eine im Aquitanien und im unteren Theil des Mayencien immer kleiner, oben spitziger, und im Ganzen etwas feiner gestreift ist als die Andere; ebenso wahr aber bleibt es, dass diese Unterschiede alle bei den Stücken aus dem oberen Theile des Mayencien (Saucats, Touraine, Grund bei Wien), aus dem Helvétien und Tortonien, mehr oder weniger vollständig verschwinden, und dass hier schon typische, wenn auch nicht riesige Exemplare der B. lignaria auftreten.

Das von Bronn citirte Stück, von der Bocca do Crê, misst nur 30 Millimeter in der Länge und besitzt die dichte Streifung der B. Grateloupi, ist aber wie die B. lignaria am oberen Ende stumpf, und stimmt überhaupt vortrefflich mit einem vorliegenden mittelmeerischen Individuum überein.

133. Bulla micromphalus. Mayer. — Taf. VI, Fig. 38.

B. utriculus (Broc.) Bronn, in Reiss, S. Maria, S. 34.

B. testa ovata, turgidula, solidula, laevi, vertice obtusa, anguste umbilicata; apertura subarcuata, inferne subito dilatata; labis incrassato, anguste umbilicato.

Long. 17, lat. 10 mill.

Trotz der grössten Aufmerksamkeit ist es mir nicht gelungen, selbst unter der stärksten Loupe, die Spuren der Spiralstreifung zu sehen, die Bronn an der Basis des einen der vorliegenden zwei Stücke bemerkt haben will; ich muss daher annehmen, dass er die feinen Querspältchen, welche die in Kalkspath verwandelte Schale durchziehen, für solche Streifen angesehen habe. Sei dem wie ihm wolle, so steht es fest, dass gegenwärtige Art mit der B. hydatis L. (cornea Lam.) zunächst verwandt, aber weniger aufgeblasen, länglicher, dickschaliger ist, und eine hinten weniger erweiterte Oeffnung besitzt. Sie sieht ferner der B. miliaris Broc. höchst ähnlich aus; doch hindert ihre achtfache Grösse daran, sie mit dieser zu vereinigen.

Pinheiros.

134. Turbo Hartungi. Bronn (Trochus). — Taf. VI, Fig. 39.

Hartung, Azoren, S. 118, Taf. 19, Fig. 1.

T. testa obtuse-conica, basi dilatata, crassa, solida; anfractibus 5—6, planiusculis, celeriter increscentibus, sutura subcanaliculata separatis, spiraliter sulcatis, ad suturam sublaevigatis, oblique striato-granulosis; cingulis in ultimo anfractu 6, majoribus, cum minoribus alternantibus; faciei superiore area sublaevi, radiatim striadula, a carinibus circulo granuloso, a calle umbilicali sulco separata instructa; apertura ovato-rotundata.

Alt. 25, lat. 25 mill.

Meiner Ansicht nach ist diese Art ein ächter Turbo, aus der weiteren Verwandtschaft der obereocänen T. Anthonii, multicarinatus etc. und der neogenen T. carinatus und Napoleonis. Specifisch weicht sie von allen Arten der Gruppe so sehr ab, dass eine nähere Vergleichung damit unnöthig ist.

Ponta dos Mattos. (Ein Exemplar.)

135. Turbo Mariae. Mayer.

Ein kleiner Deckel und die nur drei Windungen zählende Spitze einer Schale deuten auf eine kleine Art aus der Gruppe der T. rugosus, mamillaris und muricatus, und die diesem letzteren zunächst stand, allein durch die der Kante statt der Naht genäherte Körnerreihe auf der oberen Fläche, durch das Fehlen aller Körnelung auf der unteren und durch die deutliche Querfalte auf beiden sich unterscheidet.

Feiteirinhas.

136. Trochus Niloticus? Linné.

Lam. Hist., 2. Aufl., IX, S. 132. — Encycl., Taf. 444, Fig. I. — Bronn, in Hartung, Azoren, S. 118.

Da ich das von Bronn erwähnte Bruchstück dieser Art nicht in Händen gehabt habe, so darf ich mir nicht erlauben, das Fragezeichen, welches genannter Autor seiner Bestimmung angehängt, zu streichen, obgleich die Beschreibung, welche er von seinem fossilen Exemplare gibt, kaum einen Zweifel an dessen Identität mit dem im indischen Oceane lebenden Typus übrig lässt.

Aus verschiedenen Umständen, aus der Grösse des Stückes, seinem Vorkommen mit Austern-Bruchstücken, seinem Erhaltungsmodus etc., schliesse ich, dass das Exemplar von Ponta dos Mattos stammt.

137. Trochus strigosus. Gmelin.

Chemn., Conch., V, S. 99, Taf. 170, Fig. 1650—51. — Phil., Sic., II, S. 227.

Zwei Bruchstücke, welche zur laxgestreiften und durch die Anwachsstreifen schön gegitterten Varietät dieser Art gehören, fanden sich im jüngeren Tuff von Praia und Prainha vor. Diese Varietät kommt übrigens schon im Mayencien der Touraine, neben dem Typus vor, der dann auch im Astien von Asti und Messina liegt und jetzt an der maroccanischen Küste lebt.

138. Monodonta Aaronis. Bastérot.

Hoern., Wien, S. 436, Taf, 44, Fig. 7. — M. tuberculata Eichw., Lith. ross., S. 242, Taf. X, Fig. 36.

Die hierher zu zählenden Stücke finden sich nur als Abdrücke oder Bruchstücke im Kalke von Ilheo de Baixo, lassen sich aber vermöge Kittabdrücke ganz gut wiedererkennen.

Die Art ist bekanntlich in allen sechs obertertiären Stufen sowie in den wärmeren europäischen Meeren zu Hause.

Ilheo de Baixo (sechs Exemplare). Saõ Vicente (ein Exemplar).

139. Craspedotus pterostomus. Bronn (Trochus). — Taf. VI, Fig. 43.

Hartung, Azoren, S. 119, Taf. 19, Fig. 2, (mala).

C. testa parva, conoidea, imperforata; anfractibus 5, convexis, sutura canaliculata separatis, cingulis elevatis sex, in ultimo autem decem, lineisque elevatis obliquis, aequidistantibus elegantissime clathratis; apertura fere orbiculari; labro intus sulcato, extus varice crasso, supra quem cingula excurrunt, marginato; labio fovea et dente basali instructo.

Alt. 5, lat. 4 mill.

Leider kenne ich die zwei obertertiären Arten der Gattung, Cr. Octavianus und Sismondai Cantr., nicht und kann also nicht entscheiden, ob gegenwärtige Form mit einer von ihnen identisch sei. Von Cr. limbatus Phil. (Monod.) lässt sich hingegen Bronn's Species trotz aller Verwandtschaft gut unterscheiden, sowohl einerseits an ihrer geringeren Grösse und kürzeren Gestalt, als hauptsächlich an ihren zahlreichen Spiralstreifen. Bronn's citirte Abbildungen sind gänzlich verfehlt und geben ein falsches Bild von der Schnecke.

Forno do Crê.

140. Janthina Hartungi Mayer. — Taf. VI, Fig. 44.

Hartungia typica Bronn, in Hartung, Azoren, S. 119, Taf. 19, Fig. 3. — Reiss, S. Maria, S. 32.

H. testa variabili, obovata vel depressa, tenui, fragili, nitida; spira brevi, plus minusve obtusa; anfractibus 3—4, convexis vel globosis, sutura angusta, profunda, separatis, cingulis spiralibus 6—10, plano-convexis, subaequalibus, latiusculis, saepe evanescentibus, striisque incrementi elevatis, densis, perpaulum flexuosis, ad basim sinuosis, ornatis; apertura magna, irregulariter rotundata, ad basim angulum fere rectum efformante; labro tenui, prope columellam exciso.

Alt. 19, lat. 22 mill.

Dass diese schöne Schnecke eine eigene Gattung bilde, möchte ich sehr bezweifeln. Es scheint mir in der That als ob sie ganz gut unter den Janthinen treten könnte, deren Habitus und Hauptcharaktere sie alle besitzt. Die Stellung des Randeinschnittes neben der Basis, statt in der Mitte des Randes, und die Spiralreifen sind es einzig, was sie vor den mir bekannten Janthinen auszeichnet. Ersteres Merkmal möchte aber doch kaum generische Wichtigkeit besitzen; und das Vorhandensein von Spiralreifen gar dürfte um so weniger massgebend sein, als bei J. communis bereits Spuren solcher Verzierungen auftreten, und diese bei gegenwärtiger Art bis zu vollständigem Verschwinden veränderlich sind. Weitere Gründe zur Vereinigung mit Janthina möchten dann noch die Anwachsstreifen unserer Art, die denen der S. capreolata Montrouzier (Journ. de

Conchyl. 1860, Taf. II) ganz gleich und die Spuren von violetter Färbung welche am Exemplar von Saõ Vicente sichtbar sind, abgeben.

Von den sechs vorhandenen Exemplaren, stammen drei typische von Feiteirinhas, ein anderes von Ponta dos Mattos, das reifenlose von Pinheiros und das nur Spuren von Reifen zeigende von Saõ Vicente.

141. Neritopsis radula. Linné. (Nerita).

Hoern., Wien, S. 528, Taf. 47, Fig. 8. — N. moniliformis Grat., Atlas, Taf. 6, Fig. 36—38.

Nach Vergleichung der zwölf fossilen Stücke dieser Art, welche mir vorliegen, mit dem lebenden Typus, kann ich nur, wie Herr Dr. Hoernes, staunen, dass ein Bronn, ein Grateloup beiderlei Vorkommnisse specifisch getrennt wissen wollten, denn es will mir nicht gelingen, andere Unterschiede zwischen ihnen zu finden, als die zufällig etwas geringere Grösse meiner tertiären Exemplare.

N. radula zeichnet sich mehr durch ihre weite Verbreitung als durch ihre Häufigkeit aus. Sie tritt schon in der aquitanischen Stufe (zu Mérignac bei Bordeaux und zu Veille bei Dax) auf, findet sich ferner im Mayencien zu Léognan bei Bordeaux und zu Cabannes und Mainot bei Dax, im Helvétien auf Porto Santo und im Tortonien zu Forchtenau bei Wien und zu Lapugy in Siebenbürgen; gegenwärtig aber bewohnt sie die Küsten der Insel Ceylon.

Pico de Juliana. (Vier gut erhaltene Exemplare).

142. Nerita Plutonis. Bastérot.

Mém. Soc. Hist. nat. Paris, II, S. 39, Taf. 2, Fig. 14. — Hoern., Wien, S. 531, Taf. 47, Fig. 11. — Bronn, in Reiss. S. Maria, S. 33.

Zwei von der Bocca do Crê stammende, unzweifelhaft richtig bestimmte Exemplare. Die Art scheint nur im Aquitanien, Mayencien und Helvétien vorzukommen, ist aber darin weit verbreitet und ganz besonders in den „Faluns" des Loire-Thales und in ihrer Fortsetzung, der Kalkbreccie des Schweizer Jura, häufig.

16*

143. Natica atlantica. Mayer. — Taf. VI. Fig. 45.

Bronn, in Reiss, Santa Maria, S. 33, Taf. 1, Fig. 14 (mala).

N. testa subglobosa, obliqua, laevigata, tenuiuscula; anfractibus quinque subdepressis, subcontiguis; spira prominula, acutiuscula; apertura semilunari; umbilico parvo, callo angusto, elongato, semitecto.

Unter den zahlreichen Arten aus der Gruppe der N. helicina sind es, meines·Wissens, nur zwei, welche sich dieser hier mehr nähern, nämlich, N. Guillemini und meine 'unbeschriebene N. minima, von Bordeaux. Die erste ist kugeliger, weniger schief und hat einen kürzeren, breiteren Nabel als N. atlantica; die andere bleibt viel kleiner, etwas länglicher und ihr Nabel ist ebenfalls unten offener.

Pinheiros (vier Exemplare). Bocca do Crê (ein Stück).

144. Natica redempta. Michelotti.

Descript., S. 157, Taf. 6, Fig. 6. — Hoern., Wien, S. 522, Taf. 47, Fig. 3.

Obgleich es zerdrückt und schlecht erhalten ist, gehört das aus dem Ilhèo de Cima vorliegende Exemplar einer Natica offenbar zu dieser durch ihre dicke und aufgeblasene Schale, ihr zugespitztes Gewinde und die grosse, dicke, den Nabel vollständig überdeckende Colomellarplatte ausgezeichnete Art.

Nicht häufig aber weit verbreitet im Mayencien, Helvétien und Tortonien.

145. Cerithium crenulosum. Bronn. — Tafel VI, Fig. 46.

Reiss, Santa Maria, S. 30, Taf. 1, Fig. 12.

C. testa turrita, subulata; anfractibus 10—12, marginatis, raro varicosis, zona suturali nodulosa succinctis, transversim sulcatis, sulcis angustis, profundis, impressis, irregulariter alternantibus, majoribus 6—8; striis incrementi tenuibus, decussato-subgranulosis; apertura satis parva, rotundato-quadrangulari.

Long. 22, lat. 6¹/₂ mill.

Beim ersten Anblick, möchte man diese Art für identisch mit C. rissoinoides (Journ. de Conchyl. 1862, S. 264, Taf. XII, Fig. 10) halten; allein bei näherer Vergleichung entdeckt man bald wichtige Unterschiede, welche beide Arten auseinanderhalten und ihnen sogar ihre Stelle in zwei verschiedene Gruppen anweisen. Gegenwärtige Species ist nicht nur viel grösser als C. rissoinoides, sondern zählt auch verhältnissmässig mehr Umgänge, die flacher sind, und statt oberflächlicher, ungleicher Spiralstreifen, tiefe und regelmässige Furchen tragen; sie ist ferner, wie die Arten aus der Gruppe des C. plicatum, an der Basis abgeflacht und einförmig gestreift, während C. rissoinoides, wie die übrigen Arten der Gruppe des C. crenulatum, an der Basis verlängert und mit einigen Hauptreifen geziert ist.

Pinheiros. (Drei Exemplare).

146. Cerithium Hartungi. Mayer. — Taf. VI, Fig. 47.

Bronn, in Reiss, Santa Maria, S. 30, Taf. 1, Fig. 11.

C. testa conico-turrita, apice acuta, crassa et solida; aufractibus 10, angustis, spirali-ter sulcatis, medio subconcavis, ad suturam saepe tumescentibus, contabulatis, saepe subgra-nulosis, inferne seriebus granorum minutorum duabus ornatis; sulcis tenuibus, confertis, impressis; ultimo aufractu satis magno, basi subdepresso, seriebus granulorum 6, distantibus, instructo; apertura magna, rotundato-ovata.

Long. 29, lat. 13 mill.

Eine eigenthümliche, verwandtenlose Art, die höchstens den Formen aus der Gruppe des C. varicosum sich anreihen mag, aber, bei ihrem Mangel aller Warzenbänder und bei ihrer feinen Granulation, immer noch bedeutend von ihnen abweicht. Auffallend ist die Aehnlichkeit der Bildung ihrer Umgänge mit derjenigen der Pleurotomen aus der Gruppe der Pl. semimarginata.

Pinheiros. (Ein einziges Individuum).

147. Cerithium incultum. Mayer. — Taf. VI, Fig. 48.

Bronn, in Reiss, Santa Maria, S. 31, Taf. 1; Fig. 13.

C. testa conico-turrita, apice acuta, crassa et solida; aufractibus 11, angustis, spirali-ter sulcatis, transversim obscurissime oblique-plicatis, medio subconcavis, ad suturam saepe tumescentibus, contabulatis; primis sutura profunda separatis, raro varicosis; sulcis tenuibus, impressis, subregularibus; apertura magna, ovata; labro varicoso, intus incrassato.

Long. 34, lat. 15 mill.

Dieses Cerithium steht offenbar dem vorigen sehr nahe und es frägt sich ob es nicht zu ihm übergeht. Allein, da diess bei den mir vorliegenden drei Individuen und zwei Bruchstücken nicht der Fall ist, alle vielmehr keine Spur von Körnelung aufweisen und sich noch durch einige Merkmale, als da sind langsamer anwachsende, convexere Umgänge, unterscheiden, so glaube ich berechtigt zu sein meine Art bis auf Weiteres aufrecht zu halten.

Ein monströses Individuum dieser Species zeigt vier Windungen die unregelmässig gewunden, convex und an der Naht ausgehöhlt sind. Die anderen Stücke sind einander ziemlich gleich.

Diese ziemlich fremdartige, obertertiäre Cerithium-Art gehört offenbar in die Gruppe des C. varicosum und nähert sich einigermassen dem obereo-cänen (tongrischen) C. sabvaricosum.

Pinheiros.

148. Cerithium nodulosum? Bruguière.

Encycl., Taf. 442, Fig. 3, a, b. — Martini, Conch., IV, Taf. 156, Fig. 1473—1474.

Der Abdruck, den ich mit dieser im hinterindischen Ozeane lebenden Art vergleiche, ist zu unvollkommen um eine Bestimmung zuzulassen. Jedenfalls stammt er von einer der genannten in der Grösse, der Gestalt des Gewindes, den Rippen und den Spiralfurchen ähnlichen Species, und unterscheidet sich bedeutend von den übrigen Arten die ich kenne.

Grateloup's C. nodulosum (Atlas, Taf. 46, Fig. 13) dürfte vielleicht nur ein sehr altes Individuum des C. subcorrugatum sein, das bei Mont-de-Marsan so häufig und veränderlich ist.

149. Cerithiopsis trilineata. Hoernes (Cerithium).

Wien, S. 416, Taf. 42, Fig. 22.

Ein wie alle fossilen Reste der Feiteirinhas wohl erhaltenes, nur die Spitze entbehrendes Unicum, das mit der citirten Abbildung perfect übereinstimmt. Sonst nur von Steinabrunn bei Wien bekannt.

150. Cerithiopsis lactea. Philippi (Cerithium).

Sic., I; S. 195; II, S. 162.

Auch von dieser Art gelang es mir ein fast vollständiges, in Form und Gestalt des Netzwerkes mit fossilen und lebenden Exemplaren vollständig übereinstimmendes Individuum aus dem Kalke der Feiteirinhas zu erhalten.

Philippi citirt den einzigen Fundort Catania für fossile Exemplare. Ich selbst fand an zwanzig solcher in den „Faluns" von Tours.

151. Cerithiopsis nana. Mayer. — Taf. VI, Fig. 49.

C. testa minuta, turrito-conica, turgidula, solidula interdum varicosa; aufractibus 7, applanatis, sutura profunda separatis, primis series 2, ultimis series 4 granulorum transversas exhibentibus; granis majusculis, densis, in serie longitudinali recta dispositis; apertura subquadrata, in canalem brevem exeunte; labio simplici.

Long. 5, lat. 2 mill.

Obwohl dieses kleine Ding wahrscheinlich quartär ist und also wohl auch lebend vorkömmt, so muss ich es doch als neu ansehen, indem es mir nicht gelungen ist, trotz Nachfragen bei den Herrn Deshayes und Hoernes und gelegentlichem Nachsehen in Reeve, ein benanntes Analogon dafür zu finden. Oberflächlich betrachtet, sieht dieses Schneckchen der Cerithiopis scabra ähnlich; allein bei genauer Prüfung entdeckt man, dass sein Bau bedeutend von dem der genannten Art abweicht. Eine viel grössere Aehnlichkeit besitzt die Species mit Cerithium lignitarum: es ist fast ein Miniaturbild davon; doch fehlt ihr unter Anderem der Columellarzahn. Von C. tubercularis und Verwandten scheidet sie das ganz verschiedene, sehr enge Körnernetz.

Es ist nicht zu bezweifeln, dass diese organische Form ausgewachsen und zwerghaft sei; die Menge der gleich grossen Stücke, welche der Tuff von Praia und Prainha, in Gesellschaft von fast lauter kleinen Arten birgt spricht entschieden dafür.

152. Cerithiopsis perversa. Linné (Trochus).

Payr., Catal., S. 142, Taf. 7, Fig. 7—8. — Hoern, Wien, S. 414, Taf. 42, Fig. 20. — Sandb., Mainz, S 115, Taf. 10, Fig. 6.

Von dieser durch alle sechs obertertiäre Stufen gehenden und jetzt in den meisten europäischen Meeren, sowie im nordwestafrikanischen Ozeane lebenden (ja, sogar schon im Tongrien des mainzer Beckens auftretenden) Art habe ich ein unvollständiges, aber mit dem lebenden Typus genau übereinstimmendes Stück im Kalk-Tuff von Feiteirinhas, weitere zwei Exemplare im recenten Tuff von Praia und Prainha gefunden.

C. inversum Grat. (non Desh.) von Gaas, das ich in sieben Exemplaren vorliegen habe, unterscheidet sich in der That, wie Sandberger gezeigt, durch laxere Maschen und das späte Entstehen der mittleren Körnerreihe. Ich schlage vor es fortan Cerithiopsis Sandbergeri zu nennen.

153. Cerithiopsis scabra. Olivi (Murex).

Cerithium scabrum Hoern, Wien, S. 410, Taf. 42, Fig. 16. — C. deforme Eichw., Leth., ross., S. 159, Taf. 7, Fig. 22.

C. scabra kömmt ebenfalls in allen sechs obertertiären Stufen, oft sogar in grosser Individuen-Zahl vor und bewohnt auch noch die europäischen und nordafrikanischen Meere. Sie steht der nordtongrischen C. lima sehr nahe, und es fragt sich ob beide Arten nicht im nordischen Aquitanien, z. B. zu Cassel, in einander übergehen.

Feiteirinhas (über zwanzig Exemplare).

154. Cerithiopsis spina. Partsch (Cerithium).

Hoern, Wien, S. 409, Taf. 42, Fig. 15. — B. angustum Desh., Expéd. sient. Morée, III, S. 183, Taf. 24, Fig. 17—19. (non C. angustum Desh., Env. Paris.)

Sollte, wie ich vermuthe, diese Art nur in Folge einer Fundortvertwechselung aus dem Aquitanien von Martillac bei Bordeaux citirt worden, so würde sie erst in Helvétien entstehen. Sehr verbreitet ist sie im Tortonien und besonders häufig darin zu S. Jean-de-Marsacq bei Bayonne. Sie scheint im Plaisancien oder Astien (Rhodos) auszusterben.

Feiteirinhas. (Ein wohlerhaltenes Exemplar).

.155. Cerithiopsis trilineata. Philippi (Cerithium).

Sicil., I, S. 195, Taf. 11, Fig. 13; II, S. 163. — Hoern, Wien, S. 413, Taf. 42, Fig. 19. — Cerithium turellum Grat., Atlas, Taf. 18, Fig. 30.

Dank den zwei Exemplaren der C. turella, welche ich im oberen Theile der „Faluns" von Gaas bei Dax sammelte, kann ich die Frage, ob diese Art mit C. trilineata zusammen falle, vollständig bejahen, indem genannte Exemplare wirklich schon ganz typisch sind.

Diese nette kleine Schnecke käme demnach vom oberen Tongrien an und durch die ganze obere Hälfte der Tertiärformation fossil vor, während sie gegenwärtig das Mittelmeer und den Meerbusen von Mexiko bewohnt.

C. terebrina möchte ich eine dieser Art nahe verwandte, nur rascher anwachsende kleine Form nennen, von deren glatten Spiralreifen der erste, wie bei C. cribaria, zurücktritt und die Schnecke gewissen Turritellen ähnlich werden lässt. Ich fand leider erst ein Exemplar davon in den oberen Schichten des Tongrien, zu Gaas bei Dax.

Praia und Prainha. (Jüngere Schichten).

156.　Pleurotoma perturrita　Bronn. — Taf. VI, Fig. 50.

Reiss, Sta. Maria, S. 29, Taf. 1, Fig. 9. (mala).

Pl. testa turrita, elevata, nitida; anfractibus 9, convexis, subscalatis, longitudinaliter costatis, costellis perpaulum compressis, obliquis, incurvatis, interstitiis paulo majoribus, 15 in ultimo aufractu; ultimo aufractu spira multo minore, apertura ovata, in canalem brevissimum, latum, incurvatum, exeunte; labro incrassato; rima suturali obtusangulata.

Long. 12, lat. 4¹/₂ mill.

Pl. perturrita gehört zur Gruppe der Pl. sigmoidea und steht in der Mitte zwischen Pl. Suessi und Pl. Popelącki. Während ihre ersten Umgänge treppenförmig sich abstufen, wie bei der ersten Arten, erhält der letzte ganz die Gestalt des entsprechenden bei der zweiten Species. Ihre Rippen hingegen ähneln denen der P. Suessi in der Form, sind aber bedeutend zahlreicher und dünner.

Pinheiros. (Ein Exemplar).

157.　Pleurotoma Vauquelini.　Payraudeau.

Catal., S. 145, Taf. 7, Fig. 14—15. — Hoern, Wien, S. 378, Taf. 40, Fig. 18.

Zwei Exemplare aus den Feiteirinhas stimmen genau mit dieser vom Helvétien (Steinabrunn, Gainfahrn bei Wien) an fossil und jetzt noch im ganzen Mittelmeere vorkommenden Art überein.

158.　Cancellaria parcestriata.　Bronn. — Taf. VII, Fig. 56.

Reiss, Santa Maria, S. 27, Taf. 1, Fig. 7.

C. testa imperforata, oblongo-turrita, subscalariformi, solidula; spira longiuscula, acuta, anfractibus 6 (embrionalibus 2 laevibus) carinatis, parce et obsolete spiraliter striatis, superne plano-concavis; costis longitudinalibus validis, fere rectis, distantibus, ad angulum carinae acutis, subspinosis; ultimo anfractu spiram aequante; apertura satis parva, subovata; columella biplicata.

Long. 10, lat. 6¹/₂ mill.

Diess ist eine gute, ziemlich eigenthümliche Art, die so zu sagen die Brücke zwischen den Gruppen der C. acutangularis und der C. uniangulata bildet. In der äusseren Gestalt, der C. Neugeboreni und noch mehr der C. scrobiculata Hoern. ähnlich, unterscheidet sie sich von allen Arten der ersten Gruppe durch den Mangel eines Nabels und durch die Feinheit ihrer Spiralstreifung. Ihre Rippen sind fast denen der C. spinifera nachgebildet.

Bei Erwähnung der C. uniangulata Desh., darf ich nicht verschweigen, dass mir die C. Angasi Crosse, (Journ. de Conchyl., 1863, S. 64, Taf. 2, Fig. 8) deren Vaterland leider unbekannt ist, durchaus identisch mit ihr zu sein scheint.

Pinheiros. (Unicum).

159. Turbinella paucinoda. Mayer. — Taf. VI, Fig. 52.

T. testa fusiformi, medio ventricosa, crassa, ponderosa; anfractibus contabulatis, subcarinatis, tuberculiferis, ad suturam concavis, sublaevigatis, superne spiraliter sulcatis, 5—6 primis nodosis; ultimo spirae majore, in caudam brevem, crassissimam, contortam, exeunte, tuberculis 4 crassissimis, conicis, obtusis, sulcisque latis, subaequalibus, ad basim evanescentibus instructo; apertura ovato-oblonga, paulum angustata; labro acuto, denticulato; columella callosa, parum contorta, medio 3—4 plicata, basi umbilicata.

Long. circ. 130, lat. 60 mill.

Diese merkwürdige Art steht der lebenden T. scolymus nahe, unterscheidet sich aber jedenfalls von ihr, 1°, durch eine verhältnissmässig schlankere Gestalt, 3°, durch eine geringere Zahl stärkerer Knoten, 3°, durch stärkere Spiralreife, und, 4°, durch ein noch dickeres Kanalende. Diese Unterschiede genügen jedenfalls um sie als neu zu bezeichnen, um so mehr als T. scolymus ungleich grösser ist.

Saõ Vicente. (Unicum).

160. Fasciolaria crassicauda. Mayer. — Taf. VI, Fig. 51.

F. testa fusiformi-abbreviata, crassa, solida, anfractibus 7—8, parum convexis, subangulatis, transversim grossestriatis, superne subconcavis, ad suturam marginatis, inferne plicatonodosis; plicis crassis, rotundatis, interstitiis aequalibus; striis transversis elevatis, alternantibus; ultimo anfractu spirae multo majore, subventricoso, subbiangulato, in caudam brevem, crassam, subrectam, subito exeunte; cauda cingulis duobus obliquis tripartita; apertura ovata, in canalem latum exeunte; columella quadriplicata, laeviter callosa, umbilicata.

Long. 50, lat. 22 mill.

Ich kenne drei Abbildungen von Conchylien welche den zwei vorliegenden Individuen von Pico de Juliana ähnlich sehen, nämlich Hörnes' F. fimbriata, (Wien, Taf. 33, Fig. 5), Michelotti's Murex pyrulatus, (Descript., Taf. 11, Fig. 4) und die Turbinella polygona in Chemnitz, IV, Taf. 140, 1306—7. Am nächsten steht die neue Art der Hörnes'schen Figur; allein sie ist gedrungener gebaut, hat wenigere Umgänge und ein mehr abspringendes Kanalende; von meinen „pliocänen" Exemplaren der T. fimbriata gar ist sie verschieden fast wie Tag und Nacht. Zwischen der citirten Ab-

bildung der T. polygona und meinen Stücken herrscht ebenfalls eine grosse
Formähnlichkeit; allein bei dieser scheinen die Querbinden flach und einförmig zu sein. Murex (?!) pyrulatus endlich fehlt ebenfalls durch die Art
seiner Querstreifung.

161. Fasciolaria nodifera. Dujardin.

Mém. Soc. géol. France, II, S. 293.

Meinen Beobachtungen zu folge, scheint diese Art denn doch constant
und gut zu sein. Sie unterscheidet sich von den F. Tarbelliana und filamentosa durch ihren gedrungeneren Bau, ihr kürzeres Gewinde und ihre
sparsameren Knoten. Sie ist bekanntlich im Muschelsande der Touraine
nicht selten und erreicht dort ganz dieselbe Grösse wie sonst die F. Tarbelliana. Ausserdem fand ich sie in einem Exemplar an der Basis des
Mayencien, bei'm Moulin de l'Eglise, zu Saucats.

Ein zwar schlecht erhaltenes, aber in Form und Knoten vollständig
übereinstimmendes Exemplar und zwei weitere Bruchstücke fanden sich
am Pico de Juliana, auf Porto Santo, vor.

162. Fasciolaria Tarbelliana. Grateloup.

Atlas, Tab. 23, Fig. 14. — Hoern., Wien, S. 298, Taf. 33, Fig. 1—4.

Die Uebereinstimmung dieser neogenen Art mit der bei Ceylon und den
Philippinen lebenden F. filamentosa ist so gross, dass ich nicht an der
späteren Vereinigung beider zweifle. Vor der Hand jedoch, halte auch ich
beide Species aufrecht, da meine fossilen Individuen sich alle durch stärkere, früher auftretende Knoten von den sechs vorliegenden, was die Knoten betrifft, sehr veränderlichen Exemplaren der F. filamentosa unterscheiden.

Das von der Ponta dos Mattos stammende Exemplar dieser Art nähert
sich schon etwas der F. filamentosa durch seine gedrängteren, stumpfen
Knoten. Es ist ziemlich genau die bei Hoernes, Fig. 2, abgebildete Varietät.

F. Tarbelliana ist in Mayencien (S. Paul bei Dax, Grund bei Wien),
Helvétien (Turin) und Tortonien (Saubrigues und S. Jean-de-Marsacq bei
Dax, Serravalle bei Tortona, Sassuolo bei Modena, Baden und Vœsslau bei
Wien, Lapugy in Siebenbürgen), verbreitet, aber etwas selten.

163. Fasciolaria tulipiformis. Mayer.

Der Abdruck der Mündungsseite des letzten Umganges einer Fasciolaria, welchen ich auf einem Stücke des weissen Kalkes von Ilheo de Baixo
entdeckte, deutet auf eine mit F. tulipa verwandte Art, welche aber starke
Spiralstreifen besass und wahrscheinlich viel kleiner, nach diesem Bruch-

stücke zu urtheilen, nur circa 60 Millimeter lang war, — erlaubt aber weder
eine ausführliche Beschreibung noch eine Abbildung der Species zu geben.

164. Fusus virgineus? Grateloup.

Atlas, Taf. 24, Fig. 1, 2, 32. — Hoern., Wien, S. 286, Taf. 31, Fig. 10—12.

Ein elendes Bruchstück, das in der Detailzeichnung am besten mit
dieser vom Mayencien bis zum Tortonien gehenden Art übereinstimmt.
Feiteirinhas.

165. Murex species indeterminata.

Bronn, in Hartung, Azoren, S. 117.

Nach Bronn's Beschreibung, gehört das ihm vorgelegene Bruchstück
offenbar einer Art aus der Gruppe der M. brandaris, Partschi und spini-
costa an. Leider kam mir dieses Stück nicht zu Gesicht und kann ich
daher nicht seinen Stammort mit Sicherheit angeben.
Feiteirinhas?

166. Murex Vindobonensis. Hoernes.

Wien, S. 252, Taf. 25, Fig. 17, 20.

Zwei kleine Bruchstücke eines Murex, welche ich im Kalktuff der
Feiteirinhas fand, deuten mit Sicherheit auf eine zur Gruppe der M. eri-
naceus, granuliferus und Vindolonensis gehörenden Art und mit Wahrscheinlichkeit auf letztere, durch ihre Kürze und ihre starken, alterniren-
den Querstreifen charakterisirte Form, welche im Mayencien der Touraine
und im Mayencien, Helvétien und Tortonien des Wiener Beckens vorkommt.

167. Tritonium costellatum. Mayer. — Taf. VI, Fig. 50.

*T. testa elongato-conica, incrassata, solida, nitida, varicosa, costulis longitudinalilus
striiformibus, obtusis, valde flexuosis, satis numerosis, striiisque transversis inenarabiliter tenuibus, conspicuis ad suturam duabus, punctuliferis, ornata; anfractibus plano-convexis, subcontiguis, sutura lineali separatis; ultimo spiram paene aequante; apertura angusta, elongato-
ovata, in canalem brevem, angustum et contortum exeunte; labro extus varicoso, crassissimo;
columella callosa, incrassata.*

Long. circ. 43, lat. circ. 15 mill.

Diese interessante, Phos-artige Species gehört in die kleine Gruppe
der T. maculosum, Sowerbyi, reticulatum, Ceylanensis, etc., und unterscheidet sich von diesen Arten durch die Feinheit ihrer Längs-Rippen und
den Mangel eigentlicher Spiralbinden. Leider fehlt dem einzigen mit der
Schale versehenen Exemplar davon fast die ganze Spira; und das andere,
nicht abgebrochene Stück ist nur als Steinkern erhalten. Zwei weitere,

unvollständigere Steinkerne deuten mit Wahrscheinlichkeit darauf, dass die Art auf Porto nicht selten ist.

Pico de Juliana. (Ein Exemplar) und Ilheo de Baixo? (Drei Exemplare).

168. Tritonium secans. Bronn. — Taf. VII, Fig. 52.

T. testa ovata, gibbosa, parum distorta, so'idula, transversim tenuiter sulcata; anfracti-
bus convexis, medio acuticarinatis, superne concaviusculis, longitudinaliter costatis; costis
acutiusculis, distantibus; ultimo anfractu spirae aequante, obliquo; apertura parva, ovata,
in canalem brevem, apertum, obliquum exeunte; labro incrassato, intus paucidentato; colu-
mella basi rugosa.

Long. circ. 25, lat. 14 mill.

Die Verwandtschaft dieses Tritonium mit T. turritum Eichw. (T. Tarbellianum Grat.) ist unverkennbar und das eine kann als eine extreme Modifikation des anderen, bei welcher die Umgänge und in Folge dessen das ganze Gewinde zusammengedrückt, so zu sagen zusammengeschrumpft wären, betrachtet werden. Doch ist vor der Hand kein Grund vorhanden beide Arten zu vereinigen. Die Aehnlichkeit gegenwärtiger Species mit T. apenninicum, clathratum, etc., ist nur eine scheinbare, durch die Schärfe der Rippen und Knoten bedingte, denn diese Arten gehören einer ganz anderen Gruppe an.

Pinheiros. (Zwei Stücke). Forno do Crê. (Ein Steinkern sammt Abdruck). Feiteirinhas. (Ein Bruchstück).

169. Tritonium species indeterminata.

Eine wahrscheinlich neue Art aus der Verwandtschaft des T. chlorostomum, doch mit schmaleren Querbinden als dieses, nach Quoy und Gaymard's Abbildung, solche trägt, ist durch zwei Kerne der letzten Windung und den Abdruck eines Wulstes in der Zürcher Sammlung vertreten.

Kalk des Ilheo de Baixo.

170. Ranella bicoronata. Bronn. — Taf. VII, Fig. 53.

Reiss, Santa Maria, S. 27, Taf. 1, Fig. 8.

R. testa rotundato-ovata, ventricosa; spira brevissima, subscalata; anfractibus transver-
sim regulariter striatis, ad suturam angulatis et tuberculosis, postea concavis, paulum ante
medium altera tuberculorum majorum series cincta, inferne tuberculis minoribus, in seriebus
2—3 dispositis, ornatis; columella paulum rugosa; canali brevissimo; apertura ampla,
utrinque caniculata; labro varicoso.

Long. 19, lat. 15 mill.

Sieht auch diese Art, auf den ersten Blick, sehr verschieden von der R. marginata aus, so zeigt sie doch, bei näherer Betrachtung, in allen

Hauptcharakteren eine grosse Uebereinstimmung mit ihr und gehört daher in dieselbe kleine Gruppe.

Pinheiros. (Zwei Exemplare).

171. Ranella marginata Martini (Buccinum).

Broc., Conch., S. 332, Taf. 4, Fig. 17. — Hoern., Wien, S. 214, Taf. 21, Fig. 7—11. — Bronn, in Reiss, Santa Maria, S. 27 (pars). — R. laevigata Lam., Grat.

Pinheiros. (Ein einziges, leidlich erhaltenes, aber doch leicht bestimmbares Individuum. Das andere, schlechter erhaltene, der zwei von Bronn citirten Stücken ist eine Purpura).

Die Art tritt in vereinzelten Individuen im Aquitanien auf, wird höher, im Süden Europa's, fast überall häufig und existirt noch an der Ostküste Afrika's.

172. Strombus italicus. Duclos. — Taf. VII, Fig. 54.

Chenu, Iconogr., Genus Strombus, S. 14, Taf. 20, Fig. 5—6.

St. testa magna, ovata, crassa et ponderosa, laevigata; spira brevissima, obtuso-conica; anfractibus angustis, basi nodulosis; ultimo maximo, totam fere test.m efformante, antice tuberculis magnis, distantibus, transverse paulum compressis, retro subcurvatis, postice duabus nodorum obtusorum, distantium, seriebus ornato; apertura praelonga, angusta, in canalem brevem, contortum exeunte; labro crassiusculo, inferne paulum dilatato, repandoque; columella callo latissimo. -

Long. 190, lat. 130 mill.

Die Seltenheit dieser schönen Art und des Werkes worin sie beschrieben und abgebildet worden, hat es mir für passend erscheinen lassen, sie hier noch ein Mal in Wort und Bild vorzuführen. Sie steht dem veränderlichen St. coronatus sehr nahe und es könnte sich fragen ob sie nicht, wie St. Artasanus Duclos, nur eine Varietät der so verbreiteten neogenen Species sei; allein vorderhand ist es mir unmöglich diese Frage zu bejahen; ich möchte vielmehr St. italicus für eine sogenannte gute Species halten. Er zeichnet sich in der That durch eine Menge Charaktere aus, als da sind seine Grösse, seine Glattheit, seine längliche Form, sein kurzes Gewinde, und er bleibt eben, bei den vier bis jetzt bekannten Individuen, ganz constant.

Leider ist der Fundort woher das von Duclos beschriebene typische Exemplar stammt nicht genau bekannt. Wahrscheinlich liegt er im Tortonien oder unteren Theile des Plaisancien Piemont's (La Vezza, Serravalle, Tortona, Castelnovo-d'Asti,) oder Toscana's (Pisa); denn die klassischen Stellen für Vorkommnisse im piacentiner und astigianer Gebiet sind so oft ausgebeutet und ihre Fauna so genau verzeichnet worden, dass die Vernachlässigung einer so auffallenden Art kaum denkbar ist.

Saõ Vicente. (Drei Exemplare.)

173. Cassis testiculus. Linné (Buccinum).

Lam. Hist., 2. Aufl., Bd. 10, S. 33. — Encycl., Taf. 406, Fig. 2. — Martini, Conchyl., Bd. 2, Taf. 37, Fig. 375—76.

Eine von Herrn Dr. von Fritsch zu Saõ Vicente gefundene und mir mitgetheilte Cassis stimmt genau mit der schwachspiralgestreiften Varietät dieser Art überein. Ein weiteres als Steinkern erhaltenes Stück derselben Art, in der Sammlung Herrn Dr. Reiss, beweist, dass die jetzt noch in ·den tropischen Regionen des atlantischen Ozeans und im indischen Ozean häufig vorkommende Species schon zur helvetischen Zeit bei Madeira nicht selten war.

Saõ Vicente.

174. Purpura haemastoma. Linné (Buccinum).

Phil., Sic., II, S. 187, Taf. 27, Fig. 2. — Hoern., Wien, S. 167, Taf. 13, Fig. 18.

P. haemastoma, P. elata, P. cyclopum, P. striolata und P. exilis bilden eine Gruppe äusserst nahe verwandter Arten, deren Unterscheidung bei unvollständigen fossilen Resten oft schwierig wird. Leider bestehen nun die zwei vorliegenden Individuen aus dieser Arten-Gruppe nur aus Bruchstücken und entbehren daher der in den Umrissen der Schale und der Gestalt der Spira beruhenden Hauptcharaktere. — Eines dieser Bruchstücke gehört dem letzten Umgange eines jungen Individuums an und stimmt gut mit dem entsprechenden Theile bei P. haemastoma, weniger gut mit P. elata, wegen der Schwäche des subsuturalen Theiles der Längsrippen, ebensowenig mit P. exilis, wegen der gleichentfernten Knotenreihen, überein. Das andere Stück, die Hälfte des letzten Umganges, mit beschädigter Mündung, gehört zur glatten Varietät der P. haemastoma oder zur P. striolata. Statt nun diese zwei Stücke vielleicht mit Unrecht getrennt zu halten, vereinige ich sie unter dem Namen der typischen Art, wozu mich ebenfalls die Vermuthung einladet, dass P. elata, P. striolata und vielleicht auch P. exilis nur Varietäten von ihr sind.

P. haemastoma kommt in allen sechs obertertiären Stufen, fast immer aber selten vor. Ich selbst fand ein typisches Exemplar davon in der untersten Schicht des Aquitanien zu St. Avit bei Mont-de-Marsan. Ich sah die gleiche Art oder P. exilis aus den „Faluns" von Manthelan in der Sammlung des Herrn Leseble, von Tours. Die Autoren citiren sie dann aus den verschiedenen oberen Tertiär-Stufen, ausser dem Tortonien. Lebend ist die Art nicht nur im Mittelmeere und dem atlantischen Ozeane, sondern selbst im stillen Meere, bei Neu-Holland zu Hause.

Feiteirinhas und Pinheiros.

175. Pseudoliva Orbignyana. Mayer. — Taf. VII, Fig. 55.

Ps. testa ovata vel ovata-rotundata, turgida, crassa et solida, laevigata; spira brevi, mamillata, spiraliter laxe striata; anfractibus convexis, repente increscentibus; ultimo per-magno, globoso, basi sulco impresso circumdato; apertura ovato-oblonga; labro tenui, acuto, basi unidentato; columella arcuata, callosa, basi subumbilicata.

Long. 30, lat. 31 mill.

Diese interessante Species füllt einigermassen die Lücke aus, welche bis jetzt zwischen den eocänen und den recenten Arten der Gattung vorhanden war; und wie sie in der Zeit den jetzt lebenden Arten etwas näher liegt als den ausgestorbenen, so bieten auch ihre Charaktere eine grössere Uebereinstimmung mit diesen recenten Formen als mit jenen dar. P. Orbignyana steht in der That der allbekannten P. plumbea am nächsten; sie unterscheidet sich von ihr nur durch ihre geringere Grösse, ihre regelmässiger ovale Form, ihre stumpfere. deutlicher mukronirte Spira, und die Spirallinien ihrer ersten, rascher anwachsenden Umgänge. Ob diese kleinen Unterschiede stichhalten und nicht eher eine Varietät als eine Art bedingen, weiss ich nicht. Da sie indessen bei meinen zwölf Exemplaren constant sind, so glaube ich, dass sie vorderhand genügen um eine neue Species zu bezeichnen.

Pico de Juliana.

176. Buccinum atlanticum Mayer. — Taf. VII, Fig. 56.

Bronn, in Reiss, Santa Maria, S. 26, Taf. 1, Fig. 6, (mala).

B. testa obovato-conica, perpaulum obliqua, crassiuscula, solidula, subleri; spira acuta; anfractibus 6, convexiusculis, angustis, sutura profunda separatis, tenuissime et laxe spiraliter striatis; ultimo magno, ⅗ testae longitudinis efformante, paulum obliquo, basi sulcato; apertura ovata, in canalem brevissimum, truncatum, exeunte; labro laeviter marginato; columella callo repando.

Long. 16, lat. 9 mill.

Keiner mir bekannten Art nähert sich diese mehr als dem ächten B. mutabile. Sie steht ihm indessen immer noch fern genug, denn sie ist viel kleiner, schlanker, indem ihre Umgänge sich weniger wölben, und sie trägt selbst an der Naht kaum sichtbare Spiralstreifen. Auch die Mündung ist natürlich verhältnissmässig schmäler, d. h. weniger nach aussen und unten erweitert, als diess bei B. mutalile der Fall ist.

Pinheiros. (Vier Exemplare).

177. Buccinum Doderleini. Mayer.

Bronn in Reiss, Santa Maria, S. 26.

Leider habe ich das Stück von Pinheiros in Bronn's Sammlung, welches ich seiner Zeit bestimmte, nicht zum zweiten Male erhalten und kann daher weder eine Diagnose noch eine Abbildung davon geben. Die fossilen Reste von Turin, denen ich obigen Namen früher schon gegeben, möchten, nach neuer genauer Vergleichung, nur eine etwas kürzere, fast ganz glatte Varietät des B. Hoernesi (B. semistriatum Hoern., non Broc.) sein. Das Exemplar aus Santa Maria aber dürfte schon desswegen eine eigene Art bilden, weil nach Bronn, seine Columellen-Platte sich erweitert, was bei B. Hoernesi nicht der Fall ist.

Pinheiros.

178. Buccinum vetulum. Mayer. — Taf. VII, Fig. 57.

Bronn, in Reiss, Santa Maria, S. 26, Taf. 1, Fig. 5.

B. testa obovato-conica, crassiuscula, solida, transverssim tenuissime sulcata; spira acuta; anfractibus 7, convexo-planis, subcontiguis, sutura subcanaliculata separatis, ultimo dimidiam testae longitudinis paulo superante, basi attenuato, multisulcato, sulcis profundis, dorsum versus sensim humilioribus, apertura angusta, ovata, in canalem obliquum, brevem, angustum, exeunte, labro incrassato, columella arcuata, callo mediocriter repando.

Long. 12, lat. 6 mill.

Es ist diess eine eigenthümliche Art Buccinum, welche in der Anlage eine grosse Aehnlichkeit mit den Collumbellen aus der Gruppe der B. scripta, speziell mit C. Borsoni zeigt, andererseits aber doch sich an B. labiosum, B. Grateloupi, etc. anschliesst. Auffallend sind ihre leicht canaliculirten Suturen und die sehr starken Furchen der Basis des letzten Umganges.

Pinheiros. (Ein Exemplar.)

179. Columbella Bellardii? Hoernes.

Wien, S. 123, Taf. 11, Fig. 1.

Unter den vielen aus einem faustgrossen Stücke des Kalkes von den Feiteirinhas gewonnenen Arten, erhielt ich auch das Bruchstück einer Columbella, welches genau die schöne Oberflächen-Verzierung dieser seltenen tortonischen Art aufweist, aber einem um zwei Linien dickeren, scheinbar kürzeren Individuum, das vielleicht zwei Rippen mehr per Umgang besass, angehört hat. Diese kleinen Unterschiede nun, und der Zustand dieses Stückes lassen keine genauere Bestimmung zu.

180. Conus antiquus. Lamark.

Hist., 2. Aufl., XI, S. 153. — Grat., Atlas, Taf. 43, Fig. 1. — C. Mercatii Hoern., Wien, Taf. 2, Fig. 2.

Es ist mir bis dato nicht gelungen, Uebergänge zwischen C. antiquus und C. Mercati zu beobachten, obgleich ich ein halbes Dutzend Exemplare von Ersterem und einige Dutzend vom Letzteren zu vergleichen Gelegenheit habe. Stets nämlich fand ich bei C. antiquus, neben dem stumpfen Gewinde, eine etwas stumpfer konische Gestalt des letzten Umganges als bei C. Mercatii. Ich vermuthe daher, dass Herr Dr. Hoernes gegenwärtige Art als Varietät des C. Mercatii beschrieben und Tafel 2, Figur 2 seines Prachtwerkes abgebildet habe.

C. antiquus beginnt in der mainzer Stufe (Bordeaux, Dax, Touraine) und geht, immer gleich selten bleibend, bis in die astische Stufe hinauf. Eine identische Form ist mir aus der Jetztwelt nicht bekannt.

Zwei Exemplare von Pico de Juliana.

181. Conus Borsoni. Mayer.

C. avellana Grat., Atlas, Taf. 44, Fig. 5 (mala). — Hoern., Wien, S. 29, Taf. 3, Fig. 3 (non Lamk.)

Durch aufmerksames Studieren dessen was Lamark von seinem C. avellana sagt, habe ich die Ueberzeugung gewonnen, dass er darunter eine ganz andere Art gemeint habe als die späteren Autoren, nämlich einfach den nachmaligen C. pyrula Broc. Der französische Linné sagt ausdrücklich, dass seine Art klein bleibe; dass die Spira bei einzelnen Individuen glatt, bei anderen schwach spiralgestreift sei; er weiss Nichts von einer Spiralstreifung auf dem Rücken des letzten Umganges; er vergleicht endlich seine Art mit dem kleinen C. mercator. Diess alles beweist schon zur Genüge, dass er den späteren C. avellana nicht im Sinne gehabt habe. Dazu kommt aber dass er seinen Conus aus Piemont citirt, worunter er weder Turin, das er sonst, wie gewöhnlich, ausdrücklich genannt hätte, noch Tortona, das zu seiner Zeit noch gar nicht als Fundort bekannt war, sondern, wie immer, die Umgegend von Asti meinte. Sehen wir nun nach, auf welche Art aus der Astigiana seine Beschreibung passt, so finden wir auf der Stelle, dass diess bei dem häufigen, kleinen C. pyrula einzig und vollständig der Fall sei. Es ist daher der Name Brocchi's aufzugeben und in die Synonymik des C. avellana Lamk. zu versetzen.

Was Borson's C. avellana sei, ist vorderhand schwer festzustellen. Jedenfalls ist es weder Lamarck's noch Grateloup's sobenannte Art. Möglicher Weise könnte es der nachmalige C. Berghausi sein. Grateloup's und Hoernes C. avellana hingegen sind identisch und stimmen mit dem vorliegenden, gut erhaltenen Exemplare vollständig überein. Demnach findet sich die Art äusserst sparsam und bis jetzt nur in den helvetischen und tortonischen Stufen.

Tuff des Ilheo de Baixo. (Ein Exemplar). Kalk des Ilheo de Baixo? (5 Steinkerne).

182. Conus calcinatus. Mayer.

C. testa mediocri, oblongo-conica; spira paulum depressa, medio acuta; anfractibus convexiusculis, subscalatis, ultimo paululum ventricoso.

Long. 40, lat. 22 mill.

So misslich es sein kann eine Art auf Steinkerne zu begründen, so sehe ich mich doch genöthigt, den vorliegenden zahlreichen Stücken aus dem Kalke des Ilheo de Baixo einen eigenen Namen zu geben, da sie mit keiner mir bekannten fossilen Conus-Form und nur auf's Gerathewohl mit einigen exotischen Arten der Jetztwelt vereinigt werden können. Diese Steinkerne und einzelne unvollständige Abdrücke nämlich weisen ziemlich genau die Gestalt des C. Mercatii auf, sind aber alle ungleich kleiner und besitzen ein offenbar höheres Gewinde als diese Species.

Zehn Exemplare.

183. Conus candidatus. Mayer. — Taf. VII, Fig. 58.

Bronn, in Reiss, Santa Maria, S. 23, Taf. 1, Fig. 1.

C. testa mediocri, oblongo-conica; spira acuta, paulum depressa; anfractibus carinatis, scalatis, ad suturam plano-concavis, spiraliter tenuisulcatis, tuberculatisque; tuberculis crassis, obtusis, distantibus.

Long. circ. 40, lat. 22 mill.

Schade dass diese schöne Art nur durch ein unten abgebrochenes Stück vertreten ist, so dass die Gestalt des letzten Umganges nur annähernd festgestellt werden kann; denn mit Hülfe dieses Merkmales liessen sich ihre Affinitäten genau feststellen. So lässt sich nur sagen, dass sie in die Gruppe der C. nocturnus, araneosus, zonatus, leucostictus etc. gehört und dem ersteren am Nächsten steht, aber ein etwas höheres, deutlicher abgesetztes Gewinde besitzt. Spuren von Spiralstreifen, wie sie jene Conus-Arten tragen, fehlen, gewiss nur in Folge der Verwitterung, auf dem erhaltenen Theile des letzten Umganges unserer Art gänzlich.

Pinheiros.

184. Conus Mercatii. Brocchi.

Conch., S. 287, Taf. 2, Fig. 6. — Hoern., Wien, S. 23, Taf. 2, Fig. 1.

Ein vollständiges Exemplar mittlerer Grösse, vom Piço de Juliana. Die Art scheint im Aquitanien noch zu fehlen und ist überhaupt im südwestlichen Frankreich selten; desto häufiger ist sie im Mayencien der Touraine, und sie bleibt nicht selten in den höheren Stufen bis zum Astien.

185. Conus Puschi. Michelotti.

Descript., S. 340, Taf. 14, Fig. 6. — Hoern., Wien, S. 35, Taf. 4, Fig. 6 — 7. —
C. antediluvianus Grat., Atlas., Taf. 45, Fig. 18.

Von dieser Species ist nur ein der Länge nach zerbrochenes Gewinde-
stück vorhanden, das aber genau mit dem entsprechenden Theile typischer
Exemplare übereinstimmt und an den schwächer gewölbten, glatten Um-
gängen sich von C. Noae, C. raristriatus, etc., unterscheiden lässt.

Der eigenthümliche C. Puschi findet sich nur in den helvetischen und
tortonischen Stufen, ist aber darin häufig und weit verbreitet. Ob der
lebende C. obeliscus Favanne mit ihm identisch sei, bin ich nicht in der
Lage zu entscheiden.

- São Vicente.

186. Conus Reissi. Mayer. — Taf. VII, Fig. 59.

C. testa turbinato-clavata, crassa, superne turgida, inferne attenuata, basi angustissima,
subacuta; spira valde depressa, mucronata; anfractibus convexo-planis, angustis, sutura
irregulari separatis; ultimo superne obtuse-angulato, irregulariter undato, subtuberculato,
transversim irregulariter striato; apertura angustissima, arcuata.
Long. 40, lat. 23 mill.

Diess ist wieder eine ganz eigenthümliche Conus-Form, welche unter
den fossilen Arten nur ein Analogon besitzt, nämlich C. Bredai Micht., sich
aber auch von diesem leicht unterscheiden lässt. C. Reissi ist in der That
viel schlanker als die Turiner Art; sein Gewinde ist viel stumpfer, stellt
einen weitgespannten Bogen dar, aus dessen Mitte eine kurze Zitze hervorragt; sein letzter Umgang endlich ist verhältnissmässig länger, unten noch
mehr verengt als diess bei C. Bredai der Fall ist, und er trägt auf der
stumpfen Kante nur undeutliche Spuren von unregelmässigen Knoten-Falten.

Ilheo de Cima. (Unicum).

187. Conus Tarbellianus. Grateloup.

Atlas., Taf. 43, Fig. 2, 5, 8; Taf. 45, Fig. 23. — Hoern., Wien, S. 33, Taf. 4,
Fig. 1 — 3.

Ein sehr gut erhaltenes Exemplar, von São Vicente. Die schöne und
eigenthümliche Art entsteht im Mayencien, (Saucats und Léognan bei Bordeaux, Poetzleinsdorf bei Wien) verbreitet sich im Helvétien, (St. Gallen,
Umgegend von Wien, Turin) und stirbt im Tortonien (Saubrigues bei Dax)
wieder aus, ohne je einigermassen häufig gewesen zu sein.

17*

188　Conus textile　Linné.

Lam., Hist., 2. Aufl., XI, S. 123. — *Martini, Conch.*, II, Taf. 54, Fig. 598—600. —
Encycl., Taf. 344, Fig. 5; Taf. 346, Fig. 6; Taf. 347, Fig. 2—3. — *C. pseudo-textile*
Grat., Atlas, Taf. 45, Fig. 1?

Nach reiflicher Erwägung aller Verhältnisse, muss ich dabei bleiben,
dass die ziemlich häufigen, die Gestalt des C. textile nachahmenden Steinkerne aus dem Kalke des Ilheo de Baixo ihm wirklich angehören. C. textile gehört in der That einer sehr eigenthümlichen Gruppe an, worunter er
sich, ausser durch seine Färbung, durch seine dem Ovalen am nächsten
kommende Gestalt, durch die Länge des Gewindes und die Kürze des letzten Umganges, fast allein auszeichnet; er ist die häufigste Art der Gruppe,
variirt ziemlich, auch in der Grösse, und kommt im indischen und atlantischen Ozean zugleich vor. Nun passt die Gestalt der vorliegenden Steinkerne und die Veränderlichkeit ihrer Spira besser zu dieser typischen Art als
zu den verwandten C. archiepiscopus, aulicus, auratus, dux, nusatella, etc.
und ich wüsste nur den selteneren und auf den indischen Ozean beschränkten C. episcopus dessen Steinkern von dem des C. textile ununterscheidbar
sein möchte. Unter solchen Umständen, halte ich an der grossen Wahrscheinlichkeit der spezifischen Uebereinstimmung unserer Steinkerne mit dem
Haupte der Gruppe fest, indem ich die Möglichkeit, dass sie eine eigene
Species bilden könnten, für zu gering halte um darauf Rücksicht zu nehmen.

Grateloup's unbeschriebener C. pseudo-textile ist zu schlecht gezeichnet,
als dass man damit etwas anfangen könnte. Er stammt aus dem Mayencien von Dax.

189. Conus trochilus. Mayer. — Taf. VII, Fig. 60.

C. trochulus? Reeve, sec. Bronn, in Reiss, Sta. Maria, S. 24, Taf. 1, Fig. 2 (pessima),
(non Reeve).

C. testa parvula, turbinata, punctulis acervatim conspersa; spira obtusa, convexiuscula,
mucronata, spiraliter 5—6 sulcata, suturis laeviter undulosis; ultimo anfractu basi valde
attenuato, transversim laxissime sulcato, superne turgidulo, obtuse angulato seriei, ad
angulum tuberculorum minutulorum instructo.

Long. 16, lat. 9 mill.

Die Analogie dieser Art mit C. trochulus ist eine so geringe, dass
man sich nur verwundern kann, wie Bronn beide wenn auch nur fraglich
identificiren konnte. Viel grösser ist die Aehnlichkeit der drei vorliegenden
Stücke mit C. arenatus, wie Quoy und Gaymard ihn abgebildet haben; und
ich bin nicht ganz sicher, dass sie nicht eine Jugendvarietät von dieser
veränderlichen Species seien. Was mich vorläufig hindert diese Individuen

mit jener organischen Form zu vereinigen, ist ihre noch geringere Grösse, ihre kürzere, mehr konische, an der Basis spitzige Gestalt und ihr viel stumpferes Gewinde, sowie ihre kaum merklichen Kanten - Unebenheiten. Mit den erwachsenen Exemplaren des C. arenatus, wie solche in der Encyclopédie abgebildet sind, haben meine Stücke nur die Punktirung gemein.

Pinheiros. ,

190. Conus species indeterminata.

C. pyrula? Bronn, in Hartung, Azoren, S. 117.

Auch die drei Exemplare des Conus welchen Bronn mit C. avellana vergleicht, habe ich nicht zur Einsicht erhalten. Ich kann mich aber ohne weitere Prüfung nicht entschliessen sie unter diesen Namen anzuführen, weil, erstens, C. avellana noch gar nicht aus „miocänen" Gebilden bekannt ist und weil er dem C. ventricosus, auch in Betreff des Gewindes, so nahe steht, dass ich sehr daran zweifeln muss, Bronn's flache gewundene Stücke möchten ihm angehören.

Ponta dos Mattos?

191. Conus species indeterminata.

Steinkerne einer kleinen Art aus der Gruppe des C. Mediterraneus, vielleicht zu C. Adansoni gehörig, sind im Kalke des Ilheo de Baixo nicht selten und in fünf Exemplaren vorhanden.

192. Erato laevis. Donavan (Voluta).

Wood, Crag, S. 18, Taf. 2, Fig. 10. — Hoern., Wien, S. 79, Taf. 8, Fig. 16.

Von den zwei vorliegenden Stücken aus Pinheiros, stimmt das eine vollständig mit der europäischen Art überein, während das andere die bauchige Gestalt der E. Maugeriae besitzt, aber ebenfalls viel grösser ist als diese. Ein drittes Stück, aus den Feiteirinhas, lässt sich an dem erhaltenen Stücke der Spira als vermuthlich E. laevis bestimmen.

E. laevis kommt in allen sechs obertertiären Stufen, hie und da (in der Touraine, z. B.,) sehr häufig vor und lebt noch in den meisten europäischen Meeren. Eingehendere Vergleichungen zwischen ihr und der westindischen E. Maugeriae, die oft mit jener fossil angetroffen wird, werden wahrscheinlich zum Resultate führen, dass diese nur eine Varietät der ersteren sei.

193. Mitra Hoernesi. Mayer.

M. aperta Bell., sec. Hoern., Wien, S. 97, Taf. 10, Fig. 1—3 (non Bell.)

So genau die zwei vorliegenden Stücke mit Hoernes' vortrefflichen Abbildungen übeinstimmen, so wenig passen sie zu Bellardi's Figur. Die „miocänen" Stücke sind nämlich verhältnissmässig dicker, an der Basis mehr verengt als der seltene „pliocäne" Typus; bei allen ist der letzte Umgang viel länger als die Spira, was auch wieder gegen Bellardi's Angabe stimmt. Es scheint mir daher, dass sie eine eigene Art bilden, welche ich meinem Herrn Collega in Wien zu dediciren mich beeile. Ausser aus dem Mayencien und Helvétien des Wiener Beckens kenne ich meinen Typus noch von Manthelnen in der Touraine.

Pinheiros.

194. Mitra peregrinula. Mayer. — Taf. VII, Fig. 61.

M. testa minuta, turbinato-conica, transversim sulcata; spira acuta, medio valde producta, acutissima; anfractibus numerosis, angustissimis; ultimo basi attenuato; labro simplici; columella basi plicata.

Long. 5¹/₂, lat. 2¹/₂ mill.

Trotz ihrem übeln Erhaltungszustande, glaube ich diese minutiöse Art doch als neu beschreiben zu müssen, da ihre Stellung eine ganz sichere ist und sie nur wenige Verwandte besitzt. Sie gehört nämlich zur kleinen Gruppe Conelix und steht einzig der M. conica (C. conicus Swains.) nahe, zeichnet sich aber durch ihre Kleinheit, ihre noch kürzere Gestalt und ihre gedrängteren Spiralfurchen davor aus. Ich fand sie, wie so viele andere interessante Arten, im Kalktuff der Feiteirinhas.

195. Mitra volvaria. Bronn. — Taf. VII, Fig. 62.

Reiss, Sta. Maria, S. 25, Taf. 1, Fig. 4.

M. testa cylindraceo-fusiformi; anfractibus 6, plano-convexis, sutura via separatis; spira brevi, acuta, transversim striata; ultimo anfractu maximo, ³/₄ testae efformante, superne et ad basim transversim striato; apertura elongata, dimidiam teste longitudinem via superante, angusta; labro tenui, perpendum arcuato; columella quadruplicata.

Long. 15¹/₂, lat. 5¹/₂ mill.

M. volvaria steht der M. subcylindrica Dujard. sehr nahe und ich halte sie für eine leichte Varietät davon. Da ich indessen gegenwärtig bloss Dujardin's Abbildung mit dem vorliegenden Individuum von Pinheiros vergleichen kann (meine grosse Sammlung von Conchylien aus dem Muschelsande des Loire-Beckens ist annoch erst bis Pleurotoma geordnet), so will ich die Sache nicht überstürzen und den geringen Unterschieden welche beide Typen aufweisen ihr Recht vorläufig lassen. Diese Unterschiede bestehen darin, dass M. volvaria um drei Achtel kleiner ist als M. subcylindrica; dass ihre Spira noch etwas kürzer, ihr letzter Umgang sammt Mündung etwas länger, und dass sie laxer und nicht ganz quergestreift ist. Die Charaktere der Mündung sind die gleichen; die Verdickung der Columella an der Basis bei beiden Arten vorhanden; deren Verkrümmung bei C. subcylindrica ein Zufall.

196. Cypræa argus. Linné.

Martini, Conch., I, Taf. 28, Fig. 285—286. — Encycl., Taf. 350, Fig. 1.

Zwei Steinkerne, deren Form mit der ausgezeichneten Gestalt dieser schönen Art auf's Genaueste übereinstimmt, so dass auch hier, wie bei Conus textile, und wo möglich noch in höherem Grade, die Identität des Fossils mit der lebenden Art erwiesen ist.

Ilheo de Baixo.

197. Cypræa Brocchii. Deshayes.

Hoern., Wien, S. 68, Taf. 7, Fig. 3. — C. annulus Broc., Conch., S. 282, Taf. 2, Fig. 1. — Grat., Atlas, Taf. 40, Fig. 11—13.

Zwei vom Picô de Juliana stammende Exemplare, wovon das grössere, besser erhaltene, wenigstens keinen Zweifel über die richtige Bestimmung der Art zulässt.

C. Brocchii findet sich in allen sechs neogenen Stufen, gewöhnlich nicht selten.

198. Cypræa pyrum. Gmelin.

Hoern., Wien, S. 66, Taf. 8, Fig. 2—5. — C. rufa Lam. — C. porcellus Broc., Conch., S. 283, Taf. 2, Fig. 2.

Der vorliegende, den Zürcher Sammlungen gehörende Abdruck im fessen weissen Kalke vom Ilheo de Baixo erlaubt Gegenabdrücke zu nehmen, welche des Gänzlichen mit typischen Exemplaren dieser Art, von Saucats bei Bordeaux, übereinstimmen.

C. pyrum findet sich in allen sechs obertertiären Stufen, doch stets selten vor und lebt gegenwärtig im Mittelmeere und an der Westküste Afrika's.

199. Cypræa sanguinolenta. Gmelin.

Encycl., Taf. 356, Fig. 12. — Hoern., Wien, S. 70, Taf. 8, Fig. 9—12. — C. elongata Broc., Conch., S. 284, Taf. 1, Fig. 12.

Nach genauer Vergleichung meines gegenwärtige Species betreffenden Materials, kann ich nur die Ansicht Dujardin's und Haernes' bestätigen, dass die „miocäne" C. sanguinolenta und die „pliocäne" C. elongata, trotz ihrer meist verschiedenen Grösse spezifisch ident seien. Es sind, in der That, just die zwei Exemplare von Pico de Juliana, welche, durch ihre die Mitte zwischen beiden Extremen einhaltende Grösse, bei Uebereinstimmung mit ihnen in allen übrigen Merkmalen, den Beweis ihrer Identität leisten. Die gewöhnlich 40 und einige Millimeter erreichende Längedimension der C. elongata bleibt freilich eine auffallende Thatsache; doch sind nicht wenige andere Beispiele solcher ausserordentlichen Grösse der „pliocänen" Exemplare neogener und lebender Arten bekannt. Uebrigens besitze ich eine C. sanguinolenta aus der Touraine welche 38 Millimeter misst und es erreicht auch bereits das grössere der Stücke von Porto Santo 34 Millimeter.

C. sanguinolenta tritt im Mayencien mit einer gewissen Häufigkeit auf und lebt gegenwärtig an der Küste Senegambiens.

200. Cypræa stenostoma. Mayer. — Taf. VII, Fig. 63.

C. testa ovato-subquadrata, brevi, turgida, superne convexa, inferne lata, applanata; margine recto fere lineato, dilatato; apertura angustissima, parum flexuosa, inferne latiore, multidentata.

Long. 35, lat. 23 mill.

Obwohl diese Art nur auf vier Steinkerne gegründet ist, sind doch ihre Gestalt und übrigen sichtbaren Charaktere so ausgezeichnet, dass ich für gut und nöthig gefunden habe, sie zu beschreiben. Nach Vergleichung aller Cypræen in Herrn Deshayes Sammlung, kamen nämlich der berühmte Meister und ich zu dem Schlusse, dass diese Stücke einer neuen, durch ihre breite, quadratische Form und ihre enge Mündung ausgezeichneten Species angehörten, welche in die Nähe der C. caput-serpentis zu stehen komme, indessen sich auch zur C. caurica hinneige.

Ilheo de Baixo.

201. Cypræa stercoraria. Linné.

Lam., Hist., 2. Aufl., Bd. 10, S. 499. — Adans., Sénég., Taf. 5, Fig. 1. — Encycl., Taf. 354, Fig. 5. — C. leporina Lam., Hist., 2. Aufl., Bd. 10, S. 571. — Grat., Atlas,

*Taf. 40, Fig. 3, Taf. 47, Fig. 5. — Hoern., Wien, S. 63, Taf. 7, Fig. 4; Taf. 8, Fig. 1. —
C. lyncoides Brongn., Vicent., S. 62, Taf. 4, Fig. 11.*

Dank meinem schönen Vergleichungsmateriale, bin ich im Stande, ohne
die geringste Unsicherheit Lamark's C. leporina und Brongniart's C. lyncoides definitiv mit der lebenden C. stercoraria zu vereinigen. Was die erstere
betrifft, so genügt die direkte Vergleichung eines gut erhaltenen Stückes
davon mit der C. stercoraria um die Identität beider Formen zu erkennen.
Die andere hingegen verlangt ein eingehenderes Studium um ihren Uebergang in den Typus festzustellen; denn sie bildet eine etwas länglichere,
genauer eiförmige Varietät, mit graderer Mündung. Nimmt man nun ein
oder zwei Dutzend fossilen Stücke der C. stercoraria zur Hand, so sieht
man sehr bald dass diese in den Umrissen der Schale und in der Form der
Mündung ziemlich veränderlich sind, ohne jedoch gewisse Grundzüge der
Art, als da sind die Form der Spitze und der Basis, die Erweiterung der
Mündung gegen diese, die Gestalt und Zahl der sogenannten Zähne, etc.
zu verlieren und man findet stets unter ihnen Stücke welche den vollständigsten Uebergang vom Typus zur Varietät, wie Brongniart sie abgebildet
hat, bewerkstelligen.

C. stercoraria tritt schon im Aquitanien, zu Mont de Marsan, auf; sie
verbreitet sich im Mayencien über die Adour-, Gironde-, Loire- und Wiener-
Becken und wird besonders bei Dax häufig, bei Tours und Wien dafür sehr
gross; sie kommt ferner im Helvétien, bei Turin, nicht selten vor, verlässt
aber dann Europa und bewohnt jetzt den westafrikanischen Ozean, südlich
vom Cap Blanc.

Pico de Juliana. (Drei Exemplare.)

202. Trivia parcicosta. Bronn (Cypræa). — Taf. VII, Fig. 64.

Reiss, Santa Maria, S. 24, Taf. 1. Fig. 3.

*T. testa parva, ovata, ventre subdepressa, labro interno marginata; dorso gibbo, linea
mediana impresso, utrinque noduloso; nodulis septenis vel octonis in costulas acutas, semel
aut bis furcatas excurrentibus; costulis labii utriusque 16—18, aliis 1—2 brevioribus.*

Long. 8, lat. 6 mill.

Bronn's Species scheint in der That sich durch gute Charaktere unter
den schwer zu unterscheidenden kleinen Trivia-Arten auszuzeichnen. Sie
verbindet nämlich mit einer länglichen Form, wie diejenige der C. europæa
und affinis, schwache, wenig zahlreiche Rippen, wie T. obtusa und Angliæ. Ich
erhielt vom Heidelberger Musäum nur zwei Exemplare von dieser Art, statt
der vier von Bronn aus den Pinheiros angeführten; dafür fand ich ein fünf-
tes Stück im Tuffe der Feiteirinhas.

Anneliden.

203. Serpula aulophora. Mayer. — Taf. VII, Fig. 65.

S. testa subtetragona, transversim rugose-striata, subtus angulosa, angulo canaliculo in duas carinulas diviso; anfractibus tarde incressentibus, in discum plano-concavum convolutis, ultimo disjuncto?

Diam. disci 10, diam. anfr. ult. 2 mill.

Die Aehnlichkeit dieser Species mit der S. humulus ist eine überaus grosse und es ist, ausser dem (vielleicht abgebrochenen) letzten Umgang, nur die kleine, aber ganz deutliche und constante Kantenrinne welche sie von Münster's Art unterscheidet. Dieser letztere Charakter scheint mir aber hinlänglich wichtig zu sein und darauf eine Species zu begründen.

Tuff des Ilheo de Baixo. (Zwei Exemplare auf einem Pectunculus.)

204 Serpula crenulosa. Mayer. — Tafel VII, Fig. 66.

V. testa repente, flexuosa, tarde incressente, subtriquetra, rugosa, dorso carinata; carina utrinque canaliculo humili marginata, lateraliter crenata.

Long. 24, lat. 2½ mill.

Vielleicht ist diese Art mit der Vermilia punctata, in Chenu's Illustr. conchyl., Genre Serpula, Taf. 9, Fig. 4, identisch; die Undeutlichkeit dieser Abbildung indessen und der Mangel eines Textes aus welchem man weitere Anhaltspunkte über die Charaktere und das Vorkommen der Art schöpfen könnte, machen es mir zur Pflicht mein Fossil als neu zu beschreiben. Dieses zeichnet sich vor der citirten Species, wie sie abgebildet ist, durch geringere Grösse, sehr deutliche seitliche Rinnen und gedrängtere, längere, bis zur unteren Gränze der Rinnen schwach fortsetzende Kerben aus. Das bessere Exemplar davon steht einsam im Innern eines Pectunculus multiformis angeheftet; andere, sehr schlecht erhaltene, doch wahrscheinlich identische Individuen sitzen gesellschaftlich einer anderen Schale der gleichen Pectunculus-Art auf.

Tuff des Ilheo de Baixo.

205 Serpula elongata? Lamark (Galeolaria).

Hist., 2. Aufl., Bd. 5, S. 637. — Chenu, Illustr. Conchyl., Cenre Serpula, Taf. 9, Fig. 1.

Chenu's Zeichnung dürfte deutlicher sein. Trotzdem aber stimmt sie zu gut mit meinen Stücken überein, als dass ich diese als neu ansehen dürfte. Die Art soll bei Neuholland vorkommen. Sechs bis sieben Röhren liegen nun auch in einem Haufen auf einer Pseudoliva vom Pico de Juliana.

206. Spirorbis concamerata. Mayer. — Taf. VII, Fig. 67.

Sp. testa discoidea, crassa, strangulata, umbilicata; anfractibus 3, incumbentibus.
Diam. 1½ mill.

Steht der Sp. corrugata (Chenu, Illustr. conchyl., Genre Spirorbis, Taf. 1, Fig. 23) nahe, zeichnet sich aber vor ihr durch eine der Sp. spirillum ähnliche, involute Form und durch noch tiefere, einschneidende Anwachsfurchen aus.

Pinheiros. (Drei Exemplare auf einer Ostrea lacerata.)

Cirrhipoden.

207. Balanus lævis. Bruguière.

Lam., Hist., 2. Aufl., Bd. 5, S. 661. — Chenu, Illustr., conchyl., Genre Balanus, Taf. 6, Fig. 4 (und 5?)

Obwohl nicht ganz gut erhalten, stimmen die zahlreich vorliegenden Stücke in Grösse, Form und Einfachheit so gut mit dieser Art, d. h. mit der citirten Figur 4 bei Chenu überein, dass ich sie für damit identisch halten muss.

Ich erinnere mich nicht ähnliche kleine Balanen in den neogenen Gebilden Europa's angetroffen zu haben. Nach Lamark, bewohnt B. laevis den südlichen Theil des atlantischen Ozeans, die Küsten Brasiliens inbegriffen. Meine Stücke liegen in Menge der gleichen Ostrea lacerata auf, welche Spirorbis concamerata führt.

208. Balanus pullus. Mayer.

B. testa parva, conica, parum obliqua, inlongum striata, subrubra; apertura majuscula, ovato-rhomboidali.

Long. 5, alt. 4 mill.

Ihre Färbung unterscheidet diese Art von B. lalanoides, dessen Form übrigens gewöhnlich niedergedrückter ist. Für ganz kleine B. tintinnabulum oder spongicola kann ich aber die drei vorliegenden Exemplare unmöglich halten.

Bocca do Crê.

Tabellarische Uebersicht
der Tertiär-Fauna von Santa Maria, Porto Santo und Madeira.

(Die Ziffern bezeichnen: 1 sehr selten oder ein Exemplar; 2 selten oder zwei Exemplare; 3 weder selten noch häufig oder 3—10 Exemplare; 4 häufig; 5 sehr häufig. — Unter der Rubrik Mayencien sind auch die Arten angeführt die erst aus einem tieferen Niveau, unter dem Tortonien auch die Arten verzeichnet welche nur „pliocän" bekannt sind.)

	1	2	3	4	5	6	7	8	9	10	11	12	13	14	15	16	17
Porto Santo Recent.						3		3									3
Tortonien.			3	1		3	1				2						
Helvétien.	4	2	2	2	1	3	3	4	3						2	3	
Mayencien.	4	3	2	3	3										2	1	
Madeira Pico de Jullana.																	
Porto da Calheta.																	
Ilheo de Cima,															2	2	
Ilheo de Balzo.	2	2				1	3	4	1	3							4
S. Vicente.																	
Santa Maria Prainha.																	
Figueiral.		1				2		1									
Praia.																	
Pinheiros.					1		3										
Bocca do Crê.																	
Forno do Crê.																	2
Ponta dos Mattos.																	
Falteirinhas.	5					2											2

1. Eschara lamellosa. Mich. (Adeone.)
2. Escharina biaperta. Mich. (Eschara.)
3. — celleporacea. Münst. (Eschara.)
4. — incisa. M. Edw. (Eschara.)
5. Cupularia intermedia. Mich. (Lunulites.)
6. Polytrema lyncurium? Lam. (Tethia.)
7. — simplex. Micht. Tethia.)
8. Cyathina clavus. Scac. (Caryophillia.)
9. Parasmilia radicula. May.
10. Desmastrea Mayeri. From.
11. — Orbignyana. May.
12. Phyllocenia thyrsiformis? Mich. (Stylina.)
13. Astrocœnia Fromenteli. May.
14. Heliastrea Prevostana? M. Edw. u. Haime.
15. — Reussana. M. Edw. u. Haime.
16. Dassia calcinata. May.
17. Clâdaris tribuloides? Lam.

	I	II	III	IV	V	VI	VII	VIII	IX	X	XI	XII	XIII	XIV	XV
18. Rhabdocidaris Sismondai. May.						2					3				
19. Echinocyamus pusillus. Müll. (Spatangus).	4	5	4					1	3			1	1		
20. Clypeaster altus. Linn. (Echinus).	4	5	2					1	1						
21. Clypeaster crassicostatus. Ag.		4?	2	3				1							
22. Pericosmus latus. Ag.		2?	2					3							
23. Clavagella aperta. Sow.								4							
24. Gastrochaena Cuvieri. May.	3														
25. — gigantea. Desh.			?												
26. Teredo species indeterm.	3	1													
27. Ensis magnus. Schum.															
28. Solecurtus strigilatus. Lin. (Solen).	3	2	3	3									3	3	
29. Ervilia elongata. May.	3	3	3				5						3	2	2
30. — pusilla Phil. (Erycina).														1	
31. Mactra adspersa. Sow.	2	2	5	5											
32. Tellina depressa. Gm.	2	1	4	2						5					
33. — donacina. Lin.	3	2	3	2											
34. — subelliptica. May.	4	3	3	4											
35. Psammobia aequilateralis. Br. (Solen).												3			
36. Tapes Hoernesi May.												1			
37. Venus Bronni. May.															
38. — Burdigalensis. May.		2	2	2	2			2					3	2	
39. — confusa. May.	3	3	3	2									3		
40. — crebrisulca? Lam.	4		2										2		
41. — ovata. Pen.	4												1		
42. Cytherea Chione. Lin. (Venus).		4						5					2		
43. — Heeri May.	4	4	4	5					1			4		3	
44. — Madeirensis. May.		3	2					5					3		
45. Cytherea rudis. Poli (Venus).			3					1							
46. Cypricardia nucleus. May.		4	3	3				1							
47. Verticardia granulata? Seg.								1							
48. Cardium comatulum. Br.		1		1				1	1					1	
49. — Hartungi. Br.		1?						5	3			8		3	2

		Santa Maria.								Madeira.				Porto Santo.				
		Feiteirinhas.	Ponta dos Mattos.	Forno do Crê.	Bocca do Crê.	Pinheiros.	Praia.	Figueiral.	Prainha.	S. Vicente.	Ilheo de Baixo.	Ilheo de Cima.	Porto da Calheta.	Pico de Juliana.	Mayencien.	Helvétien.	Tortonien.	Recent.
50.	Cardium lyratum? Sow.	—	—	—	—	—	1	—	—	—	—	—	—	—	—	—	—	3
51.	— multicostatum. Broc.	—	—	—	—	—	—	—	—	1	—	—	—	—	3	4	3	—
52.	— papillosum. Poli.	—	—	—	1	—	—	—	—	—	—	—	—	—	3	4	4	4
53.	— pectinatum. Lin.	—	—	—	—	—	—	—	—	2	3	—	—	—	—	—	—	3
54.	— Reissi. Br.	—	—	—	—	—	1	—	—	—	—	—	—	—	—	—	—	—
55.	Chama gryphoides. Lin.	—	—	—	—	3	—	—	—	1	—	—	—	—	4	5	3	4
56.	— lazarus. Lin.	—	—	—	—	—	—	—	—	—	4	—	—	—	—	—	—	4
57.	— macerophylla. Chemn.	—	—	—	—	—	—	—	—	—	2	—	—	—	2	2	1	3
58.	Diplodonta rotundata. Mont. (Tellina).	—	—	—	—	—	—	—	—	—	1	—	—	—	3	4	4	3
59.	Lucina Bellardiana. May.	—	—	—	—	—	—	—	—	1	—	—	—	—	—	5	2	—
60.	— divaricata. Lin. (Tellina).	—	—	—	—	—	3	—	—	—	—	—	—	—	3	3	4	4
61.	— interrupta. Lam. (Cytherea).	—	—	—	—	—	—	—	—	1	—	—	—	—	—	—	—	2
62.	— lactea. Lin. (Tellina).	—	—	—	—	—	—	—	—	1	—	—	—	—	5	3	3	4
63.	— Pagenstecheri. May.	—	1	—	—	—	—	—	—	3	—	—	—	—	—	—	—	—
64.	— reticulata. Poli (Tellina).	1	—	—	—	—	—	—	—	—	—	—	—	—	2	3	3	3
65.	— sinuosa. Don. (Venus).	—	—	—	—	—	—	—	—	1	—	—	—	—	1	2	1	2
66.	— tigerina. Lin. (Venus).	—	—	—	—	—	—	—	—	1	—	—	—	1	3	2	3	4
67.	Cardita calyculata. Lin. (Chama).	—	—	—	—	—	—	—	3	—	—	—	—	1	5	3	2	4
68.	— Duboisi. Desh.	—	—	—	—	—	—	—	—	—	3	—	—	—	—	3	2	—
69.	— Mariæ. May.	2	—	—	—	—	—	—	—	—	—	—	—	—	—	—	—	—
70.	Pectunculus conjungens. May.	—	—	—	—	—	—	—	—	1	—	—	—	—	—	—	—	—
71.	— multiformis. May.	—	—	—	—	—	—	—	—	1	—	—	—	—	—	—	—	—
72.	— pilosus. Lin. (Arca).	—	—	—	—	—	—	—	—	1	4	—	—	—	4	4	3	4
73.	Arca barbata. Lin.	—	—	—	—	—	—	—	—	—	—	—	—	3	5	4	3	4
74.	— crassissima. Br.	—	3	—	—	—	—	—	—	—	—	—	—	—	—	—	—	—

75.	Arca Fichteli. Desh.
76.	— lactea. Lin.
77.	— navicularis. Brug.
78.	— nivea. Chemn.
79.	— Noae. Lin.
80.	Lithodomus Lyellanus. May.
81.	— Moreleti. May.
82.	Mytilus aquitanicus. May.
83.	— Domengensis. Lam.
84.	Pinna Brocchii? Orb.
85.	Avicula Crossei. May.
86.	Perna Soldanii. Desh.
87.	Lima atlantica. May.
88.	— indata. Chemn. (Ostrea).
89.	Pecten Blumi. May.
90.	— Burdigalensis. Lam.
91.	— Dunkeri. May.
92.	— Hartungi. May.
93.	— latissimus. Broc. (Ostrea).
94.	— nodosus? Lin. (Ostrea).
95.	— opercularis. Lin. (Ostrea).
96.	— pes-felis. Lin. (Ostrea).
97.	— Reissi. Br. (Hinnites).
98.	— scabrellus. Lam.
99.	Plicatula Bronnina. May.
100.	— ruperella. Duj.
101.	Spondylus Delesserti. Chenu.
102.	— gaederopus. Lin.
103.	— inermis. Br.
104.	Ostrea hyotis. Lin. (Mytilus).
105.	— lacerata. Goldf.
106.	— plicatuloides. May.

	107	108	109	110	111	112	113	114	115	116	117	118	119	120	121	122	123	124	125	126	127	128	129	130	131
Porto Santo Recent.	4	3		3	4	3		2		3	4	4		3		4	3	3	3	3	3	4	3		2
Tortonien.	3	3	2		5		2			4	4	2	2		3		2	4			3		2		3 2
Helvétien.	3	3	2		4		3			4	4	2	2		4		1							2	2
Mayencien.		2			4		3			5	5	2	4					2						2	2
Madeira Pico de Juliana.						2					1														
Porto da Calheta.									1																
Ilheo de Cima.							2																		
Ilheo de Baixo.					1			1	1	4	1														
S. Vicente.																									
Prainha.				1											3	4	4	3	5	5	3				
Santa Maria Figueiral.																									3
Praia.																									
Pinheiros.	2									2															
Bocca do Cré.		4	3							1			1			2									1
Forno do Cré.	2																								
Ponta dos Mattos.	3					3																			
Feiteirinhas.			2						3	3?	1		3		3										

107. Anomia ephippium. Lin.
108. Terebratulina caput-serpentis. Lin. (Anomia).
109. Hyalea marginata. Bronn.
110. Cleodora columnella. Rang (Cuvieria).
111. Dentalium incrassatum. Sow.
112. Patella Lowei. Orb.
113. Hipponyx sulcatus. Bors. (Patella).
114. Mitrularia semicanalis. Br. (Dyspotæa).
115. Calyptræa Porti-Sancti. May.
116. Crepidula fornicata? Lin. (Patella).
117. Serpulorbis arenarius. Lin. (Serpula).
118. Vermetus intortus. Lam. (Serpula).
119. Vermiculus carinatus. Hoern. (Vermetus).
120. Siliquaria anguina. Lin. (Serpula).
121. Rissoina Bronni. May.
122. — pusilla. Broc. (Turbo).
123. Rissoia Canariensis. Orb.
124. — eremilata. Michd.
125. — dolium. Nyst.
126. — similis. Scae.
127. Alvania cimicoides. Forb.
128. — costata. Desm. (Rissoa).
129. — Philippiana. Jeff. (Rissoa).
130. Solarium simplex. Br.
131. Bulla Brocchii. Micht.

No.	Species																					
132.	Bulla lignaria. Lin.																					
133.	— micromphalus. May.											2	1									
134.	Turbo Hartungi. Br. (Trochus).	3	3	3						2		1			1				1	1		2
135.	— Mariae.	3	3	4	4			3	1		1			1								
136.	Trochus Niloticus? Lin.	4	3	4	4						1											
137.	— strigosus. Gm.								3						1							3
138.	Monodonta Aaronis. Bast.	3	4	2	2						1	1							2	1		
139.	Craspedotus pterostomus. Br. (Trochus).			3	5	3							3						1			3
140.	Janthina Hartungi. May.		4	3									3	1								
141.	Neritopsis radula. Lin. (Nerita).			3			1							3		1						
142.	Nerita Plutonis. Bast.	3					1	1						3	2	1						
143.	Natica atlantica. Nay.														1		1					
144.	— redempta. Micht.																					
145.	Cerithium crenulosum. Br.	3	2	2	3		1			4												
146.	— Hartungi. May.	3	3	3	5					3			3	1		2						
147.	— incultum. May.	2	4	5	5			1	1				1	1								
148.	— nodulosum? Brug.	3	5	3					1	2			3	1		4						
149.	Cerithiopsis bilineata. Haern.	5	3	2	2						2					1						
150.	— lactea. Phil. (Cerithium).																					
151.	— nana. May.	3	3		2					2			1									
152.	— perversa. Lin. (Trochus).			4											1							
153.	— scabra. Ol. (Murex).							1														
154.	— spina. Partsch. (Cerithium).			3				1														1
155.	— trilineata. Phil. (Cerithium).																					
156.	Pleurotoma perturrita. Br.										1											
157.	— Vauquelini. Payr.																					
158.	Cancellaria parcestriata. Br.										1											
159.	Turbinella pancinoda. May.																					
160.	Fasciolaria crassicauda. May.																					
161.	— nodifera. Duj.										1											
162.	— Tarbelliana. Grat.													1							3	
163.	— tulipiformis. May.																					2

	164	165	166	167	168	169	170	171	172	173	174	175	176	177	178	179	180	181	182	183	184	185	186	187	188
Recent.							3	4	8																4
Tortonien.	2	2					4	1		3						2	2	2			3	4		3	
Helvétien.	3	3					3		2								2	2			4	4		3	
Mayencien.	2	3					3		2								2				4			2	
Pico de Juliana.			1					1			4					2					1				
Porto da Calheta.																									
Ilheo de Cima.																							1		
Ilheo de Baixo.			2?	2												1	3								3
S. Vicente.									3	2													1	1	
Prainha.																									
Figueiral.																									
Praia.																									
Pinheiros.				2		2	1				1?		3	1	1					1					
Bocca do Crê.																									
Forno do Crê.				1																					
Ponta dos Mattos.	1?																								
Feiteirinhas.	1	2		1							1						1								

164. Fusus virgineus? Grat.
165. Murex species inndeterminata
166. — Vindobonensis? Hoern.
167. Tritonium costellatum. May.
168. — secans. Br.
169. — species indeterminata
170. Ranella bicoronata. Br.
171. — marginata. Mart. (Bucc.)
172. Strombus italicus. Ducl.
173. Cassis testiculus. Lin. (Buccinum).
174. Purpura haemastoma. Lin. (Bucc.)
175. Pseudoliva Orbignyana. May.
176. Buccinum atlanticum. May.
177. — Doderleini. May.
178. — vetulum. May.
179. Columbella Bellardii? Hoern.
180. Conus antiquus. Lam.
181. — Borsoni. May.
182. — calcinatus. May.
183. — candidatus. May.
184. — Mercatii. Broc.
185. — Paschi. Micht.
186. — Reissi. May.
187. — Tarbellianus. Grat.
188. — textile. Lin.

	Summe:
189. Conus trochilus. May.	37
190. species indeterminata.	21
191. species indeterminata.	24
192. Erato laevis. Don. (Voluta).	23
193. Mitra Hörnesi. May.	2
194. peregrinula. May.	1
195. volvaria. Br.	1?
196. Cypraea argus. Lin.	23
197. Broechii. Desh.	
198. pyrum. Gm.	
199. sanguinolenta. Gm.	
200. stenostoma. May.	
201. stercoraria. Lin.	
202. Trivia paricosta. Br. (Cyprœa).	
203. Serpula anlophora. May.	
204. eremulosa. May.	
205. elongata? Lam. (Galeolaria).	
206. Spirorbis concamerata. May.	
207. Balanus laevis. Brug.	
208. pullus. May.	

Im Mayencien und tiefer vorkommend:
Im Helvetien vorkommend:
Im Tortonien und höher vorkommend:
Nur im Mayencien vorkommend:
Nur im Helvetien vorkommend:
Nur im Tortonien vorkommend:
Recent:

Das Alter der marinen Schichten

von Madeira, Porto Santo und Santa Maria,

aus ihrer Fauna gefolgert.

Dass die marinen Gebilde der Madeira-Inseln und von Santa Maria
(die Ablagerung von Prainha ausgenommen) der ersten Hälfte der neogenen
Periode angehören, leidet wohl keinen Zweifel. Alle in der That, ausser
dem Tuffe von Porto da Calheta, weisen mehr oder weniger zahlreiche, ächt
„miocäne" Arten und überhaupt eine subtropische Fauna auf; der letztere
Fundort aber ist einerseits durch den tropischen Spondylus Delesserti mit
den nächstliegenden Lokalitäten, Ilheo de Cima und Ilheo de Baixo, innig
verbunden und dann noch durch den grossen Rhabdocidaris Sismondai als
älter als die „pliocäne" Zeit bezeichnet. Unter den vier zu unterscheidenden unterneogenen Stufen aber, dem Aquitanien *), dem Mayencien, dem
Helvétien und dem Tortonien, sind wohl nur die zweite und dritte, welchen

---

*) Siehe meine Tabelle der Tertiär-Gebilde Europas. 1858. — Die der alten Des-
hayes-Lyell'schen Klassifikation entnommene Beyrich'sche Benennung der Tertiärstufen
lässt sich desswegen schon nicht consequent durchführen, weil die eocäne Reihe aus
vier Stufen, dem Soissonien, Londonien, Parisien und Bartonien, besteht, für welche
nur die drei Namen Unter-, Mittel- und Obereocän zu Gebrauche stehen. Uebrigens
ist die Abtrennung des Unter- und Mittel-Oligocänen (Ligurien und Tongrien) vom
Eocänen und des Oberoligocänen (Aquitanien) vom Miocänen, eine höchst unnatürliche,
auf das mittlere und südliche Europa, etc., unanwendbare.

unsere Bildungen beigezählt werden könnten; denn die marinen Gebilde der
aquitanischen Stufe, wie sie aus dem südwestlichen Frankreich, aus Oberbayern und besonders aus Norddeutschland bekannt sind, können, bei ihrer
zu Siebenachtel aus ausgestorbenen Arten bestehenden und durch eine Reihe
von Species noch mit der tongrischen verbundenen Fauna*) sicher durch
keines der hier zu untersuchenden Conchylienlager vertreten sein; die marinen Gebilde der tortonischen Epoche aber sind in ganz Europa so merkwürdig gleichmässig durch blaue Mergel gebildet, welche eine so constante,
durch das starke Vorherrschen gewisser Gattungen und Arten bezeichnete
Fauna**) enthalten, dass auch sie von vornherein als auf den atlantischen
Inseln nicht vorhanden genannt werden können. Welcher aber von den
beiden Stufen, dem Mayencien und Helvétien unsere Gebilde angehören oder
ob beide Stufen zugleich auf den atlantischen Inseln vertreten sind, das
sind die Fragen, welche wir durch die Zergliederung der aufgezählten
Fauna zu beantworten versuchen wollen.

Vor Beginn dieser Untersuchungen dürfte jedoch eine Uebersicht der
Bildungen, welche beide in Frage stehenden geologischen Niveaux zusammensetzen, um so mehr am Platze sein, als beide Stufen erst 1858, in
meiner synchronistischen Tabelle der Tertiär-Gebilde Europa's unterschieden
und durch ganz 'Europa verfolgt, ihr Vorhandensein aber immer noch von
den meisten Geologen ignorirt zu werden scheint. Diese tabellarische
Uebersicht ist folgende:

---

*) Siehe Gümbel, Geol. Beschreib. von Oberbayern. 1862. — Sandberger, Conchyl.
des Mainzer Beckens. 1863. S. 487, 444.

**) Siehe meine Notiz über die Unterscheidung der „obermiocänen" und „unter-
pliocänen" blauen Mergel, in den „Verhandlungen der schweizerischen naturforsch. Gesellschaft." Lugano, 1861.

Uebersicht der hauptsächlichsten Gebilde der mainzer und helvetischen Stufen.

	Nord-Europa.	Südwest-Europa.	Süddeutschland, Schweiz, Südfrankreich.	Ost-Europa.	Italien.
Helvétien (Mittelmiocän, Beyr.)	2.Sandstein-Fündlinge des östlichenSchleswig-Holstein, etc. 1. Glaukonitischer und eisenschüssiger Sand von Diest in Belgien.	2. „Falun" von Salles bei Bordeaux, von Orthes bei Pau nnd „calcaire des Landes." 1–2. Molasse von Oporto, Lisabon, Cadix, etc. 1. Serpentin-Sand mit Carditn Jonannetl von Saucats bei Bordeaux und von Gabarret bei Mont-de-Marsan.	2. Austernschicht von Kaltenbach bei Rosenheim, Meeresmolasse vom Auerberg, von Kempten, Bregenz, Rorschach, St. Gallen, Zug, Luzern, Bern, des Burgerwaldes (Freiburg), von Chaux-de-Fonds, des Jura-Dépt., von Tanaron bei Digne; Meeressand von Montpellier. 1. Glaukonfit-Mergel von Kaltenbach; Muschelsandstein von Ulm und des schwäbisch-schweizerischen Plateaus, der Perte-du-Rhône „Molasse marine" und „calcaire moellon" des Rhône-Beckens.?	2. Cerithien-Schichten Südrusslands, von Sebastopol und Kertsch, Ungarns und des Wiener Beckens. 1. Sand von Szukowce, etc., im Volhyni-Podolischen, Tegel von Enzesfeld, Gainfahrn, Nikolaburg, Steinabrunn, Kienberg, etc., bei Wien.	2. Oberer Serpentin-Sand und blauer Mergel von Termo-Foura, Pino, Baldissero, etc., bei Turin. 2. Unterer Serpentin-Sand von Rio della Batteria, Baldissero, Villa Rossenda, etc. b. Turin 1—2. Basalttuff von Sorino (Sicilien).
Mayencien (Untermiocän, Beyr.)	2. „Faluns" der Bretagne, des Anjou, der Touraine, des Orléannais, von Moulins, und deren Aequivalent im Jura, zu Tavannes, Tenniken, Diegten, Ruineburg, Ukem und auf dem Randen. 1. Lager des Bolderberg in Belgien.	2. „Falun jaune" von Saucats und Cestas bei Bordeaux. Sand von Cabannes, Malnot, Mandillot, bei Dax. 1. „Falun bleu" von Saucats und „falun jaune" von Léognan, le Maillan, plus Pecten-Schicht von Saucats, Mauras, Martillac, Léognan, Canéjan, S. Médard, bei Bordeaux-Mergel von Cabannes zu S. Paul bei Dax.	2?—1. Brackwasserschicht von Dettighofen bei Schaffhausen. 2. Cerithien-Schicht von Zell und Hausen bei Sigmaringen. Sand von Ortenburg bei Passau. Blauer Mergel von Kaltenbach bei Rosenheim und von Mæhring bei Traunstein. Graue Molasse der Ost?- und West-Schweiz. Blaue Mergel von Montpellier.	2. Sand von Grund, Eberndorf, Niederkreutzstätten, Weinsteig, etc., bei Wien. 1. Sand und Tegel von Korod in Siebenbürgen, von Maria-Nostra. Sipnik, Kamenitza, in Ungarn, von Maigen, Gauderndorf, Eggenburg, Dreicheben, Molt, Middersdorf, Lolberndorf, etc. bei Wien.	1—2. Gelbe, sandige Molasse des Nordfussea des ligurischen Agonniens; so zu Serravalle-di-Scrivia.

Uebersicht der einzelnen Faunulen.

Feiteirinhas.

Dieser Fundort zählt auf 37 Arten nur 21, welche im Mayencien, 24 aber, welche im Helvétien vorkommen, darunter wenigstens drei für die auf des Mayencien folgenden Schichten bezeichnende, nämlich: Rissoina pusilla, Cerithiopsis bilineata und Pleurotoma Vauquelini, während er nur zwei aus tieferen Schichten bekannte Arten (Eschara lamellosa und Cardium camatulum) aufweist. Wir haben ferner gesehen, dass 28 oder 60 Procent seiner Arten recente sind; ein Verhältniss welches keine mainzische Lokal-Fauna, nicht ein Mal diejenige der Faluns der Touraine, auch annähernd erreicht. Wir dürfen daher die Feiteirinhas, einzeln betrachtet, als zum Helvétien gehörend ansehen.

Ponta des Mattos

wies uns 16 Arten, wovon 4 im Mayencien und 5 im Helvétien, 6 aber noch in der Jetztwelt vertreten sind. Während nun von diesen 4 erstge-

nannten Arten keine ist, welche nicht auch im Helvétien oder höher auf-
träte, zählen wir drei Arten, welche nur aus jüngeren Schichten bekannt
sind, nämlich: Verticordia granulata, Pecten pes-felis und Terebratulina
caput-serpentis. Ferner finden wir unter unserer Faunula zwei ausgezeichnete Species, welche zwar im Osten Europa's schon in der mainzer
Stufe, im Westen aber constant erst in der helvétischen auftreten, nämlich,
Arca Fichteli und Pecten latissimus. Auch hier also spricht Alles dafür,
den Fundort in die neunte Tertiärstufe aufzunehmen.

Forno do Crê,

mit seinen 9 Arten, wovon 3 im Mayencien und 3 im Helvétien vorkommen, 4 aber noch der Jetzwelt angehören, bietet in dieser Faunula wenig
Anhaltspunkte zur Bestimmung seines Alters dar. Das fragliche Vorkommen der möglicherweise mainzischen Ostrea lacerata wird wohl aufgehoben durch dasjenige der erst im Helvétien erscheinenden typischen Anomia
ephippium. Auch die Quote von 44 Procent recenter Arten, obwohl stark
für die mainzer Stufe, ist nicht entscheidend, denn man kann mit wahr-
scheinlichem Rechte behaupten, dass die den Tropen am nächsten liegenden
„miocänen" Gebilde mehr recente tropische Arten beherbergen werden, als
die genau gleich alten, aber nördlicher gelegenen Bildungen. Einigermassen
bezeichnender ist schon die Anwesenheit zu Forno do Crê einiger an den
andern sicher helvétischen Fundorten mitvorkommenden, neuen Arten,
wie Pecten Reissi und Tritonium secans. Die Nähe endlich des ächt helvétischen Fundortes Praia und der scheinbare Uebergang der Tuffe von
unserer Lokalität zu der letztgenannten*) erlauben aber schliesslich auch
hier einen ziemlich sicheren Schluss auf die Entstehungszeit des Lagers von
Forno do Crê zu ziehen.

Becca do Crê.

Hier haben wir, unter 23 Arten, 13 in der mainzer und 14 in der
helvétischen Stufe vorkommende, 11 aber recente Species. Schon diese
Verhältnisse, und der Umstand, dass eine dieser 23 Arten (Cytherea
Heeri) nur aus dem Helvétien bekannt ist, weisen auf das Alter der betreffenden Ablagerung hin. Der Zusammenhang dieser Ablagerung aber mit

---

*) Siehe Reiss, Santa Maria, S. 9.

derjenigen der nahen Pinheiros*), welche letztere noch mehr Anhaltspunkte zur Bestimmung ihres Alters bietet, vervollständigt die Beweismittel dafür, dass Bocca do Crê der helvétischen Stufe angehöre.

Pinheiros

ist vorderhand der reichste Fundort von Versteinerungen auf Santa Maria: seine Faunula zählt 46 Arten. Von diesen nun kommen nur 12 im Mayencien, 18 aber im Helvétien, eine davon (Clypeaster altus) nur in letzterer Stufe vor; zugleich sind darunter ziemlich viele in Europa nur vom Helvétien an auftretende Arten, wie Cyathina clavus, Cytherea Chione, Anomia ephippium, Arca Noæ: Alles an ihr spricht daher dafür, sie in der neunten Tertiärstufe unterzubringen.

Praia,

mit 9 Arten, wovon zwei auch im Mayencien, drei im Helvétien zu Hause sind, bietet eine häufige Art (Cytheréa Heeri) dar, welche sonst nur im helvétischen „Falun" von Salles und eine andere (Lucina divaricata) welche im Westen Europas gleichfalls erst in diesem Niveau angetroffen wird. Dieser Fundort wird ferner durch einige neuere Arten (Cytherea Heeri, Cardium Hartungi, Janthina Hartungi) mit den übrigen der Azoren zusammengehalten. Daher kann sein Alter als sicher bestimmt betrachtet werden.

Figueiral.

Liegt nahe bei Praia. Hier nun haben wir die gleiche kleine Bank mit der eigenthümlichen, kleinen und convexen Varietät des Pecten opercularis wie bei Bocca do Crê; wir haben, auf 7 Arten, die starke Anzahl von 4 recenten; wir haben gegenüber einer wenig sagenden, weil eigentlich nicht mainzischen und leicht zu übersehenden Art (Escharina celleporacea) eine sichere helvetische (Polytrema simplex): wir können daher wieder mit allem Rechte diesen Fundort in das Helvétien versetzen.

---

*) Siehe Reiss, Santa Maria, S. 10.

8. Vicente.

Von den 29 Arten, welche die Faunula dieses Fundortes zählt, finden wir nur 9 im Mayencien, 12 aber im Helvétien und 10 oder fast 35 Procent in der Jetztwelt wieder. Wir haben unter diesen 29 Species keine einzige, welche nur in der achten Tertiärstufe, wohl aber zwei (Clypeaster altus und crassicostatus) welche nur im Helvétien vorkommen. Wir finden ferner darunter zwei Arten (Lucina Bellardiana und Conus Puschi) welche den helvetischen und tortonischen Schichten eigenthümlich sind. Alle diese Thatsachen nun drängen zum Schlusse, dass der Kalk von Saŏ Vicente während der helvetischen Epoche sich abgelagert haben müsse.

Ilheo de Baixo.

Das untere Felseneiland besitzt zwei marine Gebilde gleichen Alters*), welche 7 gemeinschaftliche Arten zählen (Heliastrea Prevostana, Danaia calcinata, Pectunculus multiformis, Avicula Crossei, Spondylus Delesserti, Ostrea hyotis und Vermetus azenarius) und zusammen 53 Arten uns darbieten. Diese Faunula zählt 17 im Mayencien und ebensoviele im Helvétien mit vorkommende Species; sie enthält indessen keine für jene Stufe, wohl aber eine für letztere sehr charakteristische Art (Clypeaster crassicostatus), dazu noch eine nur dem Helvétien und Tortonien gemeinschaftliche Form (Conus Borsoni); sie ist endlich durch eine Reihe von Arten (Danaia calcinata, Cytherea Madeirensis, Cardium comatulum, Cardium Hartungi, Cardium pectinatum, Pectunculus multiformis, Lima atlantica, Spondylus Delesserti, Spondylus gæderopus, Ostrea hyostis, etc.) mit den bereits revidirten Faunulen innig verbunden: es ist daher höchst wahrscheinlich, dass sie mit ihnen gleichzeitig sei.

Ilheo de Cima.

Das obere Felseneiland bot erst 8 Arten dar, aber diese Faunula könnte, bei ihrer Kleinheit, kaum bezeichnender sein. Fünf von diesen Arten nämlich sind aus dem Helvétien, nur vier dafür aus dem Mayencien bekannt; eine Art (Heliastræa Reussana) ist für die neunte Stufe charakteristisch; zwei ausgezeichnete Species (Danaia calcinata und Spondylus

---

*) Siehe Hartung, Madeira, etc. S. 153.

Delesserti) verbinden die Faunula mit derjenigen der nächsten Fundorte: auch dieser also lässt sich mit Fug und Recht in das Helvétien einreihen.

Porto da Calheta

bietet, wie schon gesagt, am wenigsten Anhaltspunkte für die Bestimmung seines Alters dar. Die Petrefakten führenden Schichten liegen hier, wie mir Herr Dr. Hartung mitgetheilt, fast im Meeres-Niveau. Von den vier daraus bekannten Arten ist nun keine für irgend eine Stufe charakteristisch. Alle indessen sind tropische Formen, und eine (Conus Borsoni) nur im Helvétien und Tortonien zu Hause. Die zwei recenten Arten endlich fehlen in den „pliocänen" Schichten Europas und Algeriens. Wollen wir also nicht, gegen alle Wahrscheinlichkeit, unsern Fundort in das Tortonien verlegen, so bleibt uns nur das Helvétien übrig, um ihn unterzubringen.

Pico de Juliana.

Dieser Fundort ist von allen derjenige, dessen Fauna am meisten an die mainzische erinnert. Von seinen 21 Arten nämlich, sind 14 auch im Mayencien, hingegen nur 13 im Helvétien gefunden worden; nur acht oder nicht ganz 39 Procent sind recente. Eine Species (Fasciolaria nodifera) fand sich bis jetzt nur im Mayencien vor. Diesen Verhältnissen lässt sich indessen entgegen halten, dass eine sehr starke Quote (15) von diesen 21 Arten im Tortonien oder höher wiederauftritt; dass zwei jüngere Arten (Venus Bronni und Strombus italicus) und zwei weitere neue Species (Lima atlantica und Triton costellatum) unsere Faunula mit den übrigen, bereits untersuchten verbinden. Es ist daher schliesslich die Wahrscheinlichkeit des Zugehörens dieser Ablagerung zur helvetischen Stufe wenigstens ebenso gross, als die ihres etwas höheren Alters.

*   *
*

Führt nun schon die Einzelbetrachtung jeder unserer zwölf Faunulen zum Schlusse, dass wahrscheinlich alle, sicher jedoch fast alle der gleichen geologischen und zwar der neunten Tertiär-Epoche[*]) angehören, so liegen in den allgemeinen paläontologischen Verhältnissen der mainzer und helve-

---

[*]) Die von mir 1858 aufgestellten 12 Tertiärstufen heissen: 1) Soissonien; 2) Londonien; 3) Parisien; 4) Bartonien; 5) Ligurien; 6) Tongrien; 7) Aquitanien; 8) Mayencien; 9) Helvétien; 10) Tortonien; 11) Plaisancien und 12) Astien.

tischen Stufen weitere Anhaltspunkte für unsere Ansicht, welche mit den ersten Deduktionen vereinigt, ein vollständig genügendes Licht auf die behandelte Frage werfen und sie im erwähnten Sinne zu lösen erlauben.

Wie jeder Forscher, welcher die vorzüglichsten Gebilde der mainzer[*] Stufe an Ort und Stelle gesehen hat, oder nur grössere Sammlungen Conchylien aus diesen Gebilden zu studieren Gelegenheit hatte, weiss, herrschen darin die Einschaler, was die Artenzahl, oft auch was die Zahl der Individuen betrifft, weit über die Zweischaler vor und giebt es dort eine ganze Reihe Gasteropoden, welche höher nicht oder seltener wieder auftreten (Calyptæa deformis, C. depressa, Turritella cathedralis, T. turris, T. terebralis oder gradata, Trochus patulus, Sigaretus clathratus, Natica Burdigalensis, N. tigrina, Cerithium margaritaceum, C. papaveraceum, C. plicatum, Pleurotoma asperulata, Pl. semimarginata, Fusus Burdigalensis, Ficula condita, F. clava, Pirula cornuta, Pirella rusticula, Murex lavatus, etc.) und welche daher, in Verbindung mit gewissen häufigen Bivalven (Solen Burdigalensis, Mactra Basteroti, M. Bucklandi, Tellina strigosa, Psammobia Labordei, Tapes Basteroti, Grateloupia irregularis, Cytherea erycina, Lucina scopulorum, Avicula phalænacea, Mytilus aquitanicus, etc.), durch ihre Häufigkeit diesen Gebilden ihre paläontologische Facies geben[**]. In den helvetischen Gebilden von Central- und West-Europa dagegen, überwiegen die Bivalven, in Beziehung auf die Zahl der Individuen, die Gasteropoden weit und es ist hier auch die Zahl Letzterer nicht viel grösser als diejenige der Bivalven-Spezies. Es tritt ferner, im Helvétien, anstatt der eben bezeichneten Facies, eine ganz neue, durch die grosse Häufigkeit einiger Bivalven (Lutraria elliptica, Panopæa Menardi, Tapes vetula, Venus plicata, cardita Jonanneti, Pectunculus glycimeris, P. pilosus, Pecten latissimus, P. Budigalensis var. c., etc.) bedingte, auf; und es zeichnet sich überhaupt diese Stufe durch den Mangel an eigentlichen Leitmuscheln und durch eine grosse Veränderlichkeit der Fauna selbst auf kurze Distanzen aus. Vergleichen wir nun mit diesen Daten diejenigen, welche uns die Fauna der atlantischen Tertiärschichten liefert,

---

[*] Die Stadt Mainz ist bekanntlich auf dem sogenannten Litorinellenkalk gebaut, dessen stratigraphische Verhältnisse seine Stellung in der achten Tertiärstufe bedingen.

[**] Dass diese Facies bei den „Faluns" des Loire-Thales, etc. schon halb verwischt ist, rührt daher, dass wir es hier mit einer Nord-See-Bildung zu thun haben. Muss man auch annehmen, dass die damalige Nordsee in der Umgegend von Nantes mit den atlantischen Meeren in Verbindung stand, so konnte doch diese Verbindung den nordischen Charakter der betreffenden Fauna nicht ganz aufheben.

so werden wir einigermassen überrascht, bei dieser ebenfalls ein Vorherrschen der Bivalven über die Gasteropoden, sowohl in Bezug auf die Zahl
der Species (85 gegen 84, nach Abzug der Prainha eigenthümlichen Arten),
als, noch im höheren Grade, in Bezug auf diejenige der Individuen (421
gegen 248, oder 5 gegen 3), zu finden. Wir begegnen hier, im grossen
Ganzen sowohl als bei jeder einzelnen Faunula, dem erwähnten negativen
Charakter des Helvétien: dem Mangel an die Stufe im Allgemeinen bezeichnenden Arten, auch hier bedingt durch die, wie die vielen Arten aus dem
Mittelmeer und dem lusitanischen Ozean es beweisen, nicht mehr, rein
tropische Facies der Fauna. Wir treffen auf keine einzige jener aufgeführten Arten, welche durch ihre Häufigkeit im Mayencien Leitmuscheln für
diese Stufe werden; und wir schliessen daher unbedingt auf Synchronismus
der atlantischen Tertiärlager mit den helvetischen Gebilden Europas.

Beschreibung der Tafeln.

Erste Folge.

Allgemeine und geologische Verhältnisse.

Die Insel Madeira nach A. T. E. Vidal's Karte um ¹/₅ verkleinert und mit senkrechter Beleuchtung umgezeichnet.

Die Oberflächengestaltung dieser Insel ist in dem Abschnitt, der über die Bergformen handelt, auf Seite 7 bis 11 ausführlich besprochen. Hier sollen zur Erläuterung des vorliegenden Blattes die Formverhältnisse des Gebirgsganzen nur flüchtig hervorgehoben, die hauptsächlichsten wagrechten Abstände angeführt und einige Höhen, die auf der Karte keinen Platz fanden, hinzugefügt werden. Es beträgt:

1. Die Länge der Insel Madeira von der äussersten Ostspitze der Ponta de S. Lourenço bis zum westlichsten Vorgebirge an der Ponta do Pargo beinah 32 Minuten oder 8 geographische Meilen zu 15 auf den Grad.

2. Die grösste Breite zwischen Ponta da Cruz an der Südküste und Ponta de S. Jorge an der Nordküste 12¹/₂ Minuten oder etwa 3 grosse geographische Meilen.

3. Der Flächenraum, den die Küstenlinie umspannt, 219,7 Quadratminuten oder etwa 13¹/₄ grosse geographische Quadratmeilen.

Wo die Insel von der West- und von der Ostspitze aus, also von der Ponta do Pargo und von der Ponta de S. Lourenço, an Breite und Höhe zunimmt, entstand ein erweiterter, abgeplatteter, von Nord nach Süd sanft abgedachter Kamm, der nur noch am Paul da Serra und am Poizo-Hochlande (zwischen den Zahlen 13, 14, 9, 10) erhalten blieb, sonst aber in Folge der Einwirkungen der Erosion bis auf schroffe zackengekrönte Felsenwände, die tief ausgehöhlte Thäler umgeben, zerstört wurde. Wo das Gebirge gegen Osten bedeutend herabsinkt, kommt bei b ein drittes, leicht von Nord nach Süd abgedachtes Hochland vor, das nur etwa 2000 Fuss oberhalb des Meeres emporragt, während die beiden zuerst genannten hochgelegenen Tafelländer Meereshöhen von 4000 bis 5500 Fuss erreichen. Der Pico Castanho (l) hat nur noch 2058, die Ponta do Rosto (Rosto Pt) kaum etwas über 400 Fuss Meereshöhe. Am anderen westlichen Ende dagegen ist das Gebirge bei A noch etwa 4000 Fuss hoch und bei Ponta do Pargo erhebt sich die Klippe 935, der rundliche Hügel dicht daneben (Pico das Favas — Bohnenberg) 1380 Fuss über dem Meere.

An der Ponta de Tristaō erreicht die Meeresklippe eine Höhe von 1070 Fuss. An der Südwestküste liegt die Kirche von Fajān d'Ovelha in einer Höhe von 1623 Fuss und weiter ostwärts erhebt sich der rundliche, mit Kiefern bewachsene Hügel in einer Entfernung von ¼ Minute von der Küste bei Paul do Mar 2080 Fuss über dem Meere. Noch mehr gegen Osten ist die Kirche von Sta. Magdalena in einer Meereshöhe von 1709 Fuss erbaut. Das Cabo do Giraō (Cape Giraō, bei d) bildet eine jähe annähernd senkrechte Wand von etwa 1600 Fuss Höhe. Unmittelbar darüber erhebt sich eine mit Kiefern bewachsene Anhöhe 2079 Fuss über dem Meere. Weiter landeinwärts zwischen d und c haben der Pico da Cruz Campanario 3071 und bei c der Pico da Terra de Fora 4535 Fuss Meereshöhe. Bei f ist die Klippe nur etwa 1000 Fuss hoch. Der Brazenhead erstreckt sich ungefähr 350 Yards (oder etwa 1000 Fuss) über die Meeresklippe und hat an der Spitze, an der dort aufragenden plumpen Felsenmasse 420 Fuss Meereshöhe. Diese Angaben sind den Bemerkungen entnommen, die A. T. E. Vidal über die topographischen Verhältnisse der Madeira-Gruppe veröffentlichte.

Das Hochgebirge ist nicht überall in so regelmässig gestalteten Gehängen wie zwischen Ponta de Tristaō (Nordküste) und Calheta (Südwestküste) abgedacht. Gewöhnlich machen sich mehr oder weniger beträchtliche Bodenanschwellungen bemerkbar, die häufig zu Bergkämmen anwachsen. Von diesen sind die hervorragendsten als seitliche Höhenzüge, die den mittleren und höchsten Gebirgskamme der Insel annähernd unter rechten Winkeln schneiden, bei o—d, e—f, g—h, i—k, l—m durch punktirte Linien hervorgehoben. Ausser den genannten verdient noch derjenige, welcher sich vom Nordrand des Curral (bei 5) am Nordgehänge der Insel nach dem Arco de S. Jorge erstreckt, besondere Beachtung.

Wo das Gebirge am höchsten emporragt, sind in den tiefen Durchschnitten der Thäler sehr beträchtliche Gesammtmassen von meist weinroth gefärbten Schlackenagglomeraten aufgeschlossen, die entweder die Gebirgswasserscheide bilden, oder doch bis nahe an den höchsten Kamm des Gebirges hinaufreichen. Auf der Karte ist die westlich-östliche Erstreckung dieser Schlackengebilde durch die punktirte Linie A B angedeutet. Unterhalb der anderen kürzeren Linie a b treten ebenfalls an mehreren Stellen sehr bedeutende Anhäufungen jener schlackigen Agglomeratmassen hervor, die indessen hier einestheils nicht so hoch emporragen und anderntheils von sehr ansehnlichen Gesammtmassen steiniger Lavabänke überdeckt sind. Im Querdurchschnitt sind diese Agglomerate auf Tafel II Fig. 3 oberhalb A und a dargestellt.

Tafel I.

Madeira, Porto Santo und die Dezertas, nach A. T. E. Vidal's Karte (um ⅔ verkleinert).

Dieses Blatt, auf welchem die gegenseitige Lage der Inseln und das Ergebniss der Lothungen dargestellt sind, bedarf weiter keiner Erklärung. Es seien nur die folgenden Angaben, die A. T. E. Vidal über die topographischen Verhältnisse der Inselgruppe veröffentlichte, beigefügt.

Die Dezertas sind 10 Minuten (miles) von der Ostspitze von Madeira entfernt. Etwa 100 Schritte (yards zu 3 engl. Fuss) nördlich vom Ilheo Chaō ragt ein schmaler, nadelartig zugespitzter Felsen, der Sail Rock, 160 Fuss hoch empor. Der Ilheo Chaō (Niederes, flaches Eiland) ist 349 yard von der Nordspitze der Dezerta Grande entfernt und erreicht eine Meereshöhe von 336 Fuss. Auf der Dezerta Grande erhebt sich der höchste Gipfel 1600 Fuss und auf Bugio liegen die höchsten Punkte in der nördlicheren Hälfte 1349, in der südlicheren 1070 Fuss über dem Meeresspiegel.

Auf Porto Santo ragen die höchsten Gipfel in der nordöstlichen Hälfte 1660, in der südwestlicheren 910 Fuss über dem Meere empor. Am Ilheo de Baixo und am Ilheo de Ferro erheben sich die höchsten Punkte 570 und 380 Fuss über dem Meere. Der Ilheo da Fonte ist bei 100 Fuss Durchmesser 270 Fuss hoch. Der North East Rock ragt 330, der Lourenço Rock nur 88 Fuss über dem Meere empor. Die Rocha do Pescador (Fischerfelsen) ist bei 270 yard Breite 470 yard lang und erreicht eine Meereshöhe von 358 Fuss.

Die Fluthwelle trifft die Inseln beinah in derselben Zeit wie die Azoren; sie legt in der Richtung nach N 30 O etwa 1½ miles (Minuten zu 60 auf den Grad) zurück, aber in den engen Canälen zwischen den Eilanden und an der Ponta de S. Lourenço steigert sich die Geschwindigkeit bis zu 2 Minuten in der Stunde. Um 12 Uhr 48 Min. tritt die Höhe der Fluth und der Wechsel ein. Die Fluth steigt 7 Fuss.

Tafel II.

Fig. 1. Querdurchschnitt von Nordost nach Südwest durch den nordwestlichsten Theil der Insel Madeira. (I und II bei a—b und c—d auf Tafel I).

Dieser Durchschnitt veranschaulicht die Oberflächengestaltung des westlichen Drittels, die beiden folgenden (Fig. 2 und 3) zeigen die Formverhältnisse des mittleren und höchsten Theiles von Madeira mit Berücksichtigung der Tiefen des angrenzenden Meeresbodens. Die punktirten (getüpfelten) mittleren Massen des Gebirges bestehen hauptsächlich aus weinrothen schlackigen Agglomeraten, denen Lavabänke an und aufgelagert sind. Zwischen diesen steinigen, mit Schlacken und Tuffen geschichteten, Lagern sind einzelne Tuffschichten, welche sich auf grössere Entfernungen verfolgen lassen, durch unterbrochene Linien angedeutet.

Fig. 2. Querdurchschnitt der Insel Madeira, durch die Thäler von S. Vicente, Serra d'Agoa und Ribeira Brava (I, II, III, IV bei e—f, g—h, i—k, l—m auf Tafel I).

Diese Zusammenstellung von Durchschnitten gewährt zunächst einen Einblick in die Boden- und Lagerungsverhältnisse des weiten und tiefen Thales der Serra d'Agoa, das bei III (i—k, Tafel I) durch eine Wasserscheide gegen den Curral und nach Osten abgeschlossen ist. An der Bergwand dieser Wasserscheide, etwa in der Mitte des Durchschnittes, rechts und links von x (auf der Karte zwischen 2 und 3), liegen dicht neben einander die Anfangspunkte von zwei Schluchten, die nur anfangs mit einander parallel nach Westen verlaufen, dann aber nach SW und NW gegen die südliche und nördliche Küste der Insel umbiegen und daher einestheils dem Entwässerungsgebiete der Serra d'Agoa, andrerseits demjenigen des Thales von S. Vicente angehören. Diese beiden Schluchten trifft der mittlere Durchschnitt ll da wo sie die östlich westliche Richtung einhalten und setzt sich dann nach links durch die östlichere Wand des Thales von S. Vicente, nach rechts durch die Serra d'Agoa bis zum Pico da Terra de Fora (Karte, bei c) fort, indem er in diesem Entwässerungsgebiet die von Ost nach West gerichteten Thalsohlen und die dazwischen liegenden Scheidewände annähernd rechtwinklig schneidet. Der vordere Durchschnitt l trifft die Wasserscheide zwischen den beiden grossen Thalbildungen am Encumeada-Pass, der nur etwas über 3000 Fuss Meereshöhe hat, verläuft dann durch die am tiefsten ausgewaschenen Thalsohlen der Serra d'Agoa und des Thales von S. Vicente und legt auf der rechten Seite der Zeichnung die linke oder östlichere Wand der Ribeira Brava frei, an welcher die Höhe des Bachbettes durch eine weisse Linie angedeutet ist. Der Umriss IV stimmt mit dem

Durchschnitt Fig. 3 überein und ist nur angebracht um zu zeigen, wie das Gebirge der Insel weiter gegen Osten allmählich an Höhe und Breite zunimmt.

Fig. 3. **Querdurchschnitt der Insel Madeira von der Ponta de S. Jorge nach der Ponta da Cruz** (bei l — m auf Tafel I).

An dieser Stelle erreicht die Insel die bedeutendste Breite von 12½ Minuten und im Pico Ruivo sowie in den Torres (die als unzugänglich nicht gemessen sind aber wenigstens eben so hoch als der zuerst genannte Gipfel zu sein scheinen) die beträchtlichste Meereshöhe von 6056 Fuss. In einer Meerestiefe von 200 Faden oder 1200 Fuss erstreckt sich der Unterbau der Insel etwa 16 Minuten von Norden nach Süden. Die Umrisse des Durchschnittes, über welchem ebenso wie in Fig. 1 und 2 die mittlere Abdachung der Berggehänge in Graden angegeben ist, veranschaulichen die Bergform dieses Theiles des Gebirges von Madeira. Die Lagerungsverhältnisse sind auf der linken Seite des Durchschnittes nach den im Bachnetz der Ribeira de S. Jorge angestellten Beobachtungen eingetragen und in der Mitte sowie nach rechts den Abstürzen der linken oder östlicheren Seite des Curral und der Ribeira dos Soccorridos entnommen, in welchen die Tiefe der Thalsohle durch die weisse Linie angedeutet wird.

Tafel III.

Fig. 1. **Durchschnitt an der Nordküste der Ponta de S. Lourenço.**

In der Klippenwand sind Schlackenagglomerate, bedeckt von säulenförmig abgesonderten Basaltlaven, aufgeschlossen. Zwischen d und e ist eine muldenförmige Einsenkung durch den Kalksand einer Dünenbildung, die oberpliocene Landschneckenreste enthält, erfüllt. Wo diese Dünenbildung am tiefsten herabreicht, sind bei a c b abgerundete Bruchstücke vulkanischer Felsarten als die Ueberreste eines ehemaligen Bachbettes aufgeschlossen.

Fig. 2. **Querdurchschnitt der Ponta de S. Lourenço und des angrenzenden Meeresgrundes in der Richtung von Nord nach Süd** (n — o auf der Karte von Tafel I.)

An der Nordküste trifft der Durchschnitt bei a die Dünenbildung an der Stelle, die in Fig. 1 mit 308 F. bezeichnet ist, an der Südküste schneidet er den 342 Fuss hohen Pico de Nossa Senhora da Piedade (vergl. Fig. 4.) Durch die punktirte Linie a g b ist die Oberflächengestaltung angedeutet, die der Bergrücken muthmasslich hatte bevor der grössere Theil unter dem Einfluss der Brandung zerstört ward. Die andere punktirte Linie c c c giebt dagegen die Tiefe des durch die Dünenbildung erfüllten Bachbettes an, von welchem in Fig. 1 bei a c b Geschiebe aufgeschlossen sind.

Fig. 3. **Küstendurchschnitt am Cabo do Girão von Ponta d'Agoa im Westen bis Camara de Lobos im Osten.**

Dieser Durchschnitt ist möglichst genau nach der Natur aufgenommen. Die jähe annähernd senkrechte Wand erreicht an der höchsten Stelle einen senkrechten Abstand von 1600 Fuss. Die schlackigen Agglomeratmassen, die Lavabänke und Tuffschichten gruppiren sich nach Sir Charles Lyell's Auffassung zu vier einander auf- und angelagerten Gesammtmassen. Der unteren Gesammtmasse a (a¹, a², a³) ist gegen Osten die Gesammtmasse b aufgelagert und über beiden wölbt sich die Gesammtmasse c. Ausser diesen unterscheidet man gegen Osten noch die Gesammtschichten d und e, von welchen die letztere alluviale, von Laven und Tuffen überdeckte Massen einschliesst. Auf der linken Seite des Durchschnittes westlich vom Cabo do Girão die einzige auf Madeira und Porto Santo beobachtete Verschiebung der Schichten bei x x an der Meeresklippe angedeutet. In der Klippe des Cabo do Girão ist ein Querdurchschnitt seitlichen Höhenzuges aufgeschlossen, der auf der Karte bei c — d angemerkt ist und auf Tafel V sich von der Terra de Fora über den Pico da Cruz Campanario nach dem Cabo do Giraõ erstreckt.

Fig. 4. Querdurchschnitt der Ponta de S. Lourenço bei n — o der Tafel I.

Es ist der in Fig. 2 gegebene Umriss der Landzunge von S. Lourenço in vergrössertem Maassstabe nebst den darin eingetragenen Lagerungsverhältnissen der vulkanischen Massen und der Dünenbildung.

1. Schlackenagglomerate (punktirt) und steinige Lavabänke (dicke schwarze Striche) mit einer dazwischen eingelagerten, an ihrer oberen Fläche roth gebrannten Schicht gelben Tuffs, die durch eine Reihe stärkerer Punkte angedeutet ist. Bei c ist der Ueberrest eines ehemaligen Bachbettes, das in Fig. 1 und 2 ebenfalls unter c angemerkt ist, aufgeschlossen.

2. Die obersten Schichten der Ponta de S. Lourenço wurden an dieser Stelle früher durch kugelförmig abgesonderte, in wackeartiger Umwandelung begriffene basaltische Laven gebildet, deren Lagerung durch wellenförmige Linien angezeigt ist.

3. Darüber ward später ein Schlackenberg aufgeworfen, von welchem gegenwärtig nur noch ein kleiner Theil einen Hügel bildet, der hart an der Südküste bis 342 Fuss oberhalb des Meeres emporragt und die kleine verfallene Kapelle von Nossa Senhora da Piedade trägt.

4. Die Oberfläche der Landzunge von S. Lourenço bedeckt an dieser Stelle gegenwärtig der Kalksand der Dünenbildung mit den darin eingeschlossenen röhrenförmigen Kalkkonkretionen und mit Gehäusen von oberpliocenen Landschnecken.

Fig. 5. Küstendurchschnitt zwischen dem Forte de S. Thiago (bei Funchal) und der Ponta da Oliveira.

Es ist die Felsenwand, die sich unmittelbar östlich von Funchal über das Cabo do Garajaõ (brazen head) bis zur Ponta da Oliveira (siehe 17 und 18, Taf. V) erstreckt. Auch dieser Durchschnitt ist, wie der in Fig. 3, in allen seinen Theilen genau nach der Natur aufgenommen und so getreu wiedergegeben als es die Grösse des Maassstabes der Zeichnung nur irgend zuliess. Die darin angegebenen Lagerungsverhältnisse hat Sir Charles Lyell, ebenso wie die am Cabo do Giraõ aufgeschlossenen, mit besonderer Vorliebe untersucht und zur Vervollständigung seiner Ansicht über den innern Bau des Madeira-Gebirges möglichst eingehend erforscht.

Der Umriss oberhalb des Durchschnittes veranschaulicht die Bergformen des Gebirgsgehänges in einer Entfernung von etwa einer Minute nördlich oder landeinwärts von der Küste. Derselbe berührt die folgenden, in der Ansicht Tafel V näher bezeichneten Punkte: den kleinen bei 16 sichtbaren, 1611 Fuss hohen Gipfel am Westabhang des Palheiro, den Palheiro (1800 F.) selbst und die alten Schlackenberge bei Caniço, den Covoës und den Pico do Caniço.

So wie bei dem Küstendurchschnitte des Cabo do Giraõ (Fig. 3) heben sich auch an der vorliegenden Klippenwand verschiedene Gesammtmassen von Lavabänken und Schlackenagglomeraten ab, die nach einander entstanden sein müssen. Um nun diese Gesammtschichten, die durch weit hinausreichende, dünne, an ihrer oberen Fläche roth gebrannte Tuffschichten begrenzt werden, mit einem Blicke leichter übersehen zu können, ist der Durchschnitt A B zur Erläuterung von Fig. 5 in verkleinertem Maassstabe gezeichnet und mittelst schraffirter und weiss gelassener Stellen in vier deutlich zu unterscheidende Abtheilungen gebracht. Die unterste schraffirte Abtheilung 1 entspricht derjenigen Gesammtmasse vulkanischer Erzeugnisse, die in Fig. 5 nach oben durch die Tuffschicht a b c d e begrenzt wird. Darüber folgen die Gesammtschichten z und 8, welche in Fig. 5 durch die Tuffschichten f g h i k und l m no, pq, rs, tu, nach oben abgeschlossen werden; und endlich sind über den letzteren an verschiedenen Stellen die Massen 4 abgelagert.

Das Cabo do Garajaõ, welches etwa 350 yard (mehr als 1000 Fuss) von der Klippe ins Meer hinausragt, besteht an der Spitze aus gelbem geschichtetem Tuff, weiter landeinwärts aber aus rothem Schlackenagglomerat und ist, diesen Verhältnissen entsprechend, in zwei von einander und von der Klippenwand getrennten Durchschnitten dargestellt. Bei y ragt, in Folge der Fortwaschung von Agglomeratmassen, ein Basaltgang mauerartig aus der Felsenwand hervor und bei x ist die übergequollene erstarrte Basaltmasse eines anderen Ganges sichtbar, der den geschichteten gelben Tuff in der Richtung von West nach Ost durchsetzt.

Tafel IV.

Fig. 1. Längendurchschnitt der Insel Porto Santo und des Ilheo de Baixo bei r—s auf Karte, Tafel I und

Fig. 2. Durchschnitt durch die Insel Porto Santo und den angrenzenden Meeresboden in der Richtung von SO nach NW, bei t—u der Karte Tafel I.

Ausser den Umrissen der Insel, der nahe gelegenen Eilande und des angrenzenden Meeresbodens sind die Lagerungsverhältnisse, soweit sie oberhalb des Meeresspiegels beobachtet werden konnten, dargestellt. Die durch Pünktchen bezeichneten Massen bestehen vorherrschend aus Agglomeraten und erhärteten Tuffen, die dunkelen Striche deuten Lavabänke von überwiegend basaltischem Charakter an und neben diesen sind die Trachyte am Pico do Castello und an anderen Stellen durch eine besondere Zeichnung hervorgehoben. Bei k—k wurden die tertiären untermeerischen Schichten beobachtet, welche die von Herrn K. Mayer bestimmten organischen Reste einschliessen. Weitaus die meisten, ja beinah alle Versteinerungen sind von Herrn W. Reiss am Ilheo de Baixo gesammelt. In Fig. 2 ist die Bergform des Gebirges vom Pico de Juliana bis zum Pico do Concelho im Umriss wie ein zweiter Durchschnitt dargestellt, der von dem vorderen durch einen Zwischenraum von etwa ¾ Minuten getrennt ist.

Fig. 3. Längendurchschnitt der Insel Madeira in der Richtung von Ost nach West (p—q) Taf. L) NB. durch ein Versehen ist auf der Tafel IV das Wort „Querdurchschnitt", an dessen Stelle „Längendurchschnitt" gesetzt werden sollte, stehen geblieben. —

In dem Umriss der Insel, der das Hochgebirge und die niedere Landzunge von S. Lourenço umfasst, sind bei h, l und t die Stellen angegeben, an welchen die Hypersthenit, und Diabasformation, die Lignitbildung und die tertiären untermeerischen Schichten in verschiedenen Höhen oberhalb des Meeres beobachtet wurden. Die punktirten Linien sollen die Ausdehnungen andeuten, welche die älteren Schichten vor der Ueberlagerung durch später entstandene vulkanische Erzeugnisse möglicherweise gehabt haben könnten.

Tafel V.

Die Insel Madeira mit der Hafenstadt Funchal, von Süden und aus einer Entfernung von vier Seemeilen gesehen.

Von dem gewählten Standpunkt überblickt man beinah zwei Drittel der Südseite der Insel, von der Ponta de S. Lourenço im Osten bis zur Ponta do Sol im Westen. Hinter, oder westlich von, der Ponta do Sol biegt dann die Küste, wie man auf der Karte sieht, mehr gegen Nordwest um und wird von der Abdachung des Hochlandes „Paul da Serra" verdeckt. Ausser dem Nordrand des Paul da Serra erblickt man auf der Zeichnung die am weitesten nach Norden gelegenen Punkte des Gebirges im Hintergrunde des Curral, wo der Pico das Torrinhas (siehe 4 auf der Karte) auf der Gebirgswasserscheide der Insel emporragt. Oestlich von diesem tiefem Thale breitet sich das Hochland am Poizo aus, an dessen südlicher Abdachung der Pico da Lagoa (siehe bei 13 auf der Karte) sich über der Ribeira do Torreão (14) erhebt. Sehr deutlich treten an den Grenzen der grossen Thalmulde von Funchal die beiden seitlichen Höhenzüge (c—d und e—f auf der Karte) hervor, die am Meere (links) am Cabo do Girão und (rechts) unterhalb des Palheiro in jähen Klippen von ansehnlicher Höhe abgeschnitten sind. Den Grund dieser natürlichen, gegen das Meer geöffneten Einsenkung, deren Breite zwischen den Kämmen des östlichen und westlichen Bergrückens (also vom Palheiro bis zum Cabo do Girão) 7 Minuten beträgt, erfüllt zum Theil eine Bodenschwellung, die mit mehreren kegelförmigen Hügeln bedeckt ist und nach einer auf der mittleren Höhe erbauten Kirche (neben 9) als Hochland von S. Martinho bezeichnet wird. An der östlichen Abdachung dieser Bodenerhöhung breitet sich die Hafenstadt Funchal vom Meere über das ansteigende Gebirgsgehänge aus. Die Schiffe liegen auf einer offenen Rhede und sind durch die ansehnliche, kühn emporsteigende Bergmasse der Insel zwar gegen Nordwest, Nord und Nordost geschützt, aber den südlichen, südwestlichen und südöstlichen Winden ausgesetzt, die ihnen, wenn sie heftig wehen, mitunter gefährlich werden. Die Pontinha, das kleinere mehr nach links (unterhalb und zwischen 10 und 11) gelegene Eiland ist, wie der Name (kleine Brücke) andeutet, mit dem Lande durch einen Steinwall verbunden und gewährt ausser Böten im Nothfall auch ein oder zwei grössere Fahrzeugen bei nothwendigem Ausbesserungen Schutz. Das andere grössere Eiland, der Ilheo, ist nach A. T. E. Vidals Angaben 70 Fuss hoch, 100 yards (zu 3 engl. Fuss) lang und 35 yards breit. Ein drittes Eiland, eigentlich nur ein von Seevögeln heimgesuchter Felsen, bezeichnet die kleine, weiter westwärts am Fusse des Pico da Cruz gelegene Gorgulhas-Bucht. An dem steil emporsteigenden Gebirgsgehänge leuchtet den ansegelnden Schiffen, schon lange bevor die Häuser der Hafenstadt über dem Wasser auftauchen, die weiss getünchte, mit zwei Thürmen geschmückte Bergkirche (Nossa Senhora do Monte) aus einer Höhe von 1965 Fuss entgegen. Zu beiden Seiten derselben treten die tiefen Schluchten der Ribeira de S. Gonçalo (15) und der Ribeira do Torreão (14) hervor, welche letztere weiter abwärts Ribeira de S. Roque und bei Funchal Ribeira de S. Luzia genannt wird. Weiter gegen den Curral zeichnet sich neben den unbedeutenderen Einschnitten die Schlucht der Ribeira de S. João (13) aus, in welcher der westlichste der drei grösseren Gebirgsbäche fliesst, die bei Funchal nahe bei einander am Meere ausmünden, wo sie an dem niederen und flachen Strande durch Anhäufung der kleineren Rollsteine eine weit ausgebreitete Geschiebebank gebildet haben. Das berühmteste, am häufigsten genannte Thal der Insel, der Curral das Freiras, erhielt seinen Namen (der Nonnen Hürdeplatz) als ursprüngliches Besitzthum des Nonnenklosters von Sta. Clara zu Funchal. Vom Meere aufwärts ist es nur eine enge Schlucht, die man nach zwei, bei der ersten Durchforschung aus den Fluthen geretteten, Männern Ribeira dos Soccorridos nannte. Erst an der vorspringenden Ecke, wo auf der westlicheren Seite der Pico dos Bodes (oder Bocksberg, 12 auf der Karte) emporragt, erweitert sich das Thal zu dem eigentlichen Curral, dessen zugeschärfte, zackige, auf Tafel VI in grösserem Maassstabe dargestellte Seitenwände auf der Westseite bis zum Absturz des Pico Grande (1 auf der Karte) sichtbar werden. Zuletzt sei hier noch auf eine eigenthümliche Thalbildung aufmerksam gemacht. An der westlichen Grenze der Thalmulde, unmittelbar unter dem Bergrücken zwischen dem Pico da Cruz Campanario und dem Cabo do Girão, wird eine tiefere Schlucht bemerkbar, die namentlich da wo sie sich gegen Osten wendet kesselartig erweitert ist und daher Caldeira de Camara de Lobos genannt wird. Eine andere kesselförmige Erweiterung ist (bei 15) in der bereits früher erwähnten Ribeira de S. Gonçalo da entstanden, wo eine tiefere Seitenschlucht einmündet, weshalb der der Bergkirche zunächst liegende Theil des Thales wegen einer gewissen Aehnlichkeit mit dem berühmtesten Thale der .Insel „der kleine Curral" oder Curral dos Romeiros genannt wird.

Tafel VI.

Der Curral auf Madeira, von Norden, vom Lombo Grande gesehen.

Der Standpunkt ist ein Stück unterhalb der Gebirgswasserscheide der Insel gewählt. Aus dem Grunde des Curral führt der schmale Maulthierpfad in vielfachen Windungen an dem Lombo Grande, dem breitesten der Felsenvorsprünge, die von den Umfassungswänden wie Strebepfeiler in das Thal hineinragen, herauf und steigt dann rechts im Vordergrunde zu dem Torrinhas-Pass (bei 4 auf der Karte) empor. Das Hauptthal erstreckt sich gerade vor dem Beschauer nach Süden und mündet jenseits des Pico dos Bodes durch die Ribeira dos Soccorridos an dem Meere aus. Links blickt man in die tiefe und ziemlich breite Schlucht der Ribeira do Gato (Katzbach), die vom Pico das Torres (auf der Karte 7) nach Westen gerichtet ist. Wo diese Seitenschlucht sich mit der Hauptschlucht vereinigt, ist die Erweiterung der Thalbildung am bedeutendsten, aber immer nicht weit genug vorgeschritten, um einen jener scharf ausgeprägten Thalkessel zu bilden, die man unter der Benennung Caldera's mit grossen Kratern verglichen hat. Der Curral macht, von wo aus man ihn auch überblickt, immer nur den Eindruck einer langgestreckten, sehr tiefen und erweiterten Schlucht. Eine Vergleichung mit der berühmten Caldera von Palma verhindert aber namentlich die breite, hoch emporragende und weit vorgeschobene Sidraõ-Wand, ein Bergrücken, der sich auf der linken Seite der Ansicht vom Pico do Sidraõ bis in die Mitte des Thales erstreckt und südwärts durch eine andere tiefe Schlucht (Ribeira do Sidraõ, zwischen 8 und 10 auf der Karte) von der mit dem Pico de S. Antonio (5706 F.) gekrönten Bergmasse getrennt wird. Diese letztere ist gegen den Curral nicht, wie es von dem gewählten Standpunkte aus den Anschein hat, von weit eindringenden Schluchten, sondern nur von Felsenklüften durchfurcht und in ansehnliche, hinter einander hervortretende Vorsprünge abgetheilt, von welchen der äusserste den Pico do Serrado (die abgesägte Kuppe) bildet.

Hinter der vorspringenden Wand, an welcher sich im Vordergrunde der Pfad nach rechts hinaufzieht, liegt die nordwestlichste, ganz links am Ende der Zeichnung die nordöstlichste Ecke des Curral. Unmittelbar südlich von diesen Punkten erreichen die von zahlreichen Gängen durchsetzten Schlackenagglomerate im Pico da Empenha und im Pico das Torres die bedeutendsten Höhen. Der letztgenannte Gipfel krönt die Wasserscheide zwischen dem Curral und dem oberen Medade-Thal, über dessen Südrand der Pico dos Arrieiros (die Maulthiertreiber Spitze) emporragt. Auf der entgegengesezten Seite bildet der Pico Grande (5391 Fuss) die ansehnlichste Kuppe auf der Wasserscheide gegen das breite und tiefe Thal der Serra d'Agoa. Nach Norden ist der Curral nur durch eine schmale, oben zugeschärfte Bergwand von dem Thale von Boaventura getrennt und unmittelbar nord-westwärts vom Pico da Empenha (bei 3 auf der Karte) hat eine Schlucht, die allmählich in das Thal von S. Vicente übergeht, ihren Ursprung. Bei den geringen Entfernugen zwischen so ansehnlichen und tief ausgehöhlten Thälern ist es erklärlich, dass an den Grenzen der verschiedenen Entwässerungsgebiete die Felsenmassen des Gebirges von zahlreichen Einschnitten zersägt und in eigenthümlich zugeschärfte Kuppen umgewandelt sind.

Tafel VII.

Fig. 1. Covoõs und Pico d'Agoa do Caniço von Westen gesehen.

Es sind dies zwei alte Schlackenberge, die theilweise vom fliessenden Wasser zerstört wurden. Ihre Lage ist auf der Karte bei 16 und 17 angedeutet. Den Vordergrund bildet die linke Seite des westlichsten der beiden Bachbetten, die (siehe die Karte) östlich und westlich von der Ponta da Oliveira am Meere ausmünden. Im Innern des gegen Südost geöffneten Covoës senkt sich eine steinige, theilweise verschlackte oder mit Blasenräumen erfüllte Lave herab; an seinem Fusse ist der Abhang gegen das Meer hin terassenförmig abgesetzt und mit den Feldern, den Hütten und der Kirche von Caniço bedeckt.

Der Pico d'Agoa do Caniço ragt auf der anderen Seite eines ziemlich tief eingeschnittenen Bachbettes empor. Die Laven, die einst seinem Krater entquollen, bilden an der dem Meere zugekehrten Seite eine deutlich erkennbare Bodenanschwellung.

Fig. 2. Der Pico da Cruz vom Caminho novo an der Ponta da Cruz unfern Funchal.

Der Standpunkt ist unfern der Stelle genommen, die auf der Karte mit Cruz Pt. bezeichnet ist. Man erblickt rechts und links im Hintergrunde den Palheiro und das Cabo do Girão (22 und d auf der Karte), dann auf der linken Seite mehrere alte, theilweise zerstörte Schlackenberge (von Pico de Camara de Lobos· bis zum Pico das Arrudas) und in der Mitte der Zeichnung den Pico da Cruz mit dem verfallenen Hause auf dem Gipfel, mit dem kaum noch kenntlichen Ueberrest einer Kratervertiefung und mit der Wasserleitung (Levada), die aus dem Curral kommt und sich an dem mittleren Abhang des Berges bis nach Funchal hinzieht. Im Vordergrunde ragen neben der neuen Strasse (Caminho novo) noch theilweise die rauhen, spärlich mit Erde bedeckten Oberflächen alter Lavaströme zwischen den Feldern und Hütten hervor.

Fig. 3. Die Penha d'Aguia von der Portella gesehen.

Die Felsenparthie des Vordergrundes liegt etwa in der Mitte zwischen den auf der Karte mit i und 2510 Fuss bezeichneten Punkten etwas abwärts an der Abdachung gegen Porto da Cruz. Im Hintergrunde sieht man von der Linken zur Rechten zunächst die Abstürze, welche das obere Medade-Thal umgeben, dann die nördliche Abdachung des Hochgebirges und endlich den seitlichen, auf der Karte bei g — h angedeuteten Höhenzug der Curtadas. Im Mittelgrunde begrenzt ein anderer seitlicher Höhenzug, der auf der Karte mit i — k bezeichnet ist, das Thal von Porto da Cruz gegen Westen. Durch eine tiefe Einsattelung, an die sich im Thalgrunde die mit einem fliegenden Vogel bezeichnete Trachytkuppe der sogenannten Achada anlehnt, ist von diesem Bergrücken unfern des Meeres die Penha d'Aguia (der Adlerfelsen) abgetrennt. Die verschiedenen Annahmen, durch welche sich die Entstehung dieser von jähen Abstürzen und steilen Abhängen umgebenen Felsenmasse erklären lässt, sind auf Seite 23, 24, 25 und 35 in dem Abschnitt, der über die Thalbildungen der Insel handelt, ausführlicher erörtert.

Tafel VIII.

Fig. 1. Durchschnitt an der Mündung des Thales von Boaventura.

Ein ehemaliger Schlackenberg (1. 2. 3.), der unter später darüber geschlossenen Laven (4 bis 10) vergraben und endlich in Folge der Einwirkungen des fliessenden Wassers und des Meeres wieder blossgelegt wurde, ist in zwei, durch einen geringen Abstand von einander getrennten Durchschnitten dargestellt. Eine eingehendere Beschreibung dieser Oertlichkeit ist auf Seite 106 gegeben.

Fig. 2. Idealer Durchschnitt.

Dieser ideale Durchschnitt, der zur Erläuterung des Abschnittes: „C. Die Entstehung der Bergform. a. Die Hauptmasse des Gebirges von Madeira" (Seite 110) dient, ist nach folgenden Voraussetzungen angelegt. Zwei langgestreckte, parallele, nach bestimmten beobachteten Verhältnissen angenommene Bodenerhöhungen, die ursprünglich aus den Schlackenagglomeraten zahlreicher Ausbruchskegel gebildet wurden, sind bei A und a im Querdurchschnitt gezeichnet. Als die vulkanische Thätigkeit über der bei a durchschnittenen Linie erlosch, wurden über der anderen parallelen, bei A berührten Linie noch wiederholt Schlackenberge so aufgeworfen, dass sie im Querdurchschnitt, gleichsam wie in sechs, durch die Zahlen 1, 1, 1 bis 6, 6, 6 bezeichneten Stockwerken über einander abgelagert erscheinen. Die meisten Ausbruchskegel (1, 1, 1 und 2, 2, 2 u. s. w.) entstanden, wie auf Lanzarote in den Jahren 1730 bis 36, nahe bei einander über einer Erdspalte, die während einer gewissen Epoche der vulkanischen Thätigkeit geöffnet blieb; nur wenige wurden, wie bei IV und VI angedeutet ist, nach seitwärts aufgeworfen. Die Lavaströme flossen zwischen den Hügeln, wo sie nur theilweise erkalteten, hindurch und nach beiden Seiten ab, wobei sie sich in der zwischen A und a gebildeten Mulde so lange anhäuften bis sie dieselbe erfüllt hatten. Neben je drei der in annähernd gleicher Höhe liegenden Ausbruchskegel (1, 1, 1 bis 6, 6, 6), die je einen Abschnitt der Thätigkeit der kleineren Vulkane anzeigen sollen, sind auf jeder Seite drei Lavaströme eingezeichnet und von den ähnlichen darauf folgenden Ablagerungen durch breitere weiss gelassene Zwischenräume getrennt, welche den in den Pausen der Ruhe herabgewaschenen Zersetzungsprodukten entsprechen würden. Eine solche Lagerungsweise dürfte zwar sicher nirgends in der oben angegebenen Regelmässigkeit vorgekommen sein, allein sie ist nach den in kleinerem Maassstabe thatsächlich beobachteten Verhältnissen entschieden denkbar und daher ganz geeignet, ein schematisch vereinfachtes Bild des auf Tafel II Fig. 3 nach der Natur dargestellten inneren Baues der Insel Madeira vorzuführen.

Fig. 3. Die Lavagrotte an der Pontinha bei Funchal.

Es ist der Rest eines Lavagewölbes, das grösstentheils unter dem Einfluss der nach landeinwärts vordringenden Brandung zerstört ist. An dem noch vorhandenen Stück ist das Dach nur da noch erhalten wo die Höhle sackartig endet. Eine ausführlichere Beschreibung ist auf Seite 86 enthalten.

Fig. 4. Querdurchschnitt der Dezerta Grande in der Richtung von Westsüdwest nach Ostnordost bei v — w auf Tafel I.

Aus den Bergformen des Eilandes und aus der Gestaltung des den Küsten zunächst gelegenen Meeresgrundes kann man entnehmen, dass die Dezerta Grande augenscheinlich gegenwärtig nur den zugeschärften, mauerartigen Ueberrest eines Bergrückens darstellt, der von dem noch erhaltenen Kamm (von 1600 Fuss ab) nach beiden Seiten abgedacht war. Nimmt man die Winkel, unter welchen die seitlichen Gehänge früher gegen den Gesichtskreis einfielen, zu 15 Graden an, so liegt der Meeresboden an denjenigen Stellen, wo die Küstenlinien vor der durch die Brandung herbeigeführten Zerstörung verliefen, rechts (nach ONO) in einer Tiefe von 30 und links (nach WSW) in einer Tiefe von 46 Faden unterhalb des Meeresspiegels. Dass die ursprüngliche mittlere Abdachung der Gehänge des Bergrückens wahrscheinlich weniger, schwerlich mehr als 15 Grade betrug und dass aus den vorliegenden Verhältnissen auf eine seit Entstehung der Meeresklippen erfolgte Senkung der Inselmassen geschlossen werden muss, ist in dem Abschnitt „die Erosion durch das Meer" (auf Seite 11 und folgende) ausführlich besprochen worden. Erwähnt sei hier nur noch eine aus der Ferne beim Vorbeisegeln flüchtig angestellte Beobachtung. Neben den Lavabänken schienen die Agglomerate in den von ziemlich zahlreichen Gängen durchsetzten Klippenwänden eine bedeutende Verbreitung erlangt zu haben. In dieser Weise aber mussten sich die Lagerungsverhältnisse der von losen Auswurfstoffen und Lavaströmen gebildeten Massen in einem Längendurchschnitt unferu des mittleren Kammes an einem Bergrücken darstellen, der über einer Erdspalte durch allmähliche Anhäufung von vulkanischen Erzeugnissen entstanden war. Es scheint daher sowie bei Madeira und Porto Santo auch bei den Dezertas eine Uebereinstimmung zwischen dem innern Bau und der äussern Form der Bergmassen obzuwalten.

Fig. 5. Natürlicher Durchschnitt am Pico de Nossa Senhora da Piedade unfern Caniçal. (Ponta de S. Lourenço Madeira).

Der in dem vorliegenden Durchschnitt dargestellte Ueberrest eines Schlackenhügels besteht aus den folgenden Massen, die mit den Zahlen 1 bis 7 bezeichnet sind.

1. Die Grundlage, über der Ausbruchskegel aufgeschüttet wurde, ist durch concentrisch kugelförmig abgesonderte Basaltlager gebildet.

2. Eine Schicht von theils schlackiger, theils blasiger und theils compacter Lava.

3. Weinroth gefärbte Schlackenmassen, die in gewölbten Schichten abgelagert sind und die Hauptmasse des Hügels zusammensetzen.

4. und 5. Schwarze Lapillen und vulkanische Asche.

6. Gelbe geschichtete Tuffmassen.

7. Eine an der Oberfläche abgelagerte Schicht unreiner Kalkmasse, die Reste von Landschnecken enthält.

Bei l und l sind in dem röthlichen Schlackenagglomerat schwarze blasige Laven eingeschaltet, bei r bildet ein Strom dunkler, mit Hohlräumen erfüllter Lava ein Riff, an welchem die Böte gewöhnlich anlegen. Auf der anderen Seite des Hügels stehen bei L ebenfalls blasige Basaltlaven an und bei g setzt ein Gang durch die Schlackenmassen des Hügels.

Fig. 6 O Lombo de Rosa. Linke Uferseite der Ribeira do Torreaõ. (Rib. de S. Roque, Rib. de Sta. Luzia).

Die in ziemlich bedeutender Anzahl aufgeschlossenen Lavabänke sind von sehr verschiedener Mächtigkeit und fallen unter sehr verschiedenen, an den meisten Stellen näher bezeichneten Winkeln gegen den Gesichtskreis ein. Die meisten sind mit der Gebirgsabdachung gegen die Küste oder nach Süden geneigt; nur bei d fällt eine Lavabank unter einem Winkel von 3 Graden in der entgegengesetzten Richtung ein. Die Klüfte der säulenförmigen Absonderungen stehen im Allgemeinen annähernd senkrecht auf dem Gesichtskreis. Die Abweichungen von dieser beinah durchweg vorherrschenden Regel sind in dem vorliegenden Durchschnitt bei g, h und K angedeutet. Das Nähere über diese hier nur flüchtig erwähnten Verhältnisse ist auf Seite 52 und den folgenden enthalten. Die Stelle, ... der Durchschnitt vorkommt, ist in derje- ... ... suchen, die sich auf der Karte unterhalb 13, und auf Tafel V unter- ... ... eingezeichnet findet.

Fig. 7. Natürlicher Durchschnitt in der Ribeira dos Piornaës.

Am Wege, der gerade unterhalb des Palheiro (zwischen 22 und f auf der Karte) nach dem Brazenhead führt, zieht sich östlich von dem Passe unfern von Nossa Senhora das Neves eine kleine Schlucht gegen den Absturz an der Meeresklippe hinab. (Siehe c Tafel III, Fig. 5). In diesem Thälchen ist auf der rechten oder westlichen Seite der in Fig. 7 dargestellte Durchschnitt beobachtet worden. Aus der schlackigen rothen Lave a treten dünne, mit Blasenräumen erfüllte und mit Schlacken geschichtete Lavabänke b heraus, die anfangs unter Winkeln von 28 bis 30 Graden einfallen, aber tiefer abwärts bei c — c und d in leicht geneigte und mächtigere Schichten und in eine plumpe Felsenmasse übergehen. Die Unterlage dieser geflossenen Lavenmassen besteht aus erhärteten Lapill und Tuffschichten. (Vergl. Seite 101).

Zweite Folge.

Paläontologische Verhältnisse.

Tafel I.

Tafel II.

Tafel III.

Tafel IV.

Tafel V.

Tafel VI.

Tafel VII.

Tafel VIII.

Druck von Chr. Friedr. Will in Darmstadt.

Berichtigungen.

Seite 5 Zeile 10 von oben lies 60 statt 600.
„ 7 „ 18 „ unten „ Einsattelungen statt Einsattlungen.
„ 34 „ 2 „ oben „ bei statt bis.
„ 35 „ 8 „ oben „ der bereits statt den bereits.
„ 48 „ 8 „ oben „ dann statt denn.
„ 72 „ 13 „ oben „ geschichtet statt geschichtete.
„ 83 „ 4 „ oben „ massigere und massivere.
„ 102 „ 7 „ oben „ aufgeschlossenen statt aufgeschlossene.
„ 119 „ 20 „ oben „ s r Fig. 5 statt s t Fig. 5.
„ 153 „ 17 „ oben „ worden statt werden.
„ 161 „ 2 „ unten „ diesen statt diesem.

Bekendtgørelse.

I Henhold til kgl. Anordning af 13. Oktober 1927 er der fastsat følgende Bestemmelser til Ordens Opretholdelse ved det offentlige Forsvar af Doktorafhandlinger:

1. Forsvarshandlingen ledes af Fakultetets Dekanus eller af en anden dertil af Fakultetet udnævnt Professor. Ordstyreren giver Ordet og paaser, at Handlingen foregaar paa en værdig Maade; han kan paalægge en Opponent at høre op og i fornødent Fald afbryde Handlingen. Ordstyreren deltager ikke selv i Forhandlingen. Foruden de officielle Opponenter er de Medlemmer af Fakultetet, under hvis Fagomraade Afhandlingens Emne hører, og som ikke har lovligt Forfald, forpligtede til at overvære Forsvarshandlingen.

2. Som Opponenter ex auditorio har i Almindelighed kun akademiske Borgere samt polytekniske Kandidater Ret til at optræde. Dog kan Fakultetet ogsaa tillade andre, som fremsætter Ønske derom, at opponere. Opponenter ex auditorio maa melde sig hos Ordstyreren inden Begyndelsen af Handlingen; dog kan Ordstyreren ogsaa lade senere anmeldte Opponenter faa Ordet, men uden at betage dem, der tidligere har meldt sig, Forretten.

3. Der tilstaas i Almindelighed hver af de officielle Opponenter $1\frac{1}{2}$ Time og hver Opponent ex auditorio $\frac{3}{4}$ Time, derunder indbefattet den Tid, Doktoranden behøver til at give Svar; dog kan Ordstyreren, for saa vidt som Antallet af de anmeldte Opponenter tillader det, tilstaa en længere Tid. Handlingen maa ikke vare over 6 Timer.

4. Foranførte Bestemmelser skal indtil videre trykte medfølge enhver Disputats.

Dette bekendtgøres herved til Efterretning for alle Vedkommende.

Konsistorium, den 21. November 1927.

Lightning Source UK Ltd.
Milton Keynes UK
UKHW021302281021
392963UK00003B/166